高等职业教育面向“十三五”数字媒体系列规划教材

主　编　李谷伟　郑　丛　吴宣宣

3ds Max/VRay 室内效果图制作教程

清华大学出版社
北京

内容简介

本书以室内效果图制作为主要导向，以实际生产过程中所运用的知识点为中心，配合工作岗位中的项目案例，提炼出室内效果图制作所需掌握的关键知识点和技能训练点，针对初学者的学习难点来设计内容模块。具体内容包括 3ds Max 的基础操作、基础建模技巧、高级建模技巧、VRay 渲染设置、VRay 灯光、VRay 材质等内容。每个模块都提供对应的案例，知识内容层层递进，原理分析透彻，使读者能够顺利地掌握所学知识，并能够通过实际案例的演练，深刻地领会室内效果图制作行业的岗位职业技能，提高解决实际问题的能力。

本书适合于本科院校、职业院校及培训班相关专业学生使用，同时也适合对室内效果图制作感兴趣的读者学习和参考。

本书封面贴有清华大学出版社防伪标签，无标签者不得销售。
版权所有，侵权必究。举报：010-62782989，beiqinquan@tup.tsinghua.edu.cn。

图书在版编目(CIP)数据

3ds Max/VRay 室内效果图制作教程/李谷伟，郑丛，吴宣宣主编．—北京：清华大学出版社，2019
(2025.1 重印)
(高等职业教育面向"十三五"数字媒体系列规划教材)
ISBN 978-7-302-52104-4

Ⅰ．①3… Ⅱ．①李… ②郑… ③吴… Ⅲ．①室内装饰设计－计算机辅助设计－三维动画软件－高等职业教育－教材 Ⅳ．①TU238-39

中国版本图书馆 CIP 数据核字(2019)第 011263 号

责任编辑：张龙卿
封面设计：范春燕
责任校对：袁　芳
责任印制：刘　菲

出版发行：清华大学出版社
网　　址：https://www.tup.com.cn，https://www.wqxuetang.com
地　　址：北京清华大学学研大厦 A 座　　**邮　　编**：100084
社 总 机：010-83470000　　**邮　　购**：010-62786544
投稿与读者服务：010-62776969，c-service@tup.tsinghua.edu.cn
质量反馈：010-62772015，zhiliang@tup.tsinghua.edu.cn
课件下载：https://www.tup.com.cn，010-62770175-4278
印 装 者：三河市龙大印装有限公司
经　　销：全国新华书店
开　　本：185mm×260mm　　**印　　张**：17.25　　**字　　数**：398 千字
版　　次：2019 年 7 月第 1 版　　**印　　次**：2025 年 1 月第 6 次印刷
定　　价：49.80 元

产品编号：079665-01

前 言

关于 3ds Max 2018＋VRay 3.60.3

3ds Max 和 VRay 渲染器搭配使用能够使室内效果图的制作变得相对简易，效率极高。目前，行业内几乎清一色地使用它们。鉴于同类的书籍已有很多，但是大多数软件的版本都较低，而新版加入了非常多的新功能，能为我们提高制作效率，甚至改变制作流程。尤其是新版 VRay 3.6 的更新，不仅仅在功能和渲染速度上有大的提升，而且也引入了 GPU 渲染以及与 CPU 的混合渲染，包括之前 VRay 3.5 版本带来的新的实时渲染方式，支持更全面，这些改变都为我们的实际制作过程带来了新的制作方式与制作乐趣，因此本书以最新版的 3ds Max 2018＋VRay 3.60.3 为讲解对象，向读者详细地介绍建模模块（主要针对室内建模）、材质（主要以 VRay 材质为主）、灯光、摄影机、渲染设置（主要讲解原理）。本书既不是以理论为主的书籍，也不是纯属案例的教材，笔者的团队希望能够打造一本以讲透参数原理为主线的教材，罗列筛选一些在实际工作中最为常用的技巧，并选取一定数量的实际案例配合练习，方便大家更好地理解。

本书内容

全书共分为 9 章，各章主要内容如下。

第 1 章主要介绍新版本的 3ds Max 有哪些新功能，并且详细地介绍了 3ds Max 2018 的界面以及常用面板的功能。

第 2 章主要介绍选择方法、变换操作、捕捉与轴约束、对象的复制方式、对齐工具等。

第 3 章主要介绍简单几何体建模、可编辑样条线建模、修改器建模等。

第 4 章主要介绍复合建模、多边形建模、特殊建模方法等高级建模技巧。

第 5 章主要介绍标准灯光、光度学灯光、摄影机等内容，帮助读者了解自带灯光系统与摄影机的使用方法。

第 6 章主要介绍 VRay 基本设置、VRay 间接光照(GI)、VRay 渲染元素、创建全景、批处理渲染、渲染设置等内容,让读者了解 VRay 渲染的原理。

第 7 章主要介绍 VRay 灯光、VRay 环境光与太阳光、VRayIES、灯光列表、照明原则等内容。

第 8 章主要介绍 VRayMtl 材质、VRay 混合与包裹材质、VRay 车漆与发光材质、VRay 常用程序纹理、贴图路径处理方法、3ds Max 内置材质工具等内容,主要让读者了解与掌握 VRay 材质系统的设置。

第 9 章主要介绍渲染效果出错原因、线性工作流程等内容。

配套教学资源

本书提供了立体化教学资源,包括教学课件(PPT)、案例素材以及工程源文件等。教学课件、案例素材、工程源文件可以到清华大学出版社网站(www. tup. com. cn)该书链接处获取。

本书由李谷伟、郑丛、吴宣宣主编,其中,第 1、2 章由吴宣宣编写;第 3、4 章由郑丛编写;第 5~9 章由李谷伟编写。由于编者水平有限,疏漏之处在所难免,恳请广大读者批评、指正,以便于修订时更加完善。

编　者

2019 年 1 月

目　录

第 1 章　初识 3ds Max 2018

本章要点：

- 3ds Max 新增功能
- 界面
- 视图操作

3D Studio Max 常简称为 3ds Max 或 MAX，是 Discreet 公司开发的（后被 Autodesk 公司合并）基于 PC 操作系统的三维建模和渲染软件。本章主要从 3ds Max 软件概述、界面、面板及视图操作等方面进行介绍。

1.1　3ds Max 2018 简介

3D Studio Max 的前身是基于 DOS 操作系统的 3D Studio 系列软件。在 Windows NT 出现以前，工业级的 CG 制作被 SGI 图形工作站所垄断。3D Studio Max＋Windows NT 组合的出现一下子降低了 CG 制作的门槛，首先开始运用在计算机游戏中的动画制作，后更进一步开始参与影视片的特效制作，例如，《X 战警 Ⅱ》《最后的武士》等。在 Discreet 3ds Max 7 后，正式更名为 Autodesk 3ds Max，最新版本是 3ds Max 2018。版本越高，软件功能越强大，便于设计者创作出更高质量的三维作品。

1.1.1　3ds Max 2018 的系统配置要求

Autodesk 3ds Max 2018 软件最好使用 64 位操作系统，且要求系统 CPU 也是 64 位的，具体要求如下。

1. 操作系统

Microsoft Windows 7（SP1）、Windows 8、Windows 8.1 和 Windows 10 Professional 操作系统均适用。

2. 硬件

（1）CPU：64 位 Intel 或 AMD 多核处理器。

(2) RAM：至少 4GB RAM(建议使用 8GB 或更大空间)。

(3) 磁盘空间：6GB 可用磁盘空间(用于安装)。

(4) 指针设置：三键鼠标[左键、右键、中间键(滚轮)]。

1.1.2 3ds Max 2018 的新功能

3ds Max 2018 中纳入了一些全新的功能，更新了更多高级功能，软件比之前稳定、高效，用户界面更加灵敏，可自定义设置。主要包括界面、内容创建、新的渲染引擎——Arnold。

1. 界面

打开 3ds Max 2018，会出现新的欢迎界面，如图 1-1 所示，有帮助提示、文件的链接等，场景模板不在欢迎界面中，选择“文件”→“新建”→“从模板新建”命令，可以找到软件默认的矢量模板，用户可以创建新模板或修改现有的模板。

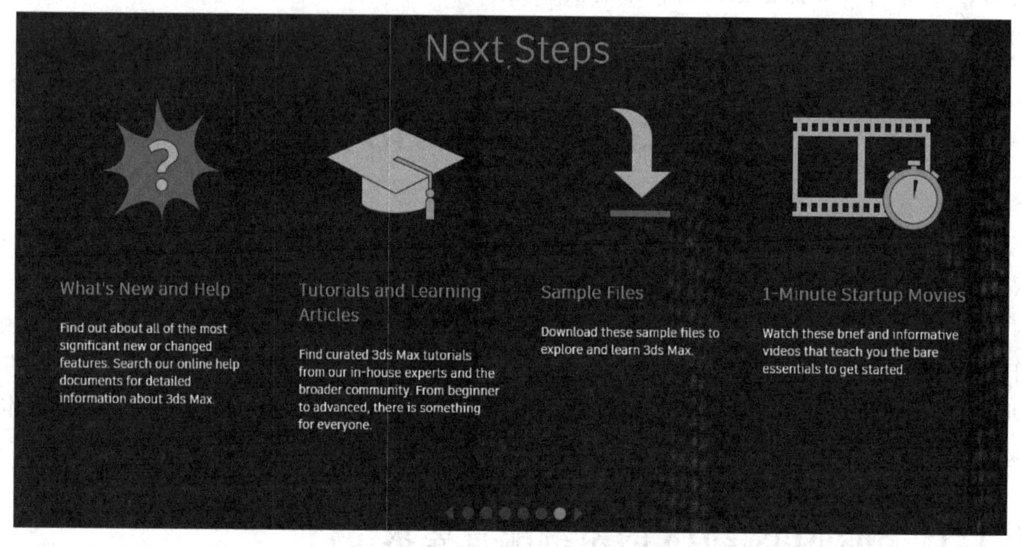

图 1-1

默认工作区如图 1-2 所示。用户界面工作区重新修订，添加了新的选项，例如，选择“Alt 菜单和工具栏”工作区模式，界面会发生一定的变化，如图 1-3 所示。

2. 设置 Arnold 渲染器

3ds Max 2018 中最重要的变化是 Arnold 渲染器的应用。Arnold 是 3ds Max 和其他 Autodesk 软件包中的高端渲染器，Mental Ray 渲染器已经移出 3ds Max 了。Arnold 是基于物理算法的电影级别渲染引擎，正在被越来越多的好莱坞电影公司以及工作室作为首席渲染器使用。MAXtoA 是 3ds Max 中 Arnold 的插件，已集成到 3ds Max 中，便于使用 Arnold 的最新功能。Arnold 渲染设置界面如图 1-4 所示。

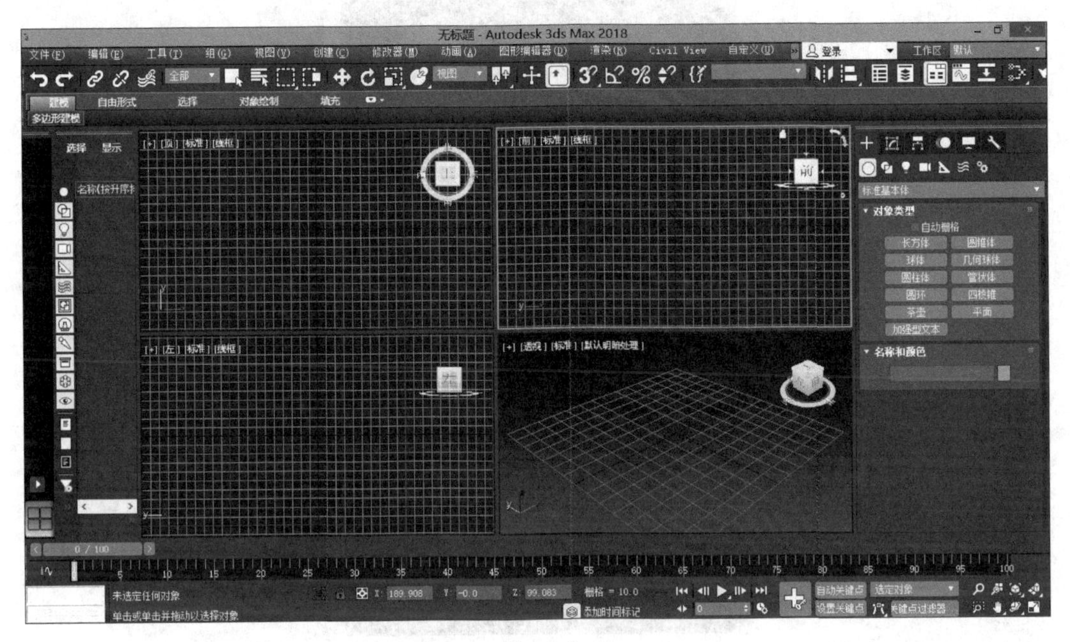
无标题 - Autodesk 3ds Max 2018
文件(F) 编辑(E) 工具(T) 组(G) 视图(V) 创建(C) 修改器(M) 动画(A) 图形编辑器(D) 渲染(R) Civil View 自定义(U)

图 1-2

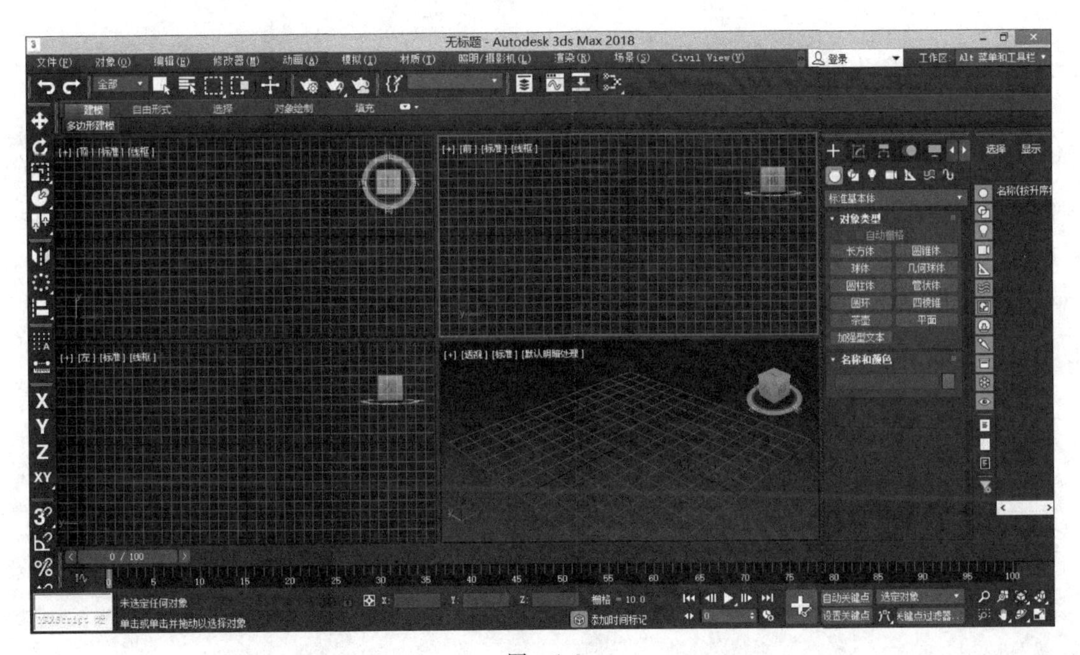
无标题 - Autodesk 3ds Max 2018

图 1-3

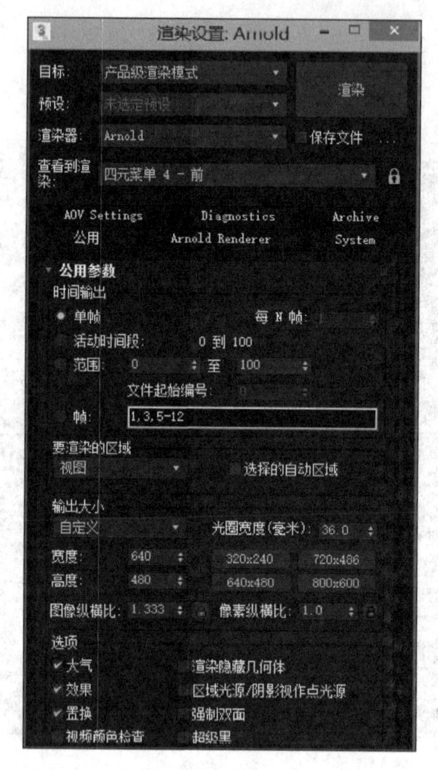

图 1-4

1.1.3 3ds Max 2018 的应用领域

3ds Max 软件可生成专业品质的三维动画、渲染和模型。借助高效的工具集，可在更短的时间内创建更好的三维内容和虚拟现实(VR)内容。由于其强大的功能，广泛应用于广告、影视、工业设计、建筑设计、多媒体制作、游戏、辅助教学以及工程可视化等领域，而本书主要以室内效果图制作为主线来介绍 3ds Max 的使用技巧。

1.2 3ds Max 2018 的安装流程

安装步骤可能因软件、安装环境、操作系统和其他因素而异，大体包括准备系统、选择安装选项、安装产品以及启动产品。如果在多套单机环境中工作，可以根据这些基本说明为每个计算机席位重复操作。此外，管理员还可以创建展开。

1.2.1 安装的前提条件

在安装之前，请确保已准备好系统，并已收集所需的所有信息。检查系统和硬件是否与要安装的产品兼容。大多数 Windows 操作系统和所有 Mac OS 操作系统现在都是 64 位。若要检查 Windows 操作系统，请转到“系统”控制面板。

1. 获取权限

需要具有本地用户管理权限。要在 Windows 上进行验证，请依次选中“控制面板”→“用户账户”→“管理用户账户”选项。在 Mac OS 上，请检查“系统首选项”→“用户和组”以确认具有管理权限。

2. 安装系统更新并禁用防病毒程序

如果有待安装的操作系统更新，请安装它们，然后重新启动。考虑暂时禁用任何防病毒程序，因为它们通常会干扰安装。

3. 如果需要，请找到序列号和产品密钥

如果使用的是单机许可，请使用确认电子邮件中的序列号和产品密钥激活软件(如果未收到序列号和产品密钥，使用 Autodesk 账户登录)。退出所有正在运行的程序(产品安装程序除外)。

1.2.2　下载软件的步骤

(1) 了解在何处获得产品以及如何进行下载。

使用以下方法之一获取 Autodesk 软件。

① Autodesk 商店：订阅和下载最新版本的 Autodesk 软件。

② Autodesk 账户：登录账户，并在“产品和服务”列表中查找产品。还可以直接从 Autodesk 账户访问早期版本。

③ 教育社区：教育社区的成员可以通过登录到教育社区网站来获取软件。

④ 试用版：可以在“Autodesk 产品”页面上查找试用版。通常可以下载软件、使用它的试用版，并在试用到期后再订阅。

(2) 根据提示选择产品详细信息，例如，语言、版本和操作系统。

大多数 Windows 操作系统和所有 Mac OS 操作系统都是 64 位，若要检查 Windows 操作系统，请转到“系统”控制面板。请阅读并接受许可协议，然后单击“安装”按钮。如果浏览器询问如何处理安装文件，请选择“运行”选项。建议接受默认下载位置，并记下它。

1.2.3　配置和安装软件的步骤

选择语言，选择默认或自定义组件，然后安装产品。安装过程会有所不同，具体取决于是从 Autodesk 账户、Autodesk 桌面应用程序、Autodesk 商店还是教育社区将其启动。

根据安装的起始位置，执行以下操作之一：单击“安装”按钮(在 Autodesk 桌面应用程序中)或“立即安装”按钮(在 Autodesk 账户中)。如果已下载安装程序，请启动与产品和版本相关联的 EXE 或 DMG 文件(如 Setup. exe)。如果产品是通过介质交付,请找到 EXE 或 DMG 文件,并从该处将其启动。

出现提示时,请阅读并接受所在的国家或地区的许可协议。

(1) 单击“安装”按钮。

(2) 如果产品显示“产品语言”下拉菜单,可以为使用此产品的用户选择相应的语言。(如果菜单未显示,可以在安装产品后下载并安装语言包。)

(3) 在“配置安装”屏幕上接受默认的安装路径或指定新路径。

(4) 配置安装:(建议)单击“安装”按钮以接受默认配置。该选项将预选择要随产品一起安装的组件。可通过以下方式来自定义安装:选择或取消选择组件、添加 Service Pack 等。单击每个产品组件旁边的三角形以查看详细信息。有关配置的详细信息,请查看产品文档。完成选择后,请单击“安装”按钮。

(5) 检查已安装产品的列表,然后单击“完成”按钮或“启动”按钮以关闭安装程序。

1.2.4 下载并安装语言包的步骤

如果需要语言包,请在安装产品之后安装它们。首先安装产品。语言包是附加模块而不是核心软件的完整版本。可以下载语言包或在介质上找到它们,还允许在安装时选择语言,但并非所有语言都可用。

(1) 在下载网站上或在物理介质中查找语言包。

(2) 启动语言包的可执行文件(文件扩展名为. exe 或. dmg),然后单击“安装”按钮,接受默认位置。

1.2.5 软件的启动

当第一次启动产品时,请在“快速入门”屏幕上指定信息。选择以下选项之一来验证许可。

- 单(人)用户。登录到 Autodesk 账户。如果未收到序列号,请不要使用此选项;如果已收到序列号,请单击“输入序列号”选项。
- 多(人)用户。如果使用网络服务器来管理许可,请选择此选项;如果想要使用应用程序的试用版,请单击“启动试用版”选项;如果不确定,请单击“帮助我选择”选项。

1.2.6 产品更新

从 Autodesk Account 或通过 Autodesk 桌面应用程序直接从产品安装升级和维护许可。

- 从 Autodesk Account 更新:转到 Autodesk Account 中的“产品更新”托盘,查找已发布的更新、改进或修补程序,选择并安装所需更新。
- 从 Autodesk 桌面应用程序更新:在 Autodesk 桌面应用程序中查看自动提供的产品更新,选择并安装所需更新。获取关于 Autodesk 桌面应用程序的更多信息,包括用于安装的链接。

1.3　3ds Max 2018 的界面详解

1.3.1　3ds Max 2018 的 UI 设置

打开 3ds Max 2018，其操作界面如图 1-5 所示。界面分为标题栏、菜单栏、主工具栏、功能区、场景资源管理器、状态栏、命令面板、视图、视图控制区、动画控制区等。

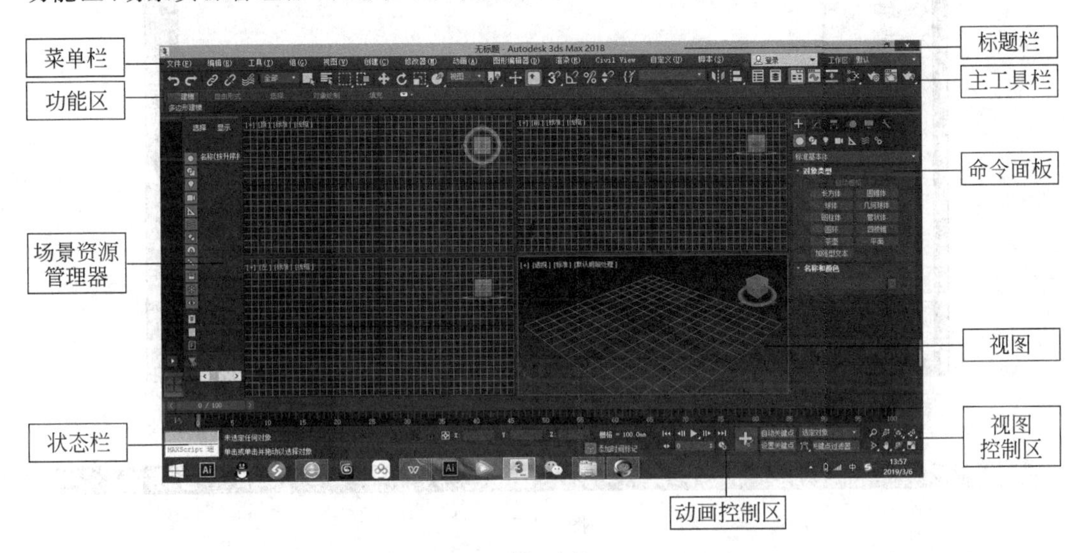

图　1-5

1. 更改界面风格

选择“自定义”→“加载自定义用户界面方案”命令，有 ame-dark、ame-light、DefaultUI 三种界面风格可供选择，如图 1-6 所示。一般情况下选择默认的 DefaultUI 风格。

2. 工具栏小图标显示

打开 3ds Max 2018 软件，发现主工具栏图标显示不完整，如图 1-7 所示，将鼠标光标放在主工具栏空白区域，光标变成手形后，向左拖动鼠标，可看到未完整显示的工具图标。选择“自定义”→“首选项”→“常规”命令，取消选中“使用大工具栏按钮”选项，重启软件后，主工具栏图标便能完整地显示，如图 1-8 所示。

3. 单位设置

选择“自定义”→“单位设置”命令，弹出如图 1-9 所示的“单位设置”对话框，一般情况下单位设置为毫米。选中“公制”选项，在下拉菜单下选择“毫米”，单击“系统单位设置”按钮，弹出如图 1-10 所示的“系统单位设置”对话框，在“系统单位比例”下选择“毫米”。单击两次“确定”按钮后完成单位的设置。

图 1-6

图 1-7

图 1-8

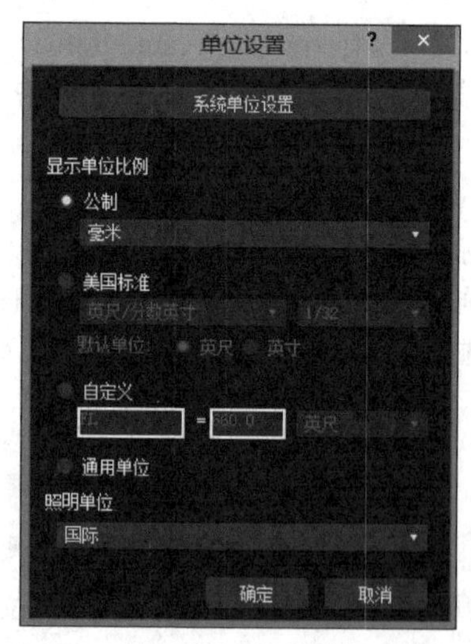

图 1-9

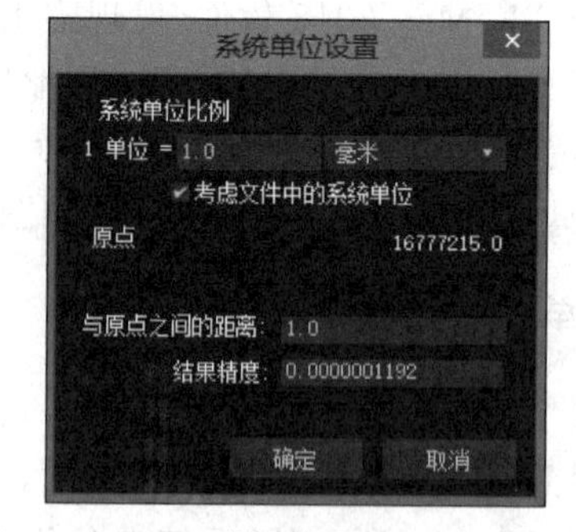

图 1-10

4. 自定义布局

在界面“场景资源管理器”的左侧是“视口布局”选项卡(默认布局状态),如图 1-11 所示,可通过上方按钮进行新的视口布局样式的选择。使用过的视口布局样式会显示。若不需要,则在某个视口布局选项卡处右击,选择“删除选项卡”命令,如图 1-12 所示。也可通过鼠标进行手动调节视口的位置,将鼠标光标放在视口分界线位置并拖动鼠标,改变布局样式;若想恢复至默认布局状态,将鼠标光标放在视口分界的中心位置,右击,选择“重置布局”命令,如图 1-13 所示,则视图布局恢复至默认状态。

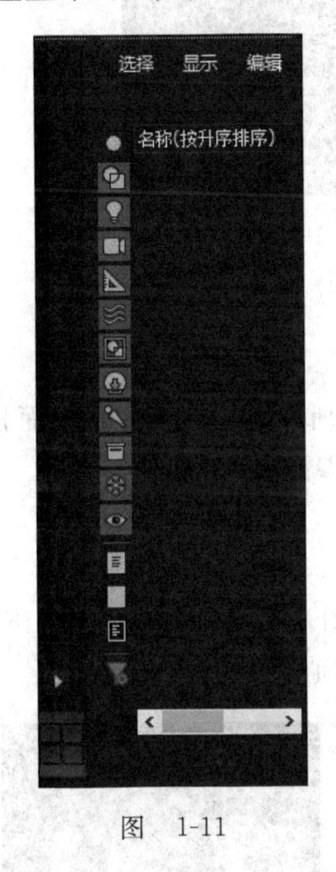

图 1-11

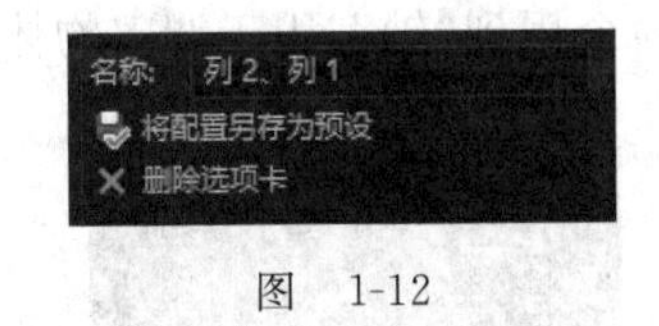

图 1-12

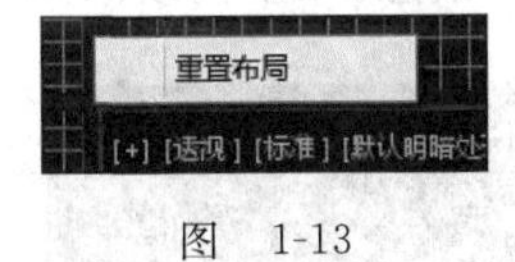

图 1-13

1.3.2 3ds Max 2018 的面板详解

在 3ds Max 2018 中,命令面板位于工作视窗的右侧,其中包括“创建”命令面板、“修改”命令面板、“层次”命令面板、“显示”命令面板、“实用程序”命令面板和“运动”命令面板。若不小心将命令面板移动了位置,则双击命令面板标题栏归位;或者在命令面板标题栏处右击,选择“停靠”→“右”命令,如图 1-14 所示。

为了防止移动,增加不必要的麻烦,可进行锁定,方法是选择“自定义”→“锁定 UI 布局”命令,如图 1-15 所示。

1. “创建”命令面板

“创建”命令面板用于创建原始对象,如图 1-16 所示,通过选择要创建的对象,然后进行鼠标左键的拖动。创建对象的种类包括几何体(三维物体)、图形(二维线条)、灯光、摄像机、辅助对象、空间扭曲和系统。每个种类下面均有二级分类。

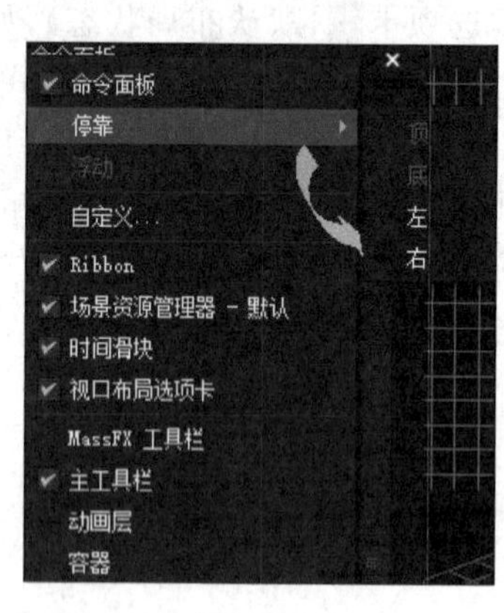

图 1-14

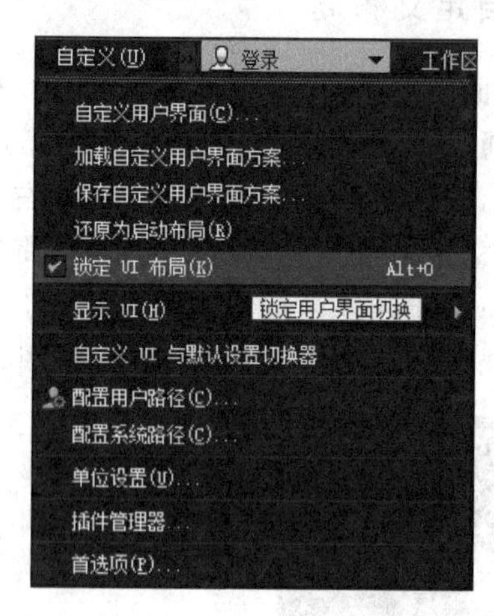

图 1-15

2. “修改”命令面板

“修改”命令面板用于对所选择的物体进行修改，如图 1-17 所示，在“修改”命令面板下显示目前对象的尺寸，主要包括修改器命令、修改记录和各类参数。

3. “层次”命令面板

“层次”命令面板用于访问用来调整对象间链接的工具，如图 1-18 所示，包括轴、IK、链接信息，在室内效果图制作中，会用到“轴”，用于调整物体的轴心。

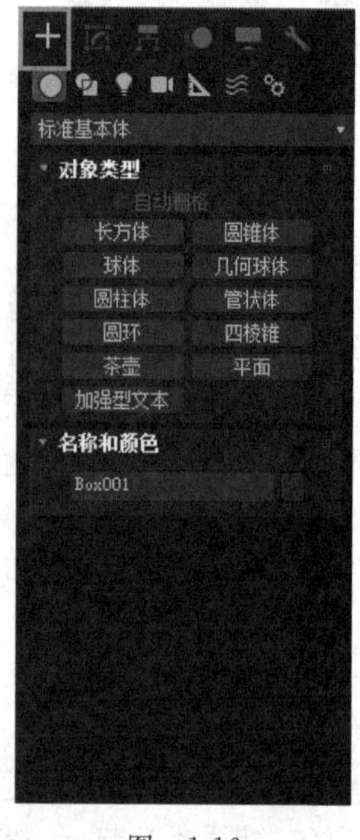

图 1-16

图 1-17

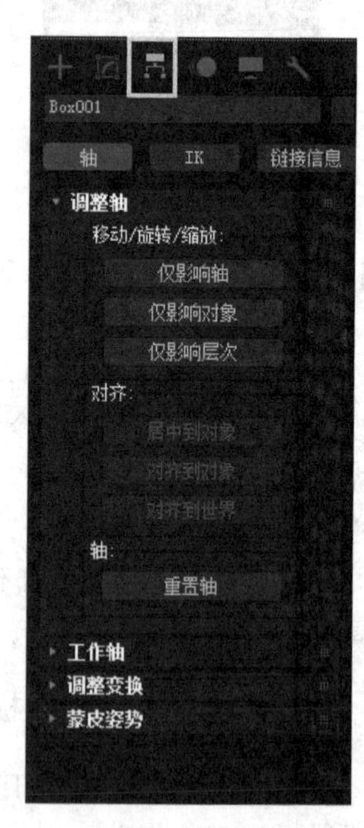

图 1-18

4. “显示”命令面板

“显示”命令面板用于访问场景中控制对象显示方式的工具，如图 1-19 所示，包括显示颜色、隐藏、冻结、显示属性等参数改变对象的显示特性等，一般在大的、较为复杂的场景中用到。

5. “实用程序”命令面板

“实用程序”命令面板用于访问设定 3ds Max 2018 中的各种小型程序，并可以编辑各个插件，如图 1-20 所示，可以使一些操作变得快捷。

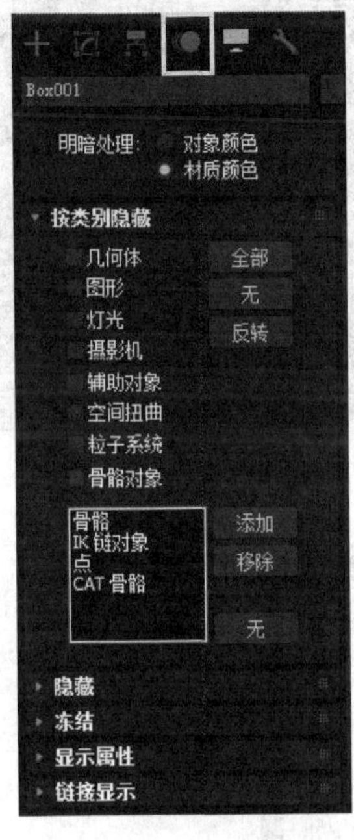

图　1-19

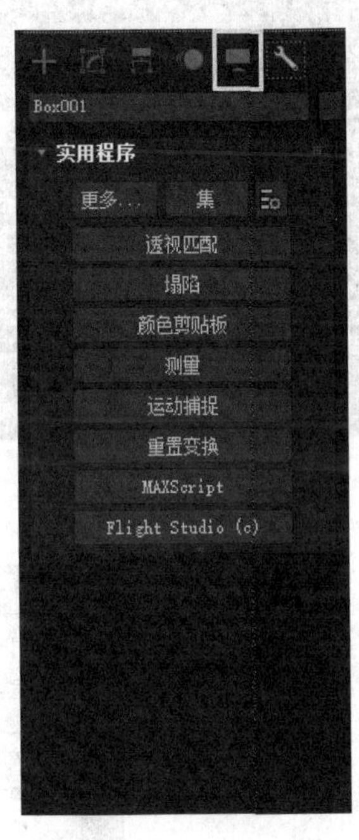

图　1-20

6. “运动”命令面板

“运动”命令面板用于设置各个对象的运动方式和轨迹，在制作动画时用到，在本书中不做讲解。在实际操作中，“创建”命令面板、“修改”命令面板最为常用，“层次”命令面板中的“轴”也较为常用，其他的命令面板用得较少。

1.3.3　3ds Max 2018 视图及视图操作工具

1. 视图

视图包括顶、前、左、透视四个，如图 1-21 所示。可通过快捷键进行视图的切换：顶视图用 T(Top)、底视图用 B(Bottom)、前视图用 F(Front)、后视图用 B(Back)、左视图用

L(Left)、透视图用 P(Perspective)、摄像机视图用 C(Camera)。也可以在每个视图的左上角的“顶”“前”“左”“透视”等字样选项卡处右击，进行视图的选择，如图 1-22 所示。

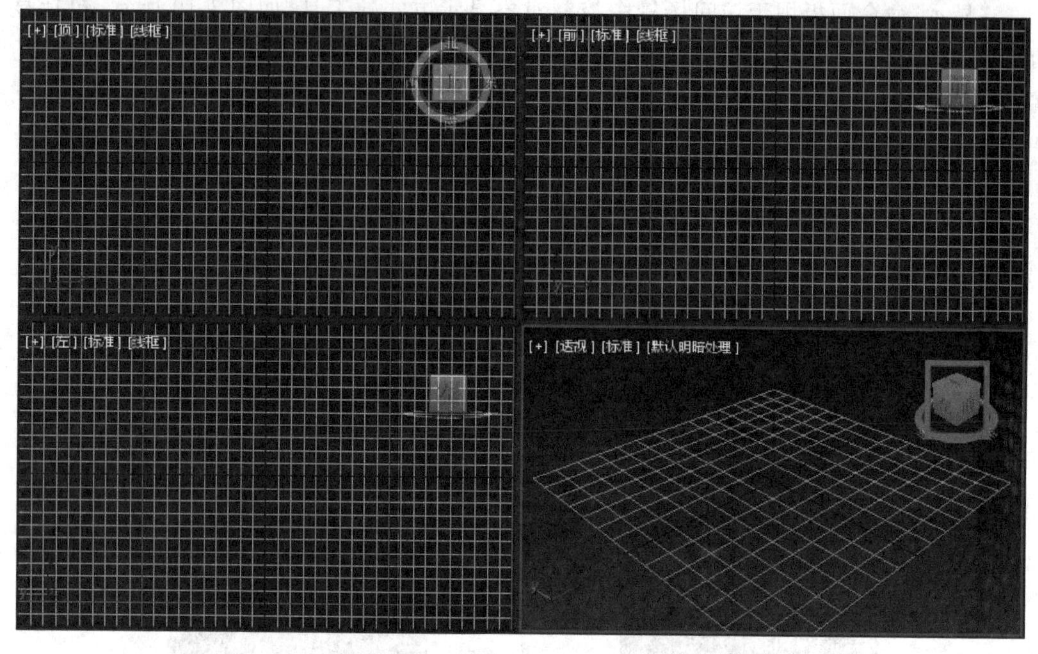

图 1-21

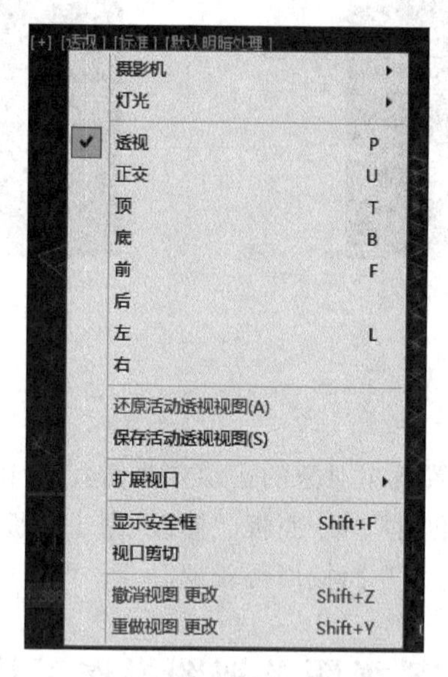

图 1-22

2. 视图导航控制图标

每个视图的右上方具有视图导航控制图标，如图 1-21 所示，可对其进行隐藏和显示。

方法是：选择“视图”→“视口配置”命令，弹出“视口配置”对话框，在 ViewCube 选项卡下取消选中或选中“显示 ViewCube”复选框，如图 1-23 所示。

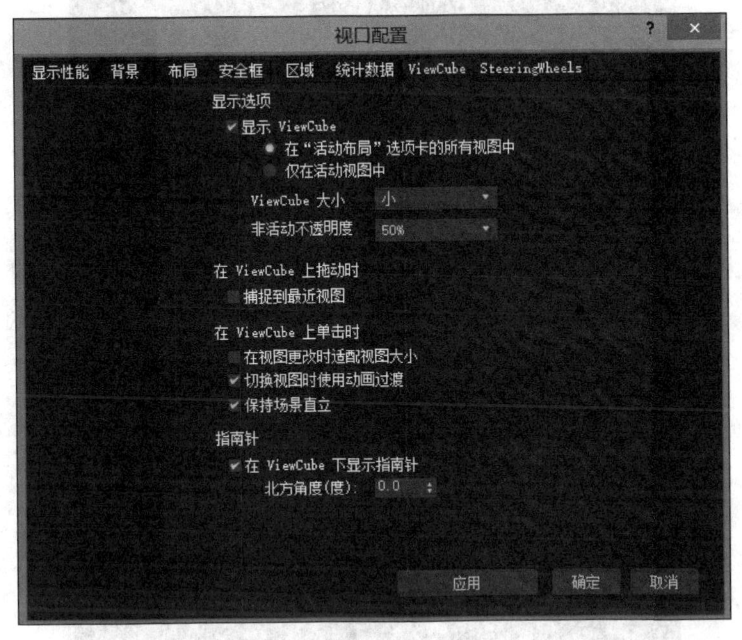

图　1-23

3. 视图控制区

视图控制区位于工作视窗的右下角，用于视图的控制与操作，如图 1-24 所示。

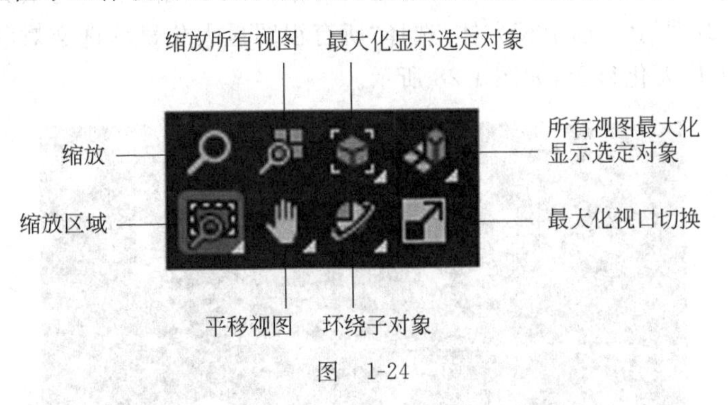

图　1-24

缩放：对所选视图进行缩放，组合键为 Ctrl＋Alt＋鼠标中键(滚轮)。前后滚动滚轮也可对视图进行缩放，是阶梯状缩放。

缩放所有视图：对四个视图同时进行缩放。

最大化显示选定对象：将选定的对象在当前视图下进行最大化显示，快捷键为 Z。若在一个视图下将所有物体最大化显示，则选定当前视图，不选择物体，按下 Z 键。在透视图下绘制两个长方体，如图 1-25 所示，不选中两个长方体，选择“最大化显示选定对象”选项，则两个长方体在透视图中最大化显示，如图 1-26 所示。

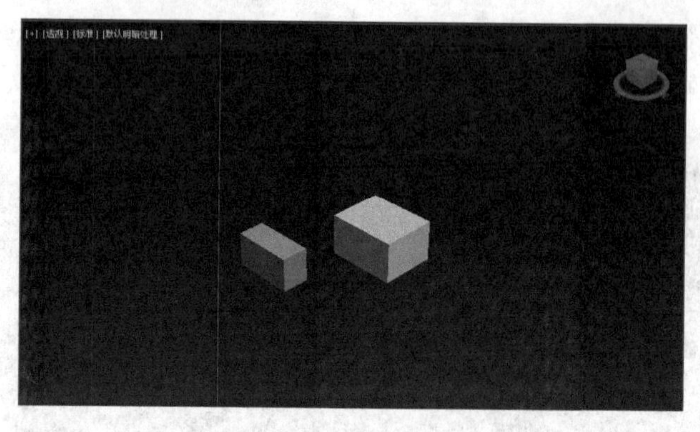

图 1-25

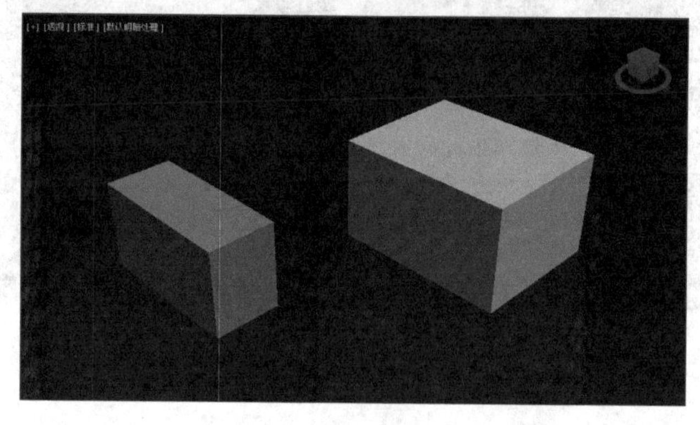

图 1-26

所有视图最大化显示选定对象：将选定的对象在四个视图下同时最大化显示。绘制长方体，如图 1-27 所示。选中长方体，选择“所有视图最大化显示选定对象”选项，则长方体在四个视图中最大化显示，如图 1-28 所示。

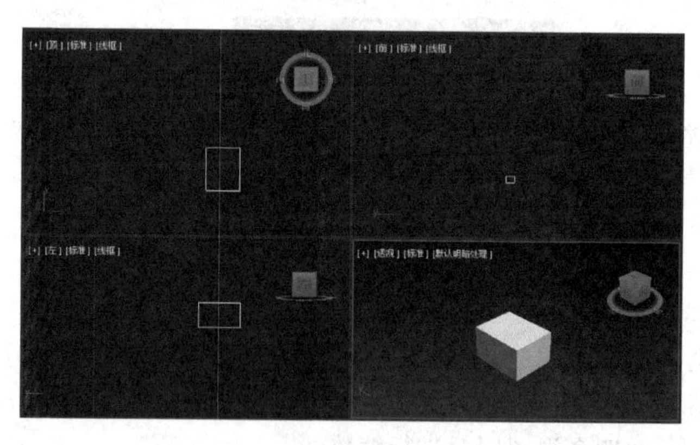

图 1-27

缩放区域：对框选区域进行放大，组合键为 Ctrl＋W。选择缩放区域，在长方体的某一顶部位置进行拖动，如图 1-29 所示，则这一区域进行了放大，如图 1-30 所示。

平移视图：沿着平行于视图的方向移动摄像机，可以通过按下鼠标中键来完成。

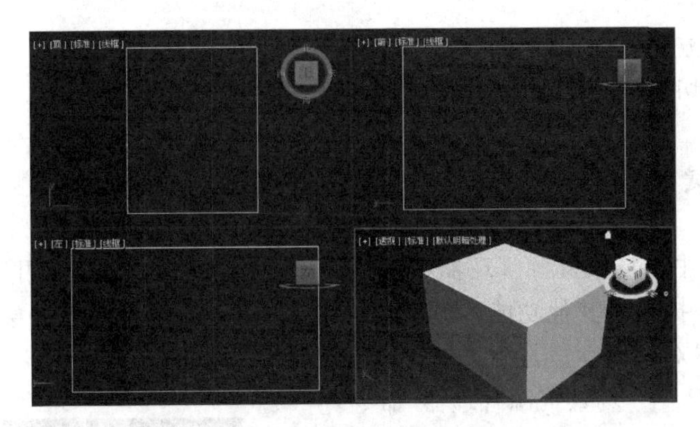

图 1-28

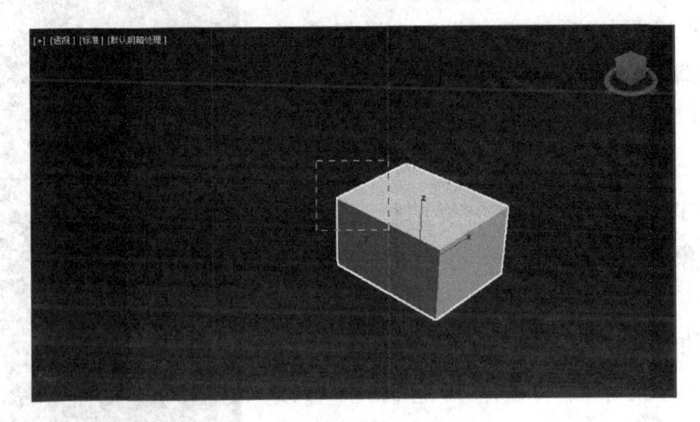

图 1-29

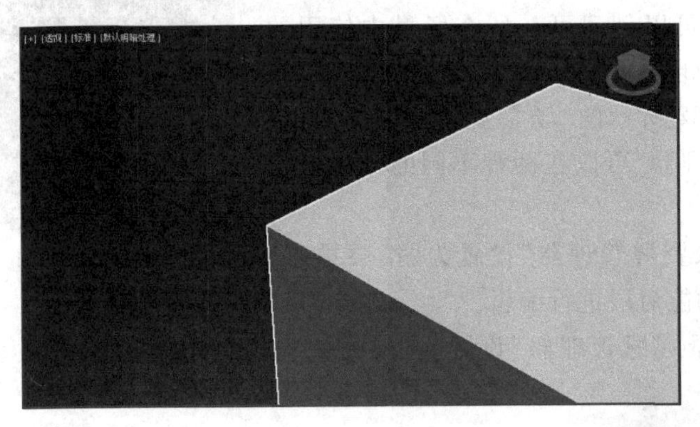

图 1-30

环绕子对象：对选定的物体进行环绕观察，物体未发生移动，观察视角发生变化，可通过"Alt＋鼠标中键"完成，配合 Shift 键可对对象进行上下或左右环绕。选择长方体，选择"环绕子对象"选项，则物体外面出现圆形框，如图 1-31 所示。鼠标光标移至水平的两个节点上，可对物体进行左右环绕；鼠标光标移至垂直的两个节点上，可对物体进行上下环绕；鼠标光标移至圆形框内的任一位置，可

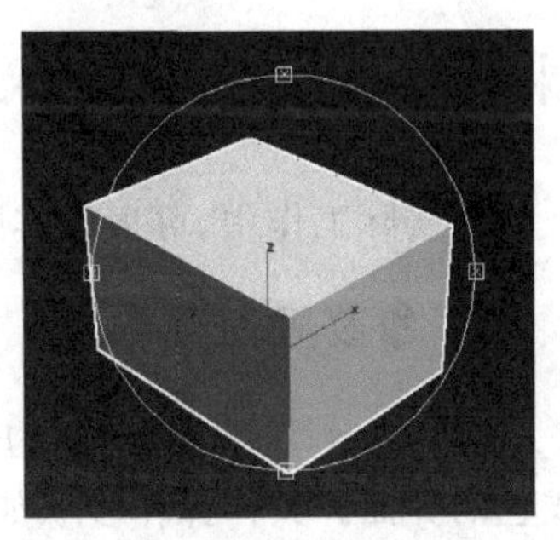

图 1-31

对物体进行任意方向上的环绕。

最大化视口切换：可将某一视图进行全屏显示，组合键为 Alt+W。

1.3.4 场景资源管理器

在 3ds Max 中，“场景资源管理器”提供了一个无模式对话框，可用于查看、排序、过滤和选择对象，还提供了其他功能，可用于重命名、删除、隐藏和冻结对象，创建和修改对象层次，以及编辑对象属性。打开场景资源管理器的方法如下：

- 选择“工具”→“场景资源管理器”命令。
- 选择“工具”→“所有全局资源管理器”命令或在“本地场景资源管理器”中选择保存的资源管理器。
- 选择“主工具栏”→“切换场景资源管理器”工具。

图 1-32

“场景资源管理器”界面由一个菜单栏、工具栏以及场景中的对象表格视图组成，在对象表中，每个对象对应于一行，每个显示对象属性对应于一列。3ds Max 中的默认布局仅显示对象名称和“冻结”属性。可以自定义布局以显示其他属性，可以创建与当前场景一起保存和加载的本地“场景资源管理器”设置，也可以创建可在所有场景中使用的全局“场景资源管理器”设置。

打开如图 1-32 所示的“场景资源管理器”对话框，“场景资源管理器”可以在两种不同的排序模式之间进行切换。

将“场景资源管理器”设置为“按层排序”模式，提供拖放功能对层进行编辑。

将“场景资源管理器”设置为“按层次排序”模式，提供拖放功能对层次进行编辑。

课堂案例 创建个人的 UI 设置

在实际工作中，可根据实际情况进行个人 UI 的创建。

1. 修改界面颜色

3ds Max 2018 默认的用户界面是黑色，可根据个人习惯进行相应的修改，如修改为浅色的界面。具体操作步骤如下：

(1) 选择“自定义”→“自定义用户界面”命令，打开“自定义用户界面”对话框，如图 1-33 所示。

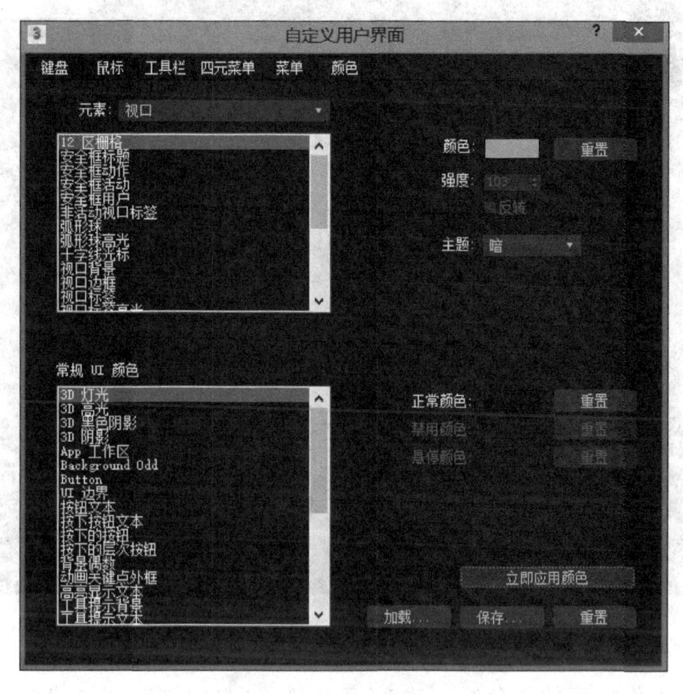

图　1-33

(2) 切换到“颜色”选项卡，在“视口”元素列表中选择“视口背景”，单击右侧的颜色框，调出“颜色选择器”对话框，设置“亮度”为 100，如图 1-34 所示。

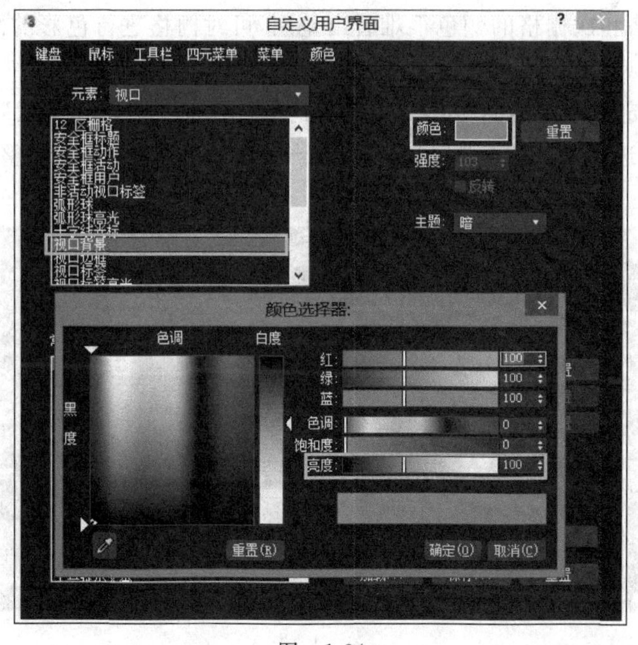

图　1-34

(3) 单击“立即应用颜色”按钮，可以观察到用户界面发生了变化，如图 1-35 所示。

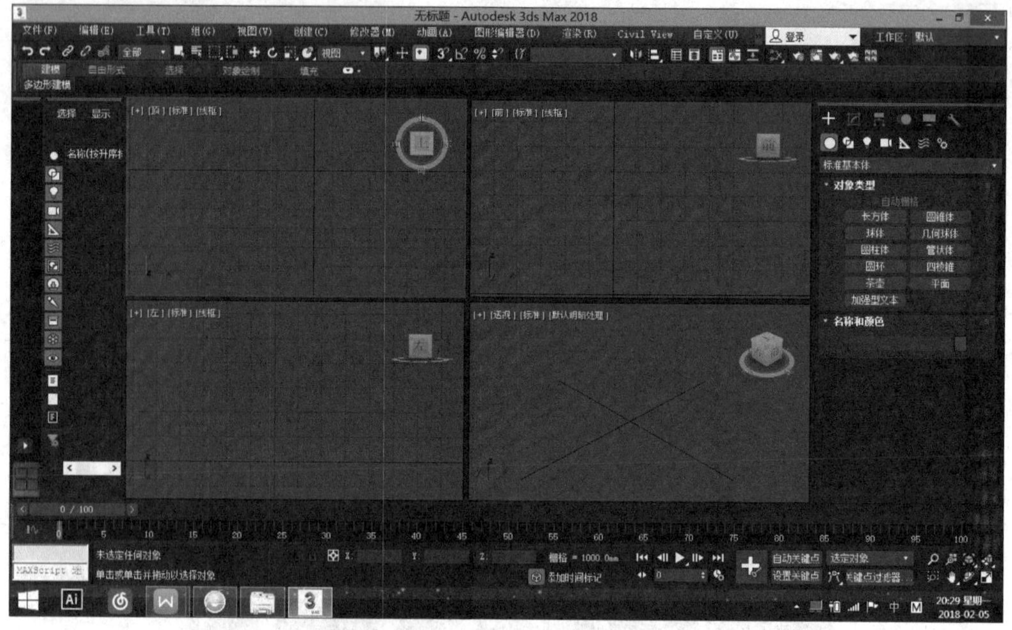

图 1-35

若想将整个工作界面的颜色统一改变，可以选择“自定义”→“加载自定义用户界面方案”命令进行操作。

2. 修改栅格颜色

默认的主栅格和次栅格的颜色很难看出差别，可对栅格进行色彩的修改，具体操作步骤如下：

(1) 打开“自定义用户界面”对话框，切换到“颜色”选项卡，在“元素”选项的下拉列表中选择“栅格”，再选择“按强度设置”选项，将当前的强度值由 103 调整至 90，如图 1-36 所示。

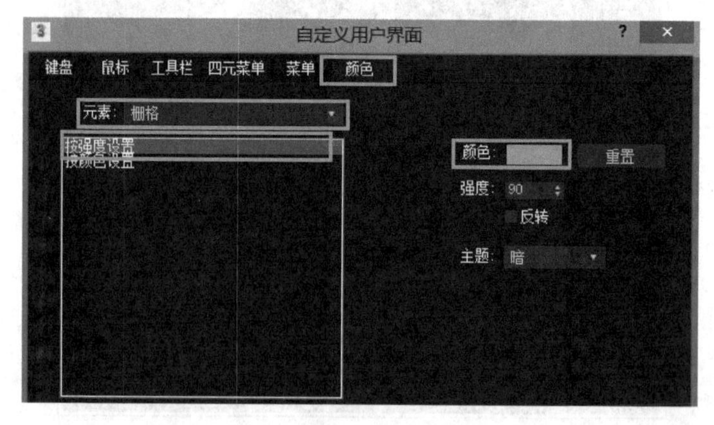

图 1-36

(2) 单击“立即应用颜色”按钮，可以观察到栅格颜色发生了变化，主栅格和次栅格线清晰，并能看出明显的区别，如图 1-37 所示。

图 1-37

(3) 通过“自定义用户界面”对话框还可以对其他一些选项进行调整和设置，这里就不再一一叙述了，大家可以自行体验。

3. 保存自定义用户界面的设置

设置好用户界面后可以进行保存，便于后期调用。选择“自定义”→“保存自定义用户界面方案”命令，打开“保存自定义用户界面方案”对话框，如图 1-38 所示，保存位置必须是根目录下的 UI 文件夹，为文件命名，再进行保存，如图 1-39 所示。

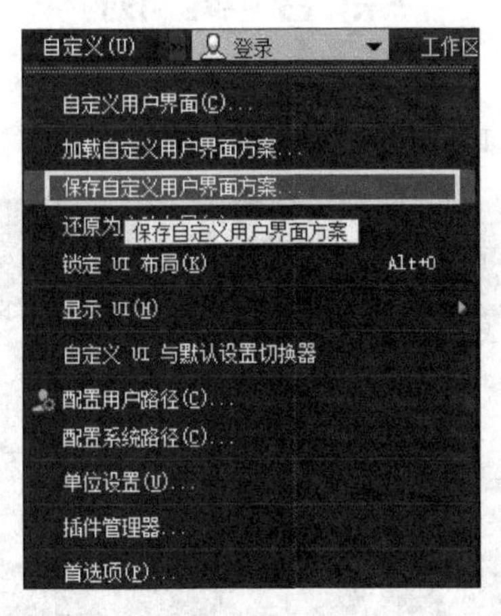

图 1-38

图 1-39

本 章 小 结

1. 本章主要介绍了3ds Max 2018 软件安装、应用和界面组成，命令面板，视图组成及视图控制操作，UI 界面设置等内容。通过本章的学习，需要熟练掌握界面的设置和视图的一般操作。通过反复练习，熟悉快捷键的使用方法，为后期课程的学习打下坚实的基础。

2. 一些常用的快捷键汇总如下。

(1) 视图的切换：P——透视图；F——前视图；T——顶视图；L——左视图。

(2) 视图控制。

缩放：Ctrl＋Alt＋鼠标中键(滚轮)，或前后滚动滚轮。

对象最大化显示：Z 键。

缩放区域：Ctrl＋W 组合键。

平移视图：按下鼠标中键。

环绕子对象：Alt＋鼠标中键。

最大化视口切换：Alt＋W 组合键。

综 合 案 例

根据本章所学知识，将视口界面和背景进行一定的调整，最终效果如图 1-40 所示。

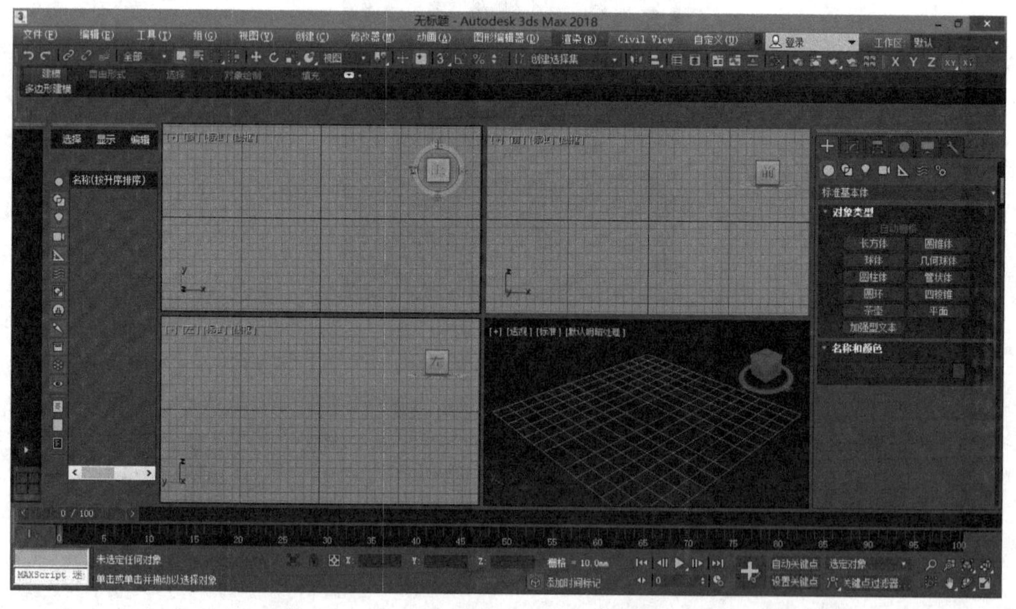

图 1-40

(1) 选择"自定义"→"自定义用户界面"命令,打开"自定义用户界面"对话框,在"颜色"选项卡下的"视口"元素列表中选择"视口背景"。单击右侧的颜色框,打开"颜色选择器"对话框,选择青色,如图 1-41 所示。

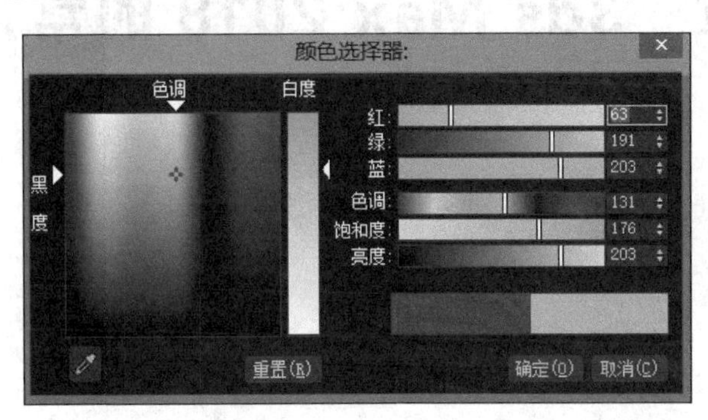

图 1-41

(2) 在"常规 UI 颜色"下选择 Background Odd,如图 1-42 所示。单击"正常颜色"右侧的颜色框,打开"颜色选择器"对话框,选择蓝色,如图 1-43 所示。单击"立即应用颜色"按钮,则界面风格修改完成。

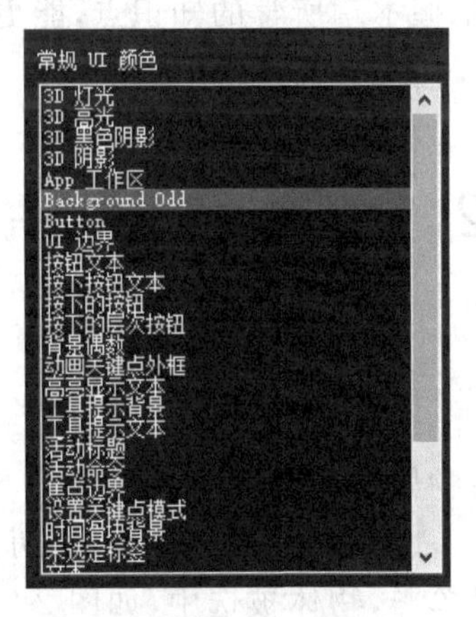

图 1-42

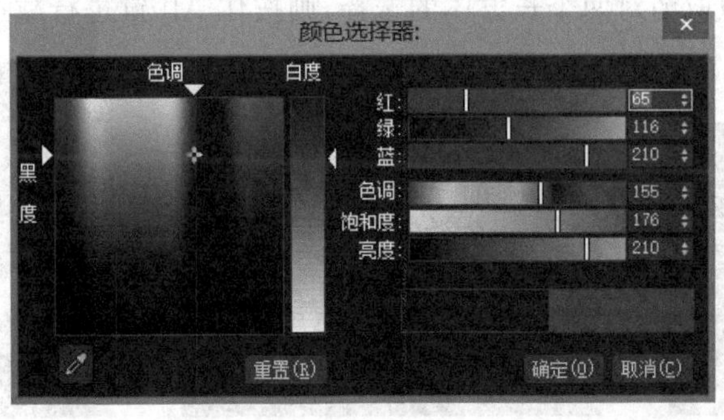

图 1-43

第 2 章　3ds Max 2018 的常用操作

本章要点：

- 选择方法
- 变换操作
- 捕捉与轴约束
- 复制
- 对齐

本章详细介绍 3ds Max 2018 的一些常用操作，包括选择、变换、捕捉与轴约束、复制、对齐等，结合案例进行讲解。掌握本章所学的知识点，能更好地进入后期建模与渲染的学习。

2.1　选择方法

2.1.1　直接选择

选择工具■仅仅是实现对物体的选择，快捷键为 Q。单击“创建”面板中的“几何体”按钮，选择“标准基本体”，如图 2-1 所示，绘制一个球体、两个长方体，当鼠标光标移至球体上并且光标变成十字形状时单击，物体被选中，如图 2-2 所示。当需要选择多个物体时，按住 Ctrl 键进行加选，即按住 Ctrl 键再单击另外两个长方体，则三个物体均被选中，如图 2-3 所示。若想取消对两个长方体的选择，则按住 Alt 键进行减选。

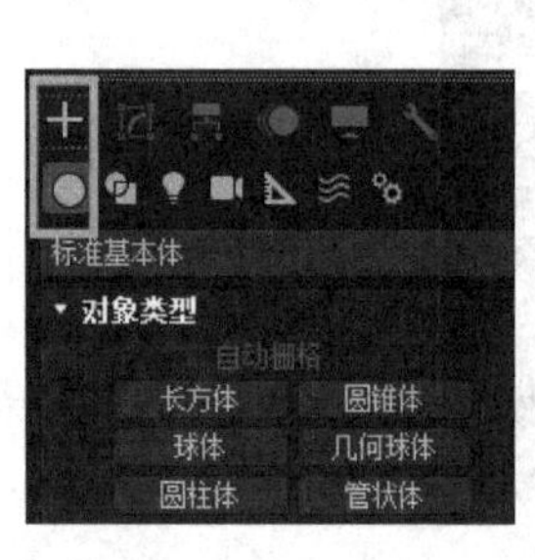

图　2-1

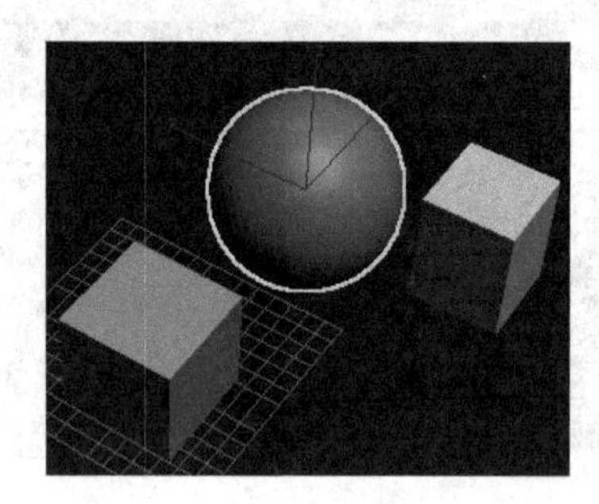
图　2-2

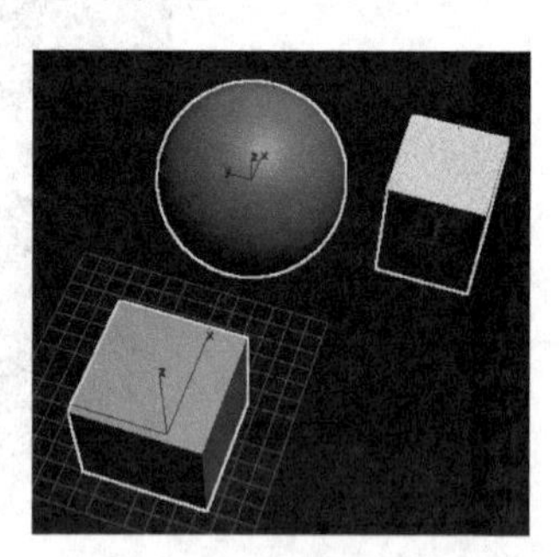
图　2-3

2.1.2　区域选择

在选择单个或多个对象时，可以利用区域选择完成对物体的选择，按钮是。框选形式如图 2-4 所示，分别是矩形选择区域、圆形选择区域、围栏选择区域、套索选择区域、绘制选择区域，一般情况下使用的是矩形选择区域。

在“区域选择”工具的右侧是“窗口→交叉”工具，当图标是状态时，框选物体时，只要与鼠标光标划出的矩形区域有交叉的部分，物体均能被选中，区域框是虚线框，如图 2-5 所示。单击“窗口→交叉”工具，工具被激活，框选物体时，只有被选择区域完全包含在内的物体才会被选中，区域框是实线框，如图 2-6 所示，则只有球体被选中，如图 2-7 所示。

图　2-4

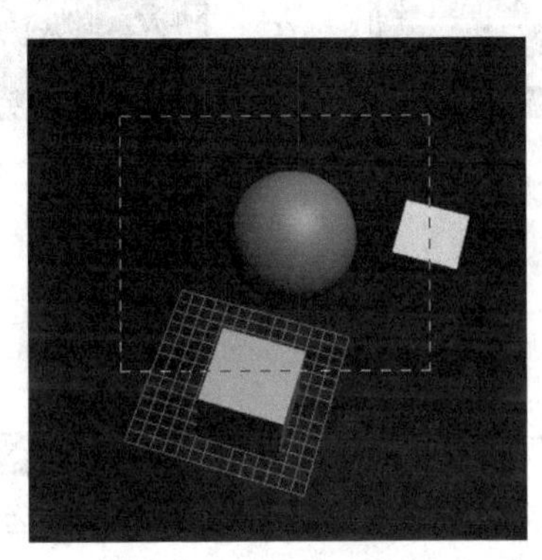

图　2-5

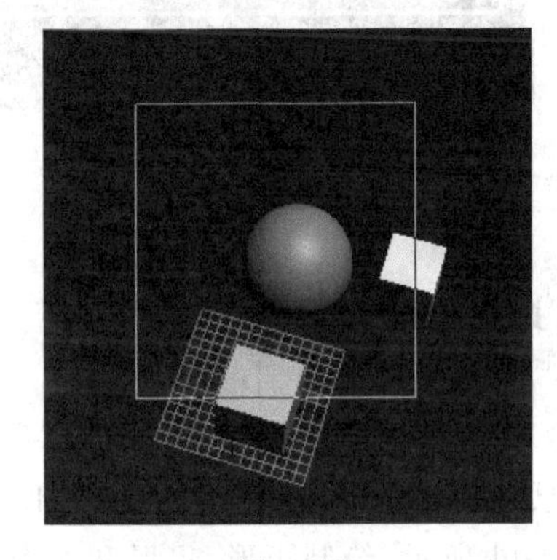

图　2-6

可以通过设置进行框选操作方式的更改，进行“窗口→交叉”工具的两种状态切换。选择“自定义”→“首选项”→“常规”命令，在“场景选择”命令下选中“按方向自动切换窗口/交叉”选项，选择“右→左⇒交叉”，如图 2-8 所示。设置完成后，鼠标光标从左向右框选物体，等同于操作；鼠标光标从右向左框选物体，等同于操作。

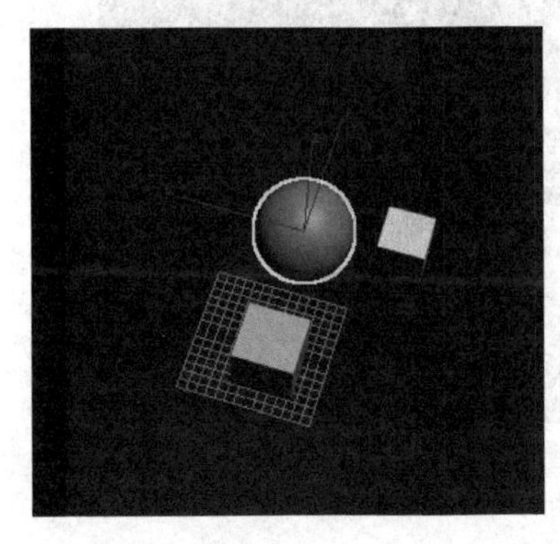

图　2-7

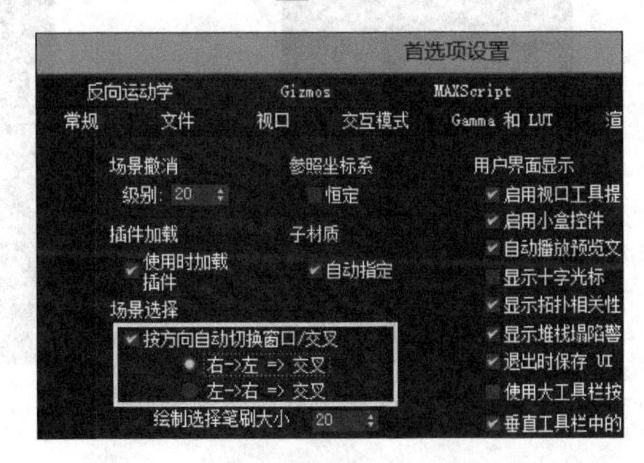

图　2-8

2.1.3 按名称选择

单击"按名称选择"工具按钮(快捷键为 H),弹出"从场景选择"对话框,找到所选对象的名称 Box001、Box002 并进行选择,如图 2-9 所示,则图中的两个长方体均被选中,如图 2-10 所示。

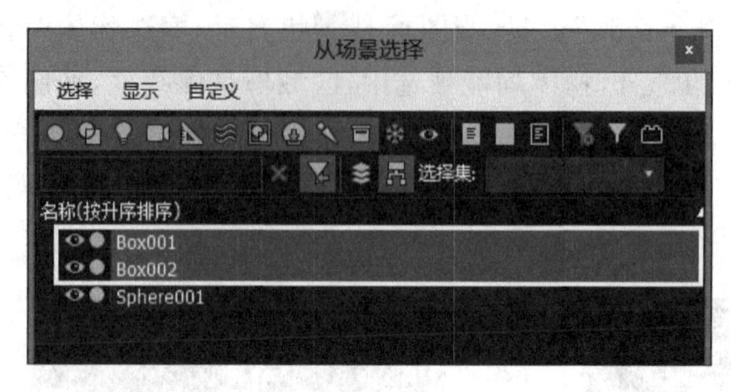

图 2-9

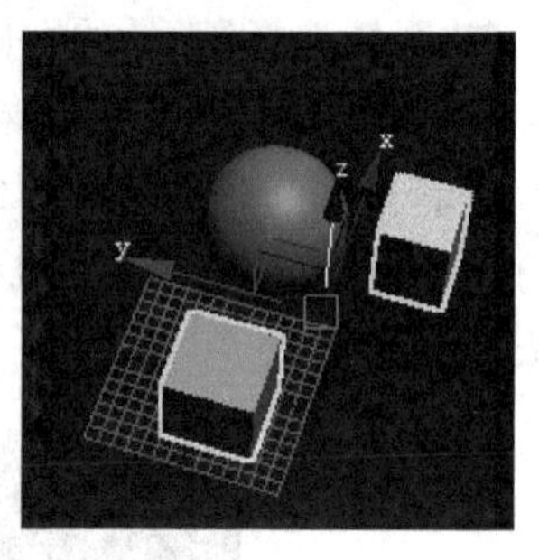

图 2-10

2.1.4 过滤选择

在进行对象选择时,可根据对象的类型进行选择,选择过滤器 全部 进行过滤选择。在原有的物体视图中继续绘制图形,在"创建"面板下单击"图形"按钮,选择"样条线",如图 2-11 所示,绘制矩形、星形和 2 个圆,如图 2-12 所示。在过滤器的下拉菜单中选择"G-几何体",如图 2-13 所示,则图 2-12 中的三个几何体可被选中,其他的四个图形不能进行选择。在下拉菜单中选择"S-图形",则图 2-12 中的四个图形可被选择,其他三个几何体不能被选中。

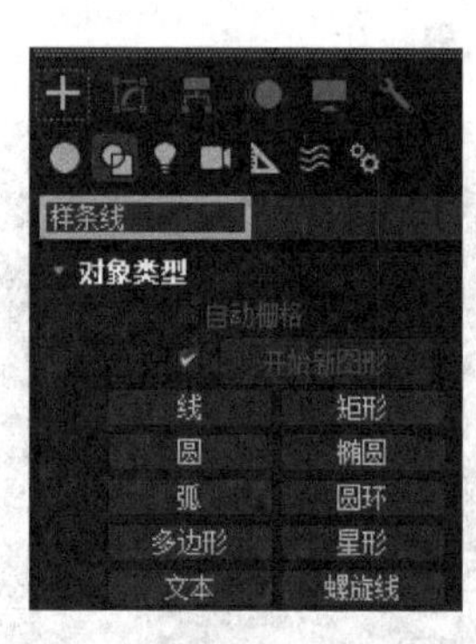

图 2-11

图 2-12

可通过"编辑"→"反选"(组合键为 Ctrl+I)命令进行选择对象的切换。

可通过快捷键来显示和隐藏不同类型的物体。Shift+G 组合键表示隐藏几何体,再按一次则为显示几何体。Shift+S 组合键表示隐藏或显示图形,Shift+L 组合键表示隐藏或显示灯光，Shift＋C 组合键表示隐藏或显示摄影机。按下 Shift＋G 组合键，则图 2-12 中的几何体消失，只留下二维图形，如图 2-14 所示。

图 2-13

图 2-14

2.1.5 轨迹与图解视图选择

1. 轨迹

“轨迹视图”提供两种基于图形的不同编辑器，用于查看和修改场景中的动画数据。另外，可以使用“轨迹视图”来指定动画控制器，以便插补或控制场景中对象的所有关键点和参数。

右击活动视口，依次选择“四元”菜单→“变换”象限→“曲线编辑器”或“摄影表”命令。

单击或右击“观察点”(POV)视口标签。选择“观察点”(POV)视口标签→“扩展视口”→“轨迹视图”命令，选择新的轨迹视图或已保存的轨迹视图。

“轨迹视图”使用两种不同的模式——“曲线编辑器”和“摄影表”。“曲线编辑器”模式将动画显示为功能曲线，而“摄影表”模式将动画显示为包含关键点和范围的电子表格。关键点是带颜色的代码，便于辨认。一些“轨迹视图”功能(例如，移动和删除关键点)也可以在时间滑块附近的轨迹栏上进行访问，还可以展开轨迹栏来显示曲线。默认情况下，“曲线编辑器”和“摄影表”打开为浮动窗口，但也可以将其停靠在界面底部的视口下面，甚至可以在视口中打开它们。可以命名“轨迹视图”布局，并将其存储在缓冲区中，以供以后重用。“轨迹视图”布局使用 MAX 场景文件存储。软件会记住上次使用的“轨迹视图”布局，并在下次打开“轨迹视图”时自动加载它。

“轨迹视图”可以执行以下多种场景管理和动画控制任务。

在“修改”面板中导航修改器堆栈，方法是在“轨迹视图层次”中单击修改器项。在“轨迹视图”中创建轨迹的目的是用于动画顶点。Bezier Point 3 控制器是默认的顶点插值控制器。

如果在帧中使用了控制器，要对帧进行更改，请执行以下操作：将控制器或约束应用于对象运动时，控制器起作用的帧的范围由应用当前的活动时间段决定。如果之后再更改活动时间段或者动画长度，那么控制器的影响持续时间不会更改。有时应用控制器(例如，“路径约束”)时会自动设置关键点，可以使用它们来更改此范围；但是其他控制器(例如，“噪波”控制器)并不设置关键点。在这种情况下，请执行以下步骤。

(1) 选择对象，然后右击该对象，并从菜单中选择“曲线编辑器”命令。

(2) 展开对象层次，找到所要调整的轨迹。

(3) 从“编辑器”菜单中选择“摄影表”命令。

(4) 在“摄影表”中单击“编辑范围”按钮。

(5) 通过拖动其端点可以调整范围的持续时间，或者通过在端点之间拖动可以调整它在动画中的位置。

2. 图解视图

(1) 要使用“图解视图”创建层次，请执行以下操作。

① 在视口中选择要使用的对象。

② 在“图解视图”窗口中使用“最大化显示选定对象”显示对象。

③ 在“图解视图”工具栏中单击(链接)。

④ 在“图解视图”窗口中将子对象拖动到父对象中，沿光标的路径出现虚线，单击可创建链接。

⑤ 在“层次”模式中创建链接时，子对象将在父对象下方缩进显示。

(2) 要用“图解视图”指定控制器，请执行以下操作。

① 在“图解视图”工具栏中单击“显示”按钮，出现“显示”浮动框，这样可以控制“图解视图”窗口中出现的对象。

② 在“关系”组中的“显示”浮动框中单击“控制器”按钮。在“实体”组中也可单击“控制器”按钮。当按钮呈现锯齿状，表明它们处于活动状态。此时将在“图解视图”窗口中出现“变换”。

③ 在“图解视图”窗口中选择要指定控制器对象的变换。

④ 在“工具”四元菜单中右击“变换”，选择“指定控制器”命令。

⑤ 在列表中选择要应用的控制器，然后单击“确定”按钮。

(3) 要保存“图解视图”布局，请执行以下操作。

① 当拥有满意的布局时，可以使用工具栏中“图解视图”中的“名称”字段对其命名，此选项位于“首选项”按钮的右侧。

② 关闭“图解视图”窗口。

③ 要加载保存的视图，请选择“图形编辑器”→“保存图解视图”命令，然后从历史记录列表中选择“图解视图”选项。

(4) 要添加背景图像，请执行以下操作。

① 在“图解视图选项”菜单中选择“首选项”命令。

② 在“背景图像”组中单击“文件”按钮，启动“文件浏览器”。

③ 在浏览图像对话框中查找并高亮显示要使用的位图，然后单击“打开”按钮。

④ 在“图解视图首选项”对话框中的“背景”组中启用“显示图像”。“图解视图”窗口中显示“背景图像”的位图。如果要缩放或者平移背景图像，启用“锁定缩放平移”选项。

(5) 要导航复杂场景，请执行以下步骤。结合使用“平移或缩放至选定对象”选项，使用“列表查看器”可以快速导航复杂场景。例如，假设需要定位某一角色的所有骨骼。

① 打开“图解视图”。

② 按住 H 键，在“选定对象”字段中输入要查找的对象的名称。按 Enter 键可按名称选择对象。

③ 在窗口导航工具组中单击(缩放选定对象)，“图解视图”窗口中会清楚地显示出对象节点。

④ 在“列表视图”菜单中选择“显示出现”命令，“列表查看器”中显示“对象出现”对话框。这是一个可排序的列表，可以通过单击标题对其进行排序，可以使用任何一个“列表视图”菜单中的选项显示具有特定关系的一系列对象。

⑤ 在“视图”菜单中选择“平移到选定对象”(或单击)。现在可以单击列表中的节点，将更新“图解视图”窗口，以显示单击的每一个节点。这种方法使复杂场景的导航变得容易。当使用列表(如相关列表或实例列表)时，可以对关联进行分离或者使实例唯一化。

2.1.6　孤立选择

对于造型复杂的物体来说，需要将其中一部分孤立出来，再进行相应的修改，则此时需要用到孤立选择。打开“雪人”文件，如图 2-15 所示，将雪人的头部进行孤立。选中雪人头部，右击，选择“孤立当前选择”命令，组合键为 Alt+Q，如图 2-16 所示，则视图中就只有雪人头部，雪人的其他部分被隐藏，如图 2-17 所示，此时便可以对其进行修改。

图　2-15

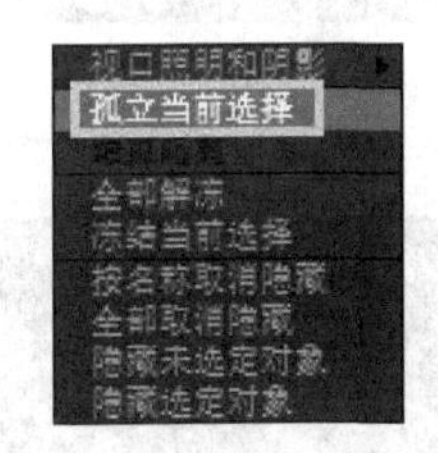

图　2-16

退出孤立模式，右击，选择“结束隔离”命令，如图 2-18 所示，则所有的对象均会重新显示出来。

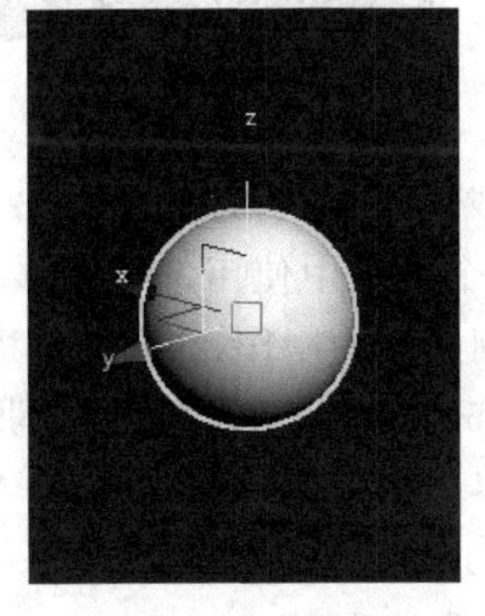

图　2-17

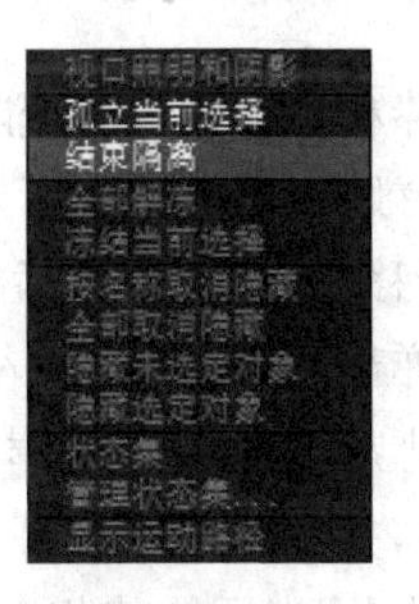

图　2-18

2.2 变换操作

2.2.1 选择并移动工具

选择并移动工具在选择对象的同时可以实现对象的移动，快捷键为 W。绘制长方体，选择选择并移动工具，选中物体，如图 2-19 所示，除出现高亮显示框外，还出现三个轴向，分别是 X 轴、Y 轴、Z 轴，当鼠标光标移至相应轴向时，该轴向会黄色高亮显示，如图 2-20 所示，说明可以沿着该轴向进行移动。当鼠标光标移至两个轴向的中间位置时，两个轴向均会黄色高亮显示，如图 2-21 所示，说明可以沿着两个轴向进行移动。当三个轴都不出现黄色高亮显示时，如图 2-22 所示，说明物体可沿着任意方向进行移动。

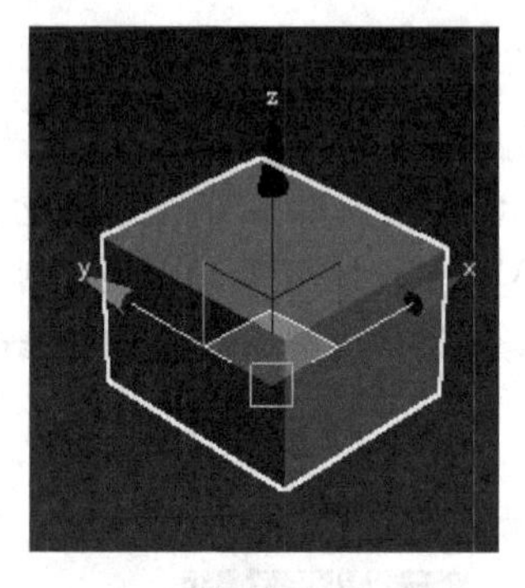

图 2-19

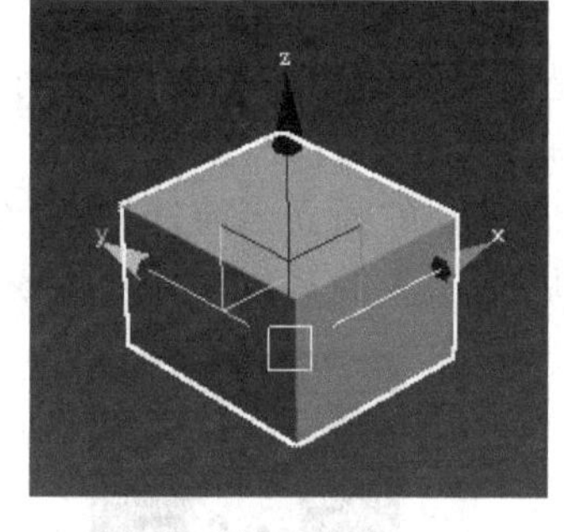

图 2-20

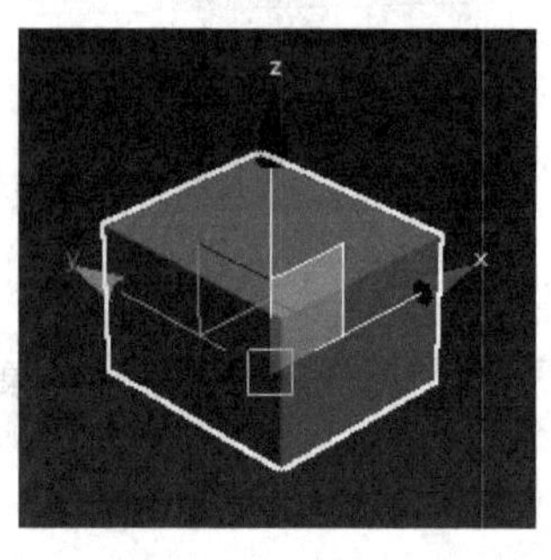

图 2-21

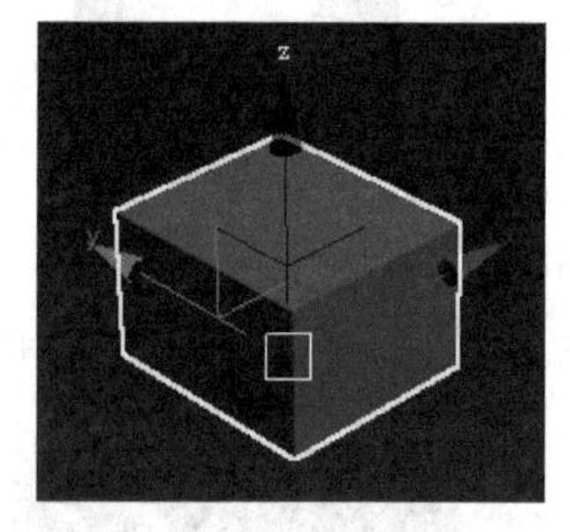

图 2-22

打开“棒棒糖”文件。为了消除栅格对操作造成的影响，可以隐藏栅格，快捷键为 G，隐藏栅格后的效果如图 2-23 所示。在顶、前、左三个视图中使用选择并移动工具对其中一个对象进行移动，移动到合适的位置，完成棒棒糖模型的制作，如图 2-24 所示。

右击，弹出“移动变换输入”对话框，如图 2-25 所示。有两个参数可供选择。

“绝对：世界”表示当前物体相对 3ds Max 世界坐标系位置的改变，X、Y、Z 轴代表世界坐标系下的，并不是当前屏幕坐标系下的。

“偏移：世界”表示物体相对当前屏幕坐标系位置的改变。

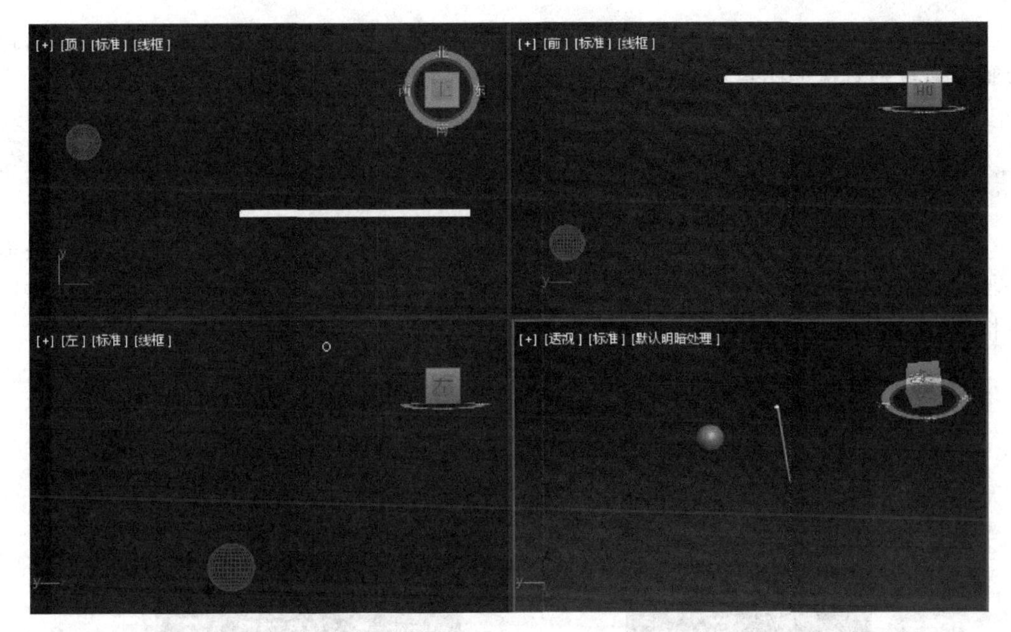

图　2-23

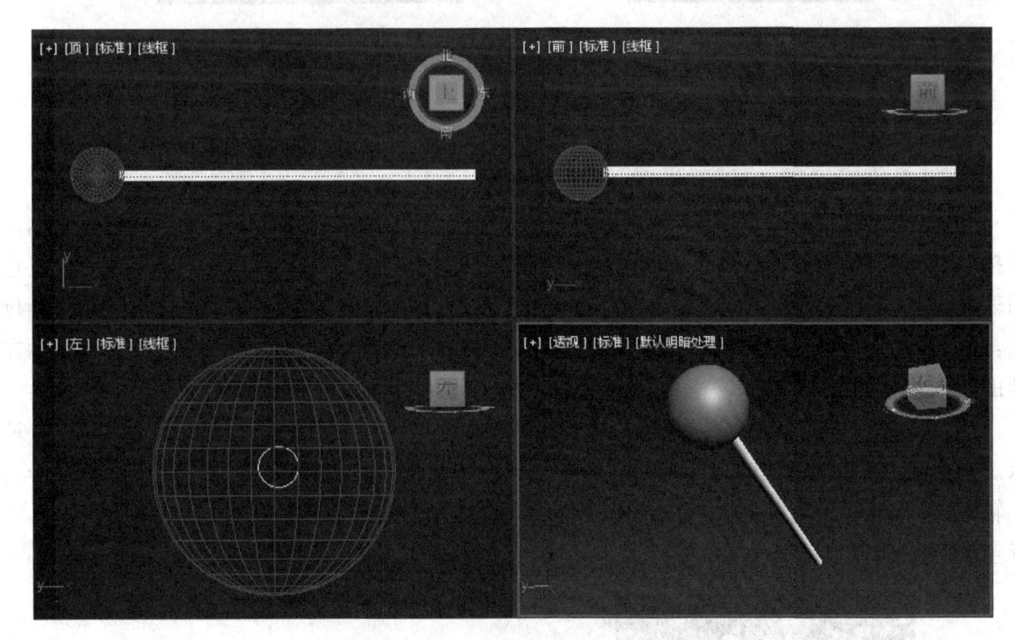

图　2-24

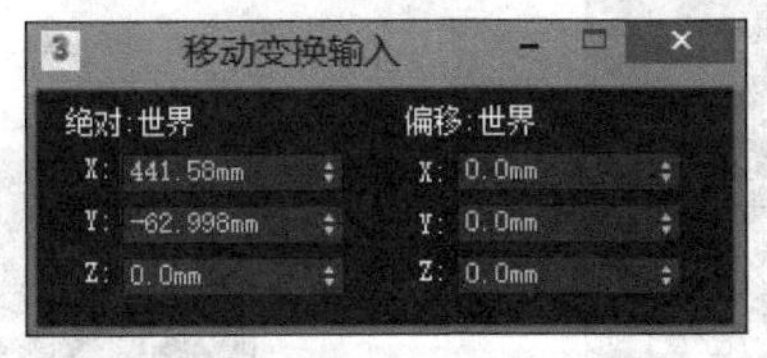

图　2-25

一般情况下,“偏移:世界”用得较多。通过改变 X、Y、Z 值实现对象的定量移动,可以将对象移动具体的距离。结合选择并移动工具,实现物体的具体位置的移动。

2.2.2 选择并旋转工具

选择并旋转工具在选择对象的同时可以实现对象的旋转,快捷键为 E。绘制茶壶造型,如图 2-26 所示。选中茶壶,切换到选择并旋转工具,可以观察到对象外围有一些圆形框,如图 2-27 所示,可将对象在三个轴上分别旋转。

图 2-26

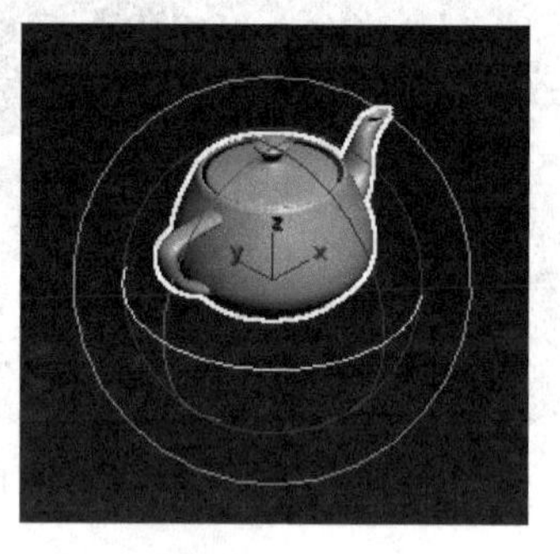

图 2-27

- 红色表示围绕 X 轴旋转。
- 绿色表示围绕 Y 轴旋转。
- 蓝色表示围绕 Z 轴旋转。

当鼠标光标放在三个轴向上时,会黄色高亮显示,表示该轴向旋转激活,按住鼠标左键拖动可进行旋转操作,同时会出现旋转的角度值,如图 2-28 所示。最外面的一个灰色圆表示沿着垂直于当前屏幕的一条轴旋转,里面的深灰色圆表示可以沿任意方向进行旋转,这两个用得比较少。如果在旋转的时候发现旋转错误,需要复位时,则在按住鼠标左键的同时右击即可复位。

当需要进行准确角度的旋转时,右击,弹出“旋转变换输入”对话框,如图 2-29 所示。可以在 X、Y、Z 轴上进行参数的设置。当在 Y 轴下输入 45.0 时,表示当前物体沿着 Y 轴旋转了 45°,如图 2-30 所示。输入负值,物体沿着顺时针方向旋转;输入正值,物体沿着逆时针方向旋转。

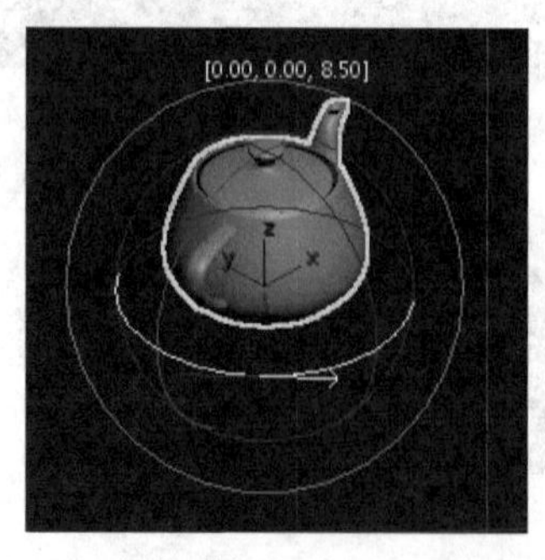

图 2-28

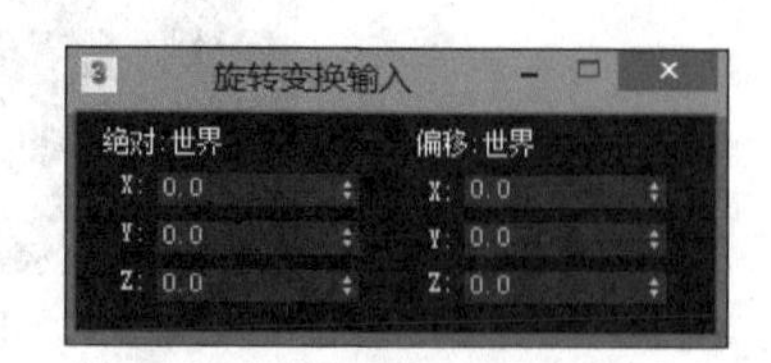

图 2-29

若使茶壶每次均旋转一定的角度，需要借助于角度捕捉切换工具，选择此工具按钮，右击，弹出“栅格和捕捉设置”对话框，单击“选项”选项卡，设置“角度”为 90.0 度，如图 2-31 所示，则进行旋转物体时，旋转变化为 90.0 度或 90.0 度的整数倍，如图 2-32 所示。

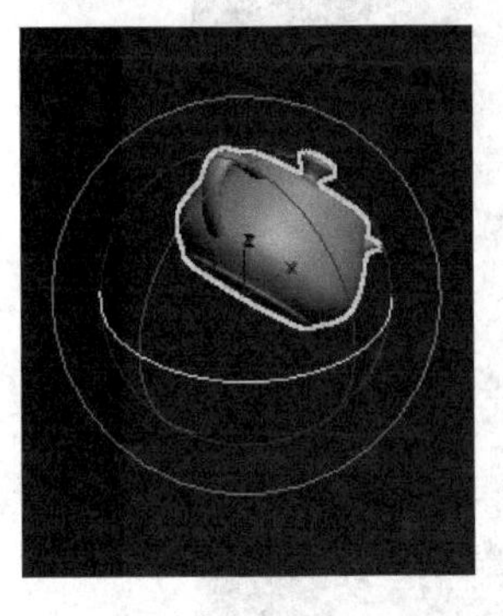

图　2-30

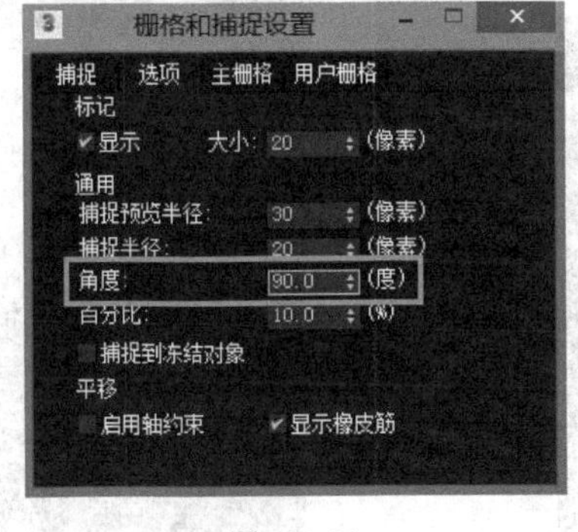

图　2-31

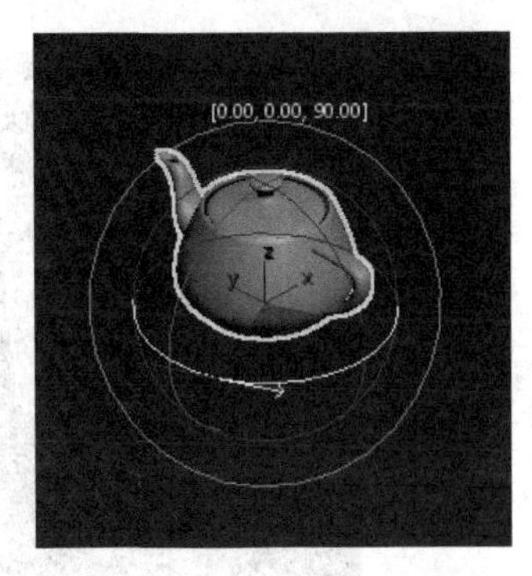

图　2-32

2.2.3　选择并均匀缩放工具

选择并均匀缩放工具在选择物体的同时可以对物体进行均匀缩放，快捷键为 R。绘制长方体造型，切换到选择并均匀缩放工具，如图 2-33 所示，鼠标光标可以放在任意轴上对其进行均匀缩放。若将物体在 Y 轴方向上进行均匀缩放，则将鼠标光标移至 Y 轴方向上，Y 轴会以黄色高亮显示，如图 2-34 所示，按住鼠标左键进行拖动，则物体会沿 Y 轴进行缩放，如图 2-35 所示。其他两个轴上的均匀缩放方法与其一样。在进行缩放时想取消缩放，则在缩放的同时右击进行复位。

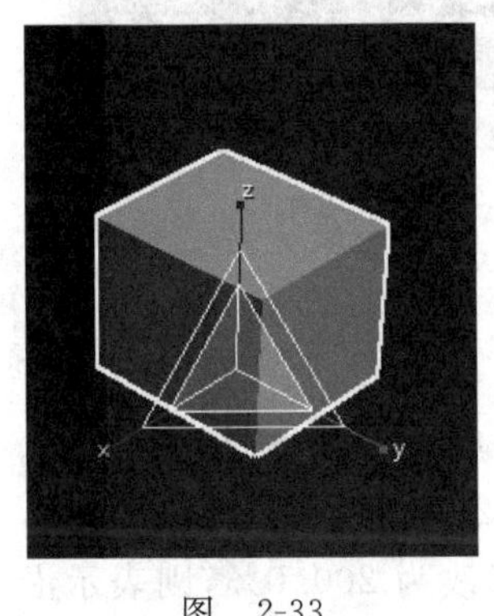

图　2-33

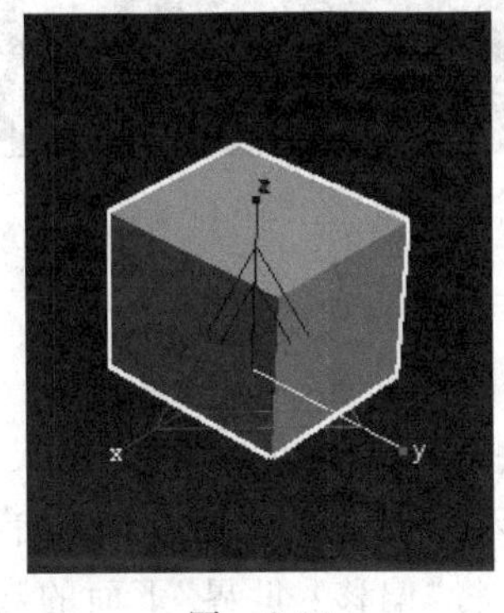

图　2-34

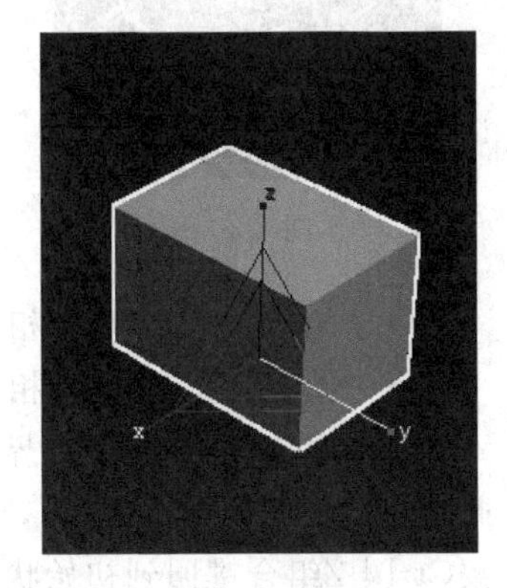

图　2-35

将鼠标光标放至坐标原点处，物体显示状态如图 2-36 所示，按住鼠标左键进行拖动，则物体会等比例进行缩放，不会发生变形，只会发生等比例的放大或缩小，如图 2-37 所示。

将鼠标光标放至两个轴连接线的位置，物体显示状态如图 2-38 所示，按住鼠标左键进行拖动，则物体会沿着两个轴的方向进行缩放，如图 2-39 所示。也可以在其他三个视

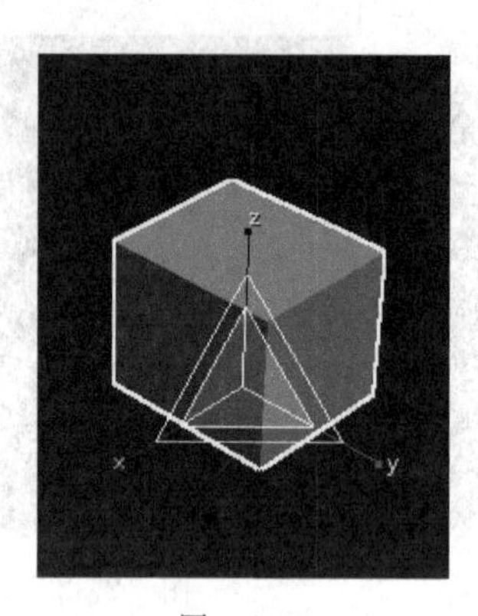

图 2-36

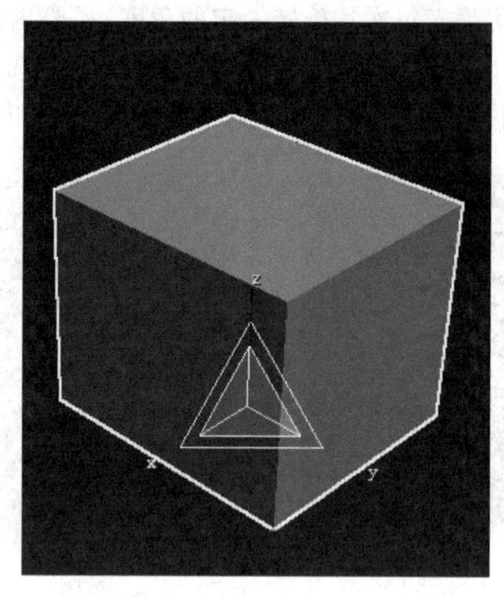

图 2-37

图下进行均匀缩放，这里就不一一叙述了。

与前面所讲的两个工具相似，也可以对物体进行准确比例的缩放。右击▣图标，弹出“缩放变换输入”对话框，如图 2-40 所示。

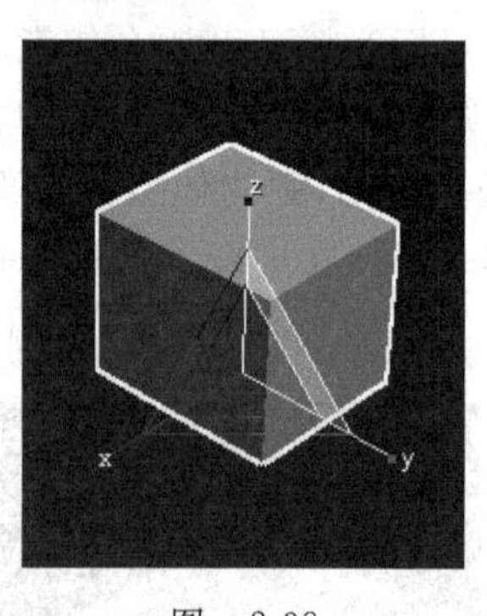

图 2-38

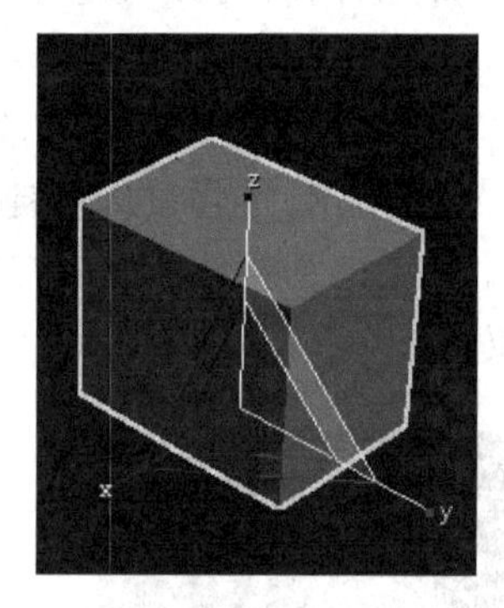

图 2-39

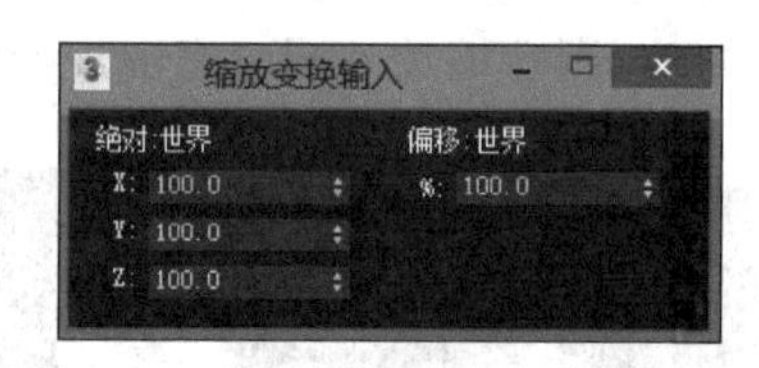

图 2-40

- “绝对：世界”是指相对于物体的初始状态。
- “偏移：世界”是指相对于物体的前一个状态。

原始状态下“绝对：世界”“偏移：世界”显示均为 100.0%，则表示物体是初始状态。此时将 Z 值修改为 200.0%，则表示将物体在 Z 轴方向上缩放至 200.0%，如图 2-41 所示，按Ctrl+Z组合键回到初始状态。将“偏移：世界”下面的数值修改为 200.0%，则表示沿着 X、Y、Z 轴三个轴方向上均放大到原来的 2 倍，如图 2-42 所示，此时若想将其恢复到原来的状态，则将“偏移：世界”数值修改为 50%即可。

在选择并均匀缩放工具▣按钮的下拉按钮中还有另外两个工具按钮，如图 2-43 所示。▣是选择并非均匀缩放工具，▣是选择并挤压工具。采用选择并挤压工具时，缩放时物体的体积不变，物体的造型发生改变，如图 2-44 所示。

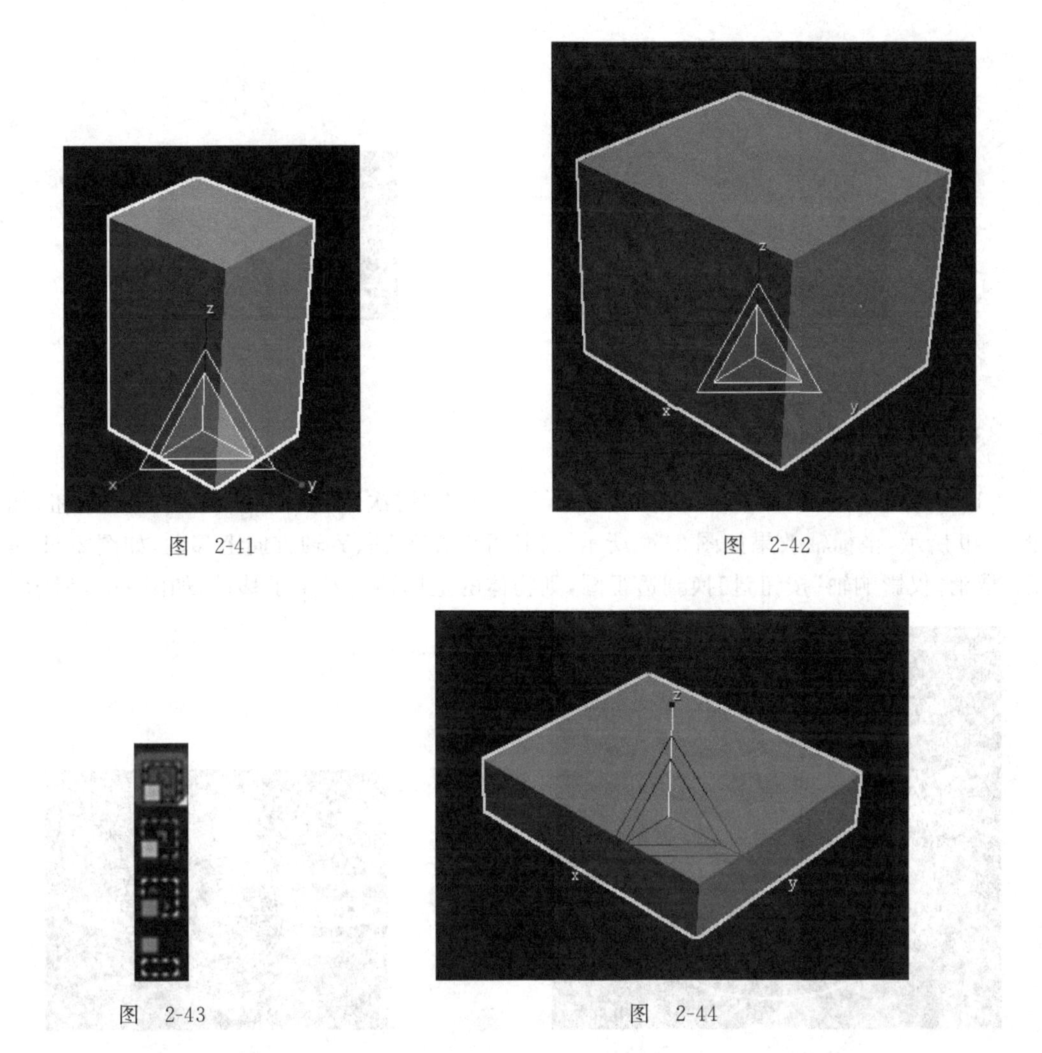

图　2-41　　图　2-42

图　2-43　　图　2-44

2.2.4　坐标轴与坐标系统

1. 显示坐标轴

使用选择并移动工具，物体上会出现三个坐标轴，如图 2-45 所示。如果不小心在视图中坐标轴不见了，则可以将其找回。选择“自定义”→“首选项”命令，弹出“首选项设置”对话框，在 Gizmos 选项卡的“变换 Gizmo”参数下选中“启用”复选框，如图 2-46 所示，则坐标轴就会出现。也可以通过组合键 Ctrl＋Shift＋X 完成。

2. 调整坐标轴的大小

如果坐标轴显示较小，不便于进行操作，则可通过按键盘上的“＋”增加坐标轴的大小，调整后的效果如图 2-47 所示。可通过按键盘上的“－”缩减坐标轴的大小。

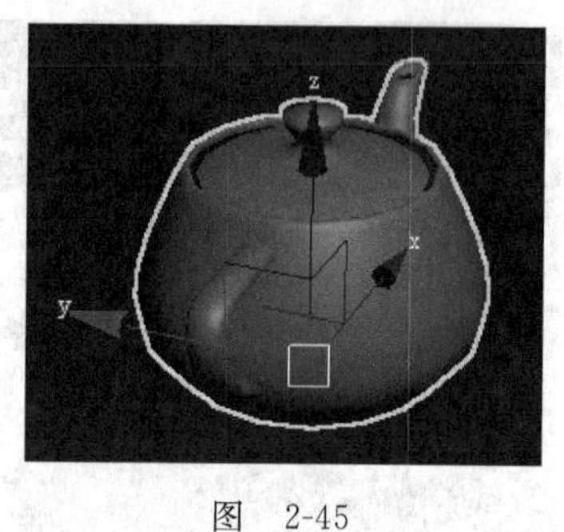

图　2-45

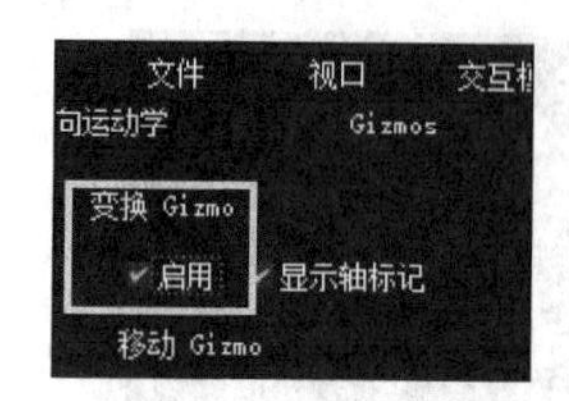

图　2-46

3. 移动坐标轴

选中茶壶，切换到顶视图，如图 2-48 所示。单击“层次”面板下的“仅影响轴”按钮，如图 2-49 所示，坐标轴效果如图 2-50 所示，对其可以在 X 轴、Y 轴方向上移动，如图 2-51 所示，取消“仅影响轴”按钮，切换到透视图，则物体的坐标轴就发生了移动，如图 2-52 所示。

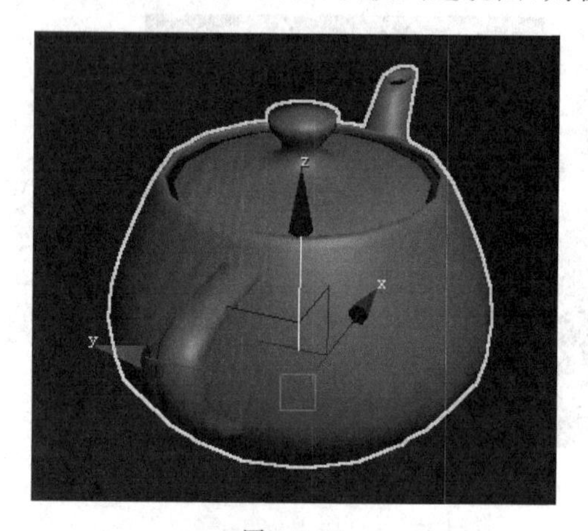

图　2-47

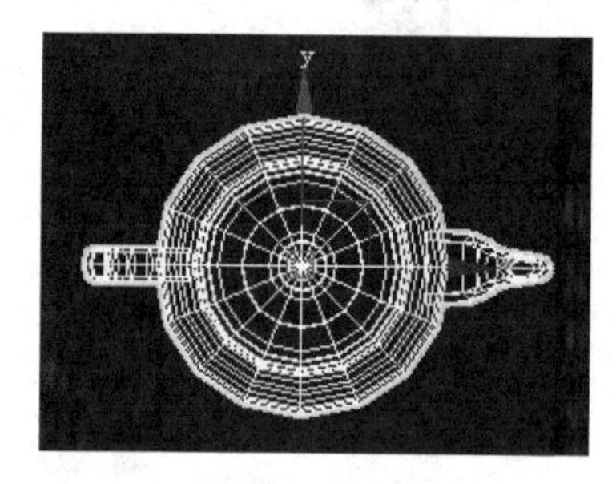

图　2-48

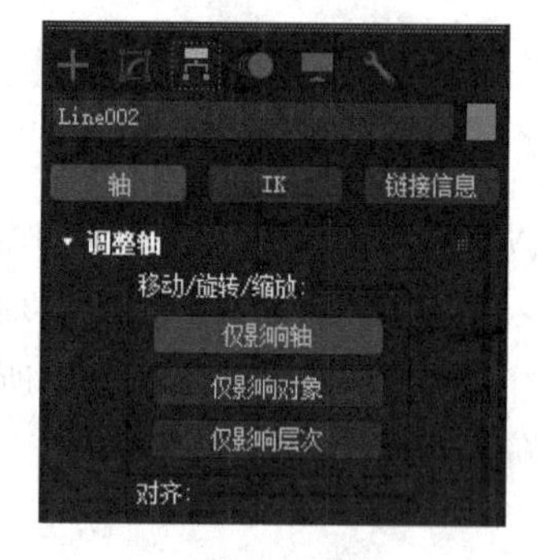

图　2-49

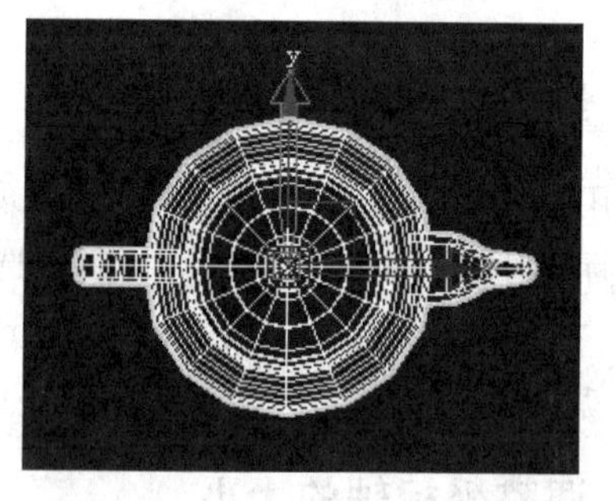

图　2-50

用同样的方法切换到选择并旋转工具，也可以对坐标轴进行旋转操作。

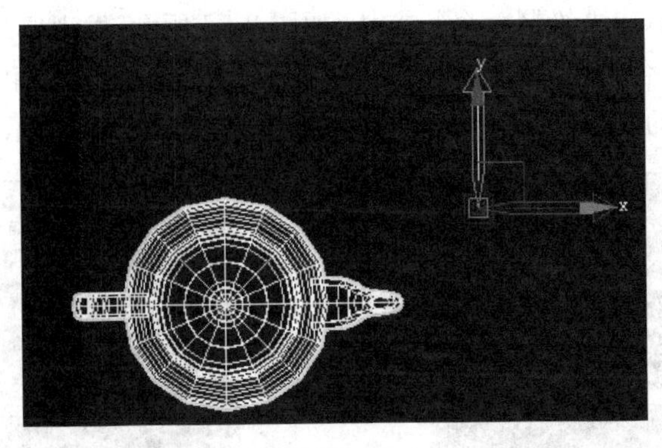

图　2-51

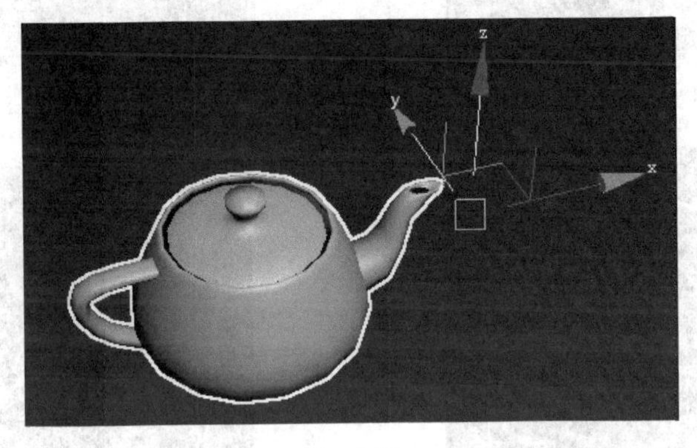

图　2-52

2.3　捕捉与轴约束

2.3.1　捕捉的类型与设置

1. 捕捉的类型

捕捉工具默认显示是 3 维捕捉工具，用来捕捉三维空间物体。其下拉按钮中还有另外两个工具按钮；是 2 维捕捉工具，用来捕捉二维平面，即栅格平面上的点；是 2.5 维捕捉工具；用来捕捉三维物体的二维平面。

使用捕捉工具时，需要对其进行设置。在捕捉工具按钮处右击，弹出“栅格和捕捉设置”对话框，如图 2-53 所示，在“捕捉”选项卡下进行操作。绘制长方体，如果需要捕捉端点，则在“捕捉”选项卡下将其他的选中项均取消选中，再选中端点，如图 2-54 所示。按下捕捉工具按钮，在透视图下将鼠标光标移至物体上，当经过物体的端点时会自动捕捉，如图 2-55 所示。当按下捕捉工具按钮，在透视图下将鼠标光标移至物体上，位于栅格平面上的端点会被捕捉，其他端点不能被捕捉，如图 2-56 所示。当按下捕捉工具按钮，在透视图下捕捉到端点，再绘制一个长方体，如图 2-57 所示，发现所绘制的长方体的端点没有和捕捉的端点重合，而是位于栅格平面上，而使用工具进行相同的操作，再绘制长方体，会发现长方体的起始端点与所捕捉的端点重合，如图 2-58 所示。

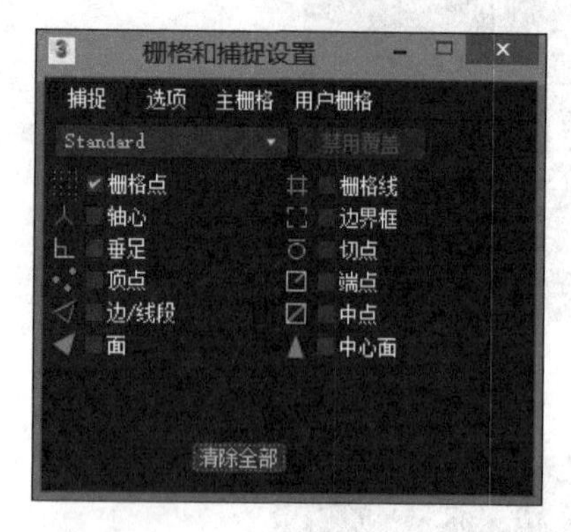

图 2-53

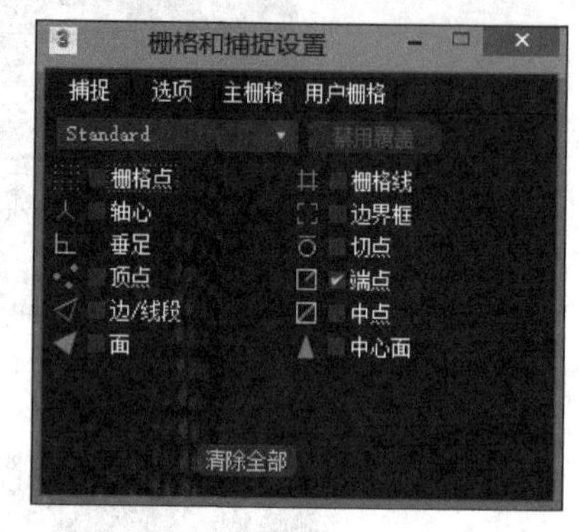

图 2-54

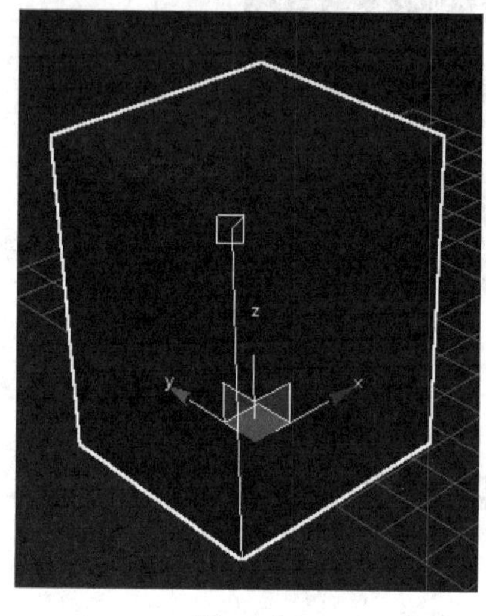

图 2-55

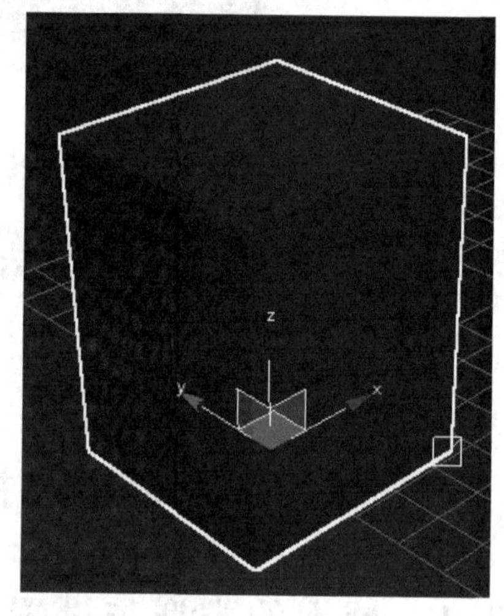

图 2-56

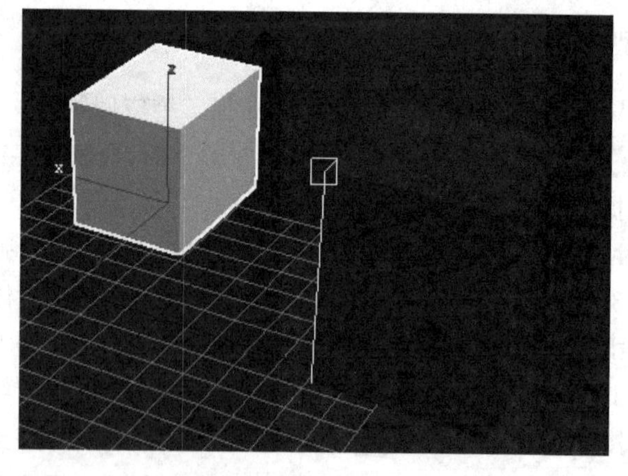

图 2-57

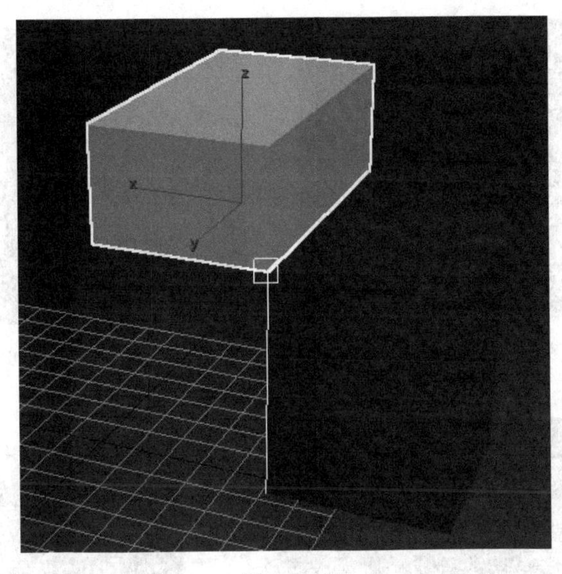

图　2-58

2. 捕捉的设置

“栅格和捕捉设置”对话框的“栅格”选项卡中有 12 种捕捉方式。

- 栅格点：捕捉栅格的交点，如图 2-59 所示，一般在样条线建模时用得较多。
- 栅格线：可以捕捉栅格线上的任意位置，如图 2-60 所示，很少用到。

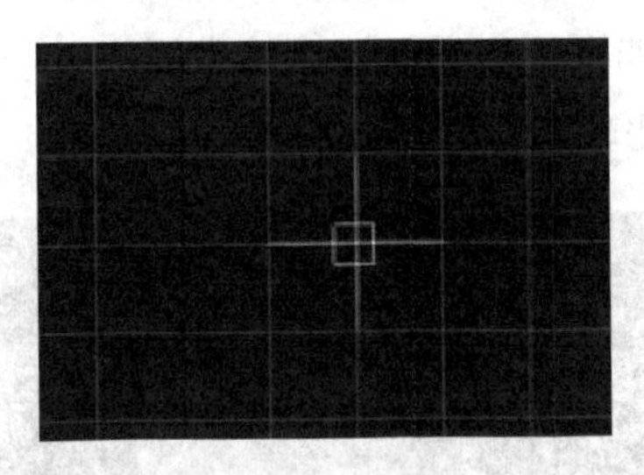

图　2-59

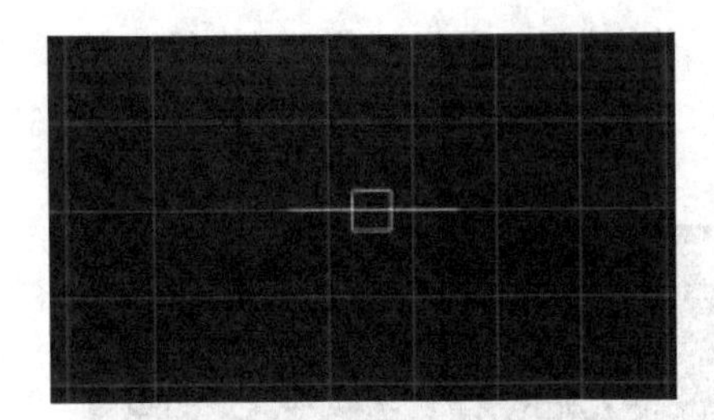

图　2-60

- 轴心：可以捕捉到物体的轴心点，如图 2-61 所示，可以用来改变物体的旋转中心点。
- 边界框：捕捉物体的边界框，如图 2-62 所示，很少用到。
- 垂足：一般用于线的绘制，捕捉到线的垂足，如图 2-63 所示。
- 切点：捕捉到圆的切点，用于切线的绘制，如图 2-64 所示。
- 顶点：捕捉到物体的顶点位置，如图 2-65 所示，比较常用。

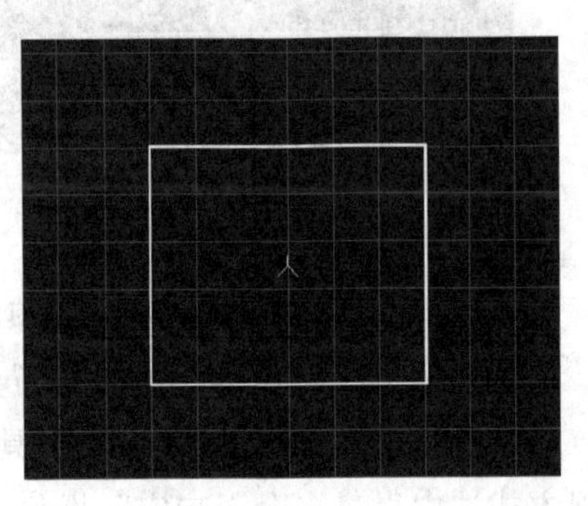

图　2-61

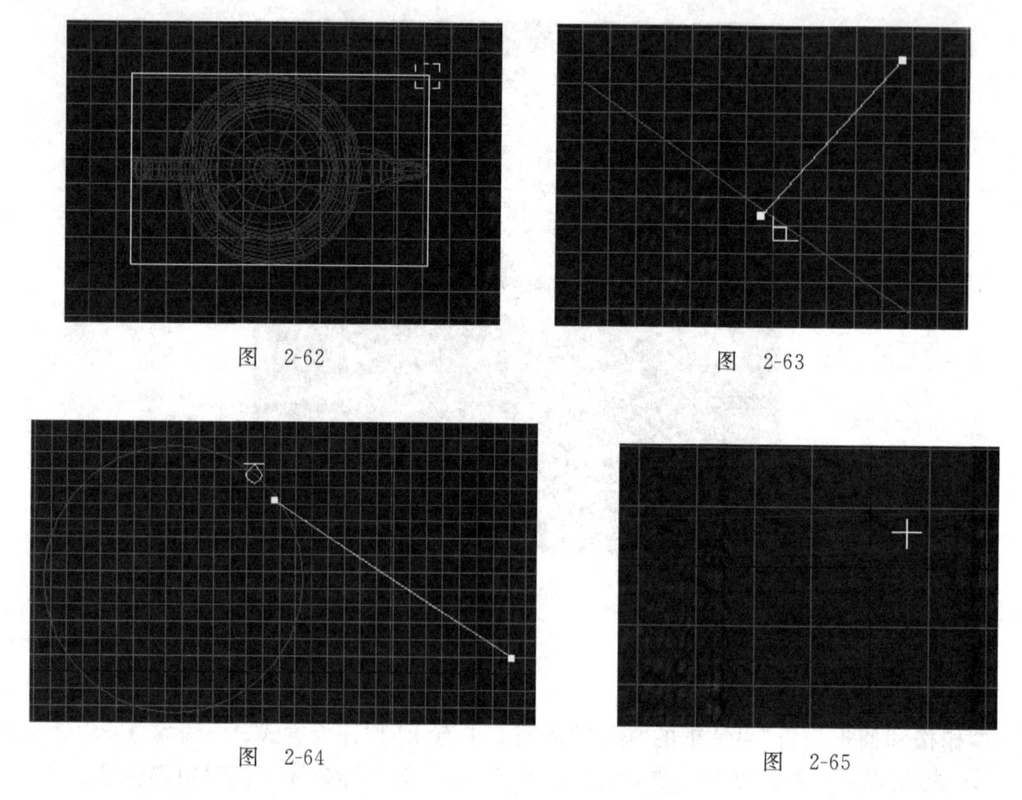

图 2-62

图 2-63

图 2-64

图 2-65

- 端点：捕捉到线段的端点，可用顶点代替。
- 边/线段：可以捕捉边/线段上的任意一点，如图 2-66 所示，比较常用。
- 中点：可以捕捉线的中点，如图 2-67 所示，比较常用。

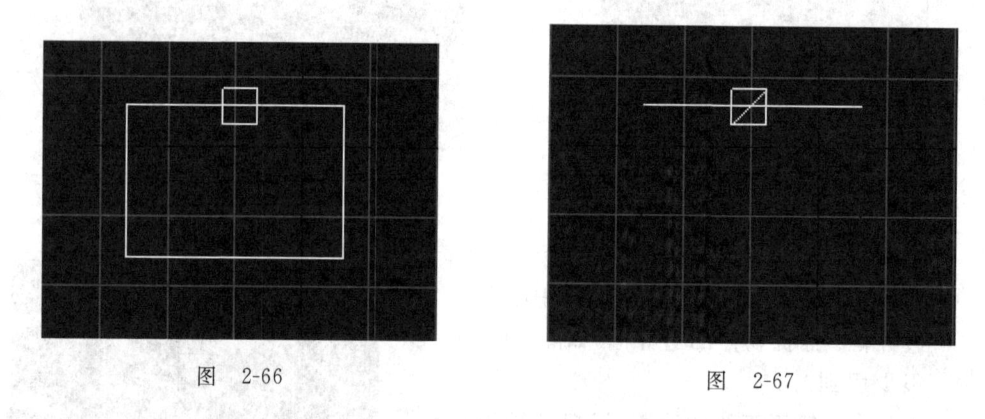

图 2-66

图 2-67

- 面：可以捕捉到立体图形的任意一面，如图 2-68 所示。
- 中心面：捕捉面的中心位置，如图 2-69 所示。

在进行捕捉方式设置时，根据具体需要进行合适的选择，并不是越多越好，有时候捕捉方式选中得过多会影响实际操作。

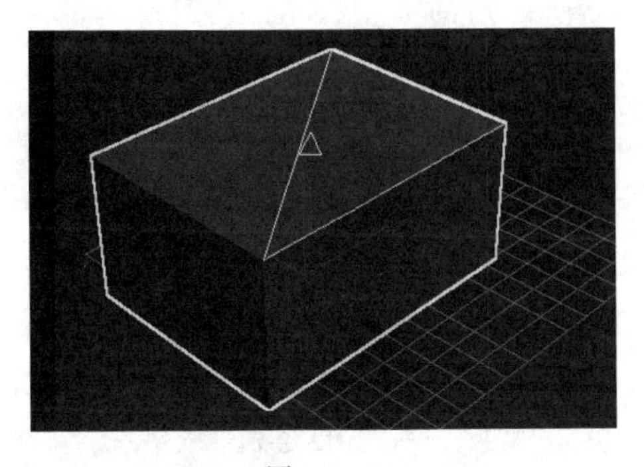

图　2-68

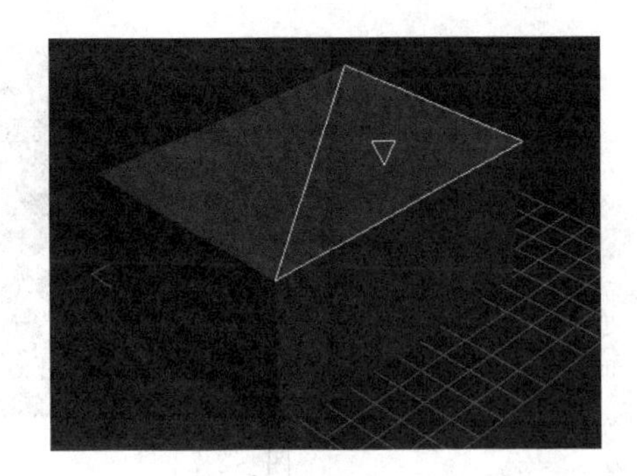

图　2-69

2.3.2　轴约束

右击捕捉开关，弹出“栅格和捕捉设置”对话框，在“选项”选项卡下选中“启用轴约束”复选框，如图 2-70 所示。绘制两个长方体，切换到顶视图下，如果要使两个物体在 Y 轴方向上对齐，启用轴约束，打开捕捉，捕捉“顶点”，将鼠标光标移到 Y 轴上，Y 轴会黄色高亮显示，如图 2-71 所示。按下 F6 键，锁定 Y 轴，无论鼠标光标如何移动，物体都是沿着 Y 轴移动，如图 2-72 所示。移到要捕捉的顶点位置，两个物体顶点则在 Y 轴方向上完成对齐，如图 2-73所示。在使用轴约束操作时，可以使用快捷键进行轴向锁定的切换，F5 键是 X 轴锁定，F7 键是 Z 轴锁定，F8 键是切换双轴向的锁定。在操作时可结合快捷键“＋”“－”进行坐标轴大小的调整。

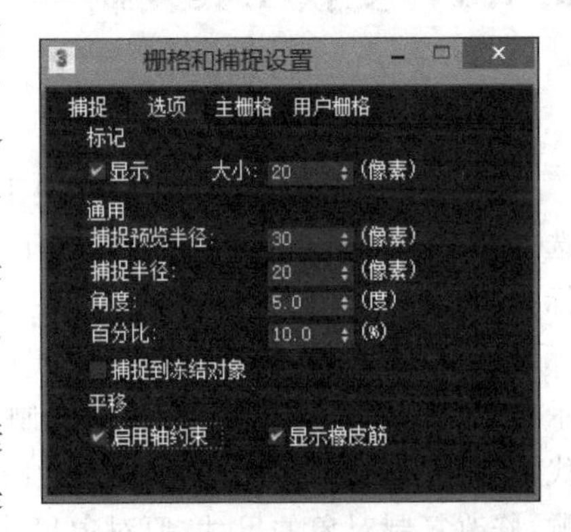

图　2-70

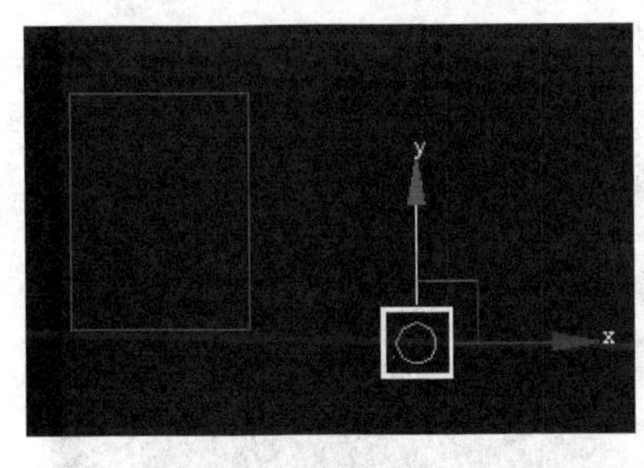

图　2-71

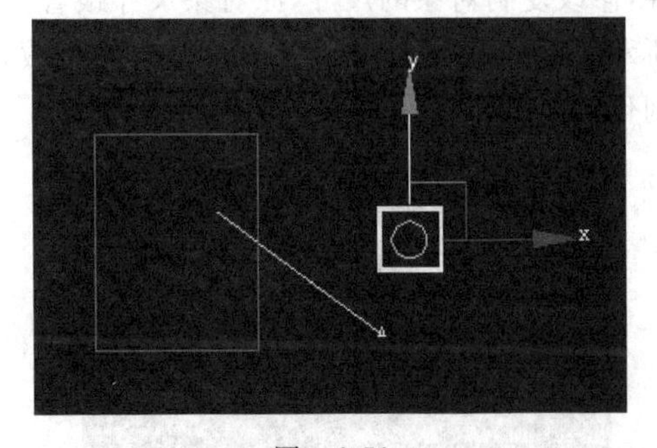

图　2-72

实现两个长方体的左顶点的对齐，则重复刚才的操作，锁定 XY 轴，将小长方体的左顶点移动到大长方体的左顶点的位置，则两个物体就实现了左顶点的对齐，如图 2-74 所示。

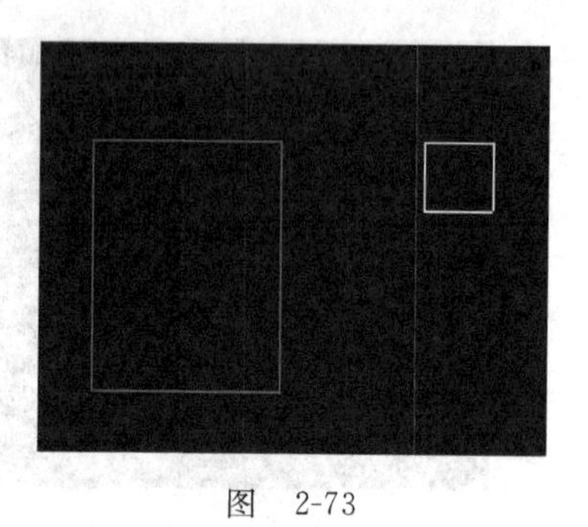

图 2-73

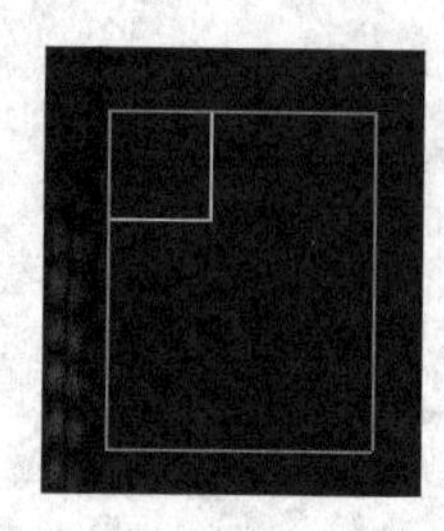

图 2-74

2.4 对象的复制方式

2.4.1 变换工具复制

1. 移动复制

配合使用 Shift 键和对象变换工具是对象复制最常用的方法。绘制长方体，切换到选择并移动工具，选择长方体，按下 Shift 键，将鼠标光标移至某一坐标轴上，按下鼠标左键进行拖动，松开鼠标左键及 Shift 键，弹出“克隆选项”对话框，如图 2-75 所示。常用的复制对象的方式有“复制”和“实例”，“复制”代表复制出的对象与原对象完全独立，彼此之间互不影响，修改复制对象的尺寸，原对象尺寸不变，如图 2-76 所示；“实例”代表复制出的对象与原对象具有一定的关联性，修改复制对象的尺寸，原对象尺寸跟着变化，如图 2-77 所示。副本数代表复制出来的对象的个数，如果选择 3，则代表复制出 3 个对象，如图 2-78 所示。

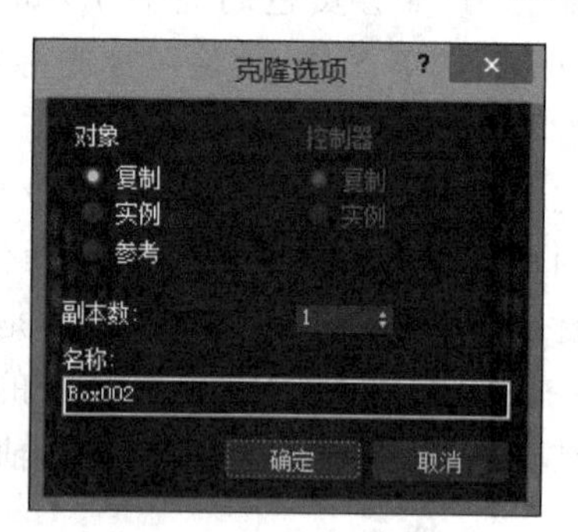

图 2-75

图 2-76

图 2-77

图　2-78

2. 原位复制

另一种复制方式是原位复制，组合键为 Ctrl＋V。复制完成后，可以借助于选择并移动工具对复制的物体进行准确地移动。

绘制长方体，按 Ctrl＋V 组合键原位复制，弹出“克隆选项”对话框，选择“复制”选项，在选择并移动工具处右击，弹出“移动变换输入”对话框，修改“偏移：世界”中 Y 值为 300mm，如图 2-79 所示，则复制出的对象与原对象在 Y 轴上间距为 300mm，如图 2-80 所示。

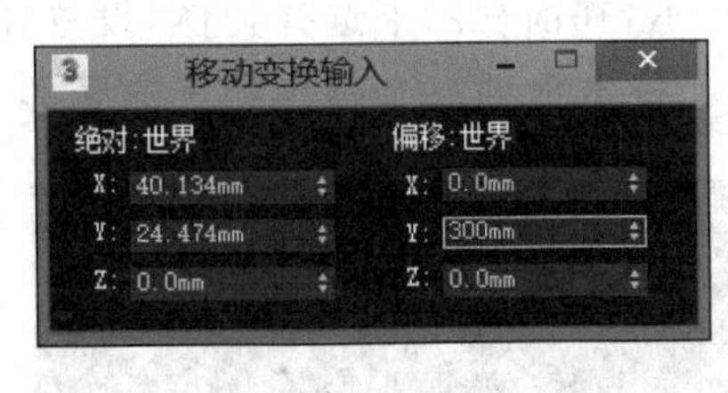

图　2-79

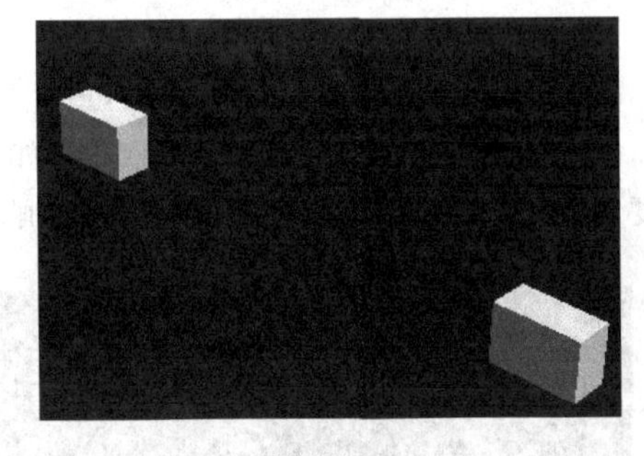

图　2-80

3. 旋转复制

配合旋转工具进行复制，绘制长方体，选择物体，使用选择并旋转工具，按住 Shift 键进行旋转复制，默认的旋转中心是物体的轴中心点，如图 2-81 所示。

若使长方体以某一球体为中心进行旋转，绘制球体，使用选择并旋转工具选择长方体，拾取球体，如图 2-82 所示，将“使用轴点中心”修改为“使用变换坐标中心”，如图 2-83 所示，则长方体会以球体为中心进行旋转复制，如图 2-84 所示。如果需要每次旋转固定的角度，此时配合角度捕捉工具，确定旋转复制的角度，如将角度设置为 90°，旋转复制 3 个，最终效果如图 2-85 所示。

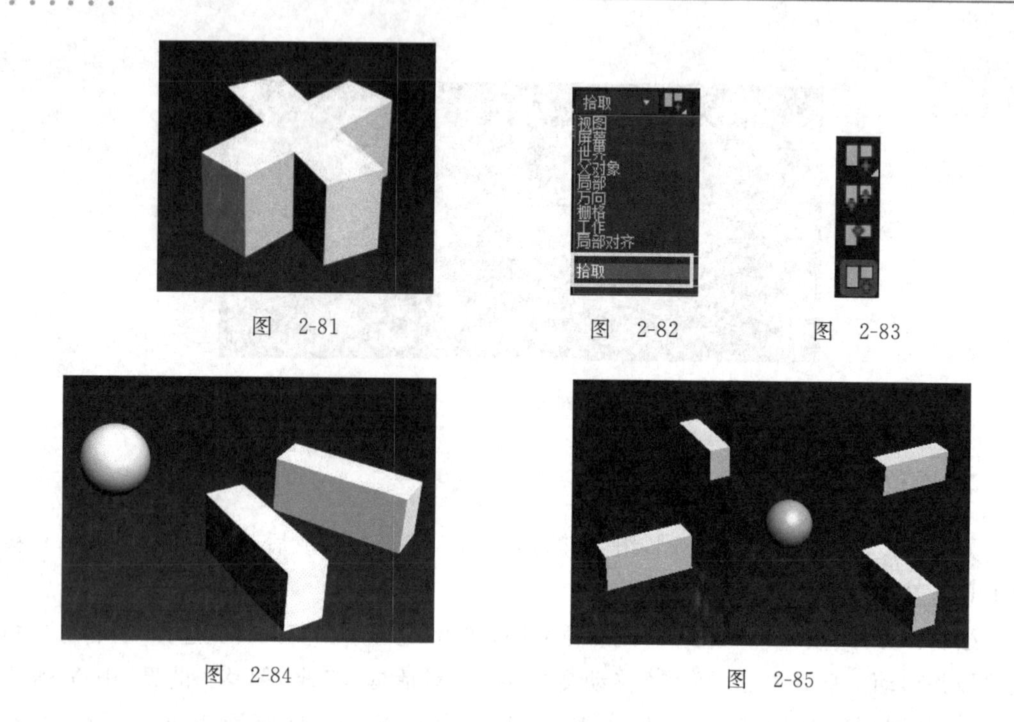

图 2-81　　图 2-82　　图 2-83

图 2-84　　图 2-85

课堂案例　制作“向日葵”模型

本案例制作简易的向日葵模型，重点使用旋转复制命令。

(1) 打开“向日葵叶子.max”文件，如图 2-86 所示，在前视图下选择物体，设置捕捉角度为 30°，在“层次”面板下单击“仅影响轴”按钮。将坐标轴中心移至叶子的底部，如

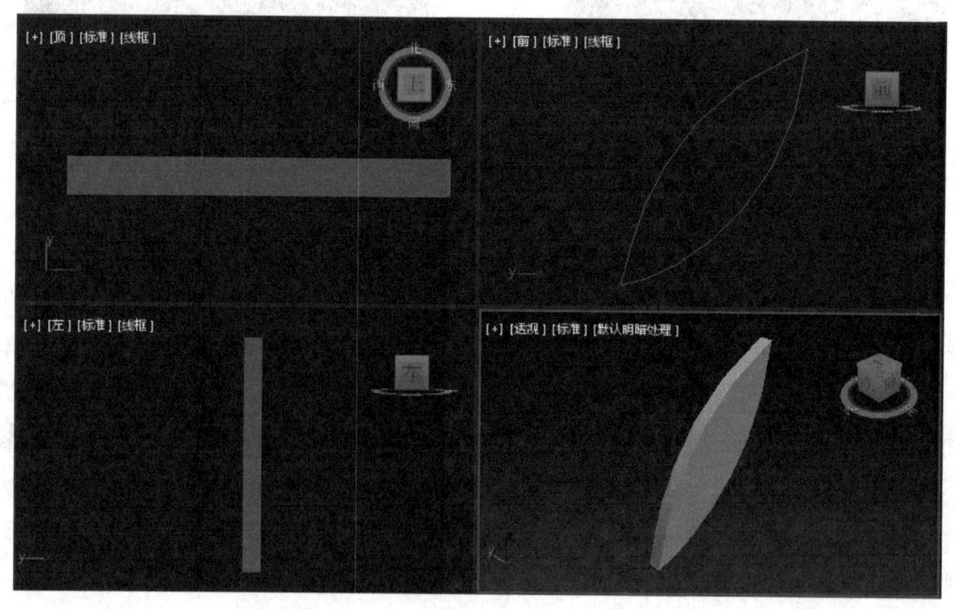

图 2-86

图 2-87 所示，取消选择"仅影响轴"选项。选中选择并旋转工具，按住 Shift 键，沿着 Z 轴进行旋转复制，旋转复制 11 个，效果如图 2-88 所示。

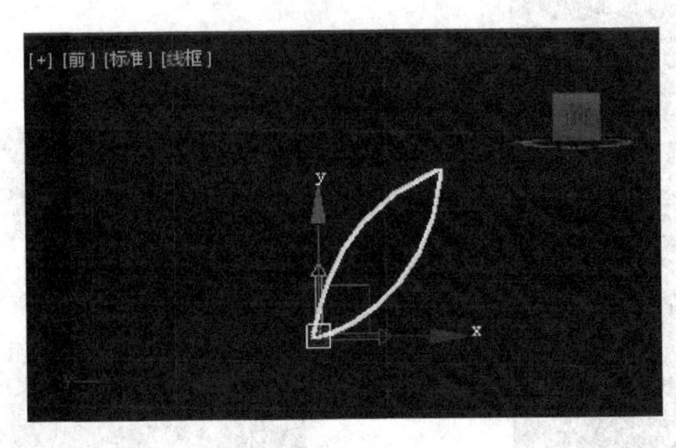

图　2-87

(2) 绘制圆柱体，修改尺寸和颜色，移动位置，放在向日葵花瓣的中心位置，则向日葵模型制作便完成了，如图 2-89 所示。

图　2-88

图　2-89

2.4.2　镜像复制

镜像工具用于对对象做反转处理，镜像复制出的对象与原对象对称。

绘制茶壶，如图 2-90 所示，单击镜像工具，弹出"镜像：世界坐标"对话框，如图 2-91 所示，在镜像的过程中可根据实际情况进行"镜像轴""克隆当前选择"的设置。

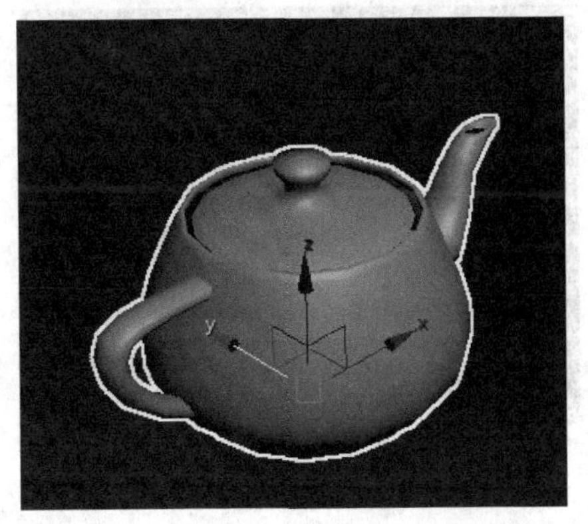

图　2-90

选择镜像轴为 X 轴，选择"不克隆"选项，则只是把原对象进行镜像，如图 2-92 所示。如果选择"复制"选项，则复制出的对象是以原物体轴心点为中心进行镜像复制的，如图 2-93 所示。如果给一定的偏移值，则两个对象的轴心点的间距即为偏移值的大小，设置偏移值为－30mm，效果如图 2-94 所示。

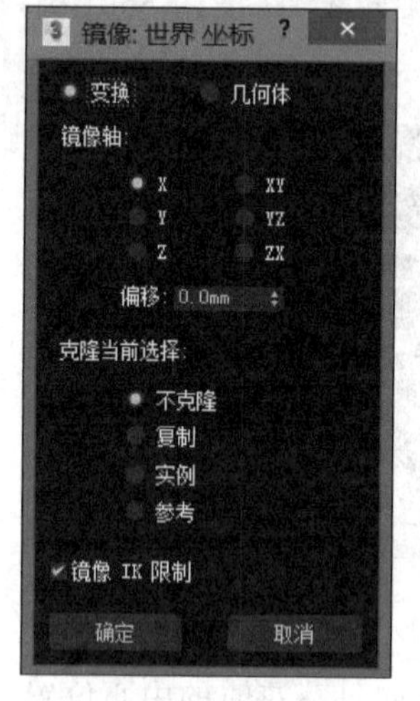

图　2-91

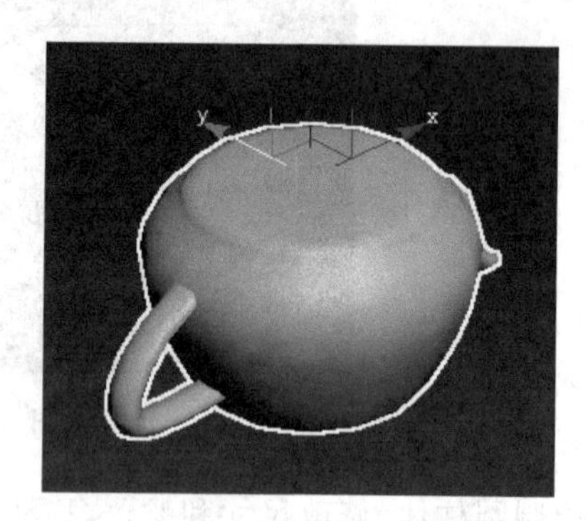

图　2-92

图　2-93

图　2-94

也可以修改物体的轴心点后进行镜像复制。选中茶壶，单击“层次”面板下的“仅影响轴”按钮，将茶壶的轴心点进行移动，如图 2-95 所示，取消选择“仅影响轴”选项，单击镜像工具，在弹出的对话框中选择 X 轴、“复制”选项，则物体以新的轴心点进行镜像复制，最终的效果如图 2-96 所示。

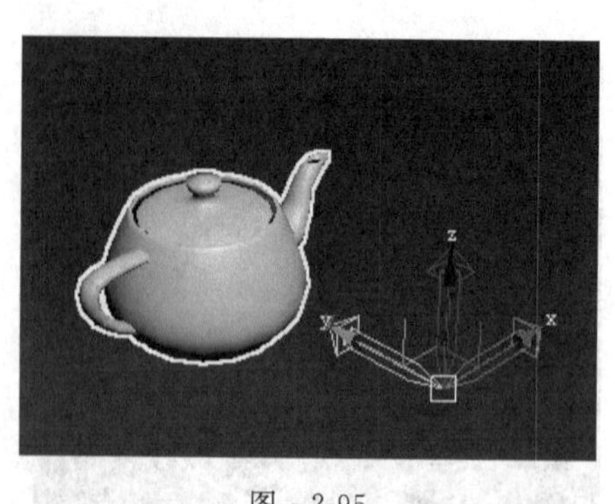

图　2-95

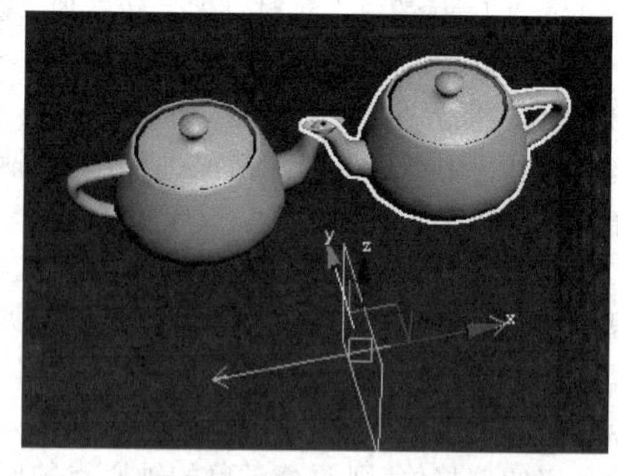

图　2-96

2.4.3 阵列复制

1. “移动”阵列复制

阵列复制可以获得较为复杂的复制效果。绘制长方体，尺寸为长 100mm、宽 200mm、高 100mm，实现在 X 轴上阵列复制 10 个，每两个物体的间距为 300mm 的效果。

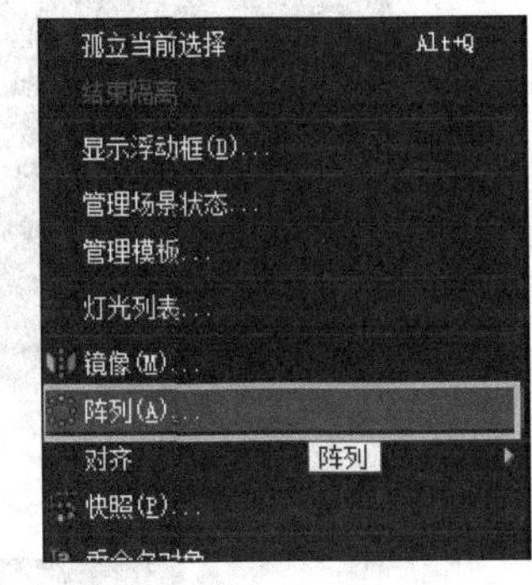

图 2-97

以“增量”方式进行阵列复制：选择长方体，“工具”菜单下选择“阵列”，如图 2-97 所示，弹出“阵列”对话框，如图 2-98 所示，在“移动”行上设置 X 轴上的增量为 300.0mm，“阵列维度”选择 1D，“数量”为 10，参数设置如图 2-99 所示，单击“确定”按钮后，最终效果如图 2-100 所示。其他轴上阵列复制的方法与 X 轴上的类似。

以“总计”方式进行阵列复制：“总计”代表从第一个对象到最后一个对象之间的总距离。单击“重置所有参数”按钮，在“移动”行单击向右的箭头，设置 X 轴上的总计值为 3000.0mm，“阵列维度”选择 1D，“数量”为 10，参数设置如图 2-101 所示，也代表每两个物体的间距为 300.0mm，此时所得的效果与以“增量”方式进行阵列复制一致。

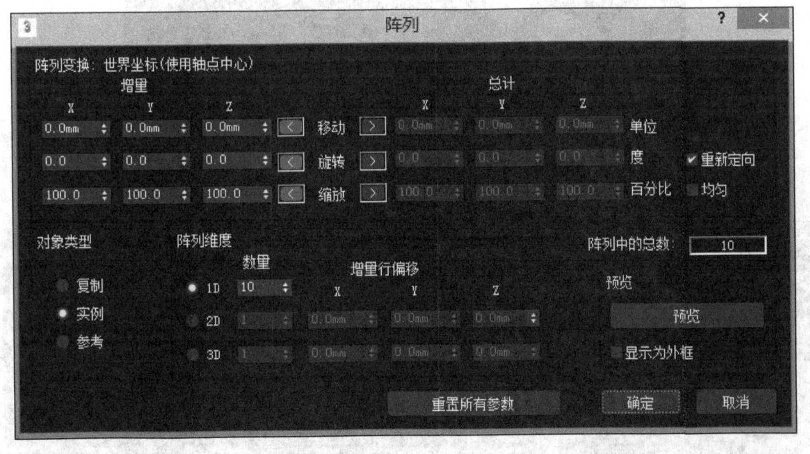

图 2-98

绘制长方体，尺寸为长 100mm、宽 200mm、高 100mm，实现在 X 轴、Y 轴上分别阵列复制 5 个，每两个物体的间距为 300mm 的效果。

采用“增量”方式进行阵列复制，X 轴上增量设置为 300.0mm，“阵列维度”选择 1D，“数量”为 5；“阵列维度”选择 2D，“数量”为 5，在 2D 所对应的参数上设置 Y 轴参数为 300.0mm，参数设置如图 2-102 所示，单击“确定”按钮后，最终效果如图 2-103 所示。

如果希望在 Z 轴上再复制 5 个，则“阵列维度”选择 3D，“数量”为 5，在 3D 所对应的参数上设置 Z 轴的参数即可。

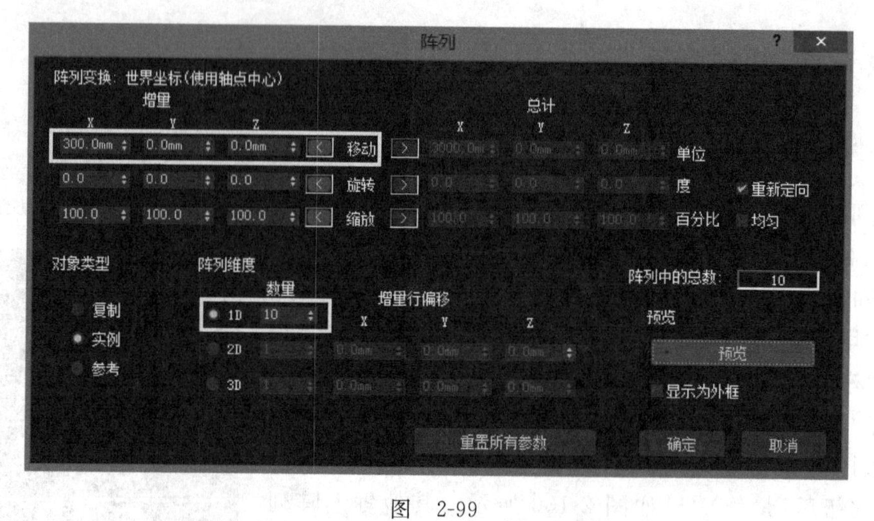

图 2-99

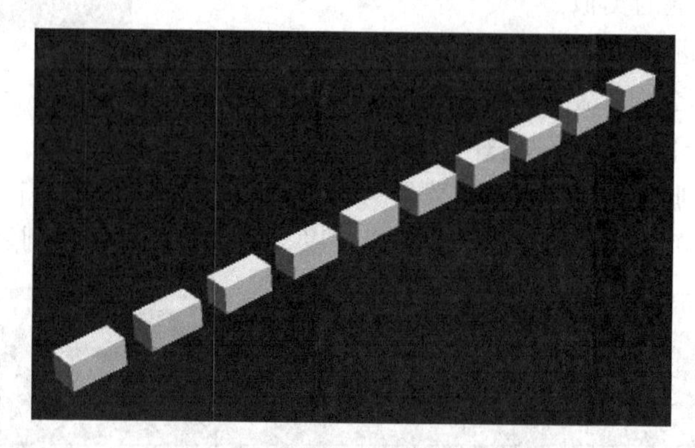

图 2-100

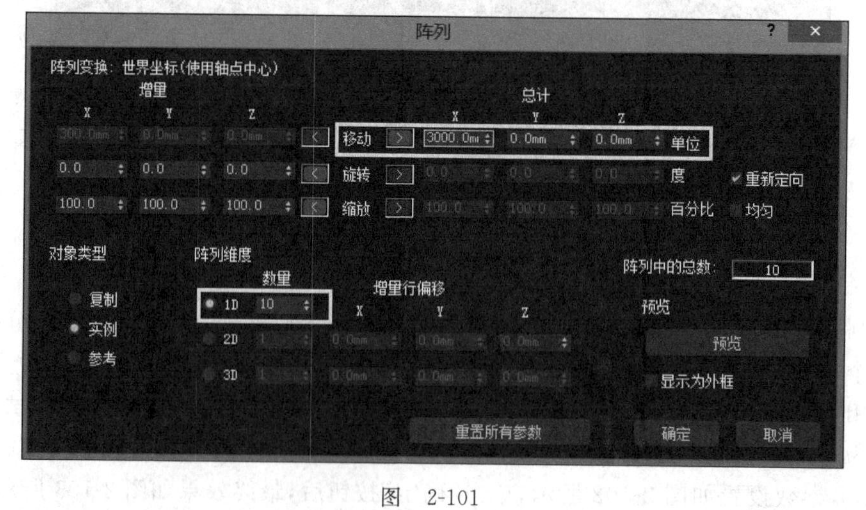

图 2-101

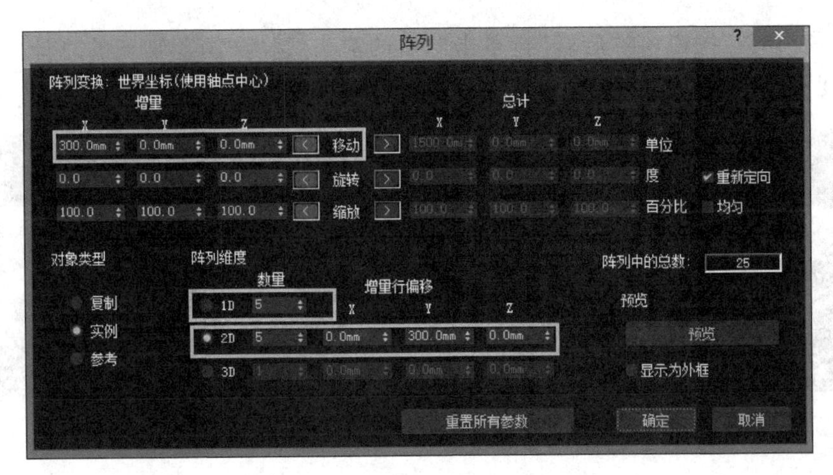

图　2-102

2. “旋转”阵列复制

绘制长方体，尺寸为长 100mm、宽 200mm、高 100mm，实现在 X 轴上阵列复制 6 个，每两个物体的间距为 300mm 的效果，并且后一个物体相对于前一个物体旋转 60°。

在“移动”行上设置 X 轴上的增量为 300.0mm，“阵列维度”选择 1D，“数量”为 6，在“旋转”行上设置 Z 轴上的增量为 60°，最终效果如图 2-104 所示。

图　2-103

图　2-104

环形阵列：将长方体围绕某一轴心点环形阵列 6 个，每两个物体之间的角度为 60°。选择长方体，单击“层次”面板下的“仅影响轴”按钮，移动物体的轴心点，如图 2-105 所示，选择“工具”→“阵列”命令，弹出“阵列”对话框，重置所有参数，在“旋转”行上设置 Z 轴上的增量为 60°，“阵列维度”选择 1D，“数量”为 6，最终效果如图 2-106 所示。

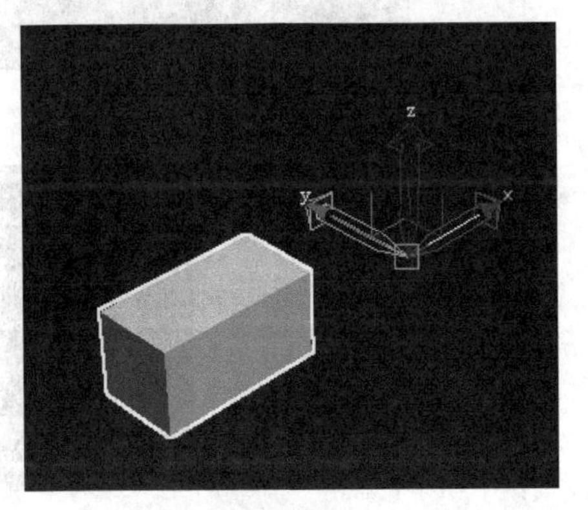

图　2-105

如果环形阵列复制物体的数量不能被 360 整除，则需要借助于“总计”方式实现阵列复制。如在 360°内环形阵列 7 个，不好计算两个对象间的角度，则使用“总计”的方式进行阵列复制。单击“重置所有参数”按钮，在“旋转”行单击向右的箭头[>]，设置 Z 轴上的总计值为 360°，“阵列维度”选择 1D，“数量”为 7，最终效果如图 2-107 所示。

图 2-106

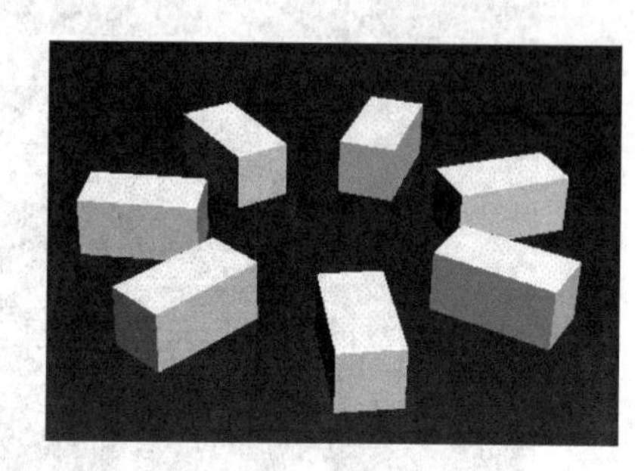

图 2-107

3. “缩放”阵列复制

绘制球体，半径 100mm，实现在 X 轴上阵列复制 6 个，每两个物体的间距为 300mm，并且后一个物体是前一个物体的 50%(等比缩放)的效果。

选择“工具”→“阵列”命令，在弹出的“阵列”对话框中重置所有参数，在“移动”行上设置 X 轴上的“增量”为 300.0mm，“阵列维度”选择 1D，“数量”为 6，在“缩放”行上选中“均匀”复选框，设置参数增量为 50.0(%)，参数设置如图 2-108 所示，最终效果如图 2-109 所示，后一个对象的大小是前一个对象的一半。

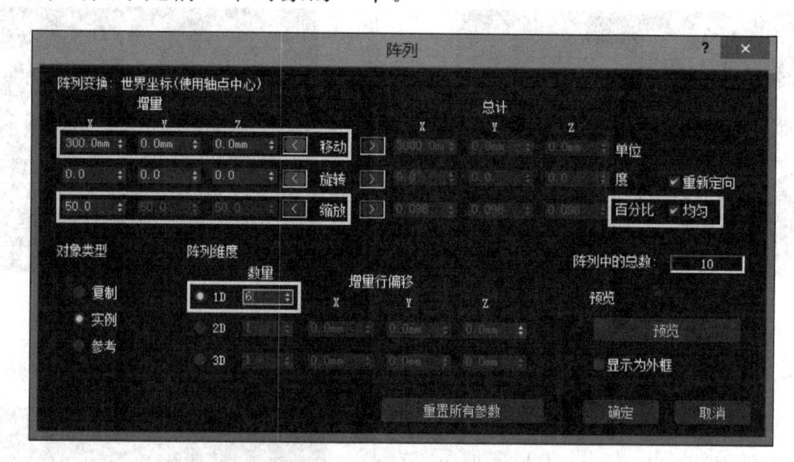

图 2-108

图 2-109

课堂案例　制作“魔方”模型

本案例制作简易的“魔方”模型，重点在于使用“阵列复制”命令。

单击“创建”面板，选择“几何体”，在“标准基本体”的下拉菜单中选择“扩展基本体”，选择“切角长方体”，如图 2-110 所示，绘制切角长方体，长 57mm、宽 57mm、高 57mm、圆角 3mm，如图 2-111 所示。

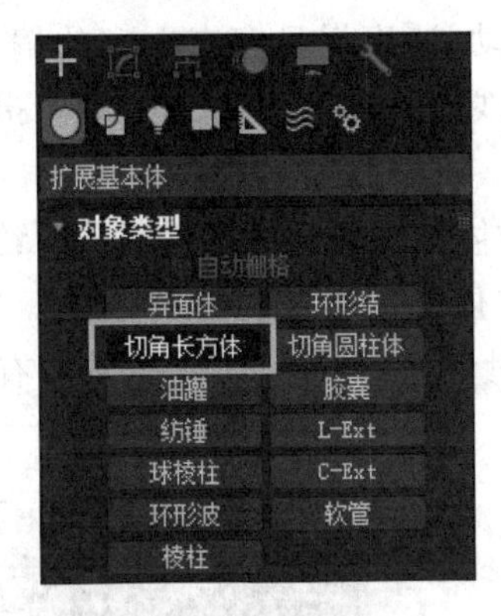

图　2-110

图　2-111

选择“工具”→“阵列”命令，在弹出的“阵列”对话框中重置所有参数，在“移动”行 X 轴上设置“增量”为 57.0mm，“阵列维度”为 1D，“数量”设置为 3；选择 2D，“数量”设置为 3，2D 行上的 Y 轴“增量”设置为 57.0mm；选择 3D，“数量”设置为 3，3D 行上的 Z 轴“增量”设置为 57.0mm，参数设置如图 2-112 所示。则“魔方”模型制作便完成了。

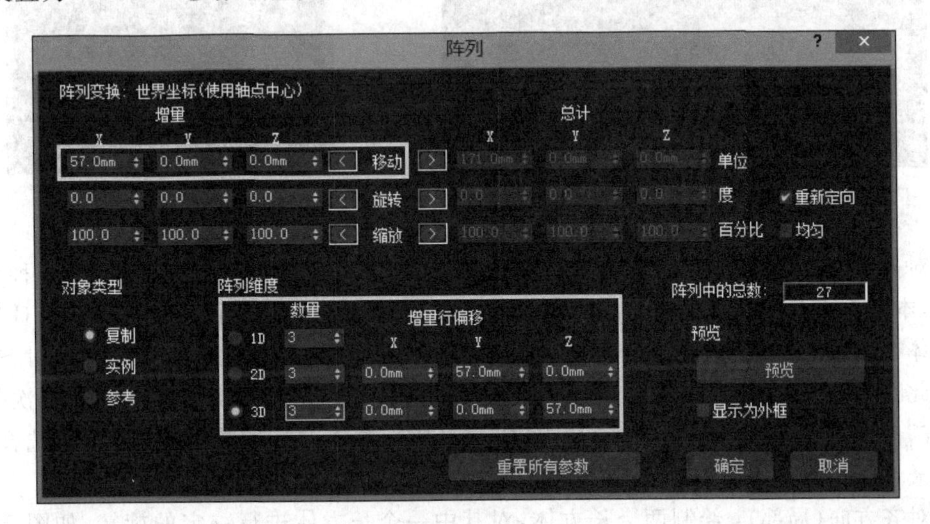

图　2-112

2.5 对齐工具

2.5.1 对齐与快速对齐

1. 对齐

在前面的课程中，手动完成对物体的对齐移动，速度慢且存在一定的偏差，我们可以借助于对齐工具。对齐工具的下拉菜单中有“法线对齐”“放置高光”“对齐摄影机”“对齐到视图”，接下来会一一进行介绍。

对齐工具的组合键为 Alt+A，可以实现物体和物体间的准确对齐。绘制长方体和球体，如图 2-113 所示，需要实现将球体放在长方体的中心正上方的效果。选择球体，单击对齐工具，选择长方体，弹出“对齐当前选择”对话框，如图 2-114 所示。有三种对齐方向可以选择，其中“对齐位置(世界)”最为常用。

图 2-113

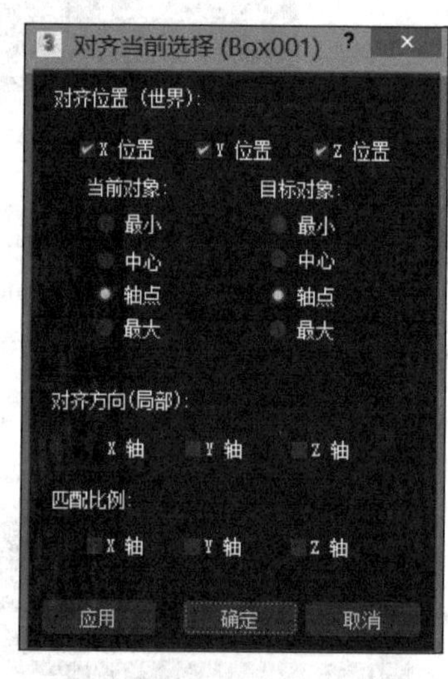

图 2-114

对齐位置(世界)：“当前对象”“目标对象”均有“最小”“中心”“轴点”“最大”四种可供选择，本案例中是将球体对齐到长方体，因此当前对象为球体，目标对象为长方体；球体和长方体在 X 轴方向和 Y 轴方向上居中对齐，因此 X 位置、Y 位置均选择“中心”对齐“中心”，此时单击“应用”按钮，继续进行 Z 轴方向的对齐，若选择“确定”按钮，需要再次打开“对齐”命令；在 Z 轴方向上，球体的最底端对齐到长方体的最顶端，因此 Z 位置选择(球体)“最小”对齐(长方体)“最大”，最终效果如图 2-115 所示。

对齐方向(局部)：绘制两个长方体，对其中一个长方体进行一定的旋转，如图 2-116 所示，实现两个长方体的对齐效果。选择未旋转的长方体，单击对齐工具，再选择发生旋转的长方体，在弹出的对话框中取消选择“对齐位置(世界)”中的设置，在“对齐方向(局部)”下进行设置，未旋转长方体需要在 Y 轴上与旋转的长方体进行对齐，因此选中“Y 轴”，如图 2-117 所示，确定后，最终效果如图 2-118 所示。

图　2-115

图　2-116

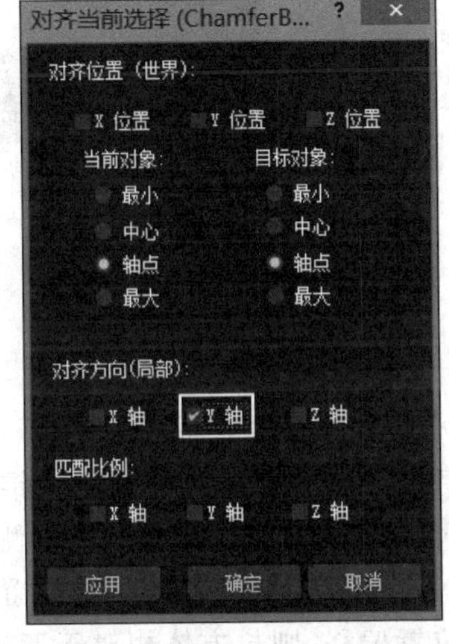

图　2-117

图　2-118

匹配比例：绘制两个圆锥体，对其中一个圆锥体进行一定的缩放，如图 2-119 所示，实现两个物体的对齐效果。选择缩放的圆锥体，按 Alt＋A 组合键，再选择未缩放的圆锥体，在弹出的对话框中取消前面的选择，缩放的物体需要经过对齐，在 X 轴、Y 轴、Z 轴上均与未缩放的物体匹配比例，因此在“匹配比例”下设置，选中 X 轴、Y 轴、Z 轴，最终效果如图 2-120 所示。

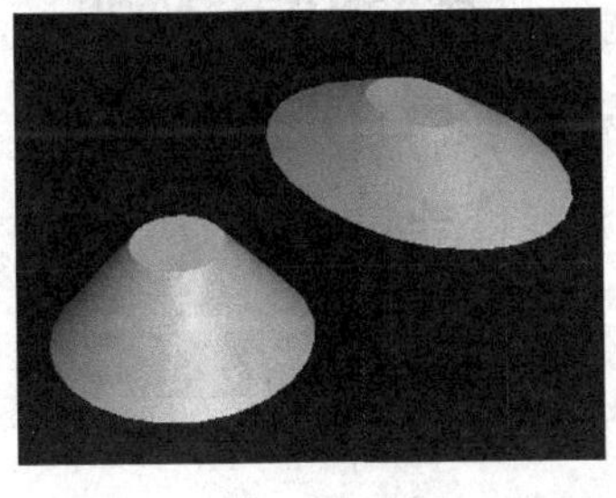

图　2-119

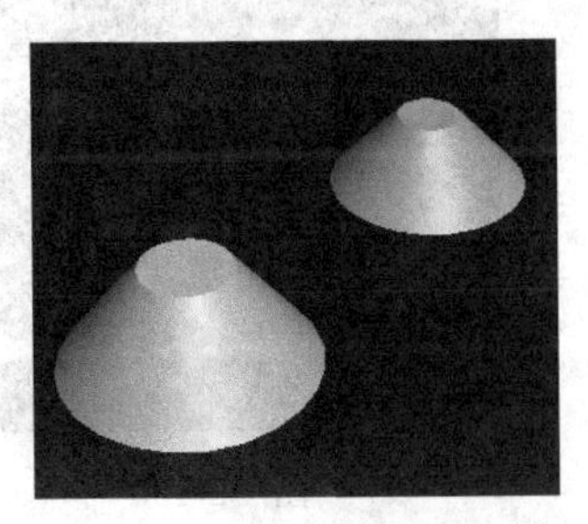

图　2-120

2. 快速对齐

在对齐工具的下拉按钮下有其他几种对齐方式。快速对齐的组合键为 Shift＋A，实现的是物体的轴心对齐轴心的效果。绘制两个长方体，如图 2-121 所示，选中其中一个长方体，按 Shift＋A 组合键，再选择另外一个长方体，快速实现对齐，按 Alt＋X 组合键切换到透明显示模式，最终效果如图 2-122 所示。

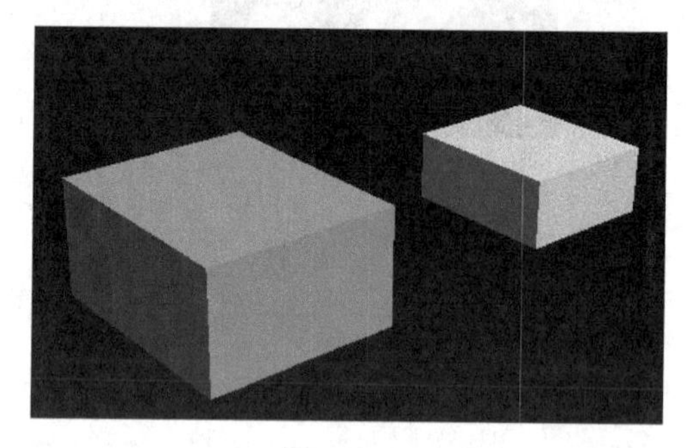
图 2-121

图 2-122

2.5.2 法线对齐

法线对齐用于指定对象的某个平面对齐于另一个对象的平面上，常用于对齐不规则的面。绘制四棱锥和长方体，如图 2-123 所示，将长方体的顶面对齐到四棱锥的侧面。选择长方体，单击法线对齐工具，选择长方体的顶面，再选择四棱锥的其中一个侧面，弹出“法线对齐”对话框，如图 2-124 所示，可对其进行“位置偏移”“旋转偏移”的设置，均选择默认值 0.0，效果如图 2-125 所示。若选择一定的位置偏移，则长方体相对于四棱锥分别在三个轴上会有一定的偏移效果。若在“法线对齐”对话框中选中“翻转法线”复选框，则长方体以四棱锥的侧面为基准，翻转到四棱锥的内部，按 Alt＋X 组合键会透明显示，最终效果如图 2-126 所示。

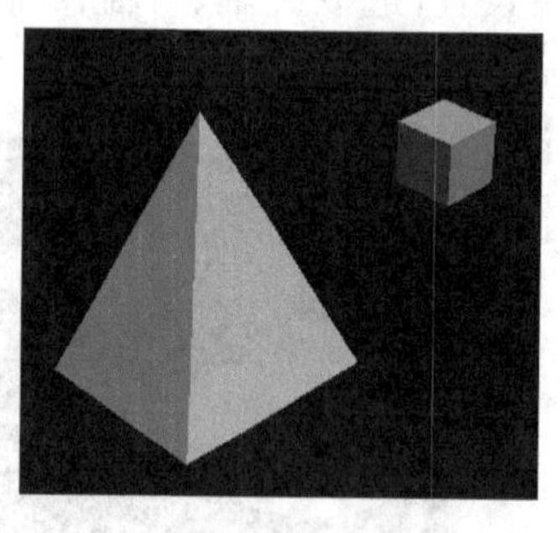
图 2-123

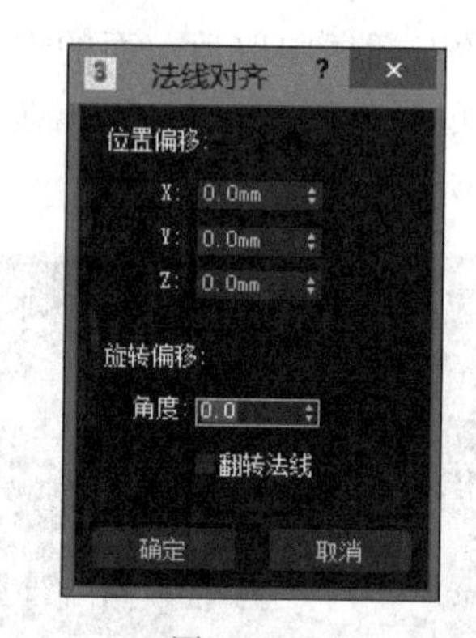

图 2-124

图　2-125

图　2-126

2.5.3　放置高光

绘制长方体和球体，如图 2-127 所示，选择“创建”面板→“灯光”→“标准”→“目标聚光灯”命令，如图 2-128 所示，在视图中放置一组灯光，如图 2-129 所示，单击主工具栏中的“渲染产品”工具，渲染效果如图 2-130 所示。选择视图中的灯光对象，选择“放置高光”工具，按住鼠标左键拖动以放置高光，如图 2-131 所示，此时灯光具有新的位置和方向，进行渲染后效果如图 2-132 所示。

图　2-127

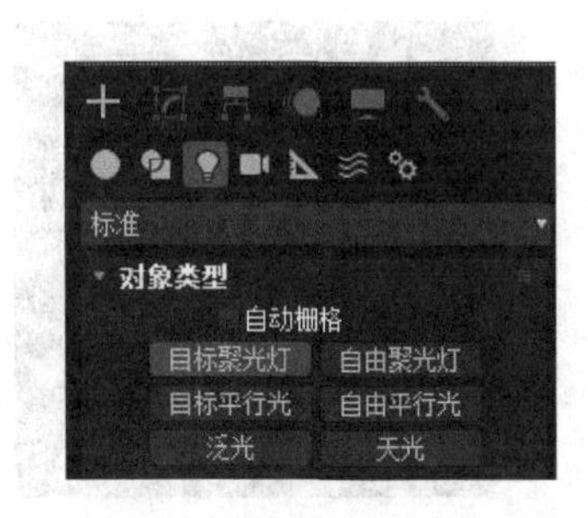

图　2-128

图　2-129

图　2-130

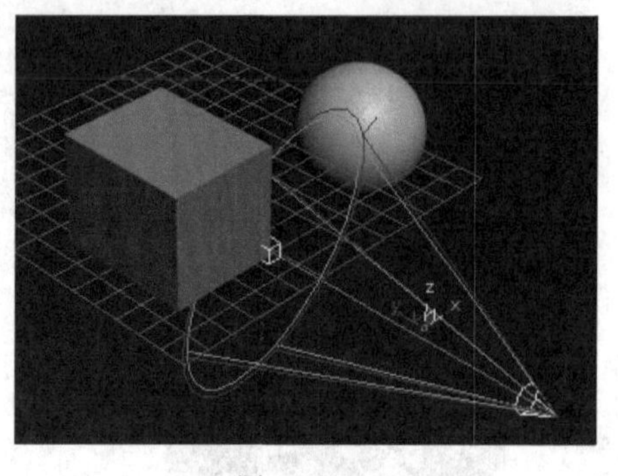
图 2-131

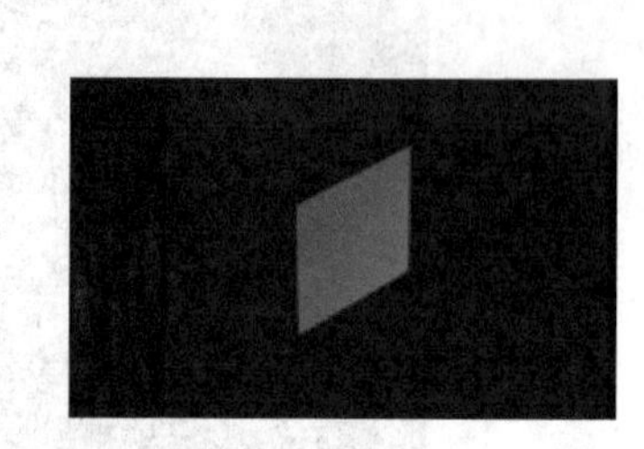
图 2-132

2.5.4 对齐摄影机

对齐摄影机可以将摄影机与选定面的法线对齐，与“放置高光”类似。

绘制长方体，如图 2-133 所示，选择“创建”面板→“摄影机”→“标准”→“目标”命令，如图 2-134 所示，在视图中创建一组摄影机，如图 2-135 所示。选择创建的摄影机，选择对齐摄影机工具，在长方体上按住鼠标左键进行拖动，蓝色箭头所指的方向即为摄影机放置的方向，蓝色箭头的方向如图 2-136 所示，摄影机放置的最终效果如图 2-137 所示。将透视图切换到摄影机视图，对齐后摄影机视图效果如图 2-138 所示。

图 2-133

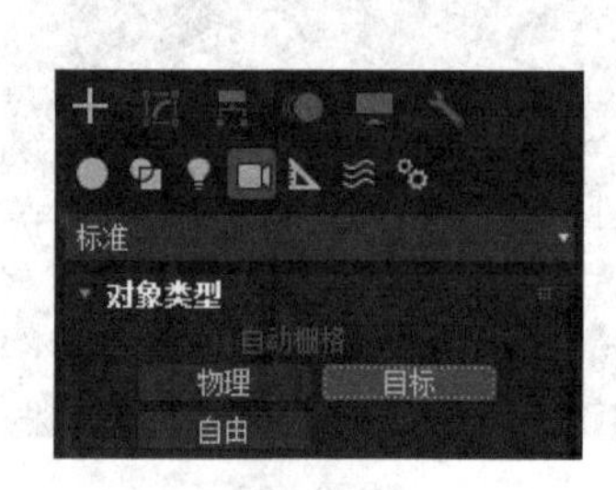

图 2-134

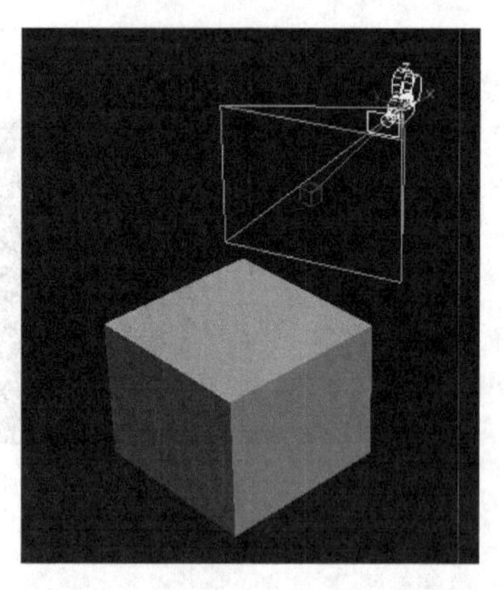
图 2-135

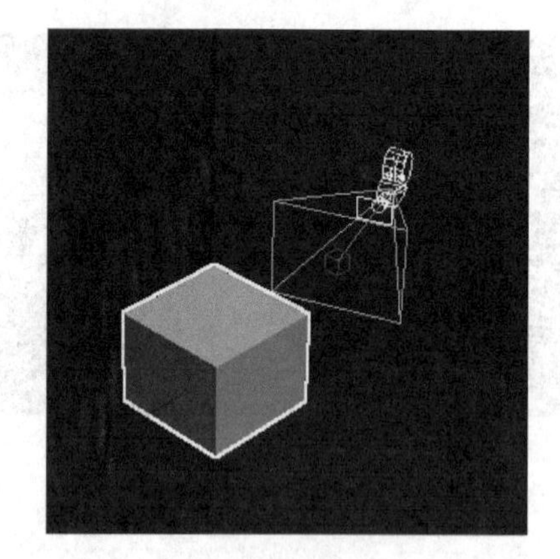
图 2-136

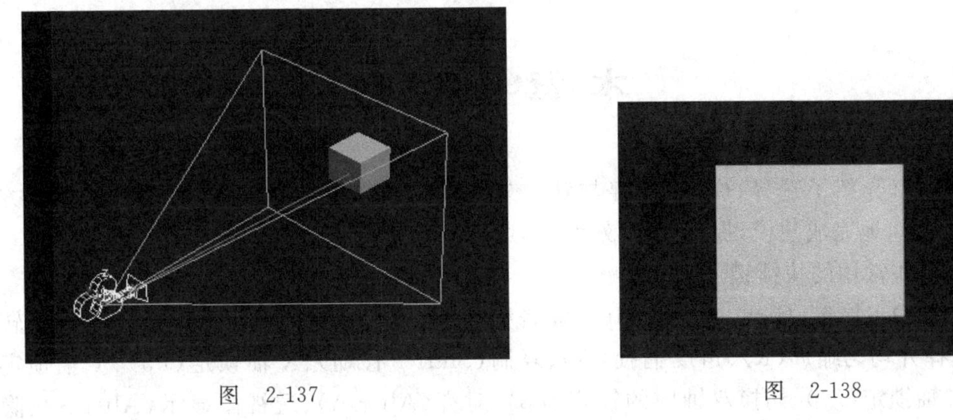

图　2-137

图　2-138

2.5.5　对齐到视图

对齐到视图可将选定物体的局部轴与当前视图对齐。绘制长方体，单击对齐到视图工具，弹出“对齐到视图”对话框，如图 2-139 所示，顶视图下查看对齐效果。选中“对齐 X”，效果如图 2-140 所示；选中“对齐 Y”，效果如图 2-141 所示；选中“对齐 Z”，效果如图 2-142 所示。

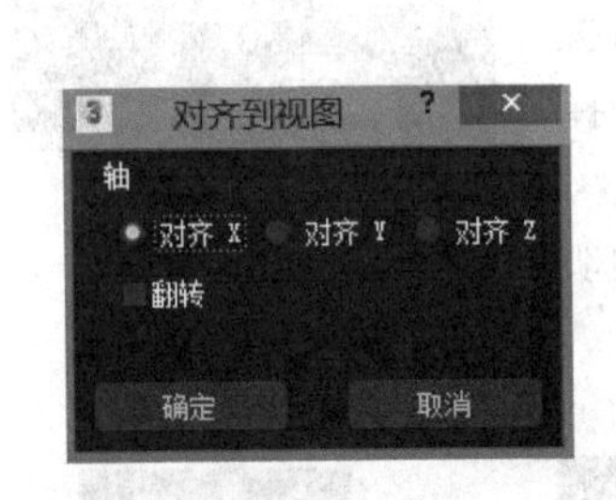

图　2-139

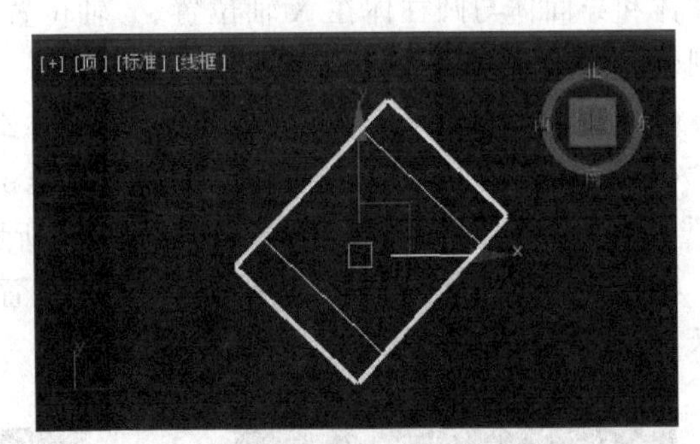

图　2-140

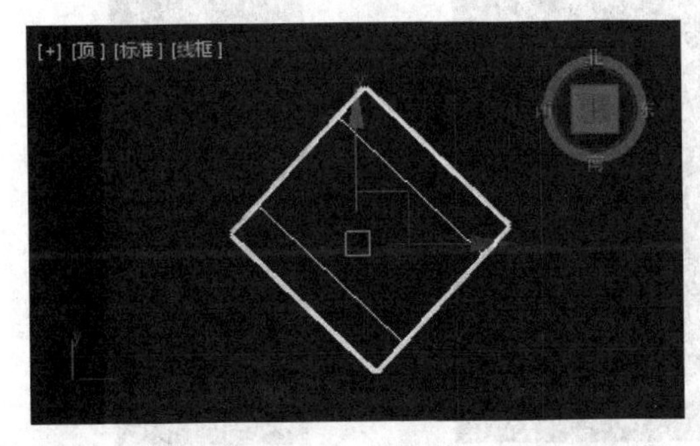

图　2-141

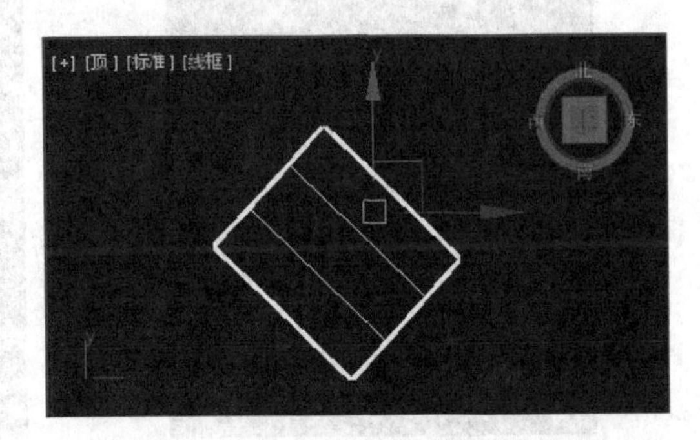

图　2-142

本章小结

1. 本章介绍了选择、变换、捕捉与轴约束、复制、对齐等内容，综合运用各种操作方法，可以快速地完成建模，提高作图效率。

2. 一些常用的快捷键

选择(Q)、加选(Ctrl)、减选(Alt)、按名称选择(H)、选择并移动(W)、选择并旋转(E)、选择并均匀缩放(R)、角度捕捉(A)、复制(Shift+移动)、X轴锁定(F5)、Y轴锁定(F6)、Z轴锁定(F7)、切换双轴向的锁定(F8)、对齐(Alt+A)、透视图显示(Alt+X)、隐藏栅格(G)。

综合案例

(1) 绘制圆柱体、球体，在"扩展基本体"下绘制异面体，异面体的参数选择"立方体/八面体"，如图2-143所示，绘制的三个物体如图2-144所示。将球体和异面体与圆柱体在X轴位置、Y轴位置中心对齐，移动到合适的位置，如图2-145所示。

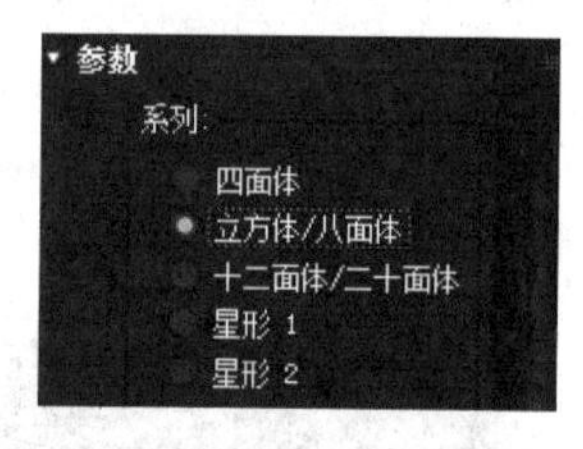

图 2-143

(2) 选择球体和异面体，按住Shift键，在Z轴上进行复制，"数量"为2，如图2-146所示。将物体全部选中，选择"组"→"组"命令，"组名"为"组1"，如图2-147所示。

(3) 绘制圆环，将"组1"移动到合适的位置，如图2-148所示。

图 2-144

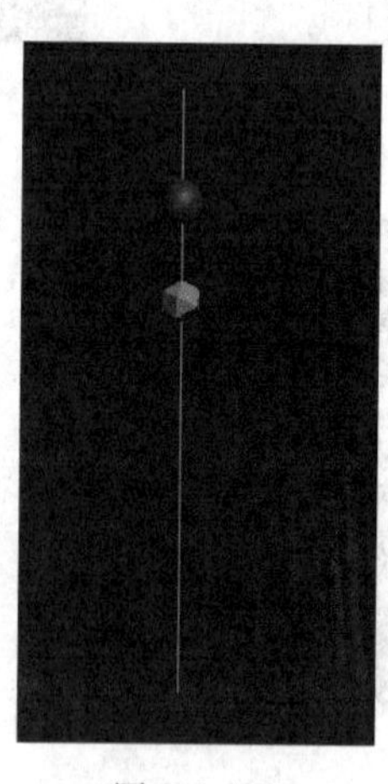

图 2-145

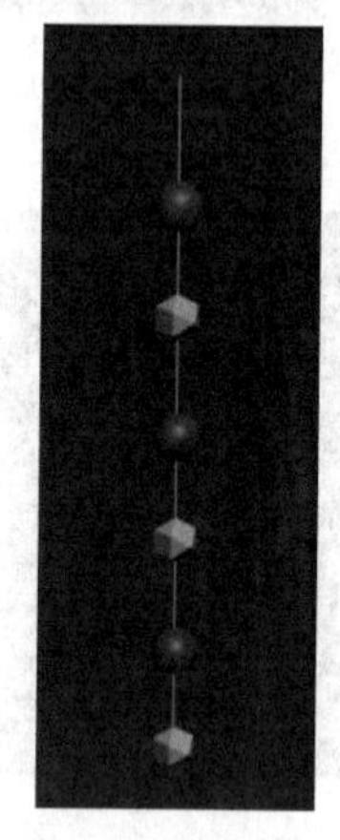

图 2-146

(4) 选择“组 1”,执行“旋转”命令,拾取圆环作为旋转中心,将“使用选择中心”修改为“使用变换坐标中心”,单击角度捕捉工具,设置“角度”为 45°,进行旋转复制,“数量”为 7,效果如图 2-149 所示。

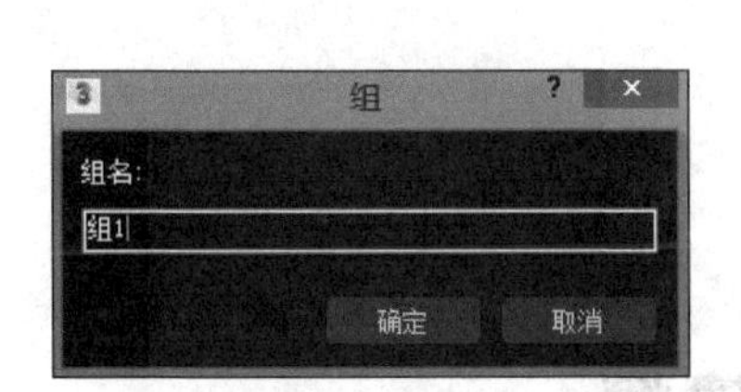

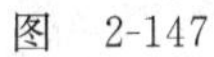
图　2-147

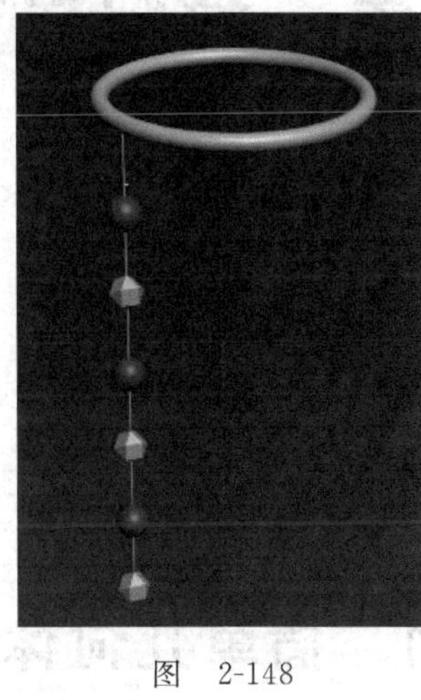
图　2-148

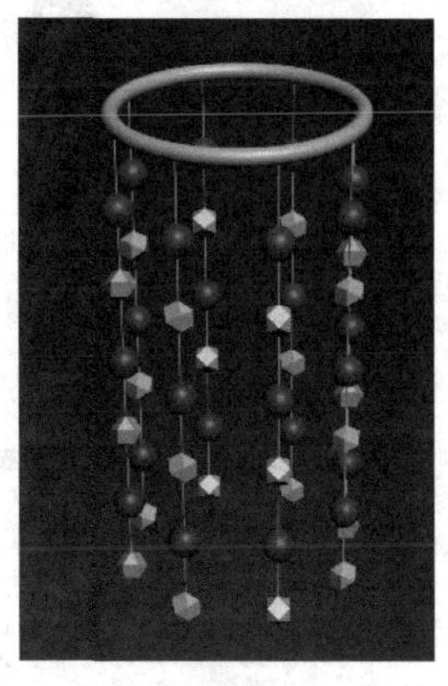
图　2-149

(5) 绘制圆柱体,与圆环在 X 轴位置、Y 轴位置中心对齐,如图 2-150 所示。

(6) 绘制圆柱体,进行一定的旋转,移动到合适的位置,如图 2-151 所示。

(7) 选中旋转后的圆柱体,进行镜像处理,“镜像轴”选择 Y 轴,“克隆当前选择”选择复制,移动到合适的位置,如图 2-152 所示。修改颜色,便完成了“风铃”模型的制作。

图　2-150

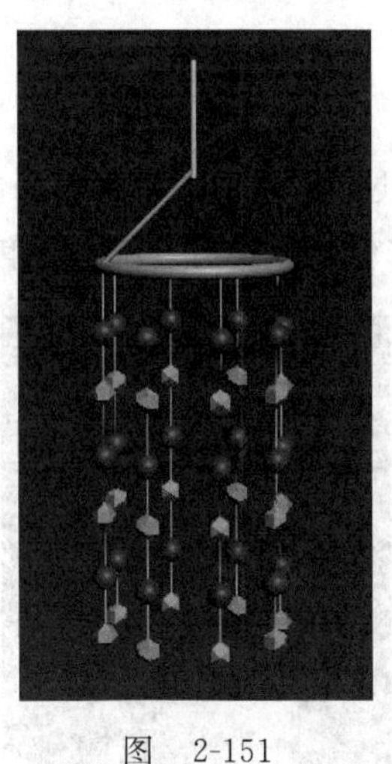
图　2-151

图　2-152

第 3 章　基础建模技巧

本章要点：

- 简单几何体建模
- 可编辑样条线建模
- 修改器建模

3.1　简单几何体建模

在 3ds Max 中提供了多种建模方式，它们都有各自不同的应用场合。其中，“标准基本体”和“扩展基本体”是系统默认的原始创建命令，是建模过程中使用最多的，也是创建复杂模型的基础。下面将重点介绍这两种基本体的创建方式。

3.1.1　标准基本体

3ds Max 中所有对象都是通过“创建”命令面板来完成的，如图 3-1 所示。通过“创建”面板→“几何体”按钮→“标准基本体”下拉菜单→“对象类型”进行选择。

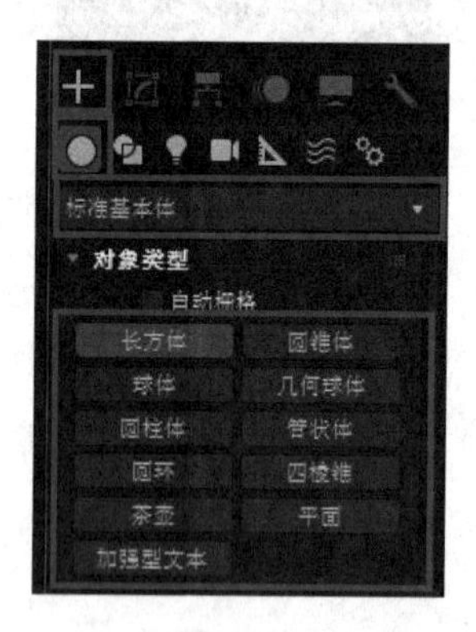

图　3-1

1. 长方体

单击“创建”面板中的“长方体”按钮，激活长方体命令。在顶视图中单击并按住鼠标左键拖动，拉出矩形的底面，释放并向上或向下拖动鼠标，拉出长方体的高度，再单击完成长方体的创建，如图 3-2 所示。

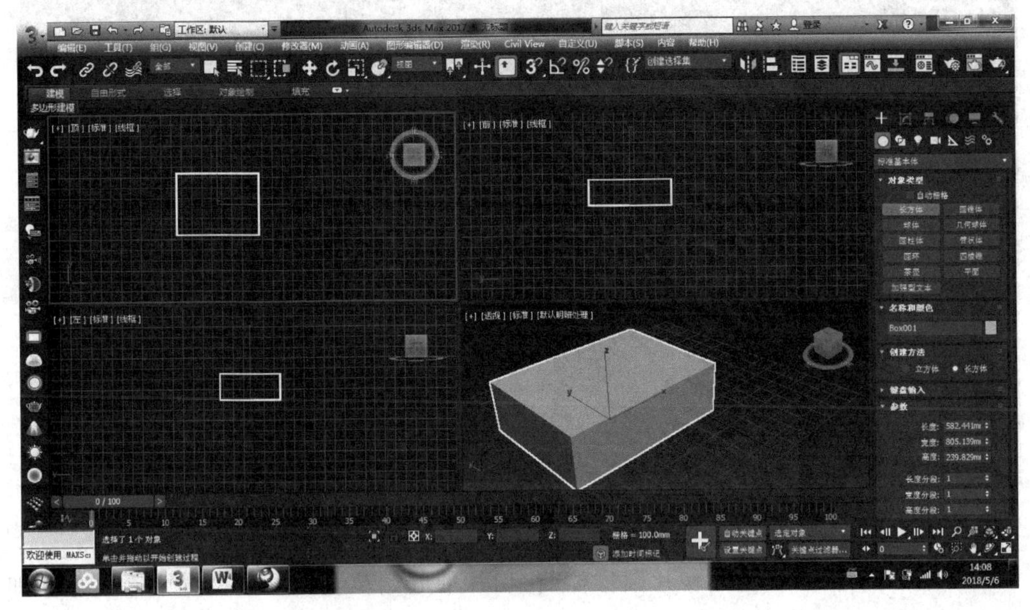

图　3-2

在“创建”面板下方出现该长方体的有关设置的卷展栏。

- “名称和颜色”卷展栏用于设置长方体的名称和颜色。
- “创建方法”卷展栏用于选择创建对象的类型，有“立方体”和“长方体”两种选择。
- “键盘输入”卷展栏中可以通过输入坐标参数以及长方体的长、宽、高数值，单击“创建”按钮来创建长方体。
- “参数”卷展栏用于设置当前长方体的长、宽、高以及分段数，分段数越多则物体表面越细腻，但相对渲染所需时间也会增加。
- “生成贴图坐标”表明创建的对象自带贴图坐标，默认为选中。
- “真实世界贴图坐标大小”将以真实世界贴图大小在对象上显示贴图，默认为不选中。

2. 圆锥体

单击“创建”面板中的“圆锥体”按钮，激活圆锥体命令。在顶视图中单击并按住鼠标左键拖动，拉出圆锥体的底面，释放并向上拖动鼠标，拉出圆锥体的高度后单击，再次移动鼠标调整圆锥体顶面的大小，最后单击完成圆锥体的创建，如图 3-3 所示。

在“创建”面板下方出现该圆锥体的有关设置的卷展栏。

- “半径 1”用于设置圆锥体底面的半径参数。
- “半径 2”用于设置圆锥体顶面的半径参数。
- “平滑”用于设置圆锥体表面是否进行光滑处理，默认为选中。

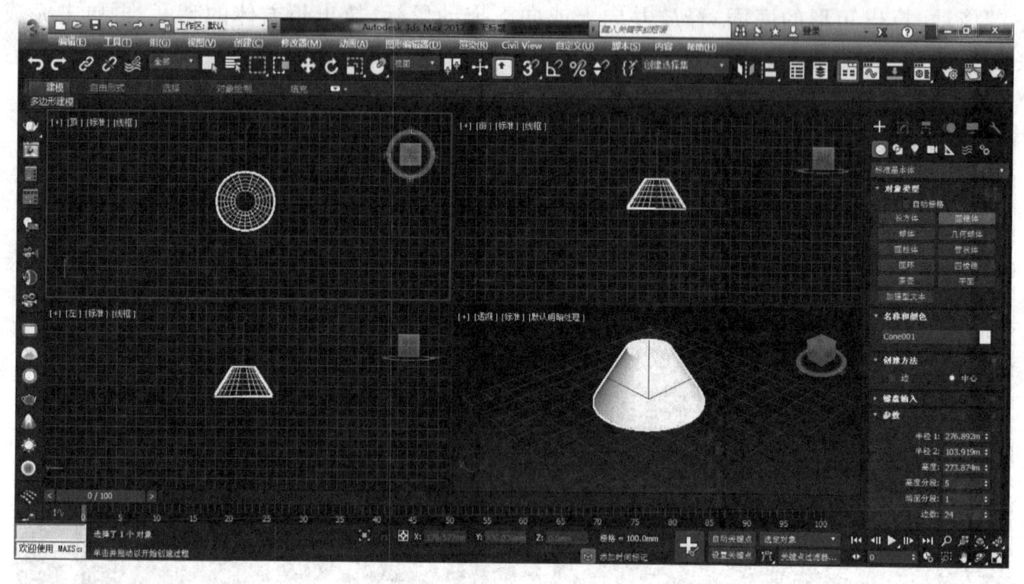

图 3-3

- “启用切片”可以创建切片圆锥体，在切片的起始位置和结束位置中输入参数即可，切片圆锥体效果如图 3-4 所示。

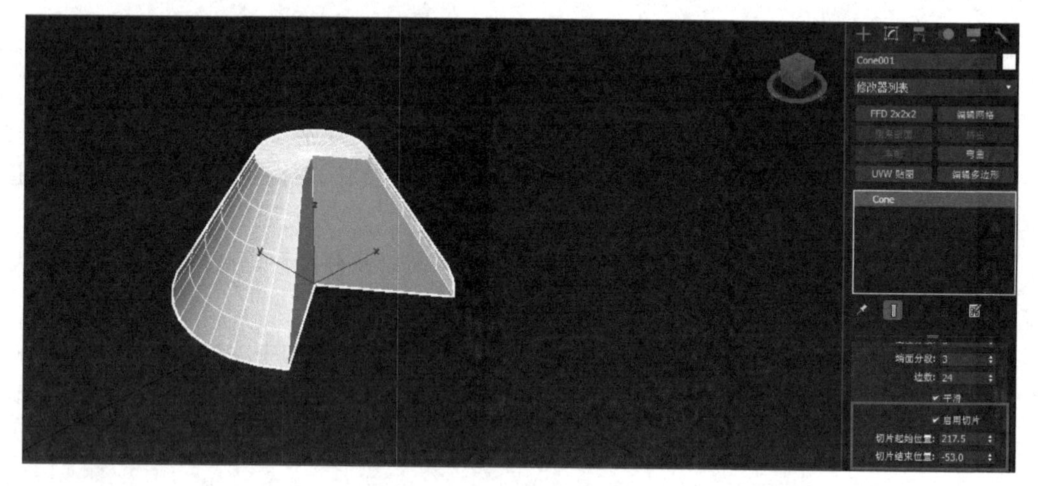

图 3-4

3. 球体

单击“创建”面板中的“球体”按钮，激活球体命令。在顶视图中单击并按住鼠标左键拖动，拉出球体，在合适的位置释放鼠标，即完成球体的创建，如图 3-5 所示，默认的创建方法是从球心出发开始创建，可以在“创建方法”卷展栏中通过选择来确定从哪里开始创建。

在“创建”面板下方出现该球体的有关设置的卷展栏。

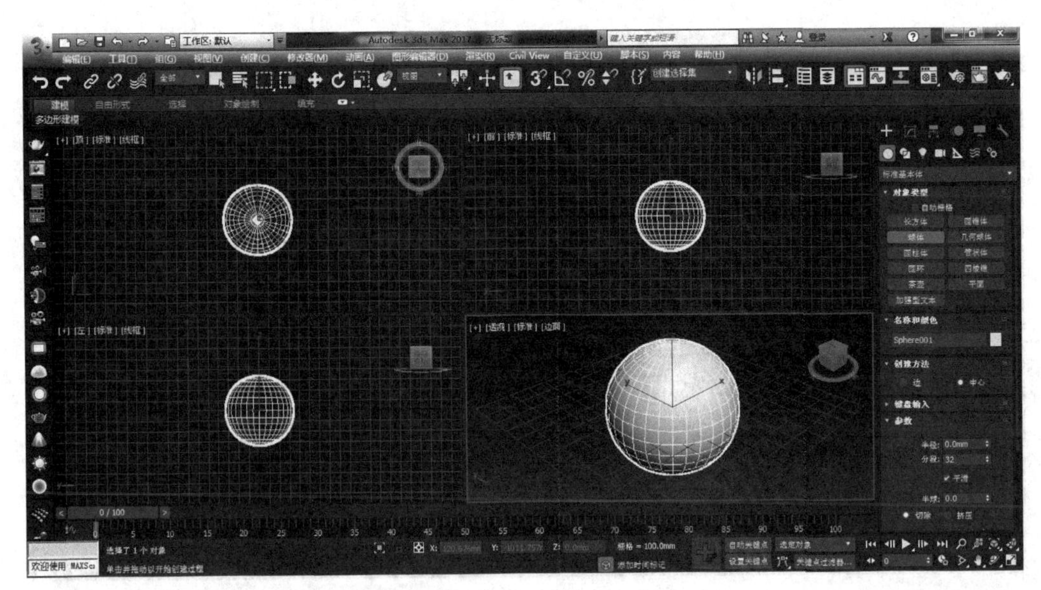

图　3-5

- “半径”用于设置球体的半径。
- “分段”用于设置球体表面划分段数，该参数数值越高，球体表面越光滑，但相应的渲染时间也会增加，最小为 4。
- “半球”用于设置球体的完整性，数值有效范围在 0.0～1.0。当数值为 0.0 时，球体完整显示；当数值为 0.5 时，显示为标准的半球；当数值为 1.0 时，球体完全消失。半球的创建方式有“切除”和“挤压”两种方式，“切除”是通过半球断开时将球体中的顶和面切除以减少它们的数量，默认为选中；“挤压”是保持原始球体中的顶点数和面数，将几何体向球体的顶部挤压直到体积越来越小。
- “启用切片”同圆锥体的切片效果类似，通过设置切片的起始位置和结束位置来创建有切片效果的球体，在启用切片时，整体球的面数是不受影响的。
- “轴心在底部”用于确定球体坐标系的中心是否在球体的生成中心，默认为不选中。

4. 几何球体

几何球体与球体近似，球体是以多边形相接构成的，而几何球体是以三角面相接构成的。

单击“创建”面板中的“几何球体”按钮，激活几何球体命令。在顶视图中单击并按住鼠标左键拖动，拉出几何球体，在合适的位置释放鼠标，即完成几何球体的创建，如图 3-6 所示。

在“创建”面板下方出现该几何球体的有关设置的卷展栏。

- “半径”用于设置几何球体的半径。
- “基点面类型”用于确定几何球体的表面形态。当选择“四面体”时，几何球体表面不是很光滑；“八面体”会更光滑一些；“二十面体”与球体更加接近，非常光滑。这

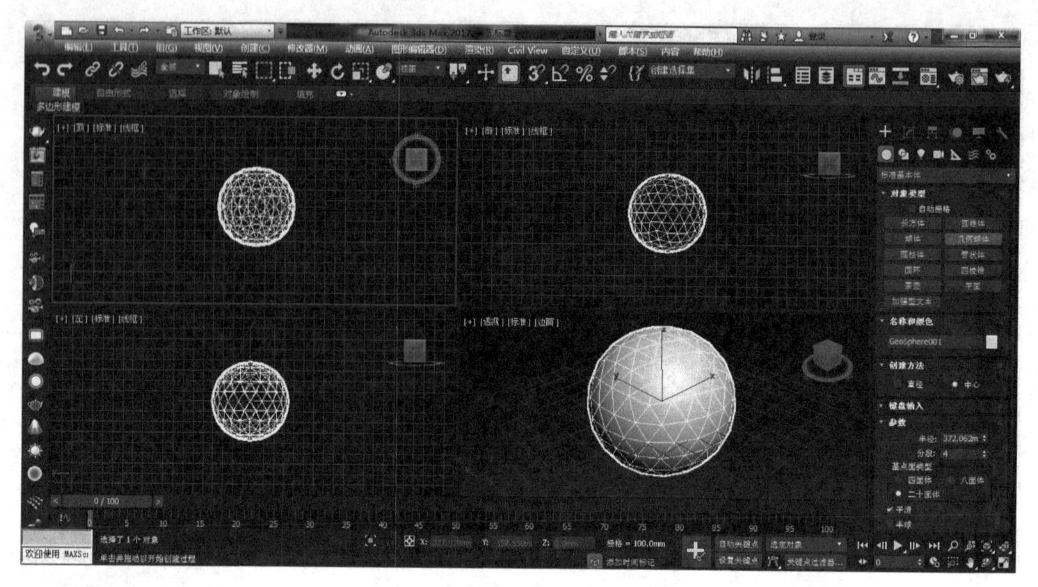

图 3-6

些选项还可以配合“分段”数进行设置，分段数最小为 1。

- “平滑”用于设置几何球体表面是否进行光滑处理，默认为选中。取消选中时，几何球体表面由多个平面组成。

5. 圆柱体

单击“创建”面板中的“圆柱体”按钮，激活圆柱体命令。在顶视图中单击并按住鼠标左键拖动，拉出圆柱体的底面，释放并向上或向下拖动鼠标，拉出圆柱体的高度，再单击完成圆柱体的创建，如图 3-7 所示。

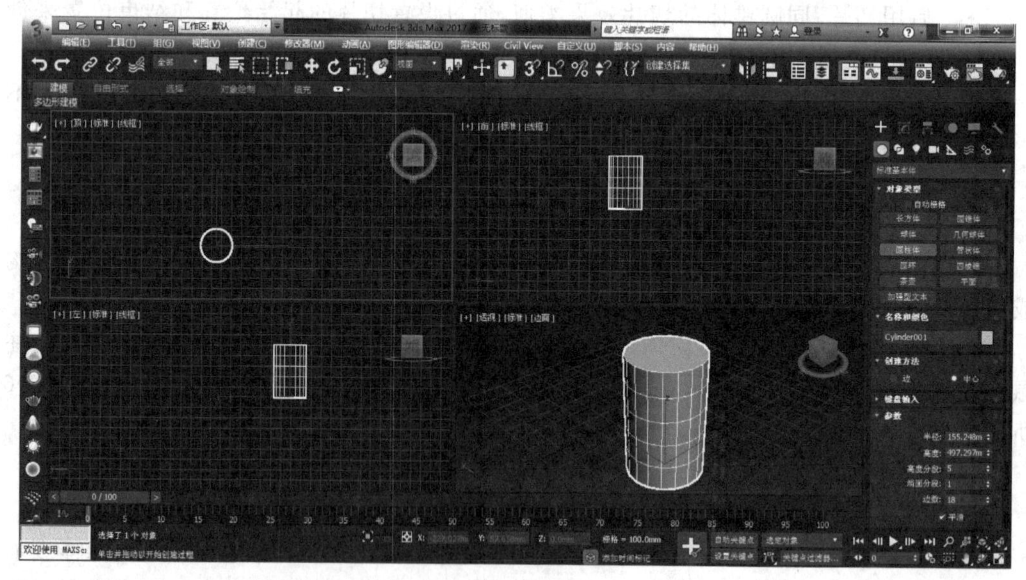

图 3-7

在“创建”面板下方出现该圆柱体的有关设置的卷展栏。

- “半径”用于设置圆柱体的底面圆的半径大小，即圆柱体的粗细。
- “高度”用于设置圆柱体的高度。
- “高度分段”用于设置圆柱体高度的分段数。
- “端面分段”用于设置圆柱体顶面与底面圆中心的同心圆分段数。
- “边数”用于设置圆柱体表面的光滑程度，参数越大则越接近于圆柱，最小值为 3；“边数”和“平滑”互相搭配，就可以制作出有平滑效果的圆柱体。如果“边数”为 3，不选中“平滑”，则模型就变成了三角柱。
- “启用切片”则与圆锥体和球体中的类似。

6. 管状体

单击“创建”面板中的“管状体”按钮，激活管状体命令。在顶视图中单击并按住鼠标左键拖动，拉出管状体的外半径（内半径），释放并拖动鼠标，拉出管状体的内半径（外半径）后单击，接着向上或向下移动鼠标拉出管状体的高度，最后单击完成管状体的创建，如图 3-8 所示。

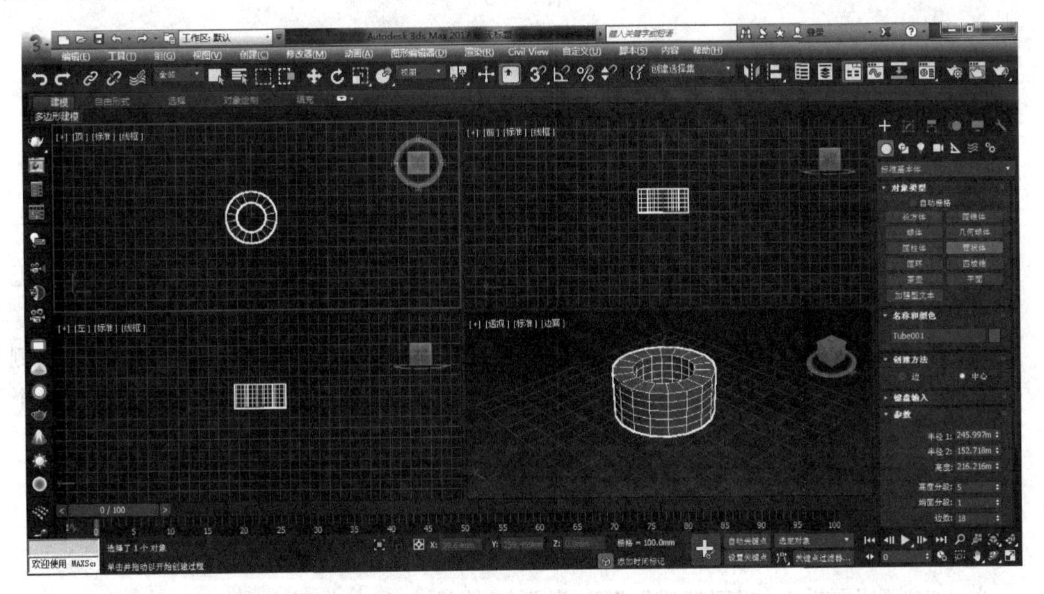

图　3-8

在“创建”面板下方出现该管状体的有关设置的卷展栏。

“半径 1”和“半径 2”分别用于设置管状体的内半径与外半径，半径值大的为外半径。

其他参数与圆柱体类似。

7. 圆环

单击“创建”面板中的“圆环”按钮，激活圆环命令。在顶视图中单击并按住鼠标左键拖动，拉出圆环的大小；释放并拖动鼠标，拉出圆环的粗细；再单击完成圆环的创建，如

图 3-9 所示。

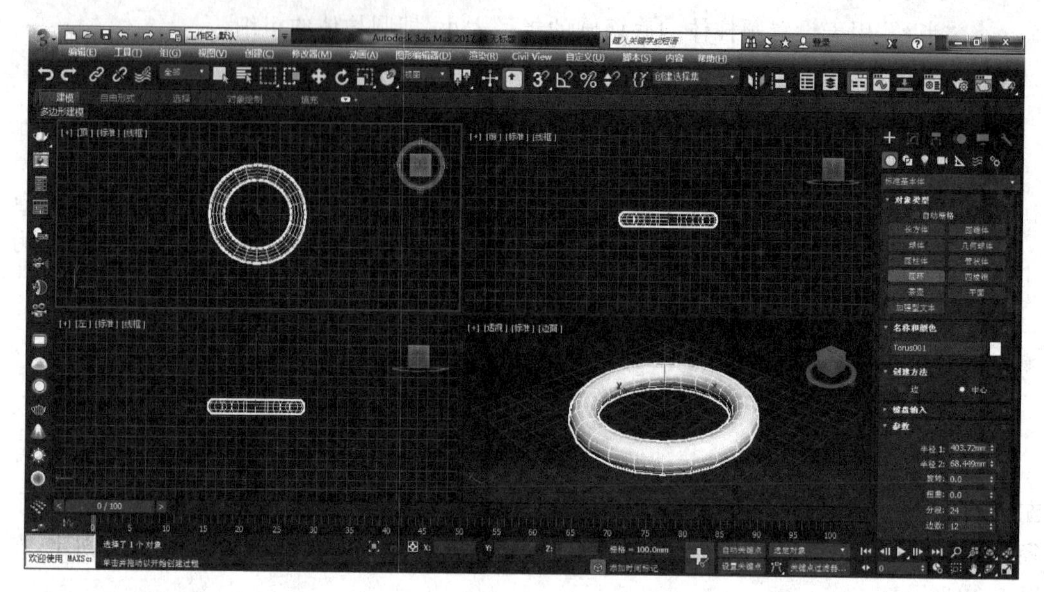

图 3-9

在“创建”面板下方出现该圆环的有关设置的卷展栏。

- “半径 1”用于设置圆环的大小;“半径 2”用于设置圆环的粗细。
- “旋转”用于设置圆环每个截面沿着圆环中心的旋转角度。
- “扭曲”用于设置圆环每个截面沿着圆环中心的扭曲角度。
- “分段”用于设置环形的边数,最小值为 3,分段数越多则越接近圆环。
- “边数”用于设置环形横截面圆形的边数,最小值为 3,分段数越多则横截面越接近于圆。
- “平滑”用于设置圆环是否进行平滑处理;“全部”表示所有表面进行光滑处理;“侧面”表示对相邻的边界进行平滑处理;“无”表示禁用平滑处理;“分段”表示对每个分段进行平滑处理。
- “启用切片”选项被选中后会生成切片圆环。

8. 四棱锥

单击“创建”面板中的“四棱锥”按钮,激活四棱锥命令。在顶视图中单击并按住鼠标左键拖动,拉出矩形底面,释放并向上或向下拖动鼠标,拉出四棱锥的高度,再单击完成四棱锥的创建,如图 3-10 所示。

在“创建”面板下方出现该四棱锥的有关设置的卷展栏。

- “宽度”与“深度”用于设置底面矩形的大小。
- “高度”用于设置四棱锥的高度;宽度、深度以及高度的分段数也可以在“参数”卷展栏中进行设置。
- “创建方法”中可以设置从“基点/顶点”或从“中心”开始创建四棱锥的底面,默认从“基点/顶点”开始创建。

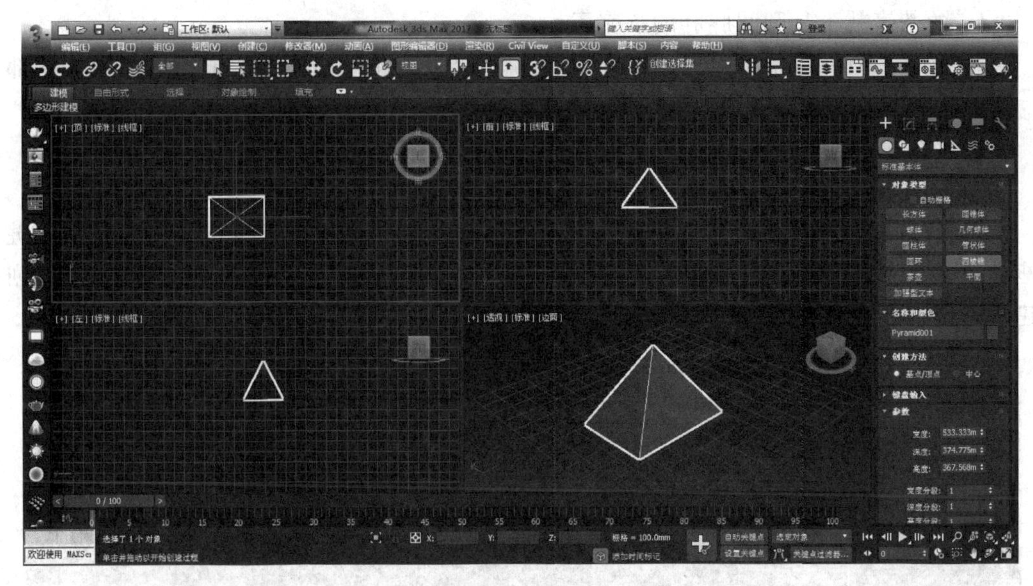

图 3-10

9. 茶壶

单击“创建”面板中的“茶壶”按钮,激活茶壶命令。在顶视图中单击并按住鼠标左键拖动即可完成茶壶的创建,如图 3-11 所示。

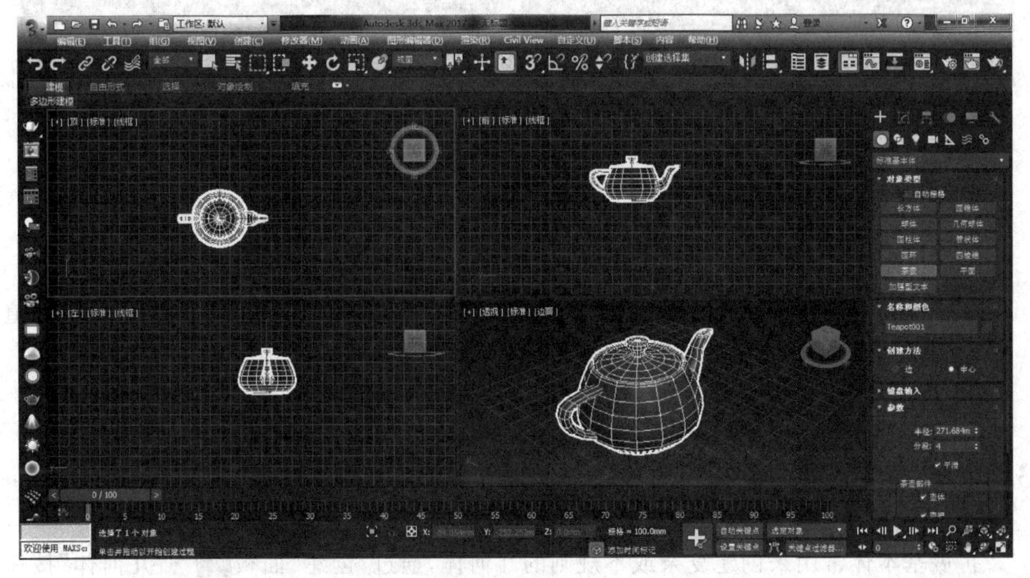

图 3-11

在“创建”面板下方出现该茶壶的有关设置的卷展栏。

- “半径”用于设置茶壶的大小。
- “分段”用于控制茶壶的精细程度,可以配合“平滑”来使用,分段最小值为 1,此时的茶壶就不是圆圆胖胖的茶壶了。

- “茶壶部件”组中可以任意选中或取消“壶体”“壶把”“壶嘴”和“壶盖”等，选中的部件显示，取消选中的部件则隐藏。

10. 平面

单击“创建”面板中的“平面”按钮，激活平面命令。在顶视图中单击并按住鼠标左键拖动即可完成平面的创建，如图 3-12 所示。在创建的过程中如果按下 Ctrl 键，则可以创建出一个正方形平面。

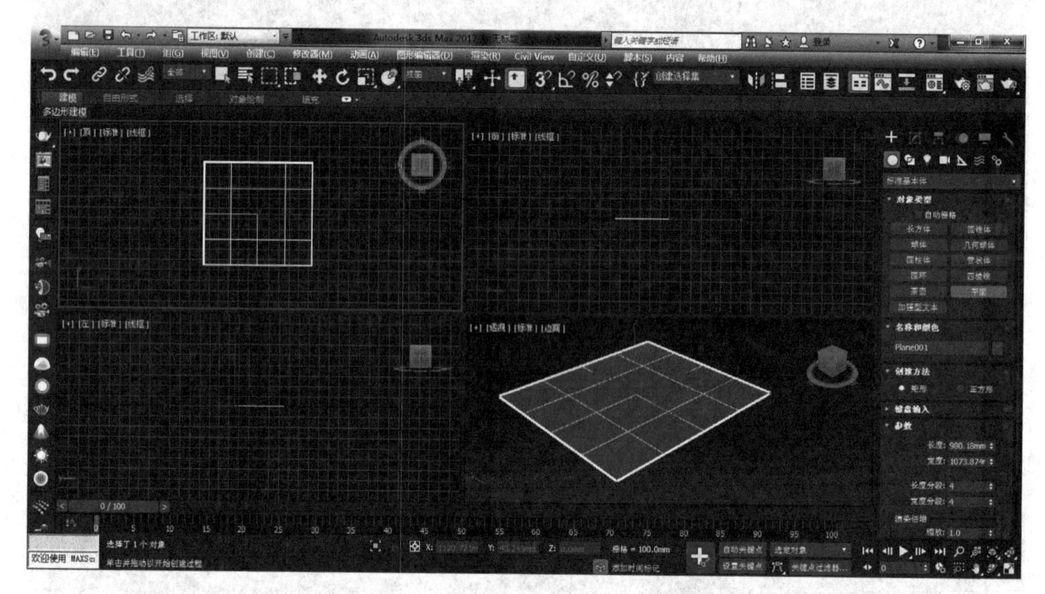

图 3-12

在“创建”面板下方出现该平面的有关设置的卷展栏。

- “长度”和“宽度”用于设置平面的长度与宽度。
- “长度分段”和“宽度分段”用于控制长度与宽度的分段数。
- “渲染倍增”用于指定长度或宽度在渲染时的倍增因子，其中，“缩放”用于指定渲染时平面面积的倍增值。
- “密度”用于指定渲染时平面长宽方向上段数的倍增值。

3.1.2 扩展基本体

扩展基本体常用来创建复杂或不规则的几何体，通过“创建”面板→“几何体”按钮→“扩展基本体”下拉菜单→“对象类型”进行选择，如图 3-13 所示。

1. 异面体

异面体可以用来创建由各种表面组成的多面体。单击“创建”面板中的“异面体”按

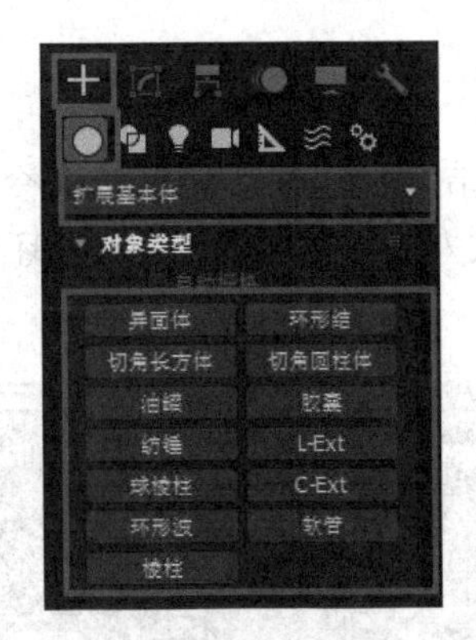

图　3-13

钮，激活异面体命令，在场景中单击并拖动鼠标就可以创建完成，如图 3-14 所示。

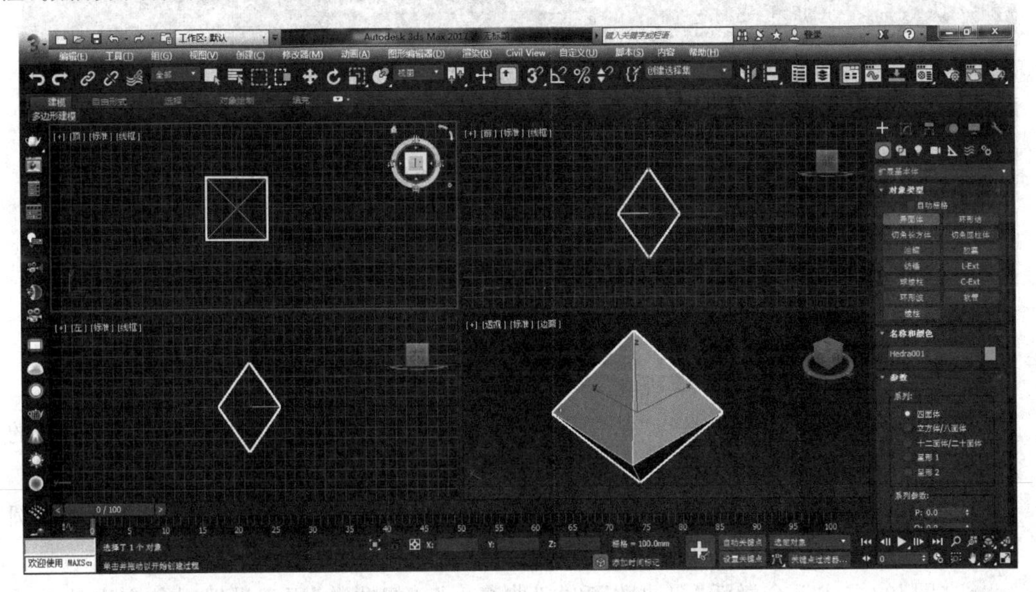

图　3-14

在“创建”面板下方出现该异面体的有关设置的卷展栏。

- “系列”组中可以通过单击来切换异面体为“四面体”“立方体/八面体”“十二面体/二十面体”“星形 1”或“星形 2”。
- “系列参数”组中的 P 和 Q 值的改变可以创造不同形态的异面体，它们的数值范围都为 0.0～1.0，而且 P 和 Q 值的和不能超过 1.0，一个参数代表所有的顶点，另一个参数代表所有的面。
- “轴向比率”组中的 P、Q、R 三个值分别调整三个方向上的缩放比例。
- “顶点”用于给每个扩展多边形的中心另外添加顶点和边；“基点”默认为选中，不给异面体添加；“中心”用于为每个扩展多边形的中心添加顶点；“中心和边”用于添加中心顶点并使用“轴向比率”选项的每个面的边连接。
- “半径”可以控制异面体的大小。

2. 环形结

单击“创建”面板中的“环形结”按钮，激活环形结命令。在场景中单击并按住鼠标左键拖动，拉出环形结的大小；释放左键并拖动鼠标，拉出环形结的粗细；再单击完成环形结的创建，如图 3-15 所示。

图 3-15

在“创建”面板下方出现该环形结的有关设置的卷展栏。

- “基础曲线”组中默认是以“结”的方式创建环形结，可以通过“半径”调整环形结的大小，“分段”用于控制环形结的精细程度，最小值为 4。
- P 和 Q 用于控制打结数目，最小值都为 1.0，当 P 和 Q 的值相同时，就会呈现出圆环的造型。P 和 Q 值只有在“结”的方式下才能被激活。
- “圆”的方式下会激活“扭曲数”和“扭曲高度”，“扭曲数”用于设置对象突出的卷曲角的数值；“扭曲高度”用于设置对象突出的卷曲角的高度。
- “横截面”组中的“半径”控制环形结的粗细；“边数”用于控制模型横截面的精细程度，最小值为 3。
- “偏心率”用于设置横截面主轴和副轴的比率，值为 1 时横截面为圆形，最大值为 10，最小值为 0.1。
- “扭曲”用于设置横截面围绕基础曲线扭曲的次数。
- “块”用于设置环形结中突出的数量，当“块高度”为 0，则“块”数值失效，“块高度”用于设置块的高度，作为横截面块的百分比。
- “块偏移”用于设置块起点的偏移，用度数来测量，修改它的数值就可以制作出块在环形结中流动的动画效果。
- “平滑”组提供用于改变环形结平滑显示或渲染的选项。

3. 切角长方体

单击“创建”面板中的“切角长方体”按钮，激活切角长方体命令。在场景中单击并按住鼠标左键拖动，拉出切角长方体的底面矩形；释放左键并向上或向下拖动鼠标，拉出切角长方体的高度后单击；再次拖动鼠标可以拉出切角长方体的切角程度；最后单击完成切角长方体的创建，如图 3-16 所示。

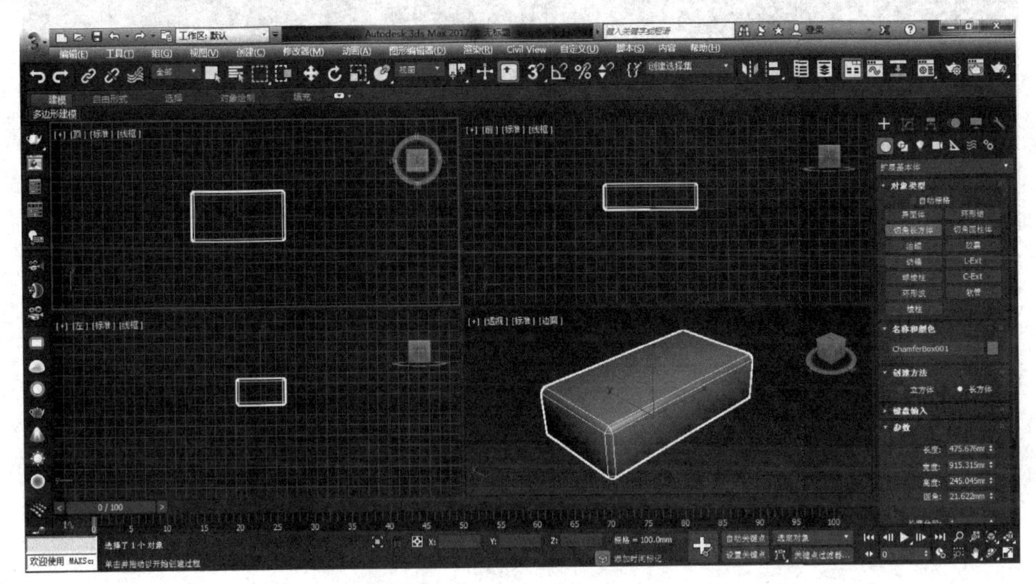

图　3-16

在“创建”面板下方出现该切角长方体的有关设置的卷展栏。

- “长度”“宽度”“高度”决定切角长方体的大小；“圆角”用于设置切角长方体边的圆度，圆角值为 0 的时候就是长方体。
- 可以通过“长度分段”“宽度分段”和“高度分段”来设置各个方向的分段数；“圆角分段”用来控制圆角的圆滑程度，可以配合“平滑”来使用。

4. 切角圆柱体

单击“创建”面板中的“切角圆柱体”按钮，激活切角圆柱体命令。在场景中单击并按住鼠标左键拖动，拉出切角圆柱体的底面圆形；释放左键并向上或向下拖动鼠标，拉出切角圆柱体的高度后单击；再次拖动鼠标可以拉出切角圆柱体的切角程度；最后单击完成切角圆柱体的创建，如图 3-17 所示。

在“创建”面板下方出现该切角圆柱体有关设置的卷展栏。

- “半径”用于设置底面圆的大小；“高度”用于设置切角圆柱体的高度；“圆角”用于设置切角圆柱体的切角程度，圆角值为 0.00 的时候就是圆柱体。
- 可以通过“高度分段”用来设置切角圆柱体高度的分段数；“圆角分段”用来控制圆角的圆滑程度，可以配合“平滑”选项来使用。
- “边数”用于设置底面圆的精细程度，最小值为 3。当值为 3 时，底面为三角形，边

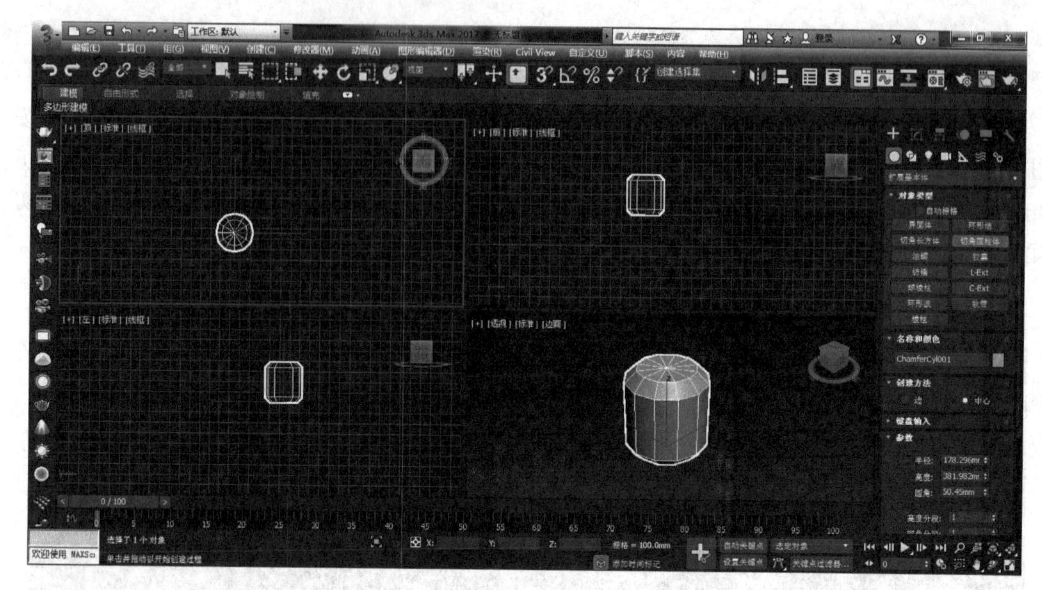

图 3-17

数值越高，越接近于圆。

- “端面分段”是底面圆围绕圆心的一个分段。
- “启用切片”可以设置有切片效果的切角圆柱体。

5. 油罐

单击“创建”面板中的“油罐”按钮，激活油罐命令。在场景中单击并按住鼠标左键拖动，拉出油罐的底面；释放左键并向上或向下拖动鼠标，拉出油罐的高度后单击；再次拖动鼠标可以确定油罐的封口高度；最后单击完成油罐的创建，如图 3-18 所示。

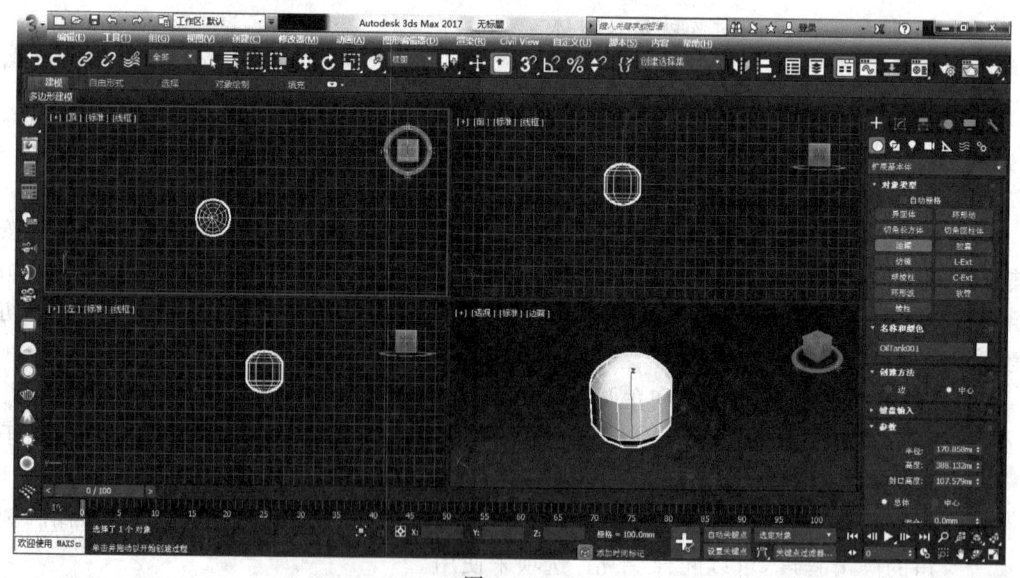

图 3-18

在“创建”面板下方出现该油罐的有关设置的卷展栏。

- “半径”和“高度”可以控制油罐的大小；“封口高度”用于设置油罐两端凸面顶盖的高度。
- 油罐的高度有“总体”和“中心”两种模式确定，“总体”是测量油罐的总体高度，包括圆柱体和顶盖的总体高度；“中心”是只测量油罐圆柱状的高度，不包括顶盖部分高度。
- “混合”用于设置封口倒角；“边数”用于设置油罐底面圆的精细程度，最小值为 3，边数值越高越接近于圆。

6. 胶囊

单击“创建”面板中的“胶囊”按钮，激活胶囊命令。在场景中单击并按住鼠标左键拖动，拉出胶囊的底面；释放左键并向上或向下拖动鼠标，拉出胶囊的高度；再单击即可完成胶囊的创建，如图 3-19 所示。

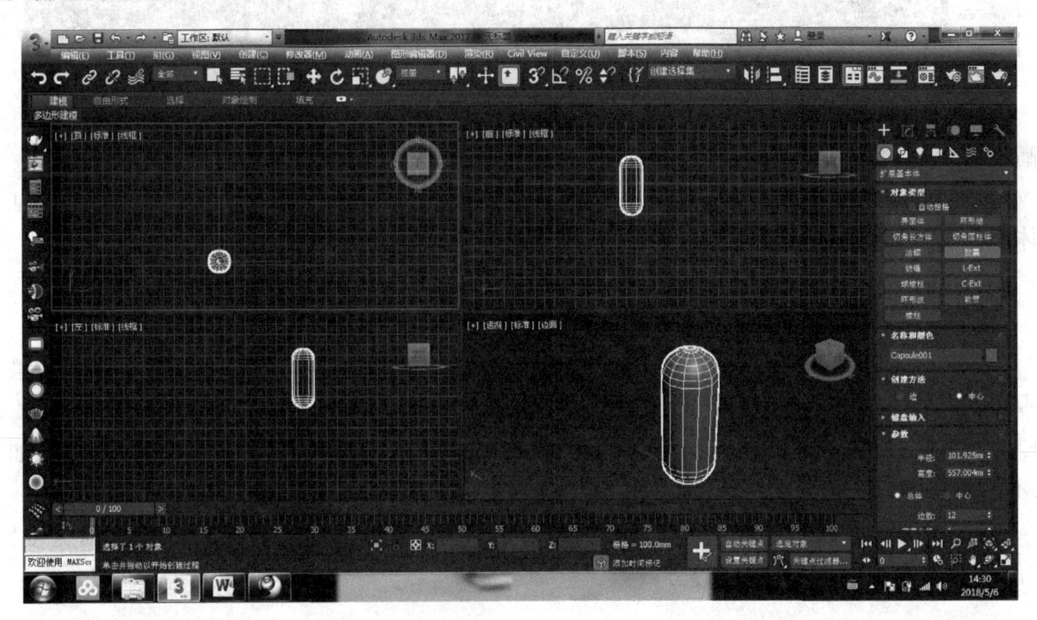

图 3-19

胶囊的“参数”卷展栏除了没有“封口高度”和“混合”外，其余与油罐的参数类似，详细参数解释参照油罐的参数。

7. 纺锤

单击“创建”面板中的“纺锤”按钮，激活纺锤命令。在场景中单击并按住鼠标左键拖动，拉出纺锤的底面；释放左键并向上或向下拖动鼠标，拉出纺锤的高度；再单击并拖动鼠标，可以确定纺锤的封口高度；最后单击完成纺锤的创建，如图 3-20 所示。

在“创建”面板下方出现该纺锤的有关设置的卷展栏。

“封口高度”用于设置纺锤封口的高度，当最小值为 0.1 时，纺锤就变成圆柱体。封口

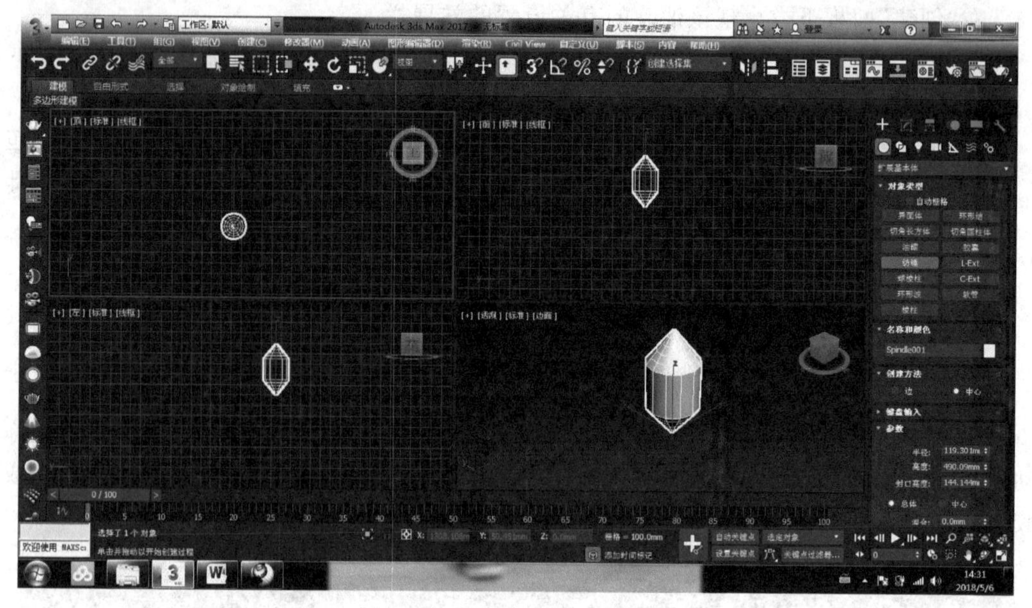

图 3-20

高度的最大值为“高度”的一半。其他参数与油罐类似，详细参数解释参照油罐的参数。

纺锤体是圆锥体封口的圆柱体，胶囊是半球体封口的圆柱体，油罐是凸面封口的圆柱体，切角圆柱体是倒角圆形封口的圆柱体，这几个基本体非常类似，只是封口类型不同。

8. L-Ext

L-Ext 也称为 L 形挤出，单击“创建”面板中的 L-Ext 按钮，激活 L-Ext 命令。在场景中单击并按住鼠标左键拖动，拉出 L 形底面；释放左键并向上或向下拖动鼠标，拉出 L-Ext 的高度；再单击并拖动鼠标可以确定 L-Ext 的厚度；最后单击完成 L-Ext 的创建，如图 3-21 所示。

L-Ext 的“参数”卷展栏非常直观，可以分别设置“侧面长度”“前面长度”“侧面宽度”“前面宽度”“高度”以及对应的分段数。

9. 球棱柱

单击“创建”面板中的“球棱柱”按钮，激活球棱柱命令。在场景中单击并按住鼠标左键拖动，拉出球棱柱的底面；释放左键并向上或向下拖动鼠标，拉出球棱柱的高度；再单击并拖动鼠标可以确定球棱柱的圆角；最后单击完成球棱柱的创建，如图 3-22 所示。

在“创建”面板下方出现该球棱柱的有关设置的卷展栏。

- “边数”用于确定底面形状的边数，边数值越高，底面就越接近于圆形，最小值为 3。
- “半径”用于确定球棱柱底面的大小。
- “圆角”用于设置切角的宽度。当最小值为 0.000 时，就表示没有切角。圆角值越大圆角效果越好。
- “高度”用于确定球棱柱的高度。

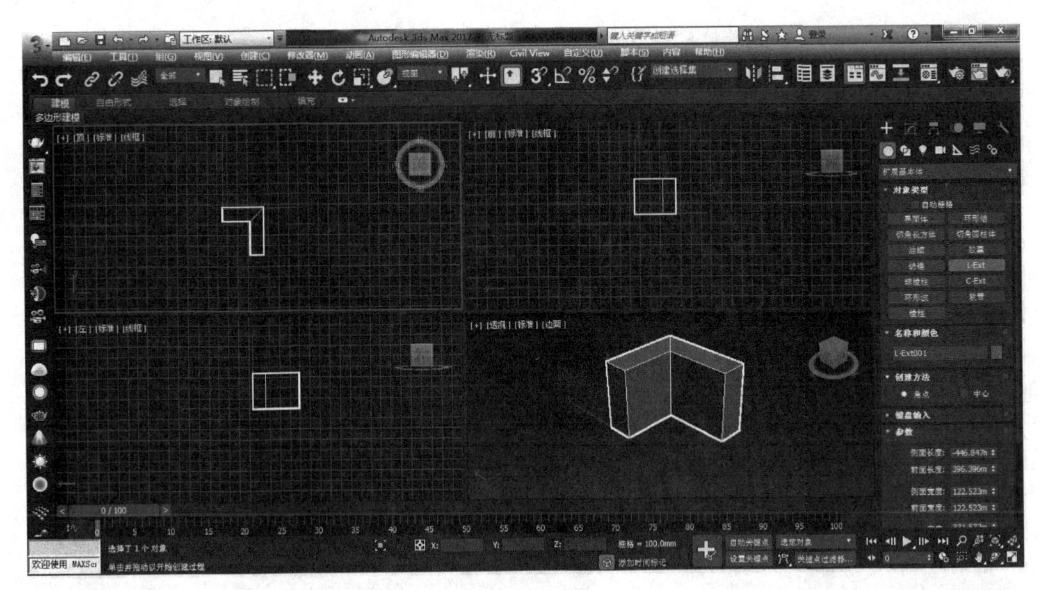

图 3-21

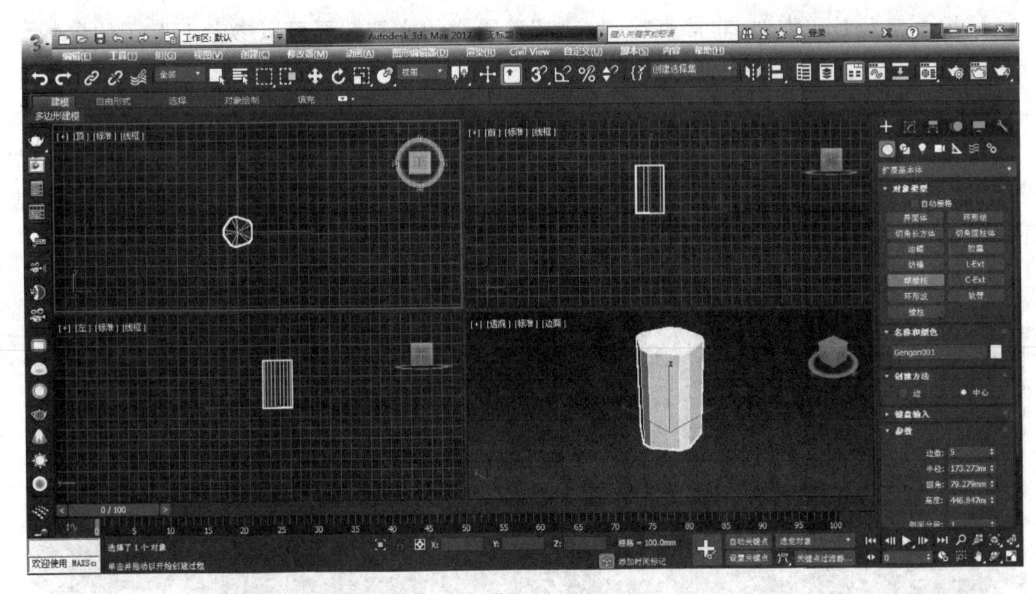

图 3-22

通过“侧面分段”“高度分段”和“圆角分段”来设置各个方向的分段数。

10. C-Ext

C-Ext 也称为 C 形挤出，单击“创建”面板中的 C-Ext 按钮，激活 C-Ext 命令。在场景中单击并按住鼠标左键拖动，拉出 C 形底面；释放左键并向上或向下拖动鼠标，拉出 C-Ext 的高度；再单击并拖动鼠标，可以确定 C-Ext 的厚度；最后单击完成 C-Ext 的创建，如图 3-23 所示。

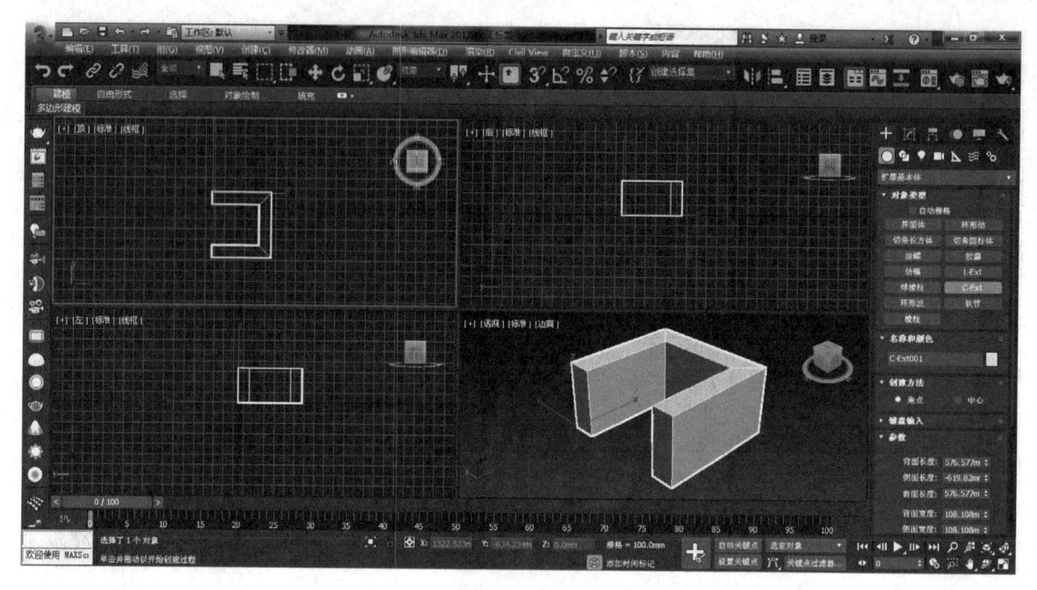

图 3-23

C-Ext 与 L-Ext 类似，非常直观，“参数”卷展栏的详细解释可以参考 L-Ext 的参数。

11. 环形波

单击“创建”面板中的“环形波”按钮，激活环形波命令。在场景中单击并按住鼠标左键拖动，确定环形波的半径；释放左键并再次拖动鼠标，确定环形波的宽度；最后单击完成环形波的创建，如图 3-24 所示。

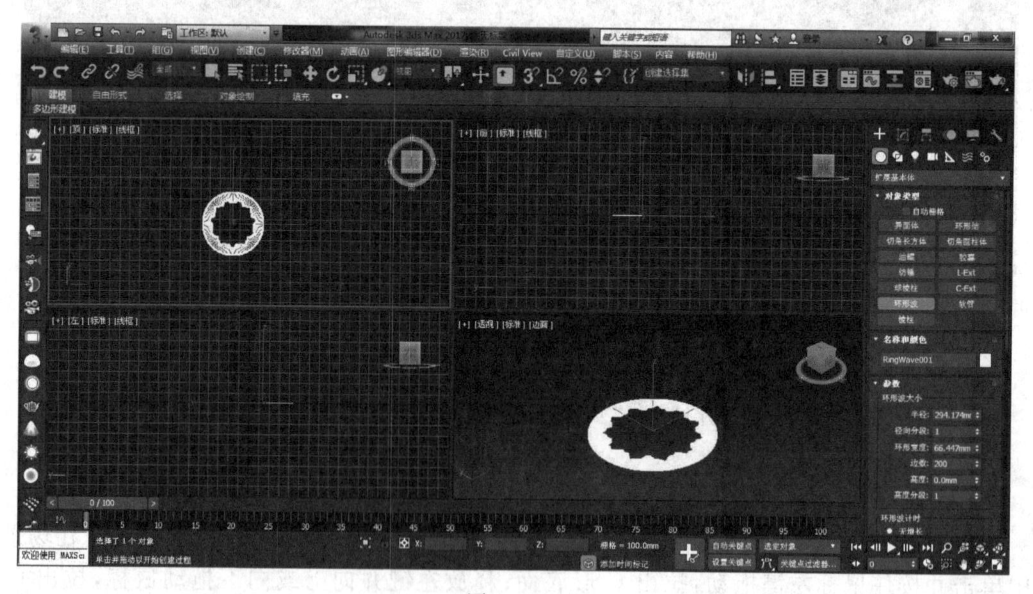

图 3-24

在“创建”面板下方出现该环形波的有关设置的卷展栏。

- “环形波大小”组可以控制环形波的大小及分段。
- “环形波计时”组中的参数与时间滑块配合使用，可以制作出环形波运动的动画；“开始时间”用于设置环形波从零开始的那一帧；“增长时间”用于设置环形波达到最大时需要的那一帧；“结束时间”用于设置环形波停止的那一帧；“无增长”用于阻止环形波扩展。
- “增长并保持”用于设置环形波从“开始时间”扩展到“增长时间”，并保持当前状态到“结束时间”。
- “循环增长”用于设置环形波从“开始时间”扩展到“增长时间”，再从零开始增长到“增长时间”的大小，直到“结束时间”，一直循环从零进行增长。
- 启用“外边波折”并设置相应的参数，会使环形波的外部形状改变，默认为取消选中。
- 启用“内边波折”并设置相应的参数，会使环形波的内部形状改变，默认为选中。

12. 软管

软管是能够连接两个物体的弹性对象，能够反映两个物体的运动，类似于弹簧，但不具备动力学的属性。

单击“创建”面板中的“软管”按钮，激活软管命令。在场景中单击并按住鼠标左键拖动，确定软管的底面；释放左键并再次拖动鼠标，确定软管的高度；最后单击完成软管的创建，如图 3-25 所示。

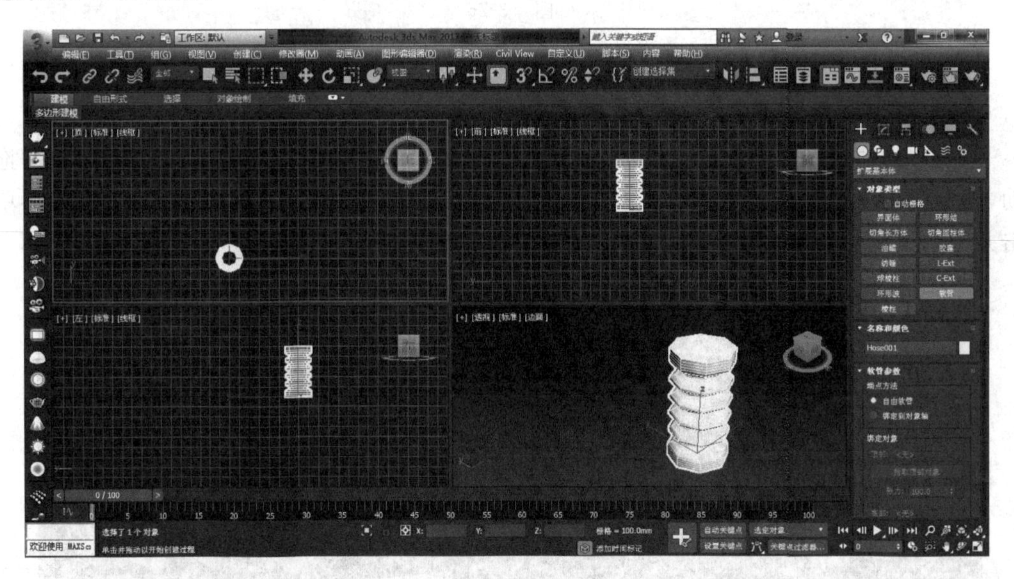

图　3-25

在“创建”面板下方出现该软管的有关设置的卷展栏。

- “端点方法”默认为“自由软管”形式，这种形式只当作一个简单对象，而不绑定对象；“自由软管”参数中的“高度”用来控制自由软管的高度，此参数只有在启用“自由软管”形式下才可以被激活。
- “软管形状”组可以设置软管的形状并设置相应的参数，有“圆形软管”“长方形软管”和“D 截面软管”。

- “公用软管参数”中可以设置软管的分段数和平滑程度，软管弯曲的时候要调节增加软管的分段数以提高弯曲的圆滑度。选中“启用柔体截面”可以设置柔体截面的起始位置、结束位置、周期数及直径；取消选中“启用柔体截面”，软管将变成一根柱子。
- 将“端点方法”切换成“绑定到对象轴”，激活“绑定对象”组，单击“拾取顶部对象”按钮，拾取场景中的切角长方体；再单击“拾取底部对象”按钮，拾取场景中的切角圆柱体，这时场景中的软管就将切角长方体和切角圆柱体进行了连接，如图 3-26 所示。

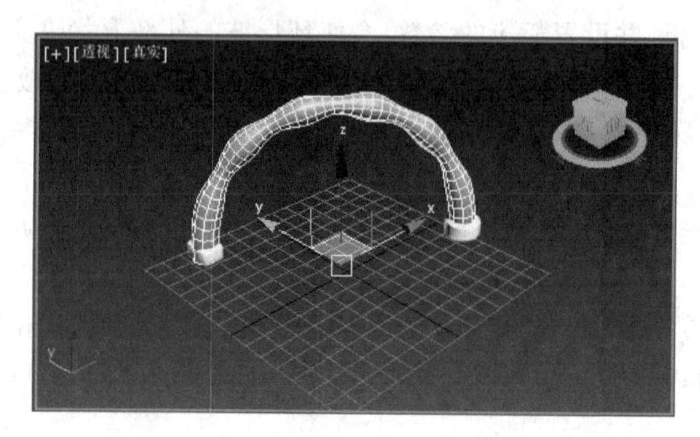

图 3-26

13. 棱柱

单击“创建”面板中的“棱柱”按钮，激活棱柱命令。在场景中单击并按住鼠标左键拖动，确定棱柱侧面 1 的长度；释放左键并拖动鼠标，确定棱柱侧面 2 和侧面 3 的长度；再单击并拖动鼠标，可以确定棱柱的高度；最后单击完成棱柱的创建，如图 3-27 所示。

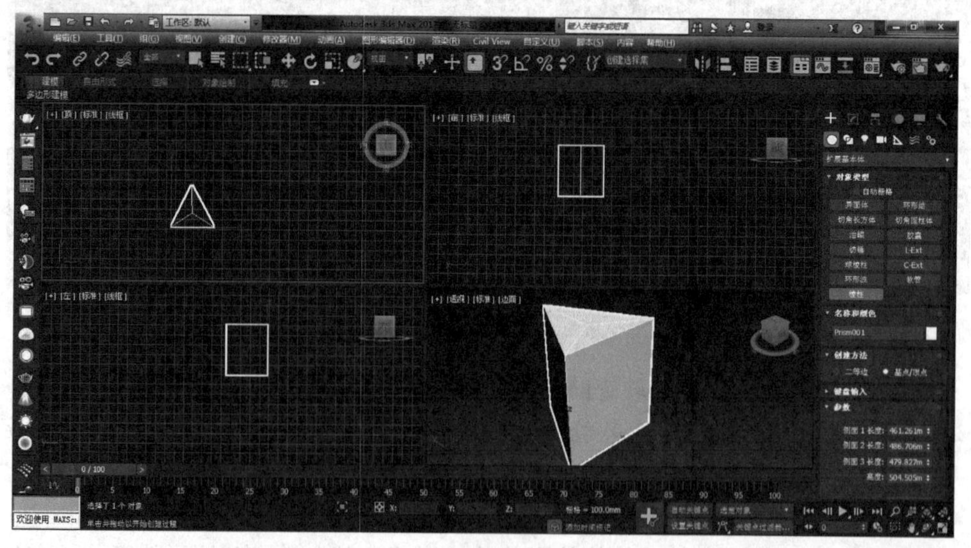

图 3-27

棱柱“参数”卷展栏中的参数非常直观，可以通过“侧面 1 长度”“侧面 2 长度”“侧面 3 长度”及相应的分段设置棱柱的大小和分段数。

3.2　可编辑样条线建模

在 3ds Max 中除了直接从三维几何体开始起形建模外，二维图形在建模中也起着非常重要的作用，它是生成三维模型的基础。

通过“创建”面板→“图形”按钮→“样条线”下拉菜单→“对象类型”进行选择，如图 3-28 所示。选择所需的对象类型，就可以在场景中绘制相应的二维图形，一共有 12 种样条曲线。“开始新图形”默认为选中，表示每创建一条样条曲线都作为一个新的独立的物体；取消选中该选项，则创建的样条曲线均作为同一个物体。

二维图形的创建并不复杂，这里就不再赘述各二维图形的创建方法。如果想创建的模型找不到合适的二维图形起形，那就要开动脑筋，对基本二维图形进行个性化编辑修改。这里以“线”为例子介绍可编辑样条线的编辑修改。

单击“创建”面板中的“线”按钮，激活线命令。在场景中画线，单击线的起始点，再在第二个点的位置单击，这时候就创建了一条直线。如果要继续画线，则在第三点的位置再单击。如果要结束画线操作，则右击场景中任一位置即可。可以通过单击来画直线，如果想要画曲线，则在第二点的位置单击后保持鼠标左键的按下状态并拖动鼠标到合适位置再释放，同样右击结束画线。线可以是闭合的，也可以是不闭合的，如果第一点与最后一点重合，则会弹出“样条线”对话框，在对话框中选择是否闭合样条线，如图 3-29 所示。

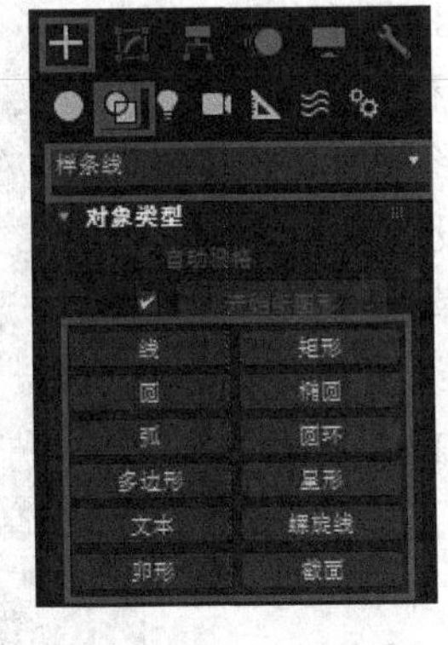

图　3-28

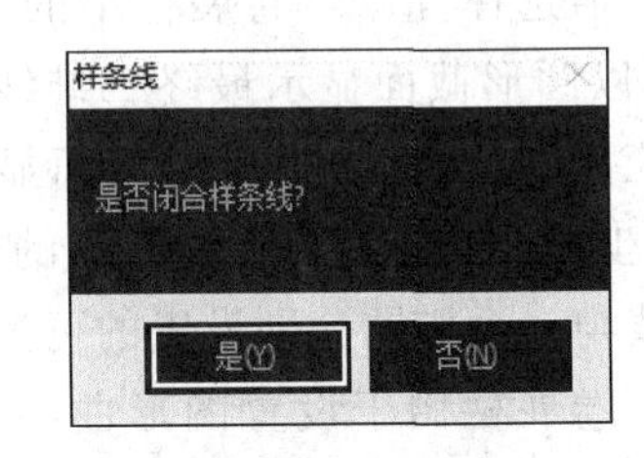

图　3-29

选中创建好的一条样条线，进入“修改”面板，可以看到“修改”面板中显示了样条线的类型 Line，下面有“顶点”“线段”和“样条线”三个层级结构。如果创建的是一个矩形，在修改面板中则显示类型 Rectangle，下面没有子层级结构，这时需要右击选择“可编辑样条线”，将矩形转换为可编辑样条线，才有子层级可以编辑(**注意**：这里也可以给样条线直接加“编辑样条线”的修改器)，如图 3-30 所示。

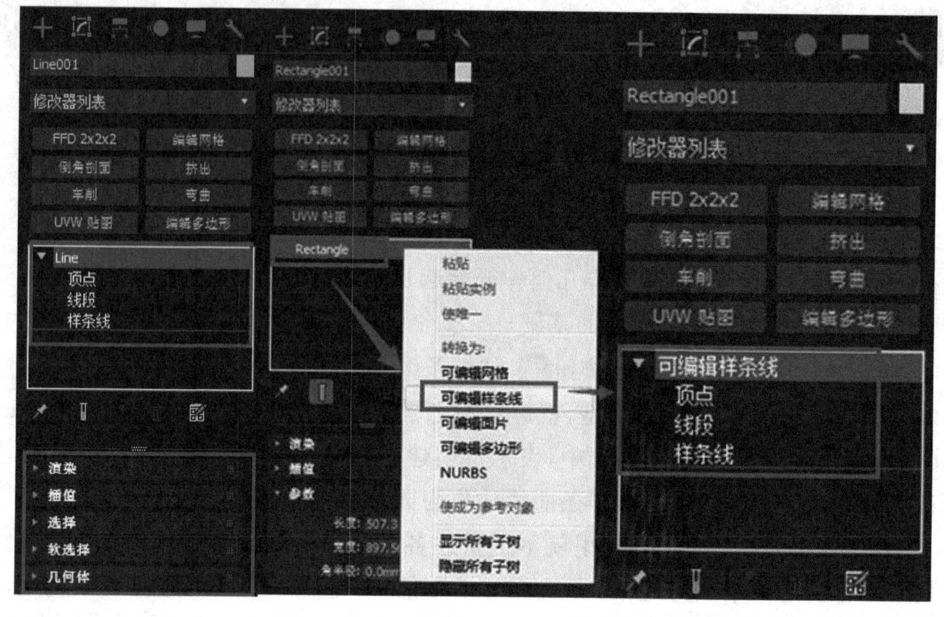

图 3-30

可编辑样条线下方还有“渲染”“插值”“选择”“软选择”和“几何体”5 个卷展栏，可以对样条线的“顶点”“线段”和“样条线”层级进行编辑。

3.2.1 “渲染”与“插值”卷展栏

“渲染”卷展栏是所有图形共有的属性卷展栏，如图 3-31 所示。二维图形默认是不能被渲染可见的，在“渲染”卷展栏中选中“在渲染中启用”和“在视口中启用”复选框，就可以在渲染时和在视口中看见效果。二维线可渲染属性可以以两种截面效果显示，即圆形截面和矩形截面。只需选择“渲染”卷展栏中的“径向”以及设置相应的参数，就会以圆形截面显示最终二维线的效果；选择“矩形”以及设置相应的参数，就会以矩形截面显示最终二维线的效果。“生成贴图坐标”选项用来控制贴图的位置。如图 3-32 所示，就是一根线与一个椭圆分别设置的可渲染效果。

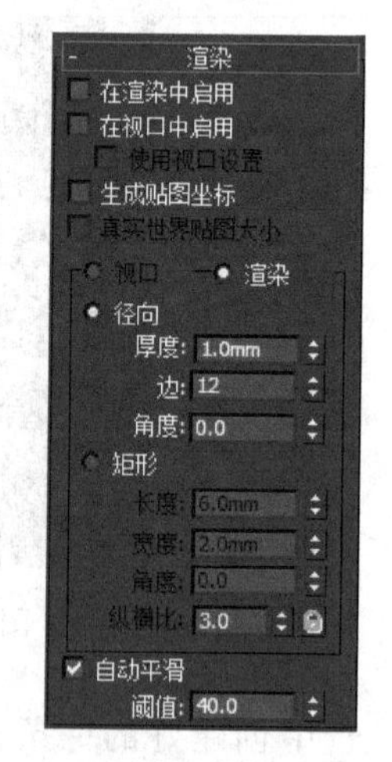

图 3-31

“插值”卷展栏用于设置图形曲线的精细程度，如图 3-33 所示。在 3ds Max 中，样条线的显示和渲染都使用一系列线段来近似地表现样条线，插值设置决定使用直线的段数。“步数”决定在线段的两个节点之间插入的中间点数，范围是 0～100，0 表示在线段的两个节点之间没有插入中间点，数值越大，插入的中间点数就越多，制作的模型就越精细。选中“优化”复选框，3ds Max 将检查样条线的曲线度，并减少比较直的线段上的步数，以达到优化模型的作用，默认为选中。选中“自适应”复选框时，3ds Max 会根据曲线弯曲的角度自动设置步数。

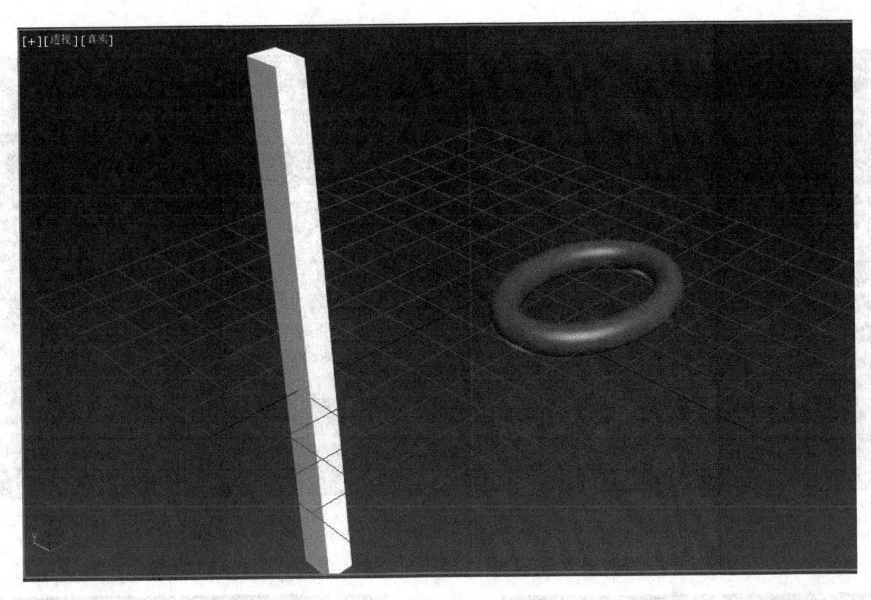

图　3-32

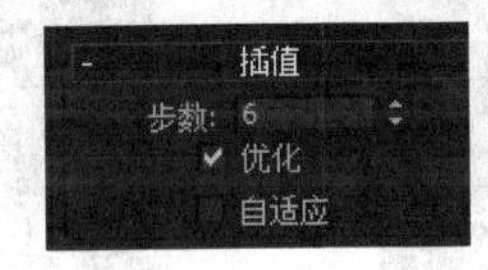

图　3-33

3.2.2　“选择”与“软选择”卷展栏

“选择”卷展栏中可以通过单击“顶点”“线段”“样条线”按钮来进行选择，当选中“顶点”层级时，“顶点”按钮会被点亮激活，这时候就可以去选择编辑顶点，如图 3-34 所示。

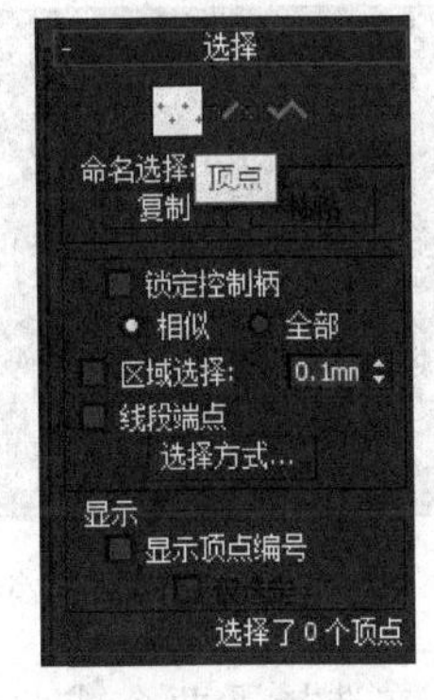

图　3-34

顶点是组成线段的最基本元素，一条线段至少有两个顶点，在 3ds Max 中有 4 种不同类型的顶点，分别是 Bezier、“Bezier 角点”、“角点”和“平滑”。可以在“顶点”层级下选中某个顶点，右击，在弹出的快捷菜单中选择更改顶点的类型，如图 3-35 所示。

- Bezier：提供两根调节手柄，两根调节手柄成一条直线并与顶点相切，可以改变手柄的角度和长度来达到调节曲线的目的，如图 3-36 所示。
- Bezier 角点：提供两根调节手柄，并且两根调节手柄不关联调节，各自调节一侧的曲线，比 Bezier 更自由，如图 3-37 所示。
- 角点：顶点两侧的线段呈现相交角度，如图 3-38 所示。

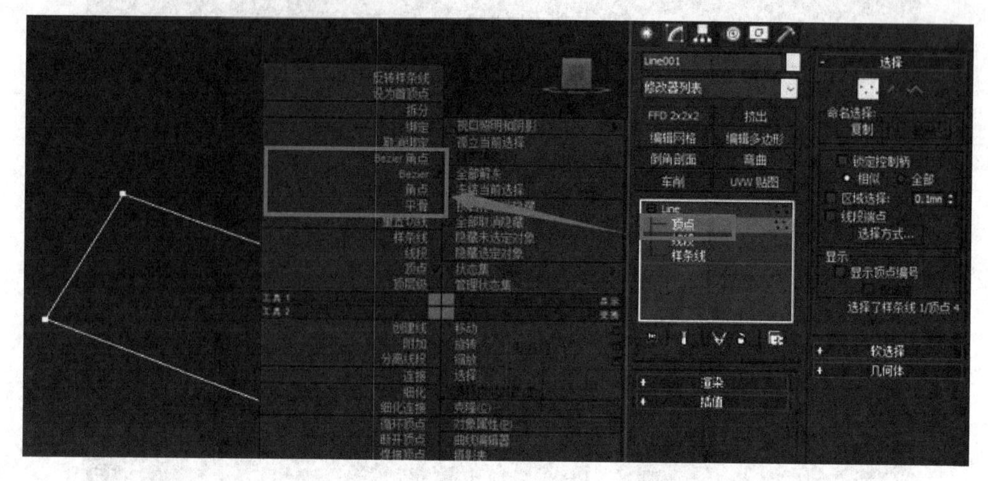

图 3-35

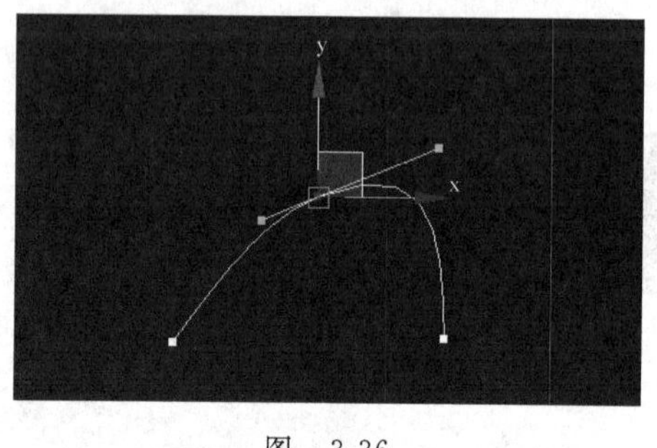

图 3-36

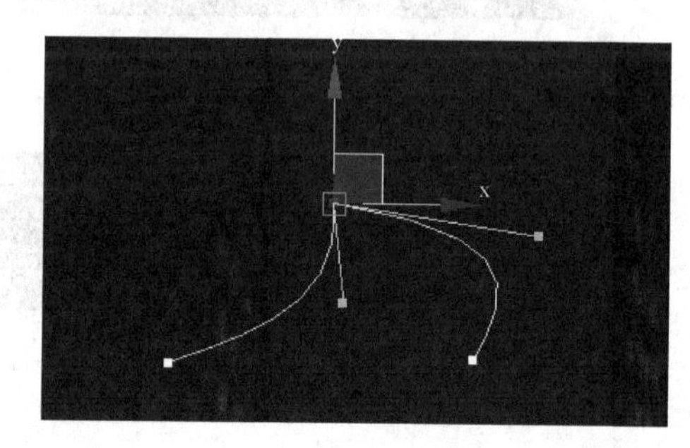

图 3-37

- 平滑：顶点两侧的线段为光滑的曲线，没有调节手柄，但曲线与顶点成相切状态，如图 3-39 所示。

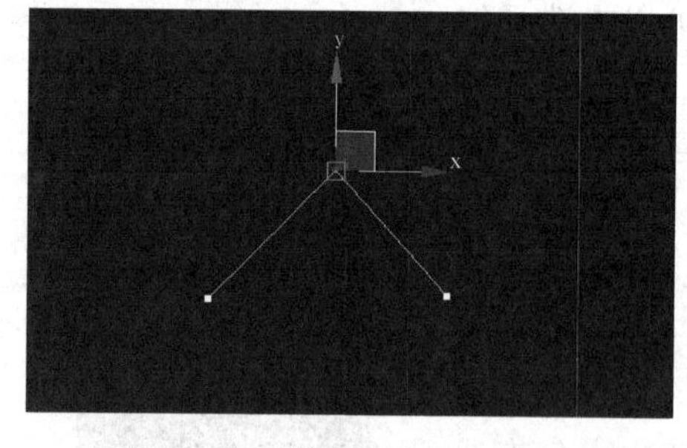

图 3-38

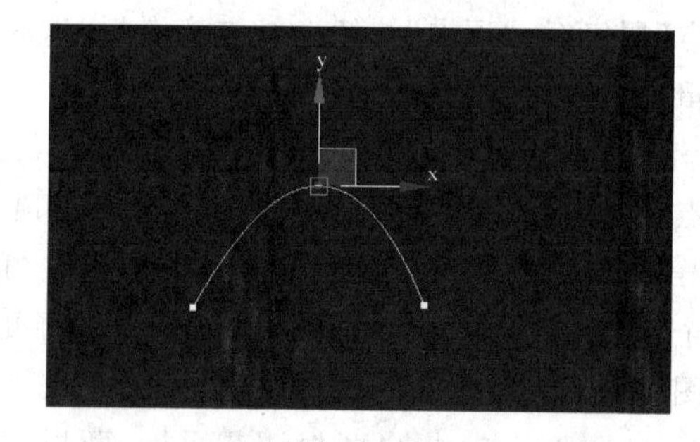

图 3-39

在选择了两个或两个以上的顶点后，如果它们属于 Bezier 或 Bezier 角点，这时就会出现调节手柄；如果此时选中“选择”卷展栏下的“锁定控制柄”复选框，再去调节手柄时，会调节“相似”或“全部”带手柄的点的曲率，默认是取消选中的。

- “选择方式...”按钮，可以将“线段”和“样条线”层级下的选择转换到“点”层级。

- “显示”组中选中“显示顶点编号”复选框，则会对场景中的点进行编号；如果选中“仅选定”复选框，则只显示选定点的编号，如图 3-40 所示。

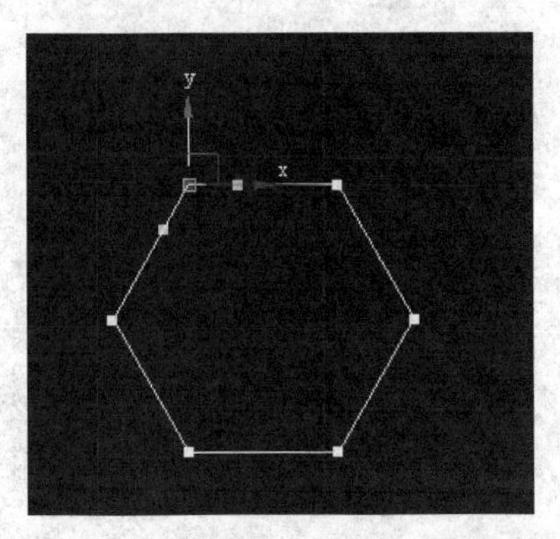

图　3-40

- “软选择”卷展栏，我们使用一根二维螺旋线进行解释。进入“顶点”层级，选中一个顶点，直接向上拖动，效果如图 3-41 所示。再选中“使用软选择”复选框，设置相应的衰减值，再次拖动该顶点，效果如图 3-42 所示。通过对比，可以清楚地看到使用软选择后物体产生的造型是针对整个曲面上的颜色分布来调整影响的权重值形成软选择的顶点效果，“衰减值”控制影响的权重，“收缩”和“膨胀”用来调整权重的状态。如果选中“边距离”复选框，进入边距离的软选择状态，则使用与选中顶点边的距离来选中影响的顶点，如图 3-43 所示。

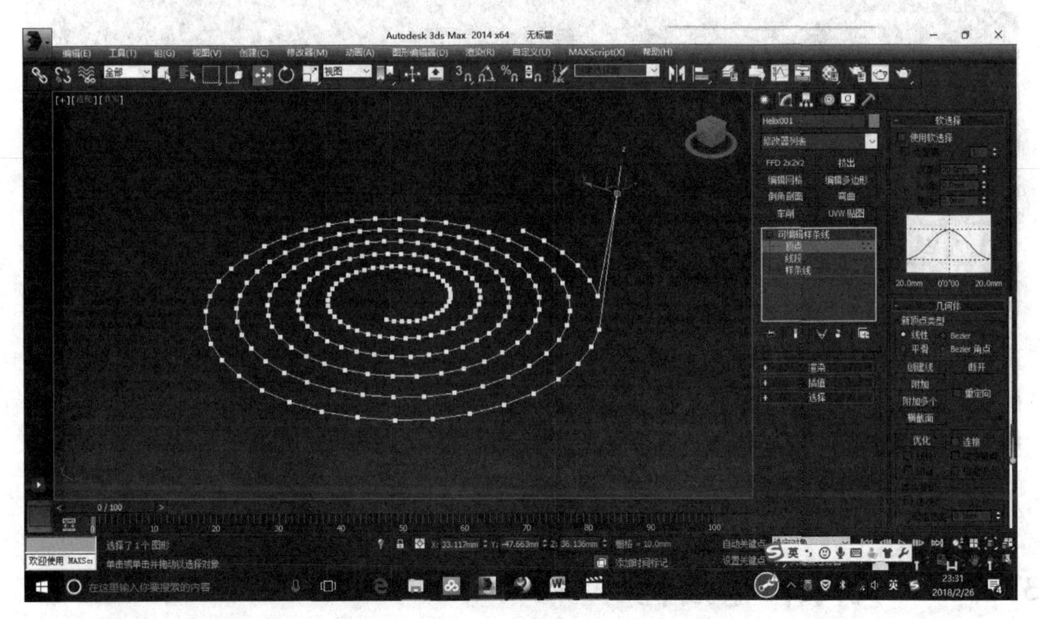

图　3-41

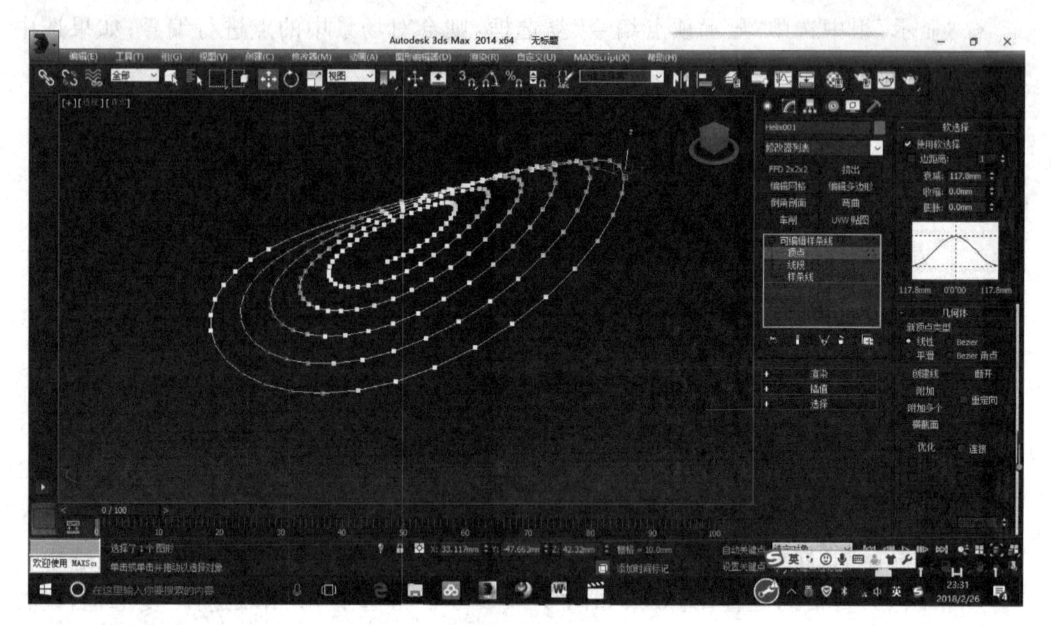

图 3-42

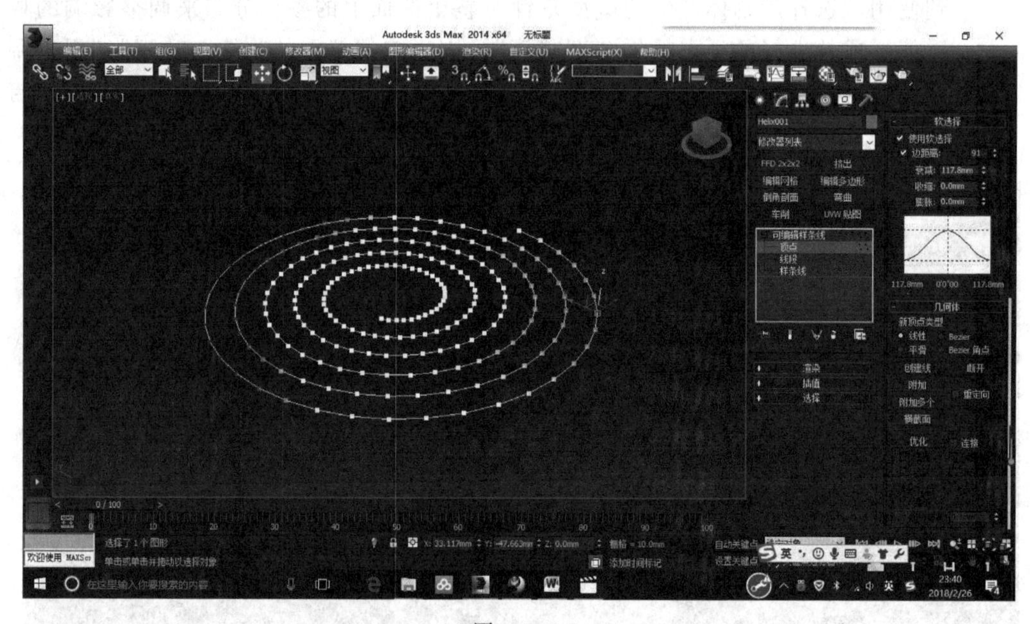

图 3-43

3.2.3 “几何体”卷展栏

“几何体”卷展栏用于对二维图形的几何形状进行设置的区域，在“顶点”“线段”和“样条线”层级下，会分别对应显示各个层级下可用的命令，图 3-44 所示为“顶点”层级下激活的命令，不可用的命令以黑色显示。

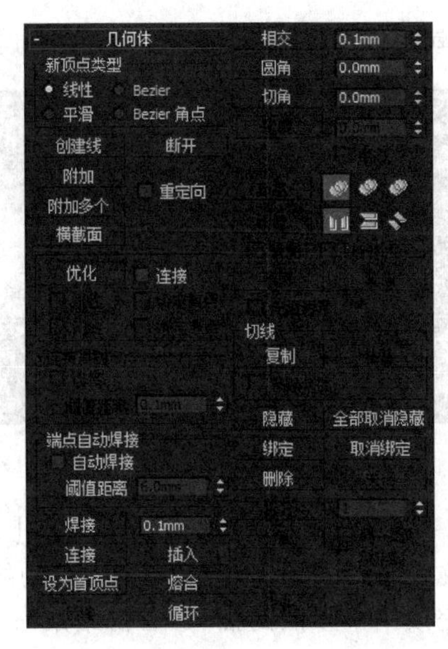

图　3-44

1. “顶点”层级

- 圆角：可以将顶点修改为圆角效果，可以直接在“圆角”命令后面输入数值，也可以激活“圆角”命令后再在选中的顶点上拖动产生圆角效果，如图 3-45 所示。
- 切角：可以将顶点修改为切角效果，可以直接在“切角”命令后面输入数值，也可以激活“切角”命令后再在选中的顶点上拖动产生切角效果，如图 3-46 所示。

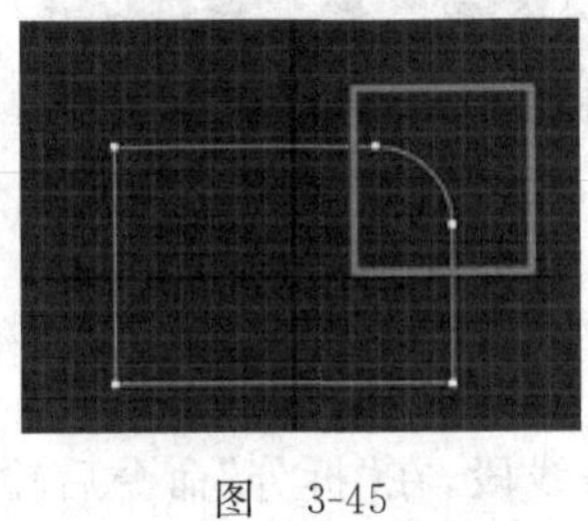

图　3-45

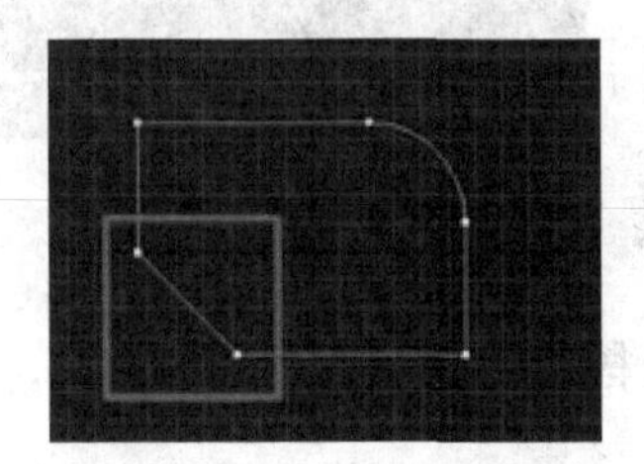

图　3-46

- 设为首顶点：一个图形中有一个起始点，可以通过“设为首顶点”命令来更改首顶点，首顶点对于如倒角剖面修改器会产生一定的影响。场景中，首顶点显示为黄色，选中要设置首顶点的顶点，选择“设为首顶点”命令即可完成设置。
- 断开：将一个顶点打断使线段分开。图 3-47 中的顶点被打断，变成两个点，原本封闭的图形被断开。
- 焊接：将分开的两个顶点合并为一个顶点。“焊接”命令后有一个距离值，如果两个点的距离超过这个距离值，即使选中的两点使用“焊接”命令也无法焊接。因此，在执行“焊接”命令前，一般都先把需要焊接的点尽量放到重叠的位置，再设置焊接距离，选择

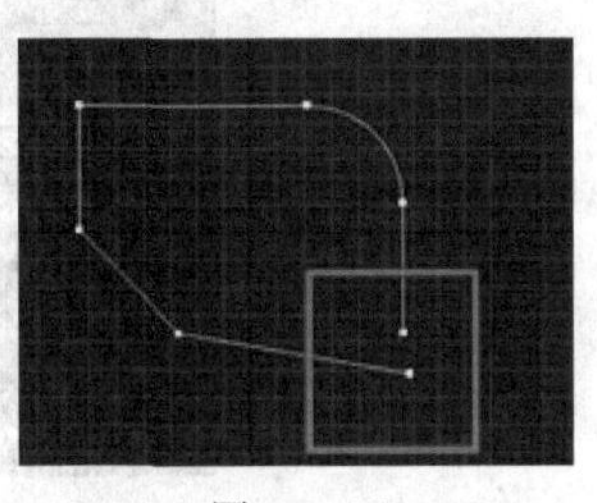

图　3-47

“焊接”命令，这样点就焊接在了一起，并变成了一个点，如图 3-48 所示。

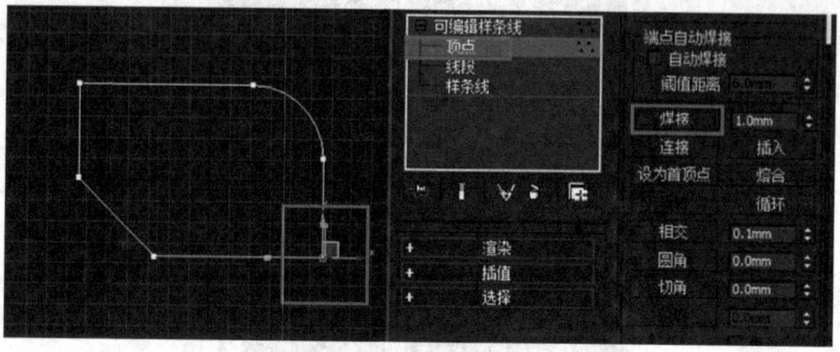

图 3-48

- 插入：在线段上插入一个顶点。当需要在一条线段上增加一个顶点就可以使用“插入”命令。只需激活“插入”命令，在需要插入点的线段位置上单击，再拖动到合适位置单击即可完成一个顶点的插入，右击结束命令，如图 3-49 所示，就在线段上插入了一个顶点。

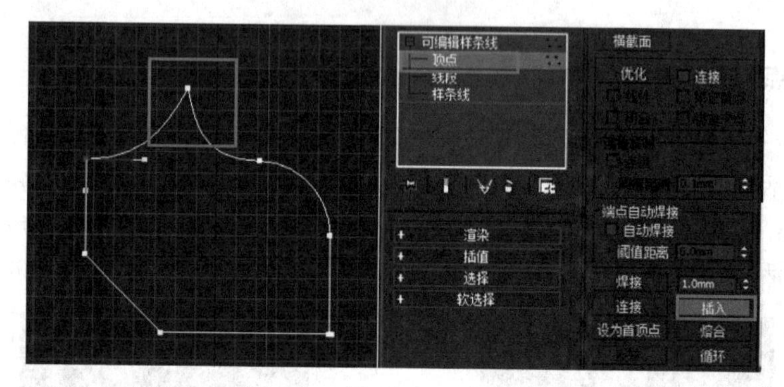

图 3-49

2. “线段”层级

- 拆分：可把一条线段拆分成几段。选中一条线段，在“拆分”命令后输入要添加的点数，选择“拆分”命令，就可以完成线段的拆分，如图 3-50 所示。在线段上需要添加 5 个点，把线段拆分成 6 段。注意，拆分的线段如果是直线，则平均拆分；拆分的线段如果是曲线，则无法平均拆分。

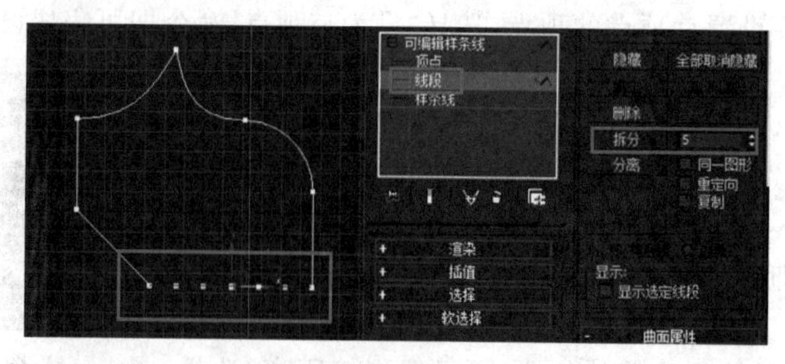

图 3-50

- 优化：在线段上添加顶点。选中线段，激活“优化”命令，在选中的线段上单击一下则可添加一个顶点，如图 3-51 所示。

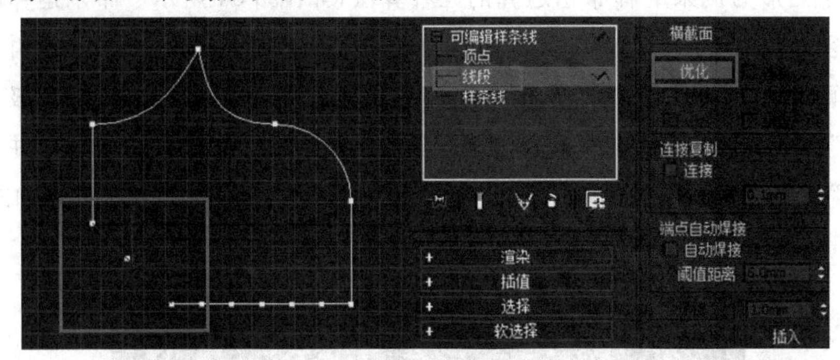

图 3-51

3. “样条线”层级

- 附加：把两个或两个以上的二维图形附加成一个图形。选择一个图形，激活“附加”命令，在需要附加的图形上单击即可完成附加。如图 3-52 所示，两个图形已经附加完成，变成同一个图形。

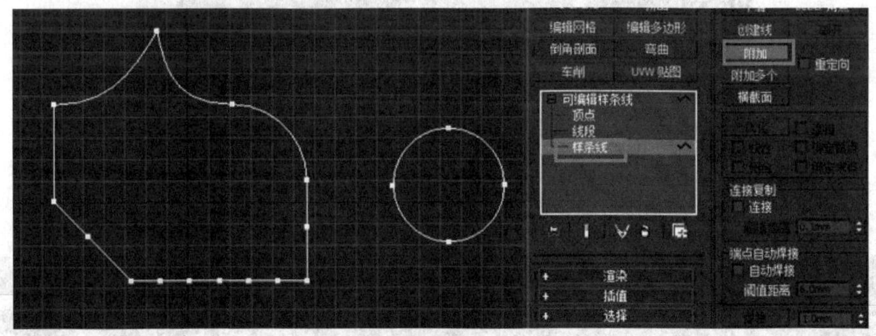

图 3-52

- 轮廓：给样条线加上轮廓，轮廓可以加在里面，也可以加在外面。只需选中一条样条线，直接在“轮廓”命令后面输入轮廓值，或者激活“轮廓”命令，在样条线上拖动即可得到轮廓，如图 3-53 所示。

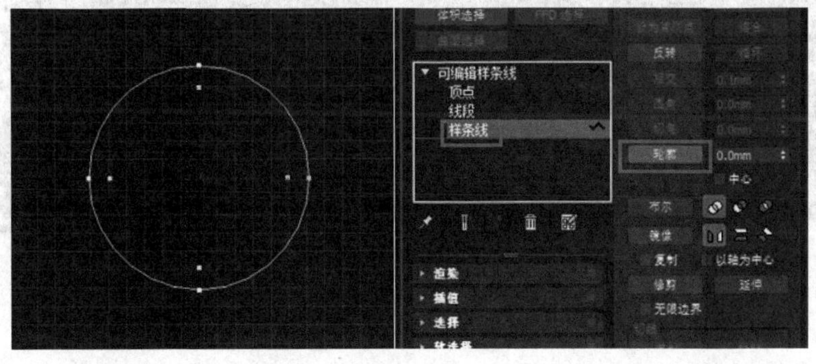

图 3-53

- 布尔：将两个二维图形进行布尔运算，有并集、差集和交集。下面以一个矩形和一个圆形为例来解释布尔运算的三种算法，如图 3-54 所示。布尔运算的前提是必须是同一个图形，因此，先对两个图形进行附加，附加为一个图形后再进行布尔运算。选中圆，右击并将其转换成“可编辑样条线”。选择“样条线”层级，使用“附加”命令将矩形附加在一起。选中样条线“圆”，激活“布尔”的“交集”“并集”和“差集”命令，在矩形上单击即可完成交集效果，如图 3-55 所示，并集效果如图 3-56 所示，差集效果如图 3-57 所示。

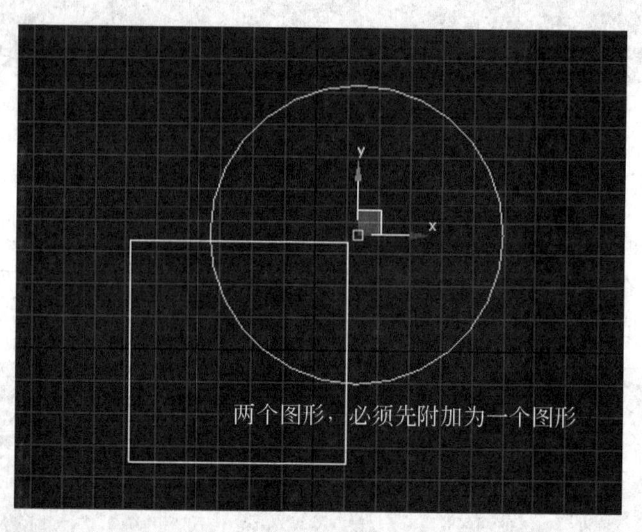

图 3-54

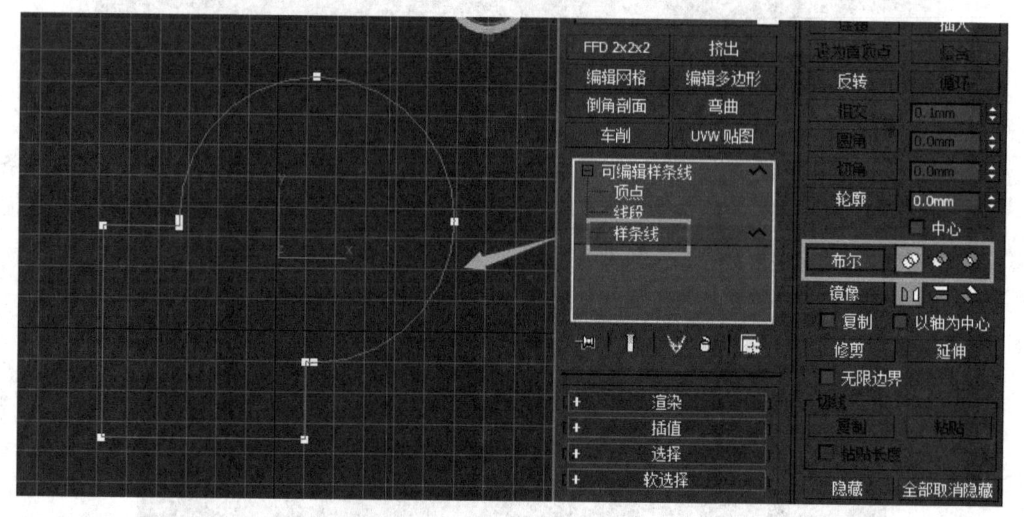

图 3-55

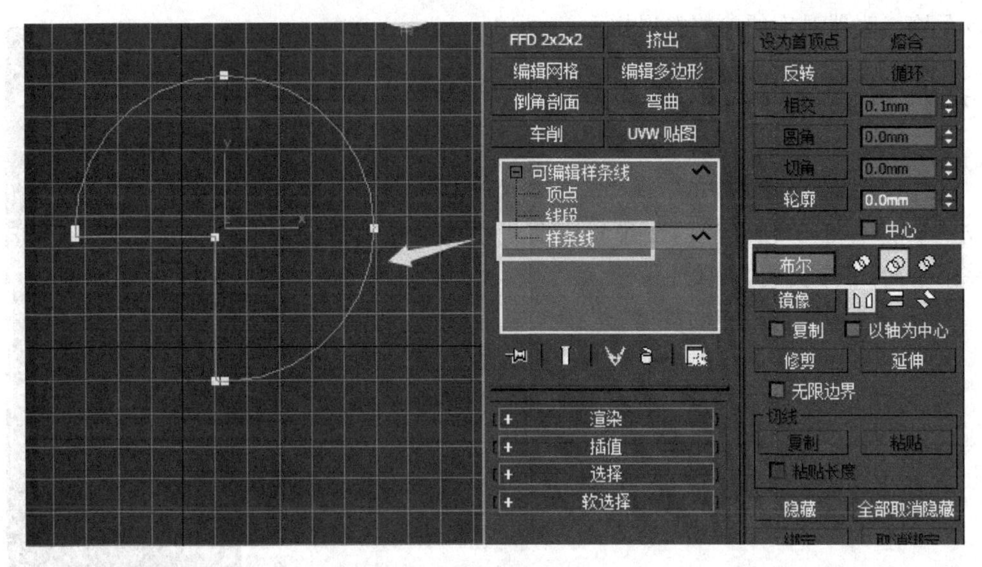

图 3-56

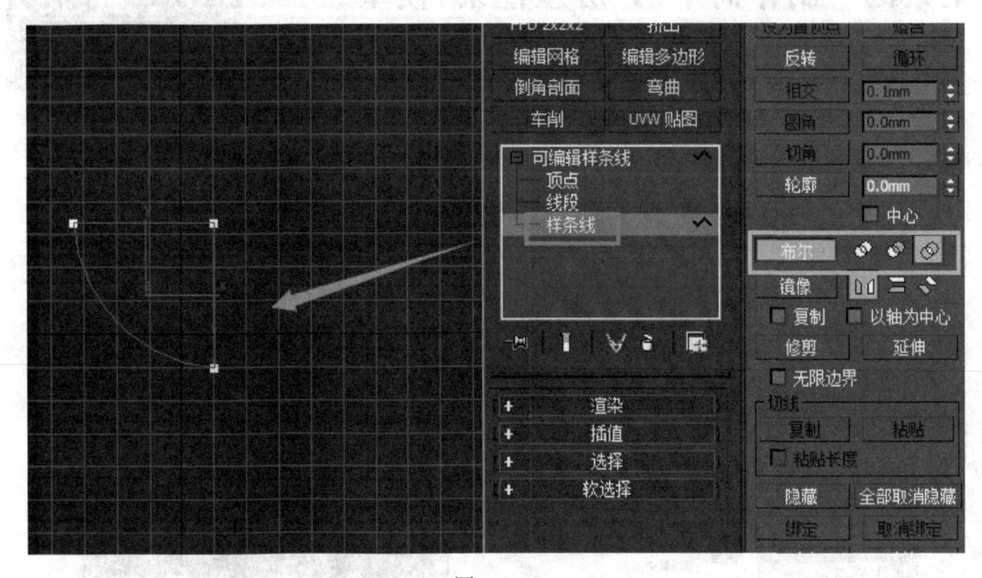

图 3-57

3.3 修改器建模

学会了最基本的几何体和样条线建模后，如何对创建的基础模型进行修改呢？可以通过添加修改器来实现。修改器在“修改”面板上，如图3-58所示。单击“修改器列表”下拉菜单，会显示修改器列表。下拉菜单下方的8个按钮是常用的修改器，可以通过右击“修改器列表”来配置修改器集。在某个模型中加上修改器，则会显示在修改器堆栈中，下方显示该修改器对应的参数卷展栏。

图 3-58

3.3.1 “挤出”修改器

“挤出”修改器能够使闭合的二维样条曲线挤出一定数量后变成一个实体，能够使开放的二维样条曲线挤出一定数量后变成一个平面，非常实用，参数如下。

- 数量：即挤出一定的高度。
- 分段：在挤出高度时给模型加上分段数。
- 封口：用于设置“封口始端”截面和“封口末端”截面是否开合。
- 输出：用于设置生成对象以面片、网格或 NURBS 曲面等方式输出。

课堂案例 制作简单的“房屋框架”模型

(1) 启动 3ds Max，单击左上角 max 图标并选择“导入”→“导入”命令，打开 CAD 图纸，将 CAD 图纸成组，移动到世界原点，再将 CAD 图纸冻结，如图 3-59 所示。

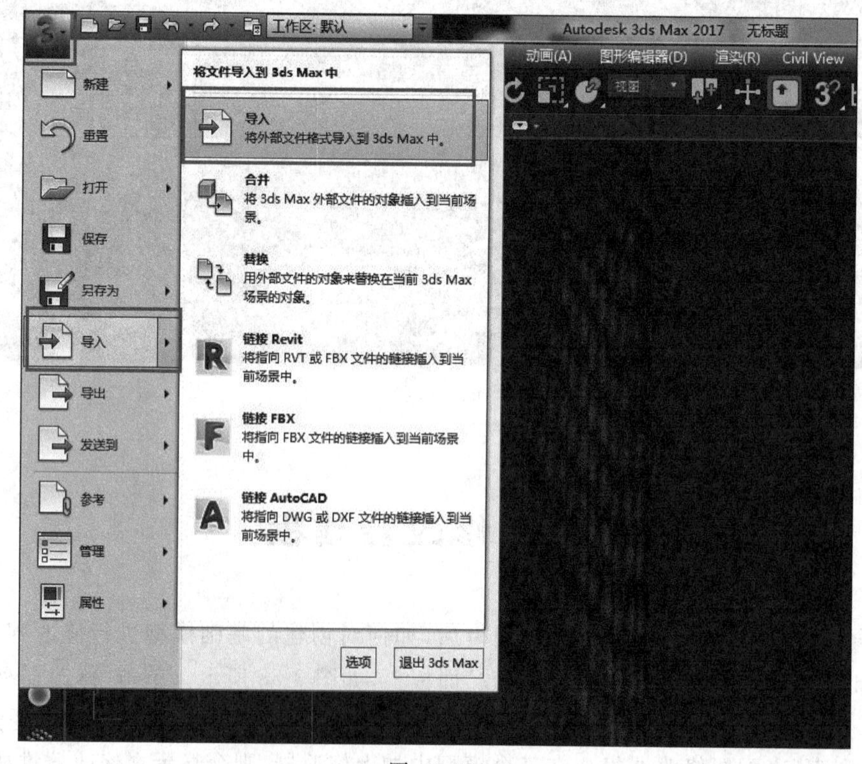

图 3-59

(2) 使用 2.5D 捕捉，使用“线”命令在图纸上画上二维线，如图 3-60 所示。如果有些点位置不对，可以进入“顶点”层级进行修改。

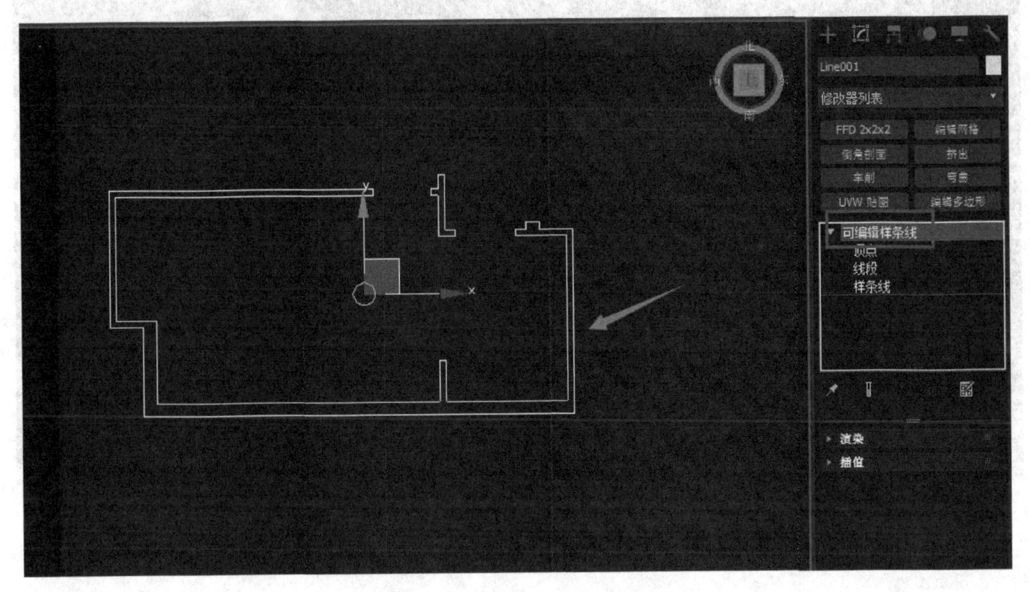

图 3-60

(3) 选中绘制好的样条线，添加“挤出”修改器，挤出“数量”设置为 2800.0mm，如图 3-61 所示。

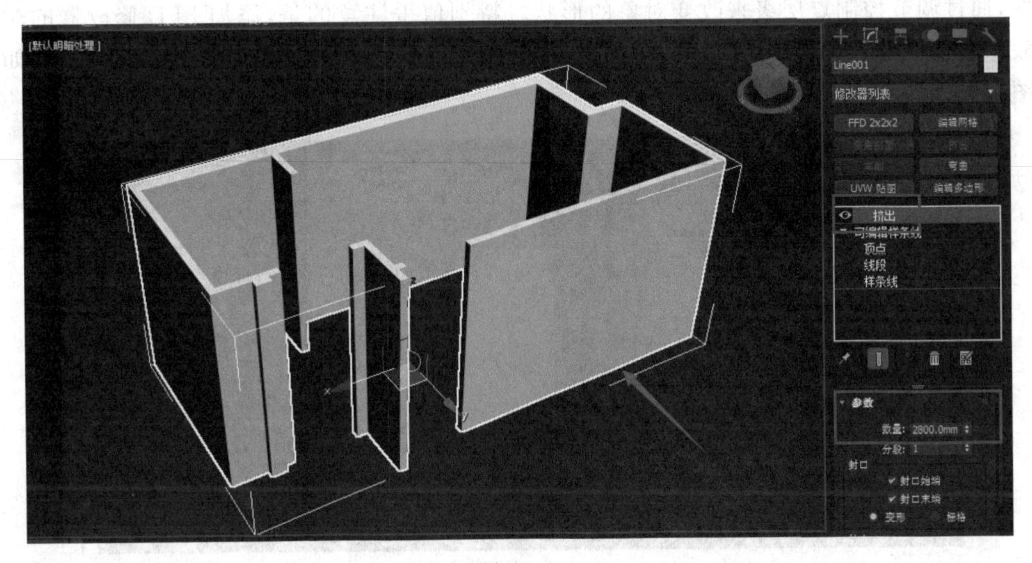

图 3-61

(4) 接着沿着墙壁外沿绘制一条闭合样条线，添加“挤出”修改器，挤出“数量”设置为 100.0mm，作为天花板，再复制一个作为地面，这样一个简单的“房屋框架”模型就建好了，如图 3-62 所示。

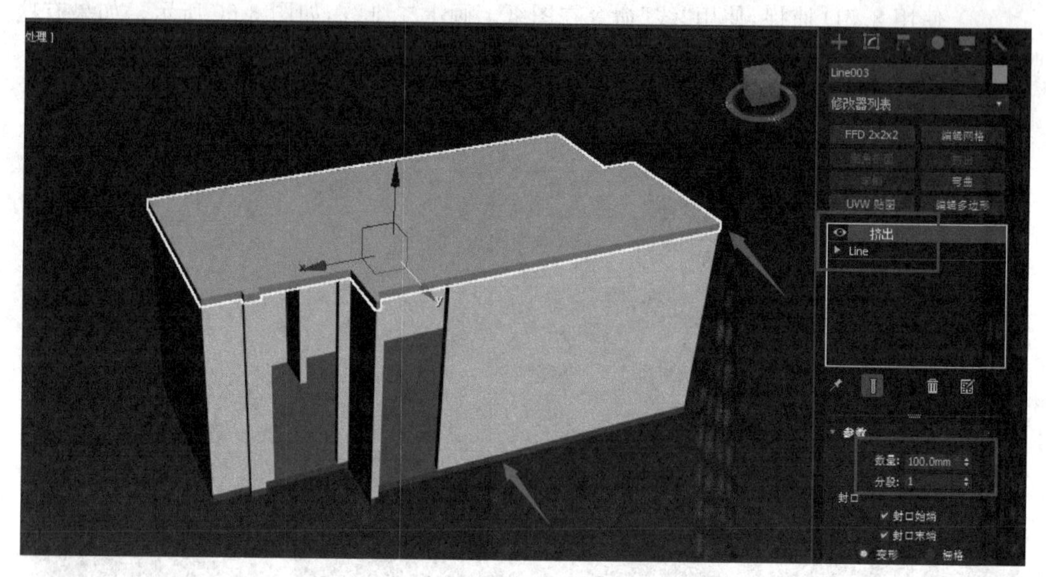

图 3-62

3.3.2 FFD 修改器

FFD 意为自由形式变形，FFD 修改器根据场景中对象的边界加入一个有控制点的线框，通过调节控制点层级来改变对象的形状。特别值得注意的是，添加 FFD 修改器的对象一定要注意配合使用分段数，分段数不够的情况下 FFD 的调节会显得粗糙怪异，如图 3-63 所示。

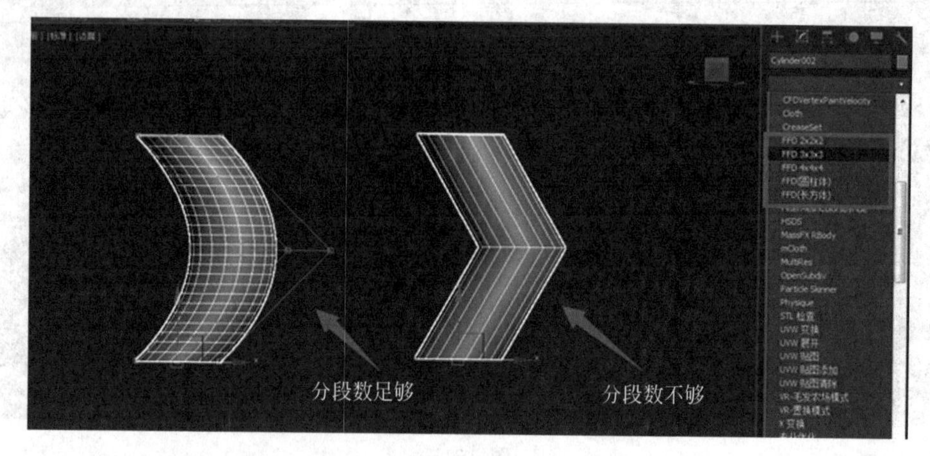

图 3-63

FFD 修改器有 FFD 2×2×2、FFD 3×3×3、FFD 4×4×4、FFD(圆柱体)和 FFD(长方体)5 种。FFD 2×2×2、FFD 3×3×3、FFD 4×4×4 和 FFD(长方体)的变形柱都是长方体，只是控制点的数量不同，FFD(长方体)的变形柱的控制点可以自己设置。而 FFD

(圆柱体)的变形柱是个六边形柱,专门用于柱体对象的变形,这里以 FFD(长方体)为例来讲解 FFD 的参数,如图 3-64 所示。

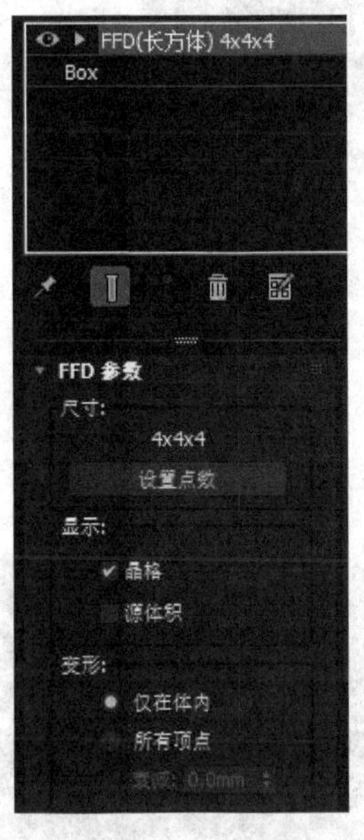

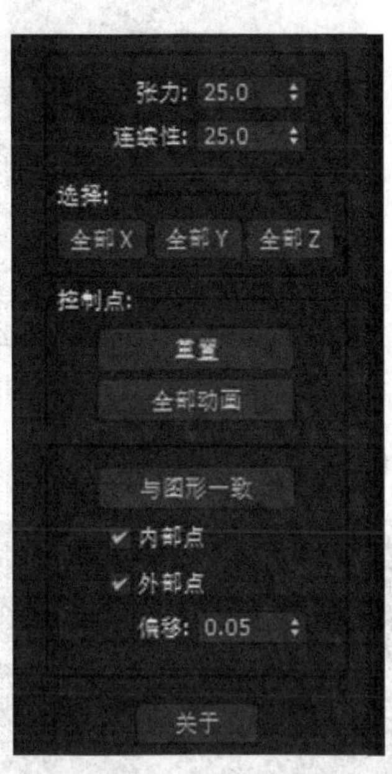

图 3-64

- “尺寸”组用于设置控制点数目,这个参数仅在 FFD(长方体)和 FFD(圆柱体)中存在,4×4×4 表示当前控制点数目,单击“设置点数”按钮,可以在对话框中设置长、宽、高各个方向的控制点数目。
- “显示”组用于设置场景中自由变形线框显示的状态,选中“晶格”复选框,在场景中会显示变形线框;取消选中,将只显示控制点,而不显示线框。选中“源体积”复选框,则在变形过程中不显示变形后的线框形状。
- “变形”组中选中“仅在体内”单选按钮时,只有在线框内部的对象才会受到变形的影响;选中“所有顶点”单选按钮时,对象的所有顶点均会受到变形的影响。“衰减”值用来指定线框上变形效果衰减到 0 所需要的距离。
- “张力”和“连续性”用于调整变形曲线的张力与连续性。
- “选择”组可以用于设置三个轴上对于控制点的选择方式。
- “控制点”组中“重置”可以复位控制点的初始位置;“全部动画”会给控制点分配点控制器。
- “与图形一致”命令可以使控制点在其所在位置与中心点的连线上移动,选中“内部点”复选框则只有对象内部点将受到图形操作的影响;选中“外部点”复选框则只有对象外部点受到图形操作的影响;“偏移”用于设置偏移量。

课堂案例 制作造型柱子

使用 FFD 修改器制作一根造型柱子,如图 3-65 所示。

图 3-65

(1) 在顶视图中绘制一个“星形”，设置参数如图 3-66 所示。

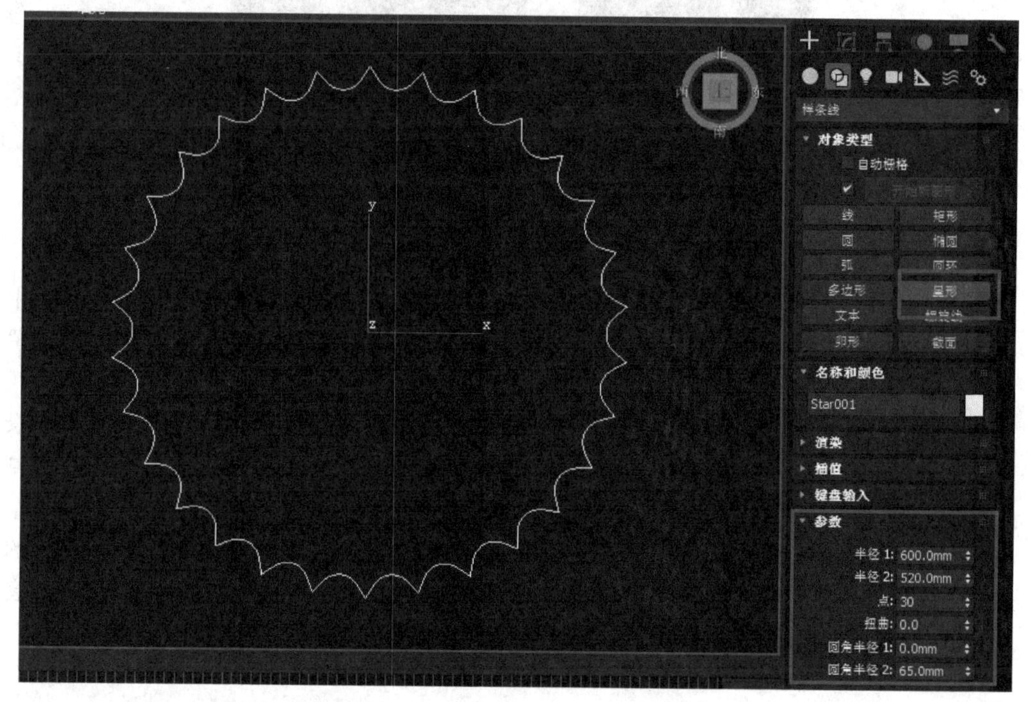

图 3-66

(2) 对星形添加挤出修改器，并调整足够的分段数，参数如图 3-67 所示。

(3) 这时柱子的形态已经完成，接着使用 FFD 修改器对柱子进行造型，这里添加 FFD 4×4×4 修改器，进入“控制点”层级，对控制点进行缩放操作，如图 3-68 所示。这里要注意的是，如果挤出的时候没有足够的分段数，效果将完全不一样。

(4) 再次添加 FFD 修改器，进入“控制点”层级，对控制点进行旋转操作，如图 3-69 所示。这里需要注意的是，可以多次添加 FFD 修改器对模型进行修改变形，直到得到满意的造型为止。

(5) 多次添加 FFD 修改器，对照效果图对造型柱进行造型，最后效果如图 3-70 所示。

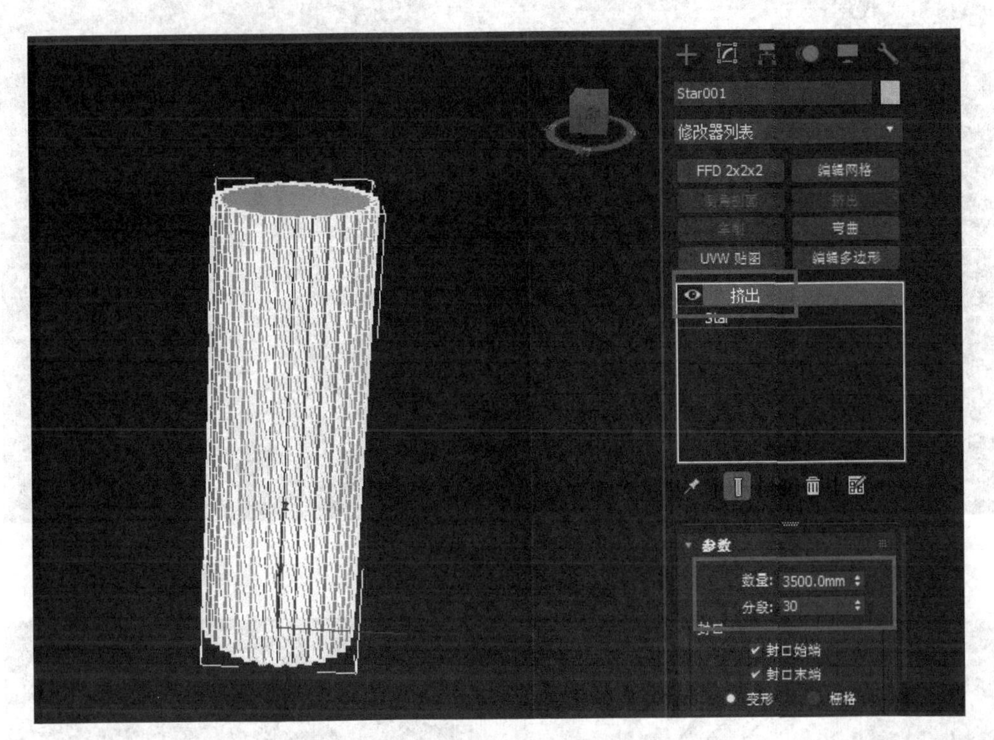
Star001
修改器列表
FFD 2x2x2
编辑网格
弯曲
UVW 贴图
编辑多边形
挤出
参数
数量: 3500.0mm
分段: 30
封口
封口始端
封口末端
变形
栅格

图　3-67

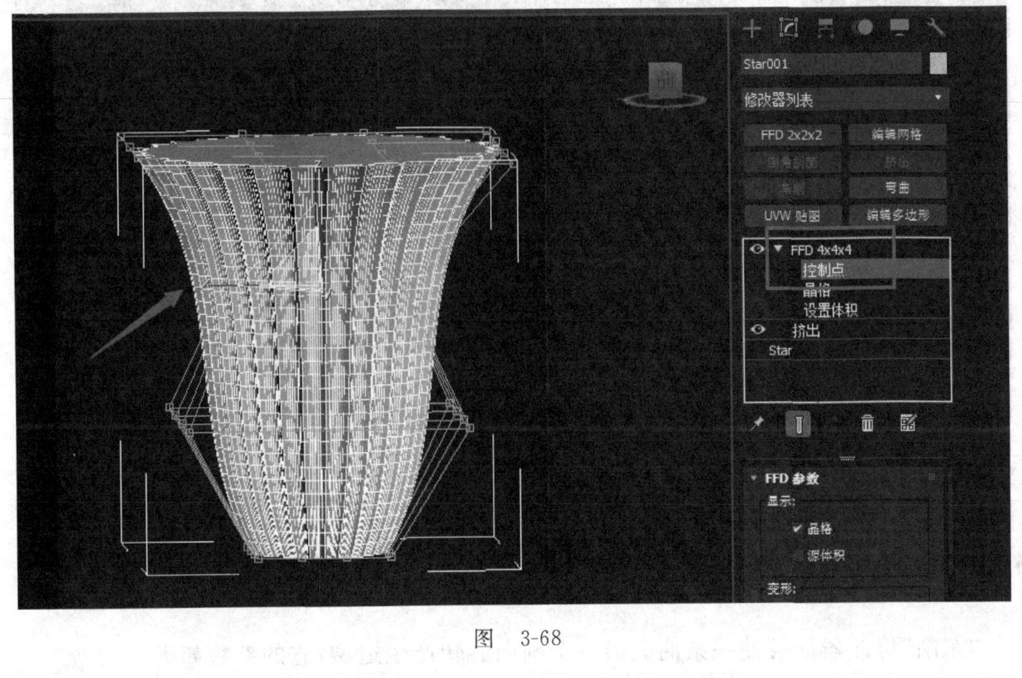
Star001
修改器列表
FFD 2x2x2
编辑网格
弯曲
UVW 贴图
编辑多边形
FFD 4x4x4
控制点
设置体积
挤出
Star
FFD 参数
显示:
晶格
源体积
变形:

图　3-68

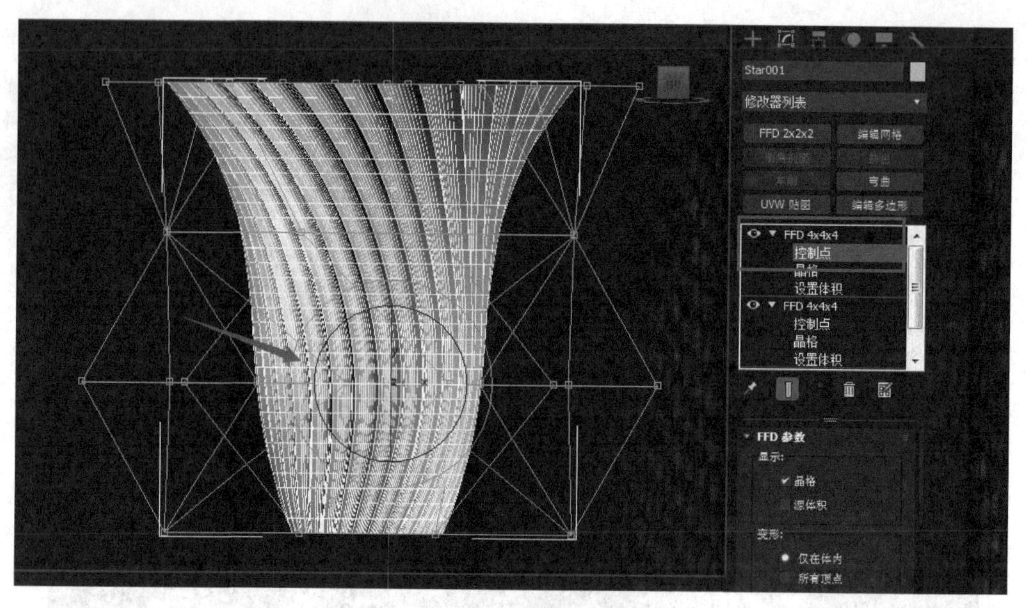

图 3-69

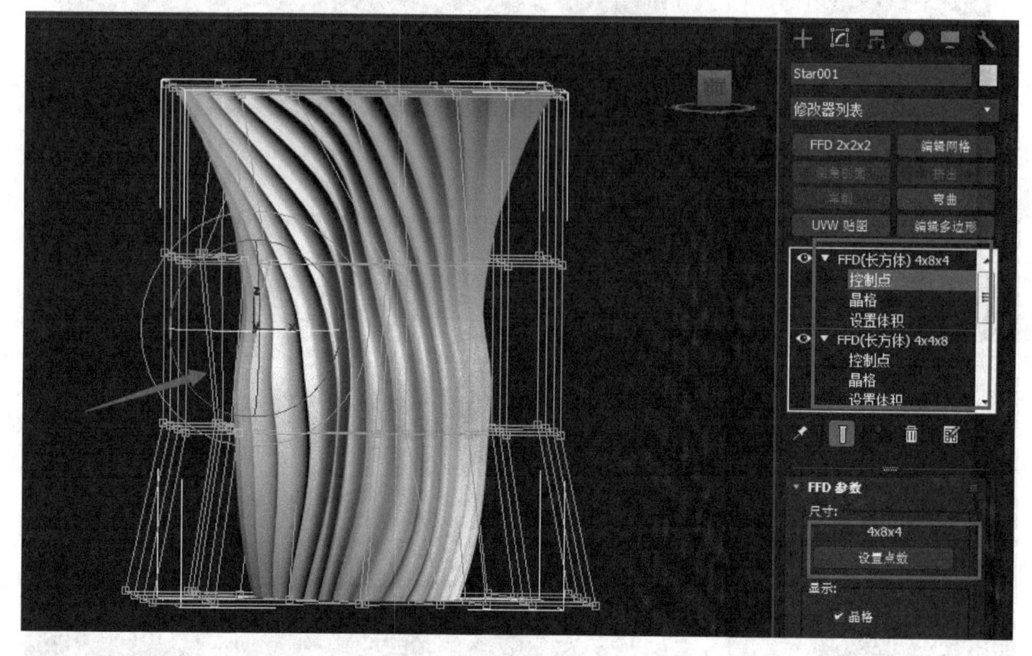

图 3-70

3.3.3 “车削”修改器

“车削”修改器能够使一条曲线沿一个轴向旋转产生造型，它的参数如下。

- 度数：设置图形旋转的度数，范围为 0°～360°，默认为 360°，即旋转一周。

- 焊接内核：旋转一周后，将重合的点进行焊接，形成一个完整的实体。
- 翻转法线：选中该选项，将翻转该实体表面的法线方向，法线方向不正确，将无法进行渲染。
- 分段：用于设置旋转圆周上的分段数，默认为 16，值越高模型越精细。
- 封口：用于设置“封口始端”截面和“封口末端”截面是否开合。
- 方向：用于设置绕中心轴旋转的方向，单击 X、Y、Z 可以更改旋转轴。
- 对齐：用于设置旋转对象的对齐轴向，“最小”“中心”“最大”是旋转轴与图形的最小点、中心点或最大点进行对齐。
- 输出：用于设置生成旋转对象以面片、网格或 NURBS 曲面等方式输出。

课堂案例　制作“高脚杯”模型

(1) 在前视图中使用“线”绘制高脚杯的曲线，如图 3-71 所示。

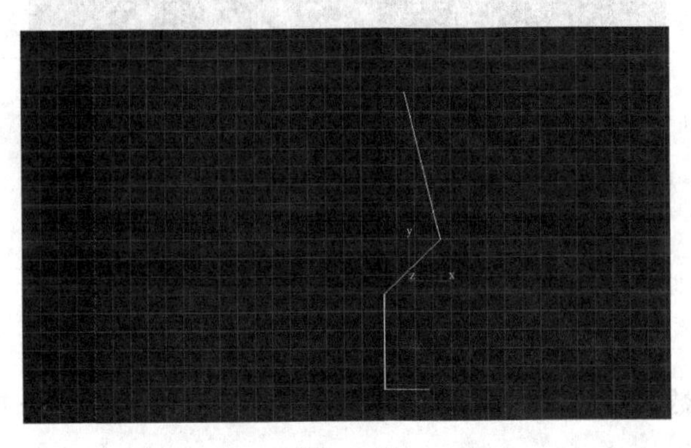

图　3-71

(2) 进入“修改”面板的“样条线”层级，使用“轮廓”命令制作出厚度，如图 3-72 所示。

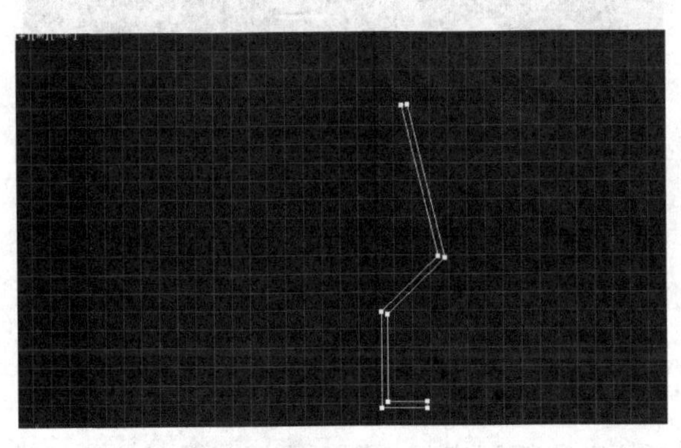

图　3-72

(3) 进入“顶点”层级，使用“圆角”命令，适当调节杯子的侧面轮廓。进入“线段”层级，删除不需要的内侧线段，如图 3-73 所示。

(4) 选择 Line 层级，添加“车削”修改器，此时得到的造型不正确，如图 3-74 所示。

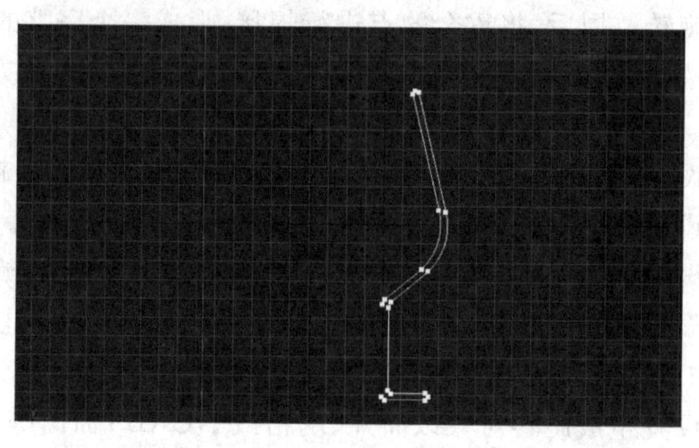

图 3-73

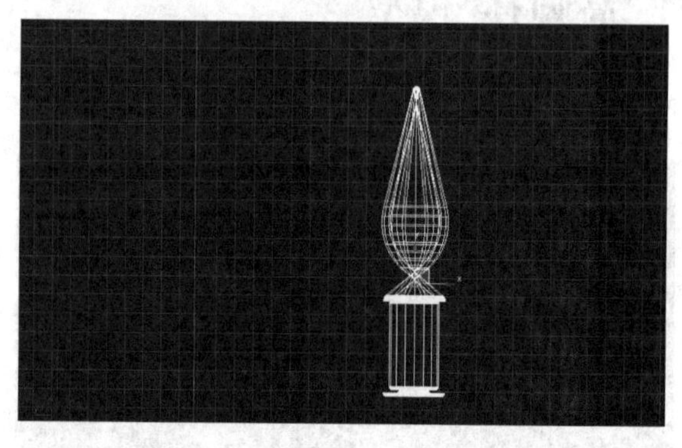

图 3-74

(5) 在“车削参数”卷展栏中修改“对齐”为“最小”，此时得到一个正确的高脚杯造型，如图 3-75 所示。

图 3-75

(6) 这时的高脚杯杯底和杯脚底部一圈顶点通过旋转产生重合，但都各自独立，因此，这里还不是一个闭合面，需要在“车削参数”卷展栏中选中“焊接内核”复选框。高脚杯建好以后，还可以返回“顶点”层级。微调顶点，对高脚杯进行整形，直到满意为止，如图 3-76 所示。

图　3-76

3.3.4　“对称”修改器

“对称”修改器主要用于对称模型的建立，与镜像类似，但镜像后模型中间会有接缝，而“对称”修改器可以完美地镜像并焊接接缝，如图 3-77 所示就是一个圆环添加了“对称”修改器的结果。

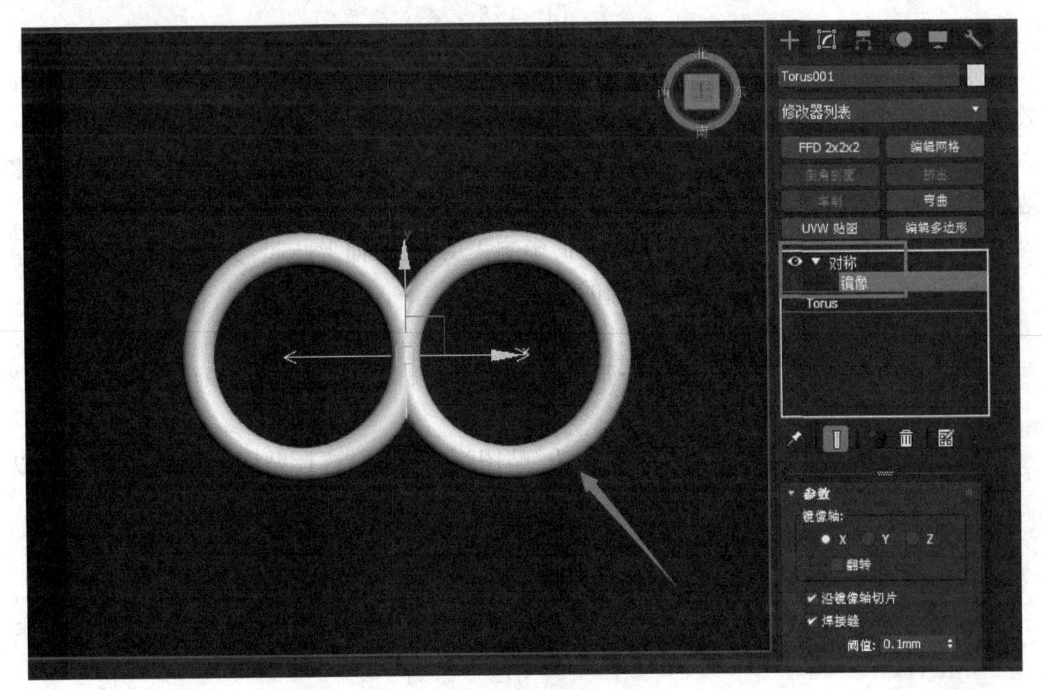

图　3-77

- 镜像轴：可以轴向，还可以选中“翻转”复选框来选择需要呈现的面。
- 沿镜像轴切片：使镜像后的两个对象完美拼接。如果取消选中该选项，当模型交叉时会有明显痕迹。
- 焊接缝：使镜像后的两个对象自动焊接，还可以设置焊接阈值。

3.3.5 “置换”修改器

“置换”修改器以力场的形式推动和重塑对象的几何外形，可以直接从修改器 Gizmo 中应用它的变量力，或者从位图图像应用，如图 3-78 所示。

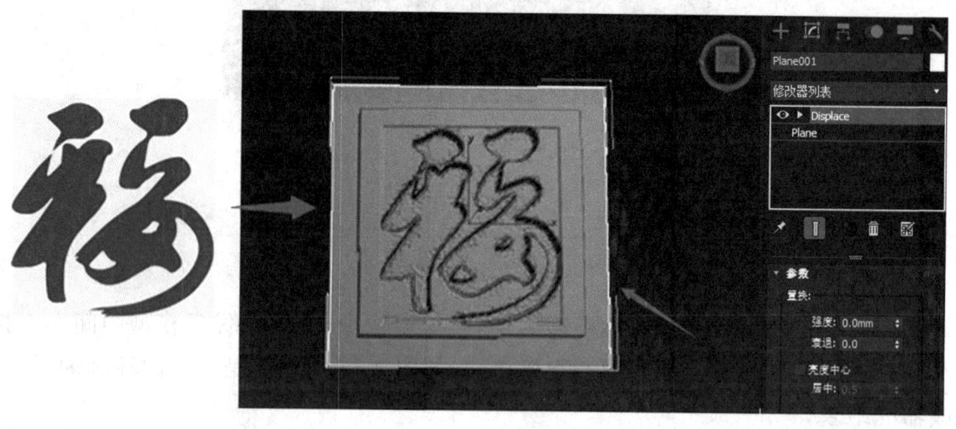

图 3-78

使用“置换”修改器有两种基本方法：通过设置“强度”和“衰退”值直接应用置换效果。

应用位图图像的灰度组件生成置换。在二维图像中，较亮的颜色比较暗的颜色更多地向外突出，导致几何体的三维置换。

- 强度：设置贴图对置换物体表面的影响程度，正值向上凸起，负值向下凹陷。
- 衰退：设置贴图置换作用范围的衰减。
- 亮度中心：选中时，可以设置中心亮度值。
- 位图：单击“无”按钮，选择一张位图作为置换贴图。“移除”选项可以重置“位图”按钮，即上次位图。
- 贴图：单击“无”按钮，可以在“材质/贴图浏览器”中选择贴图。“移除”选项可以重置“贴图”按钮。
- 模糊：可以柔滑置换造型边缘。
- 贴图组中可以选择使用各种贴图坐标，长、宽、高可以设置各个方向的大小，“UVW 向平铺”选项设置三个方向上贴图重叠次数；“翻转”选项用于翻转贴图坐标。
- “通道”组中选项可以为对象选择一条通道，并为贴图指定顶点颜色通道。
- “对齐”组用于设置贴图“边界框”对象的尺寸、位置和方向。

3.3.6 “锥化”修改器

“锥化”修改器通过缩放几何体的两端产生锥化，一端膨胀，一端收缩。“锥化”修改器使用时值得注意的是，添加“锥化”修改器的几何体必须有足够的分段数，这样才能使锥化过程过渡平滑，如图 3-79 所示。

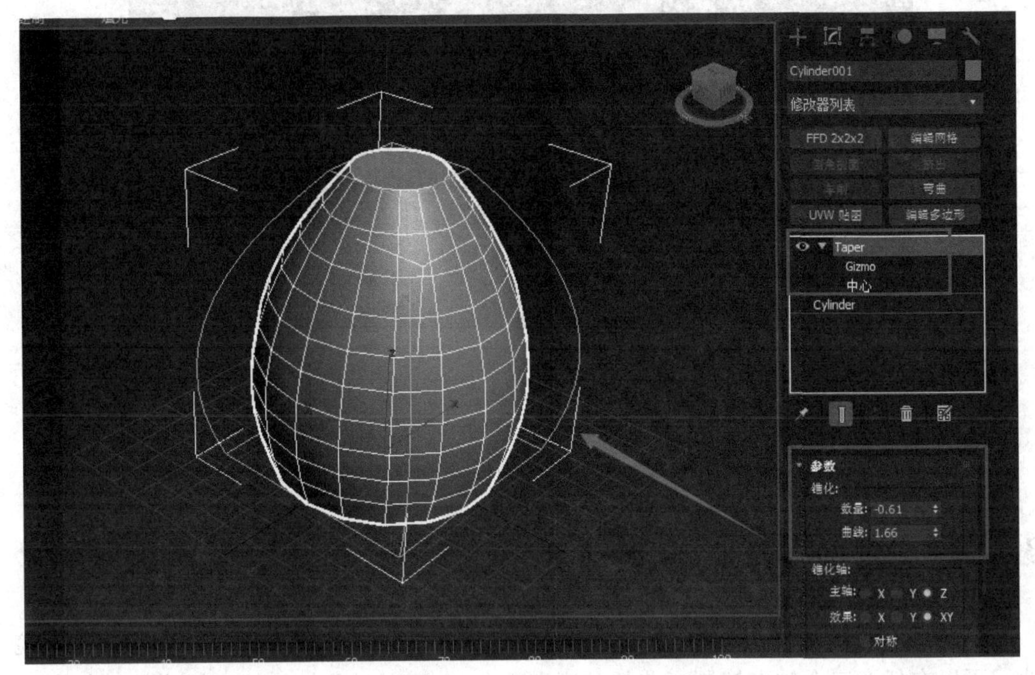

图　3-79

- 数量：设置锥化倾斜的程度。
- 曲线：设置锥化曲线的曲率。
- 主轴：设置锥化的轴向。
- 效果：设置锥化影响的轴向。
- 对称：选中该选项，产生相对于主轴对称的锥化效果。
- 限制效果：配合“上限”和“下限”使用，对锥化效果进行约束。

3.3.7　“松弛”修改器

“松弛”修改器通过将顶点移近和移远其相邻顶点来更改网格中的外观曲面张力。当顶点朝平均中点移动时，典型的结果使对象变得更平滑、更小一些。可以在有锐角转角和边的对象上看到最显著的效果。当使用“松弛”修改器时，每个顶点会向相邻顶点的平均位置移动，值得注意的是，“松弛”修改器需要模型有一定的分段数，效果才会更加明显，如图 3-80 所示。

- 松弛值：用于控制每个迭代次数的顶点程度。该值指定从顶点原始位置到其相邻顶点平均位置的距离的百分比，范围为 0～1，默认值为 0.5。松弛值越大，对象就变得越小。
- 迭代次数：用于设置重复此过程的次数，当值为 0 时表示没有应用松弛。

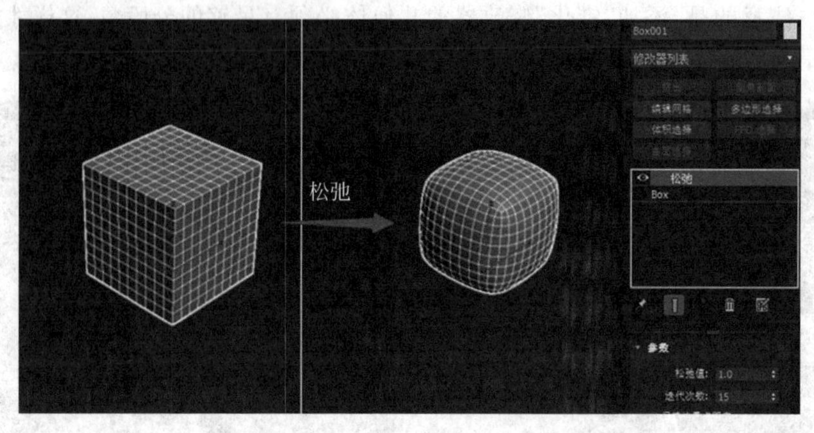

图 3-80

- 保持边界点固定：用于控制是否移动打开网格边上的顶点，默认为启用。
- 保留外部角：将顶点的原始位置保持为距离对象中心的最远距离。

3.3.8 “弯曲”修改器

“弯曲”修改器允许将当前对象围绕单独轴弯曲 360°，在对象几何体中产生均匀弯曲。可以在任意三个轴上控制弯曲的角度和方向，也可以对几何体的一部分限制弯曲，如图 3-81 所示。

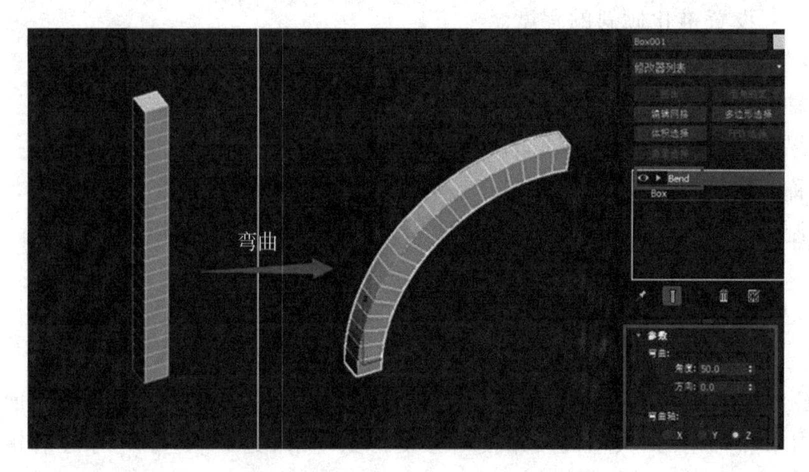

图 3-81

- 角度：用于设置弯曲的角度。
- 方向：用于设置弯曲相对于水平面的方向。
- 弯曲轴：用于指定要弯曲的轴，默认为 Z 轴。
- 限制效果：用于将限制约束应用于“弯曲”修改器，默认为禁用状态。
- 上限和下限：用于设置限制的上、下边界。

3.3.9 “扭曲”修改器

“扭曲”修改器在对象几何体中产生一种旋转效果，可以控制任意三个轴上扭曲的角度，并设置偏移来压缩扭曲相对于轴点的效果，也可以对几何体的一部分限制扭曲，如图 3-82 所示。

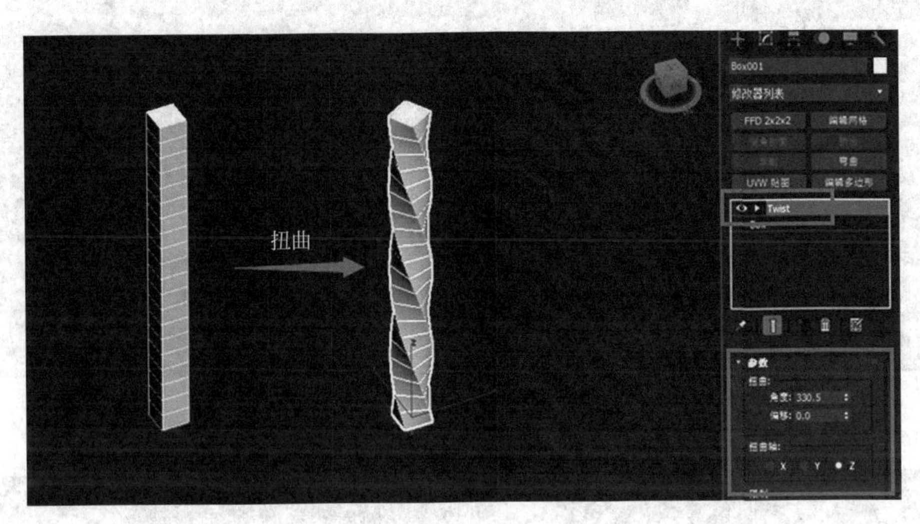

图　3-82

- 角度：用于设置扭曲的角度。
- 偏移：用于设置扭曲旋转在对象的任意末端聚团。
- 扭曲轴：用于指定要扭曲的轴，默认为 Z 轴。
- 限制效果：用于将限制约束应用于“扭曲”修改器，默认为禁用状态。
- 上限和下限：用于设置限制的上、下边界。

课堂案例　制作“冰激凌”模型

(1) 在顶视图中绘制一个星形，参数如图 3-83 所示。

(2) 给星形添加挤出修改器，挤出一定的高度，加上一定的分段数，如图 3-84 所示。

(3) 添加“锥化”修改器，调整合适的参数，如图 3-85 所示。

(4) 再添加“扭曲”修改器，设置参数，如图 3-86 所示，冰激凌的大致形状已经呈现。

(5) 接下来使用“圆锥体”命令来绘制冰激凌底座，使用“对齐”命令让底座和冰激凌对齐，如图 3-87 所示，美味的冰激凌就制作完成了。

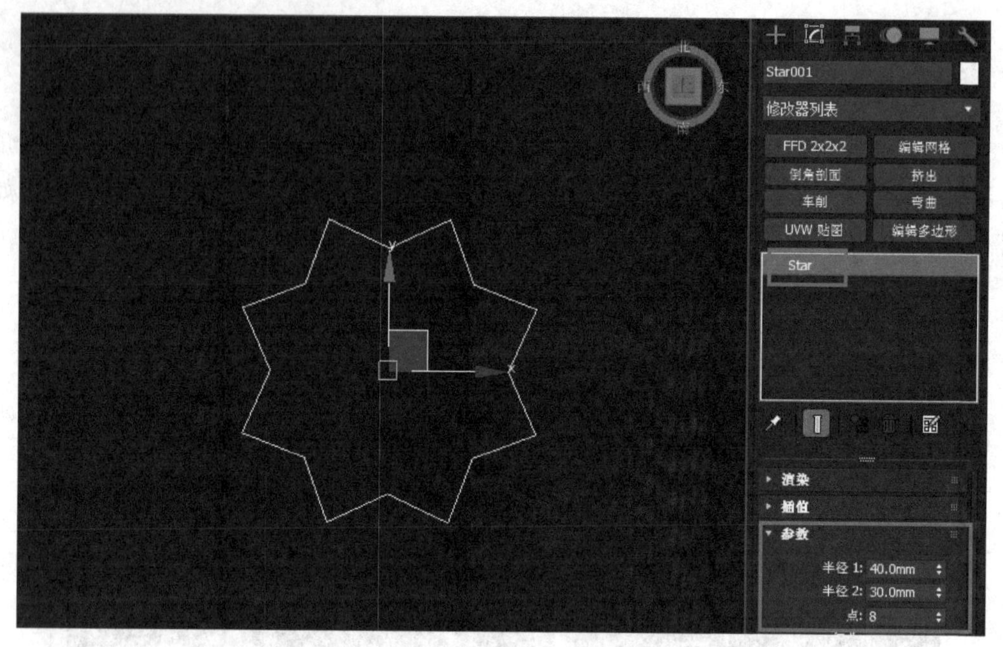
Star001
修改器列表
FFD 2x2x2
编辑网格
倒角剖面
挤出
车削
弯曲
UVW 贴图
编辑多边形
Star
渲染
插值
参数
半径 1: 40.0mm
半径 2: 30.0mm
点: 8

图 3-83

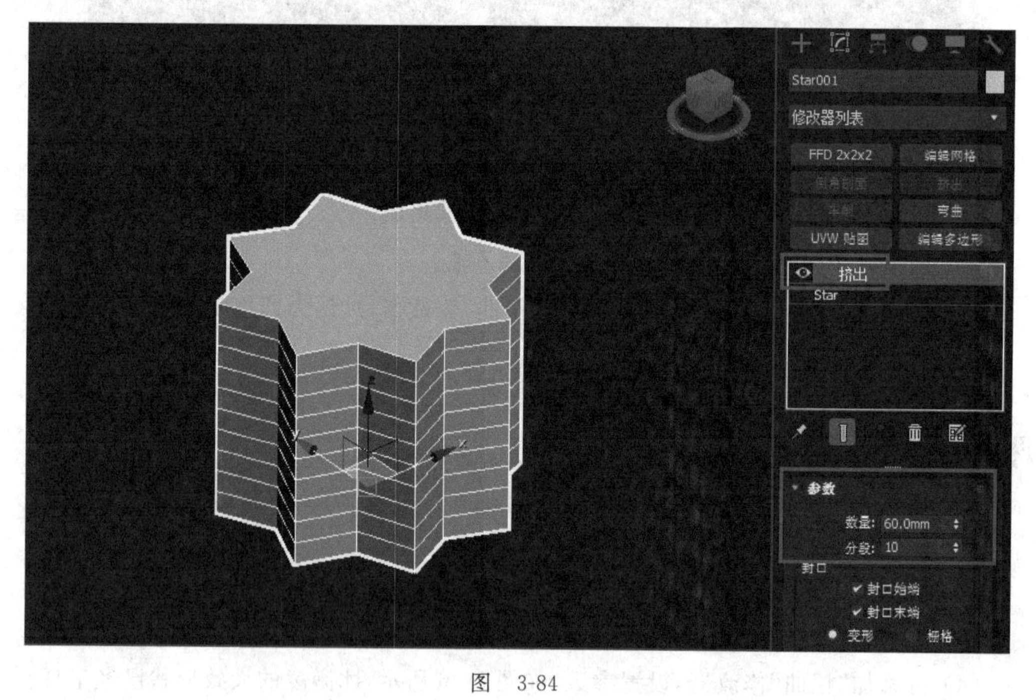
Star001
修改器列表
FFD 2x2x2
编辑网格
弯曲
UVW 贴图
编辑多边形
挤出
Star
参数
数量: 60.0mm
分段: 10
封口
封口始端
封口末端
变形
栅格

图 3-84

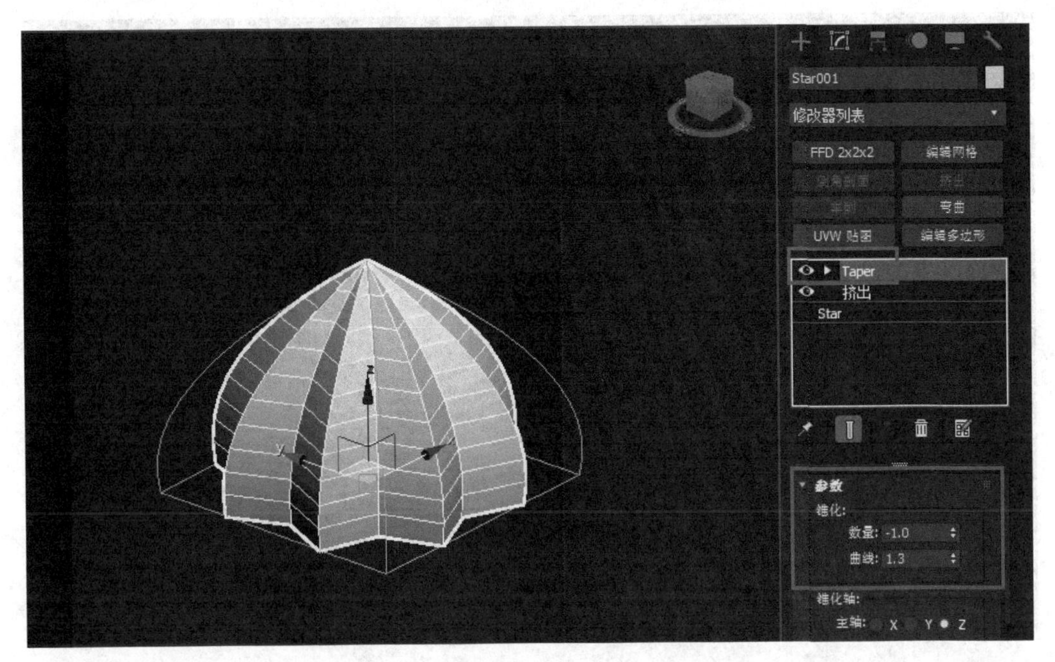
Star001
修改器列表
FFD 2x2x2
编辑网格
弯曲
UVW 贴图
编辑多边形
Taper
挤出
Star
参数
锥化:
数量: -1.0
曲线: 1.3
锥化轴:
主轴: X Y Z

图　3-85

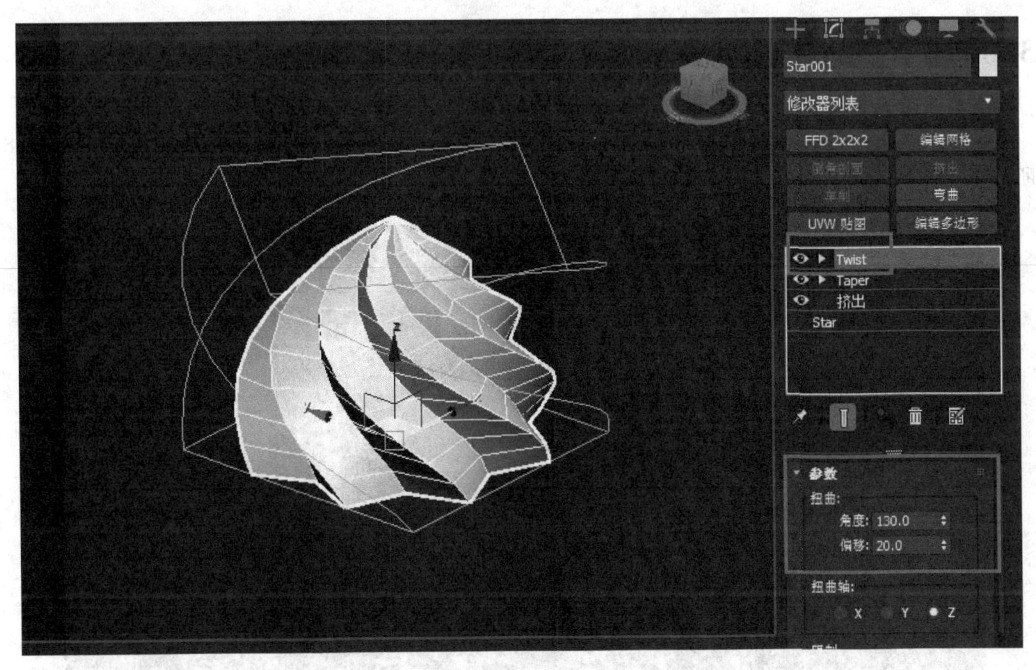
Star001
修改器列表
FFD 2x2x2
编辑网格
弯曲
UVW 贴图
编辑多边形
Twist
Taper
挤出
Star
参数
扭曲:
角度: 130.0
偏移: 20.0
扭曲轴:
X Y Z

图　3-86

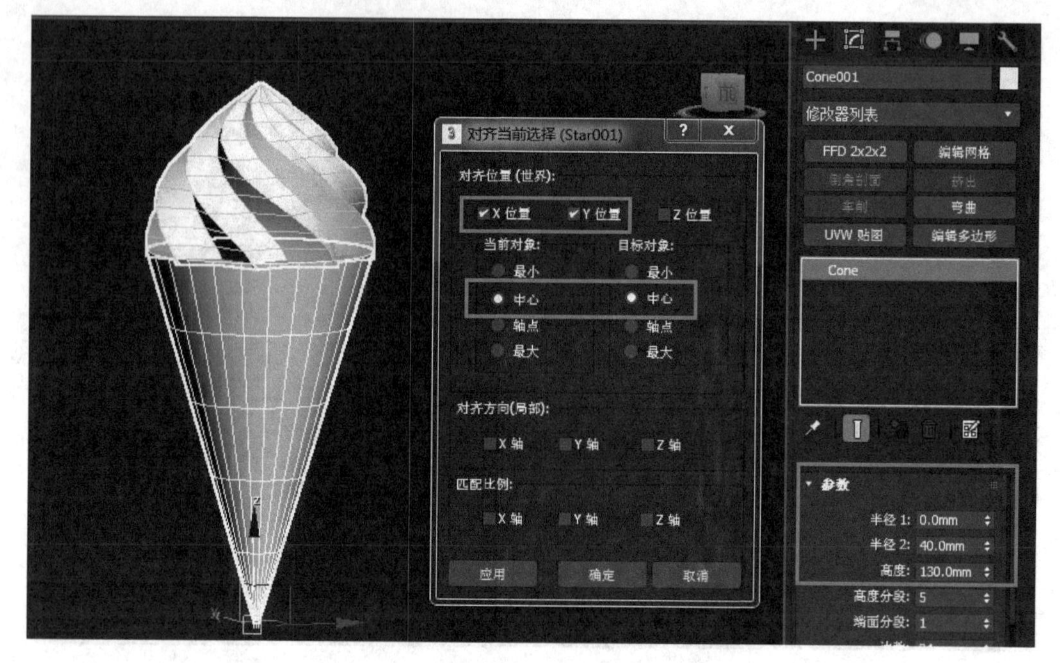

图　3-87

3.3.10　“壳”修改器

“壳”修改器能给对象添加一组朝向现有面相反方向的额外面，赋予对象厚度，如图 3-88 所示。

图　3-88

- 内部量/外部量：表示距离，按此距离从原始位置将内部曲面向内移动以及将外部曲面向外移动。
- 分段：每一边的细分值。

- 倒角边：启用该选项，会使用样条线定义边的剖面和分辨率。
- 倒角样条线：单击该按钮，可以打开样条线定义边的形状和分辨率。
- 覆盖内部材质 ID：通过调节内部材质 ID 参数，将所有的内部曲面多边形指定材质 ID。
- 覆盖外部材质 ID：通过调节外部材质 ID 参数，将所有的外部曲面多边形指定材质 ID。
- 覆盖边材质 ID：通过调节边材质 ID 参数，将所有的新边多边形指定材质 ID。
- 自动平滑边：通过平滑组来平滑物体的边缘。
- 角度：在边面之间指定最大角，该边面由“自动平滑边”平滑。
- 覆盖边平滑组：使用“平滑组”参数设置。
- 边贴图：用于指定新边的纹理贴图类型，有“复制”“无”“剥离”和“插补”四种。
- TV 偏移：确定边的纹理顶点间隔，只有在“剥离”和“插补”类型下可用，增加该值会增加多边形纹理贴图的重复。
- 将角拉直：调整角顶点以维持直线边。

3.3.11 网格平滑与涡轮平滑

网格平滑和涡轮平滑都是对几何体进行相应的平滑处理，但在细微之处还是有些许区别，如图 3-89 所示。

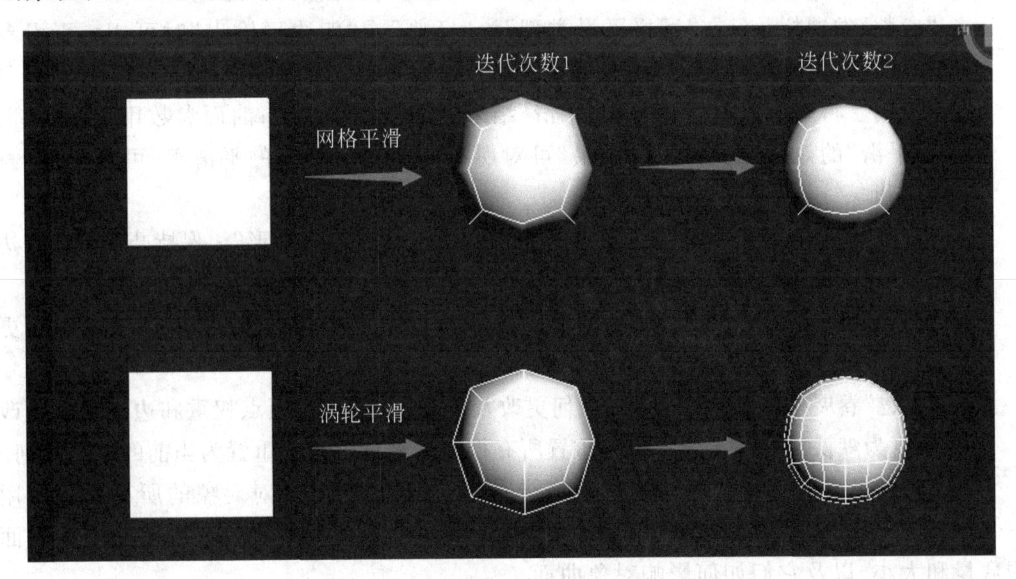

图　3-89

(1) 网格平滑通过多种不同方法平滑场景中的几何体，它允许细分，同时在角和边插补新面的角度以及将单个平滑组应用于对象中的所有面。它的效果是使角和边变圆，使用网格平滑参数可以控制新面的数量和大小，以及它们如何影响对象曲面。

- 细分方法：用于确定网格平滑操作的输出，有 NURBS、“经典”和“四边形输出”三种方式。NURBS 减少非均匀有理数网格平滑对象；“经典”生成三面和四面的多面体；“四边形输出”仅生成四面多面体。选中“应用于整个网格”复选框，则对象中向上传递的所有子对象选择被忽略，且“网格平滑”应用于整个对象。“旧式贴图”会在创建新面和纹理坐标移动时变形基本贴图坐标。

- 迭代次数：设置网格细分的次数，数值越大，细分越多，占内存就越大。
- 平滑度：确定对多尖锐的锐角添加面以及平滑它。
- 渲染值：用于在渲染时对对象应用不同平滑迭代次数和不同的“平滑度”值。选中“迭代次数”，允许在渲染时选择一个不同数量的平滑迭代次数应用于对象。选中“平滑度”，则可以设置“平滑度”值，以便在渲染时应用于对象。

“子对象”层级可以启用“边”或“顶点”层级，如果两个层级都被禁用，则在“对象”层级上工作。

- 忽略背面：启用时，会仅选择法线在视图中可见的那些子对象。
- 控制级别：用于在一次或多次迭代后查看控制网格，并在该级别编辑子对象点和边。
- 折缝：创建不连续曲面，从而获得褶皱或唇状结构等清晰边界。
- 权重：设置选定顶点或边的权重值。
- 等值线显示：启用时，仅显示等值线。
- 显示框架：在细分之前，切换显示修改对象的两种颜色线框。
- “软选择”卷展栏：同多边形及样条线的软选择，这里不再赘述。
- “参数”卷展栏：只在“网格平滑类型”为“经典”或“四边形输出”时可用。平滑参数可以设置平滑强度，应用松弛效果。“投影到限定曲面”只在“经典”类型下可用，用于将所有点放置到“网格平滑”结果的“限定曲面”上；曲面参数用于限制“网格平滑”的效果，选中“平滑结果”可对所有曲面应用相同的平滑组，可以使用“材质”和“平滑组”两种分隔方式。
- “设置”卷展栏：其中的“输入转换”可以操作于“面”和“多边形”。保持凸面仅在多边形模式下可用，选中该选项，会将非凸面多边形作为最低数量的单独面进行处理。
- 更新选项：用于设置手动或渲染时更新选项，有“始终”“渲染时”和“手动”三种更新方式。
- “重置”卷展栏：用于将所做的任何更改及编辑折缝更改、顶点权重和边权重的更改恢复为默认或初始设置。可以重置所有控制级别的更改或重置为当前的控制级别。

（2）涡轮平滑允许新曲面角在边角交错时将几何体细分，并对对象的所有曲面应用一个单独的平滑组。它的效果是围绕边角的平滑化，使用涡轮平滑参数可以控制新曲面的数量和大小，以及它们如何影响对象曲面。

- 迭代次数：用于设置网格细分的次数。
- 渲染迭代次数：用于在渲染时选择一个不同数量的平滑迭代次数应用于对象。
- 等值线显示：启用时，只显示等值线。
- 明确的法线：允许涡轮平滑修改器为输出计算法线，这个比网格平滑中用于计算法线的标准方法迅速。如果涡轮平滑结果直接用于显示或渲染，启用该选项可以明显加快速度。
- 曲面参数：用于限制“网格平滑”的效果，选中“平滑结果”用于对所有曲面应用相同的平滑组，可以使用“材质”和“平滑组”两种分隔方式。

- 更新选项：用于设置手动或渲染时更新选项，有“始终”“渲染时”和“手动”三种更新方式。

网格平滑与涡轮平滑都是平滑场景中的几何体，两者的区别如下。

涡轮平滑被认为比网格平滑更快并更有效率地利用内存，涡轮平滑同时包含一个“明确的法线”选项，它在网格平滑中不可用。

涡轮平滑提供网格平滑功能的限制子集，特别是涡轮平滑使用单独平滑方法NURBS，它可以仅应用于整个对象，不包含“子对象”层级并输出三角网格对象。

本章小结

本章介绍了简单几何体建模、可编辑样条线建模和修改器建模等内容，各种建模方法要根据实际情况选用，只有结合多种建模方法并熟练灵活使用，才能提高建模能力。根据模型的特点选择合适的建模方法能够让我们的工作事半功倍。

综合案例

1. 制作休闲桌

(1) 在顶视图中绘制一个圆锥体或者圆柱体，如图 3-90 所示。

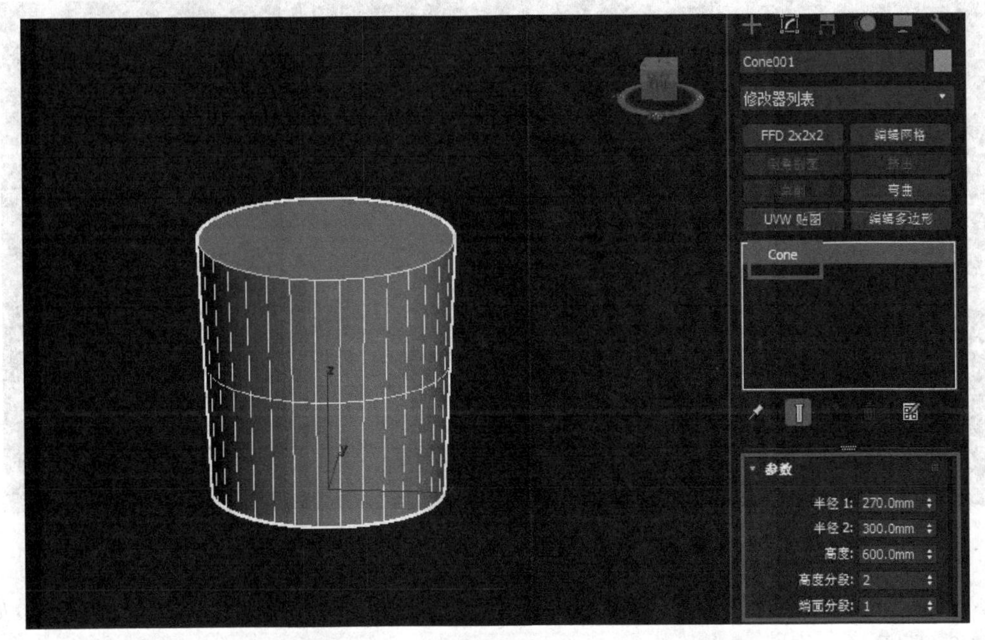

图　3-90

(2) 将几何体转换成可编辑多边形,进入"边"层级,循环选择中间一圈边,对其位置进行调整,并进行相应的缩放,把休闲桌的基本形态建立起来,如图 3-91 所示。

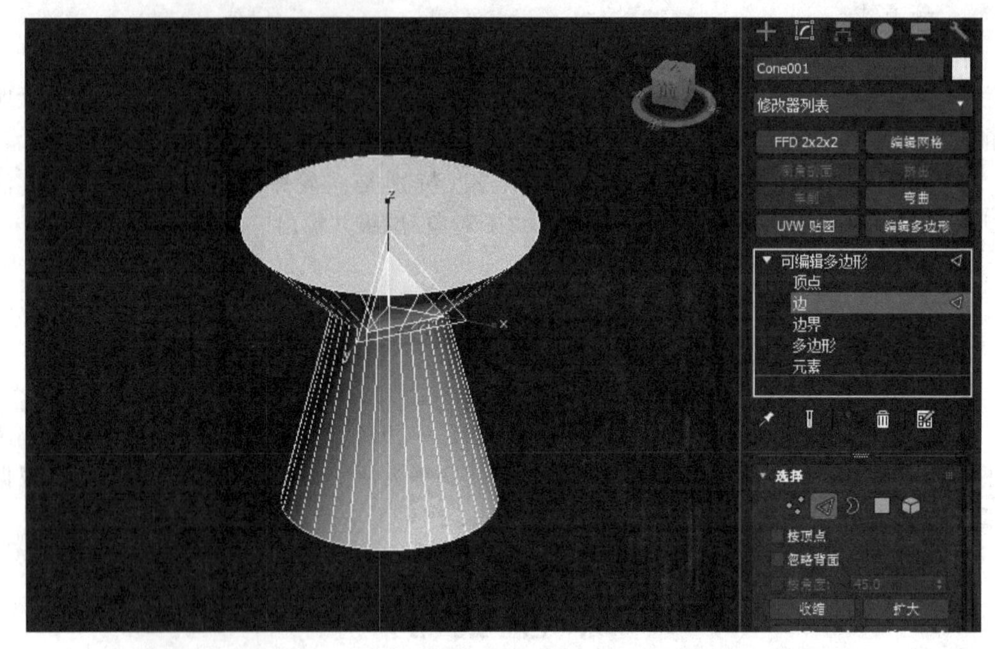

图 3-91

(3) 选择上、中、下的三圈边,在"边"层级下选择"利用所选内容创建图形"选项,"图形类型"选择"平滑",用三个圈创建了一个新的图形"图形 001",如图 3-92 所示。

图 3-92

(4) 选中创建的图形 001,将它的可渲染属性进行选中,调整至合适的径向厚度,如图 3-93 所示。

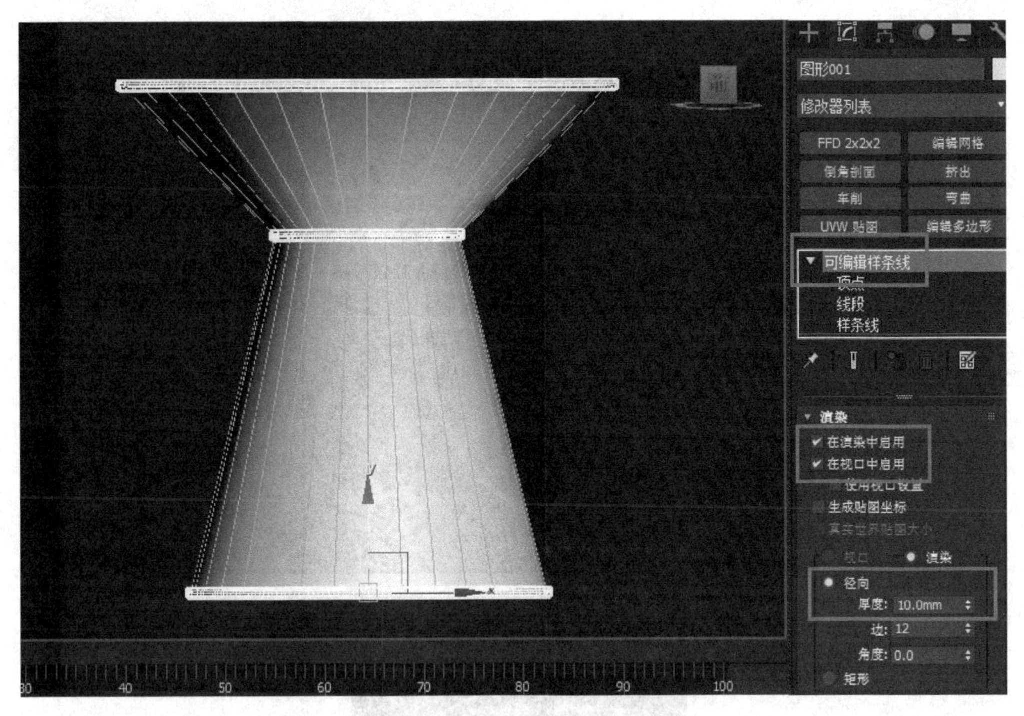

图　3-93

(5) 同理选中可编辑多边形中的其他边，生成新图形002，添加可渲染属性，再删除可编辑多边形，得到如图3-94所示的休闲桌。

图　3-94

(6) 在顶视图中选择图形002，使用Ctrl+V组合键进行原位复制，得到图形003，删除多余的线段，保留8条线段，如图3-95所示。

(7) 将图形003进行缩放，修改可渲染属性中的径向厚度，得到的模型如图3-96所示。

(8) 孤立图形003，使用“倒角”命令给休闲桌加上脚架，再使用“平面化”命令把桌角调至水平，如图3-97所示。

(9) 绘制一个合适尺寸的圆柱体，再进行适当切角，制作玻璃桌面，如图3-98所示。

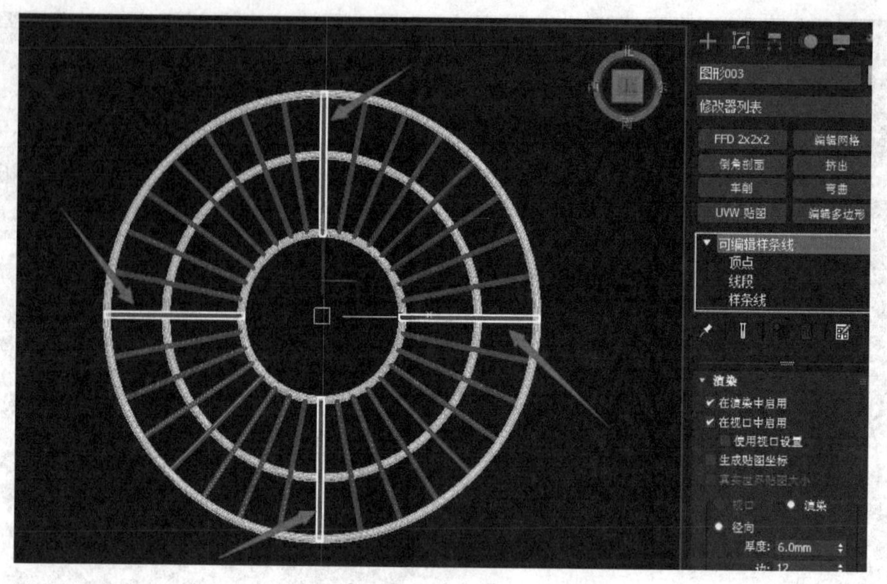

图 3-95

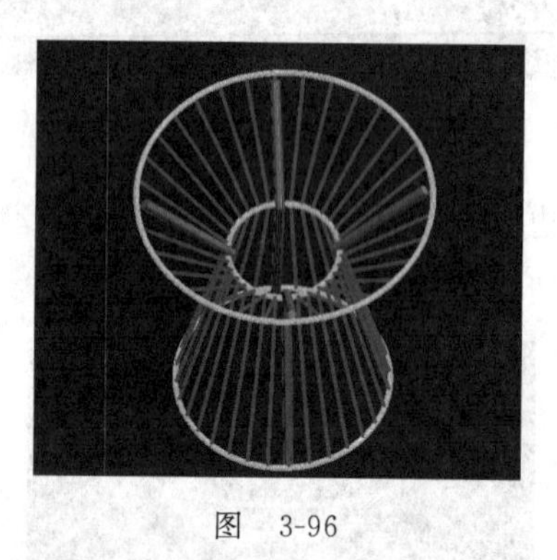

图 3-96

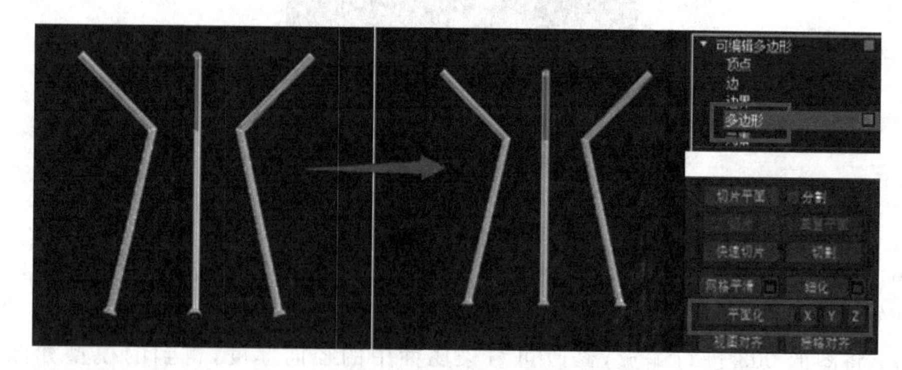

图 3-97

2. 制作休闲椅

(1) 在顶视图中绘制圆锥，参数如图 3-99 所示，高度上要给足够的分段数。

图　3-98

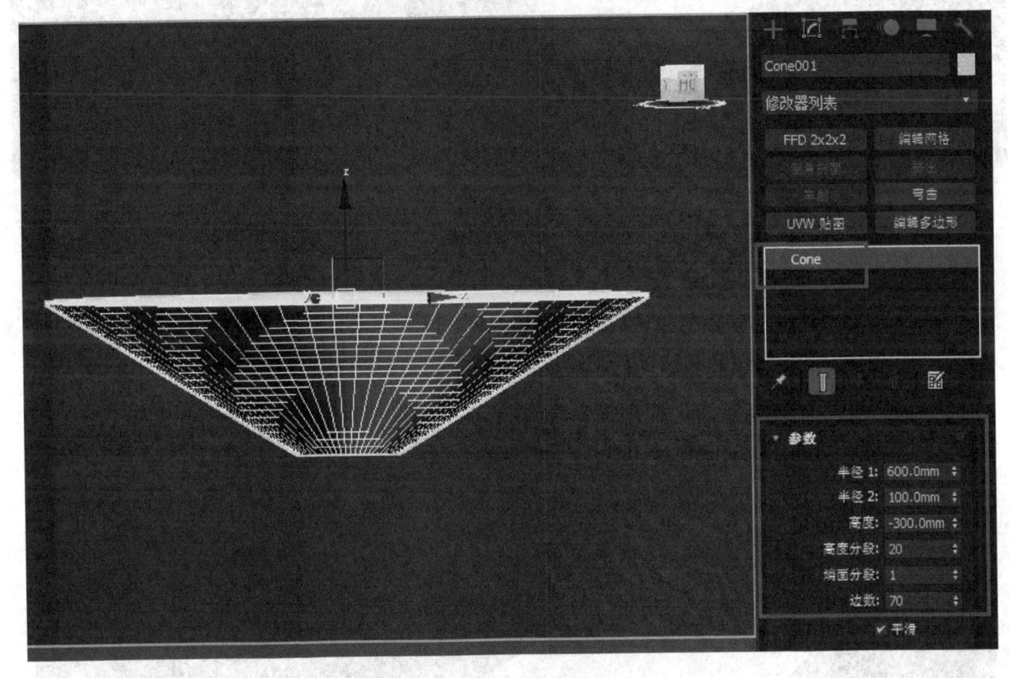

图　3-99

(2) 使用 FFD 修改器对圆锥进行整形，可以多次使用，最终效果如图 3-100 所示。

图　3-100

(3) 定型后，将模型转换成可编辑多边形，选择相应的边，利用所选内容创建图形，生成图形 004，如图 3-101 所示。

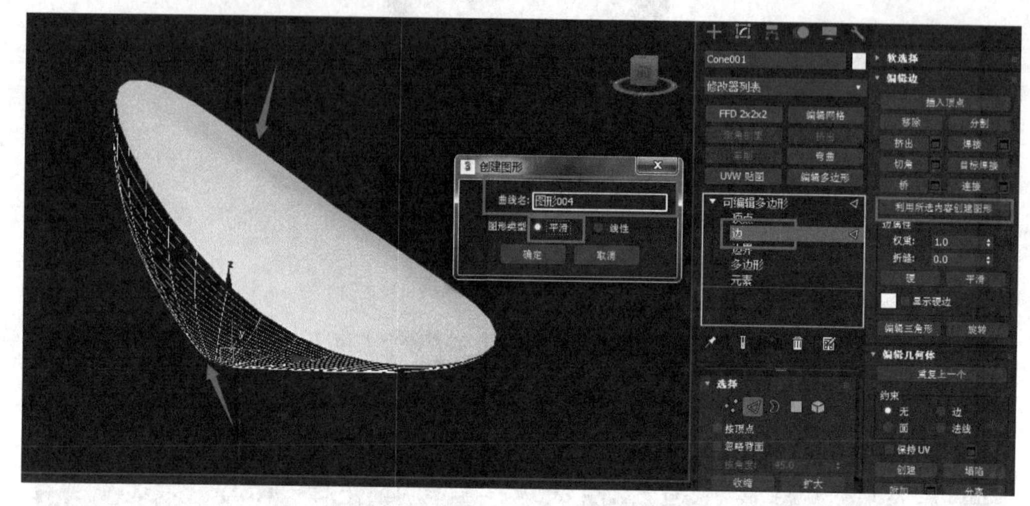

图 3-101

(4) 将图形 004 使用可渲染属性，设置合适的径向厚度，如图 3-102 所示。

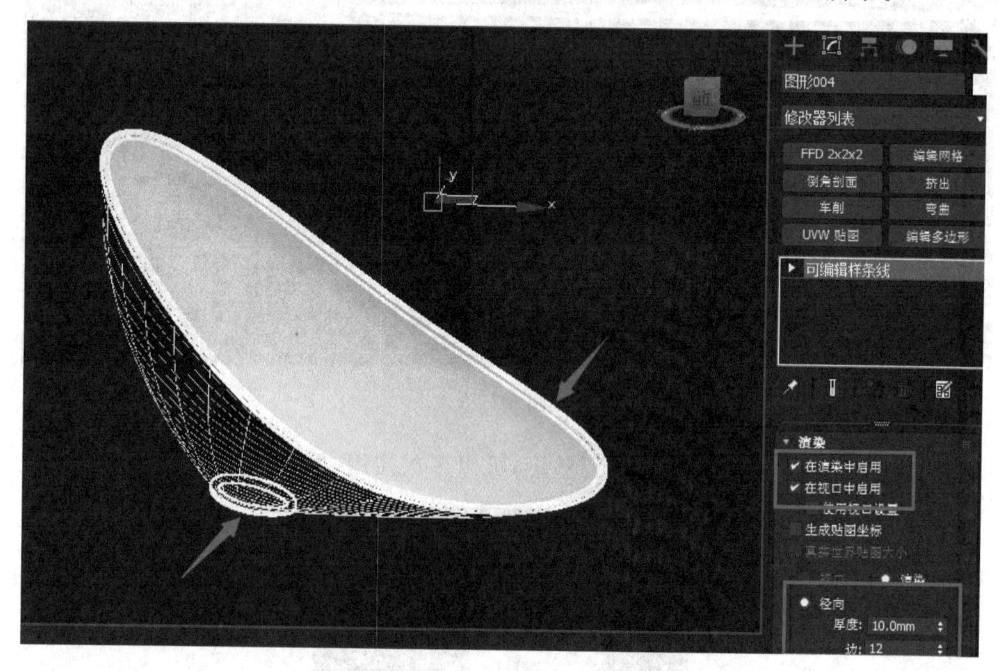

图 3-102

(5) 同理，利用所选内容生成图形 005，再利用图形的可渲染属性，得到椅子的座椅部分，如图 3-103 所示。

(6) 对图形 005 进行原位复制，再删除不需要的样条线，得到座椅支架，将径向厚度增加，得到如图 3-104 所示的模型。

图　3-103

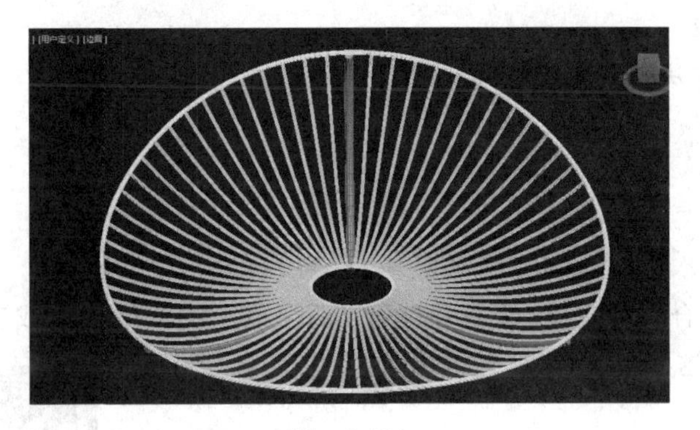

图　3-104

(7) 最后加上座椅支架,效果如图 3-105 所示。

至此,休闲椅就完成了,如图 3-106 所示。

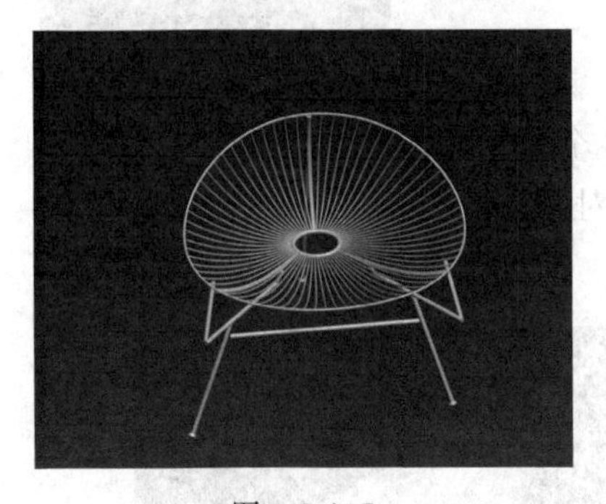

图　3-105

图　3-106

第 4 章　各种高级建模方法

本章要点：

- 复合建模
- 多边形建模
- 特殊建模方法

4.1　复合建模

复合建模即复合式的建模，就是由两个或两个以上的二维图形或三维几何体组成新对象的建模方式，这里将介绍比较常用的集中复合建模方式。

通过“创建”面板→“几何体”按钮→“复合对象”→“对象类型”进行选择，如图 4-1 所示。

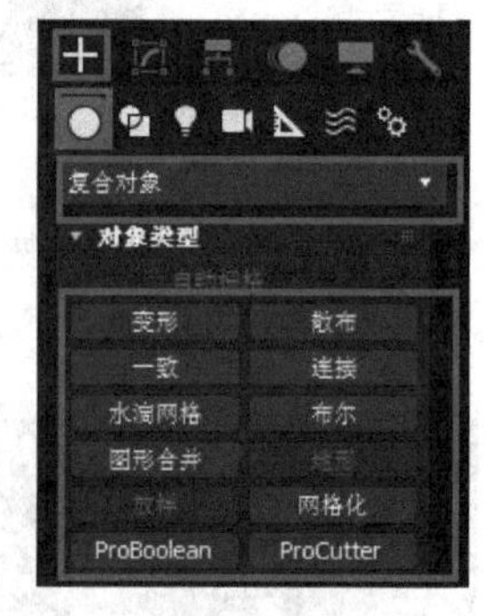

图　4-1

4.1.1　变形

变形主要应用于变形动画的制作，它是通过多个对象的顶点位置进行自动适配，将当前对象变形为目标对象，如图 4-2 所示。

图　4-2

变形前的原始对象称为种子或基础对象，变形后的对象称为目标对象。创建变形的种子和目标对象必须满足以下两个条件。

（1）种子和目标对象必须是网格、面片或多边形对象。

（2）种子和目标对象必须包含相同的顶点数。

创建变形时，首先选中种子，激活“变形”命令，在“拾取目标”卷展栏中单击“拾取目标”按钮，拾取目标对象，即完成种子到目标对象的变形。如果要看到整个变形的过程，可以在拾取目标对象前，在时间轴上插入自动关键点。

在“拾取目标”卷展栏中单击“拾取目标”按钮，可在场景中拾取变形的目标对象。在这个卷展栏下有“参考”“复制”“移动”和“实例”四个选项，表示种子以怎样的形式进行变形，合称为目标对象。

“当前对象”卷展栏中“变形目标”列表框中显示用于变形合成的种子和目标对象，单击“创建变形关键点”按钮，可为选定的变形对象创建关键点；单击“删除变形目标”按钮，可以删除当前所选择的目标对象，连同所有的变形关键点也一起删除。

4.1.2　散布

散布就是把源对象散布到目标对象表面，源对象可以根据指定的数量和分布方式覆盖到目标对象表面，如图 4-3 所示。

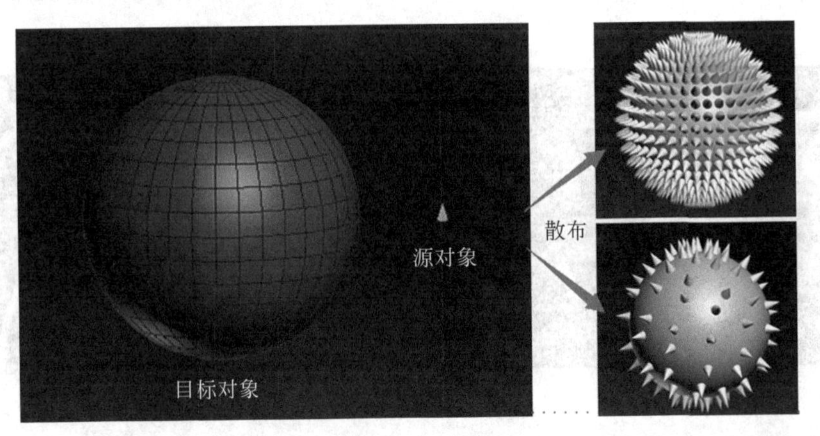

图　4-3

创建散布时，首先选中源对象，激活“散布”命令，在“拾取分布对象”卷展栏中单击“拾取分布对象”按钮，拾取目标对象，即完成源对象在目标对象上的散布。如果要更改散布数量和分布方式，需要在“散布参数”卷展栏中进行具体的设置。

在“拾取分布对象”卷展栏中单击“拾取分布对象”按钮，可在场景中拾取散布的目标对象。在这个卷展栏下有“参考”“复制”“移动”和“实例”四个选项，用于指定分布对象转换为散布的方式。

“散布对象”卷展栏用于指定源对象如何进行散布。

“分布”组用于选择分布方式；“使用分布对象”是将源对象散布到目标对象表面；“仅

使用变换”将不使用目标对象，通过“变换”卷展栏中的设置来影响源对象的分布。

“对象”组用于显示参与“散布”命令的源对象和目标对象的名称，并可对其进行编辑。

“源对象参数”组用于设置源对象的属性。

“分布对象参数”组用于设置源对象在目标对象表面不同的分布方式，只有使用了目标对象，该组才被激活。值得注意的是，当选择“所有顶点”“所有边的中点”“所有面的中心”这几项时，“源对象参数”组中的“重复数”将不起作用。

“变换”卷展栏用于设置源对象分布在目标对象表面后的变换偏移量，有“偏移”“局部平移”“在面上平移”和“比例”四种变换方式。

“显示”卷展栏用于控制散布对象的显示情况。“代理”选项以方块代替源对象，加快处理速度，常用于源对象比较复杂的情况；“网格”选项以源对象初始形态显示；“显示”用于设置所有源对象在视图中的显示百分比例，但不影响渲染效果；选中“隐藏分布对象”复选框将会隐藏目标对象，仅显示源对象；“新建”用于随机生成新的种子数；“种子”表示当前散布的种子数。

“加载/保存预设”卷展栏用于对当前的散布效果进行加载、保存和删除。

4.1.3 水滴网格

水滴网格用于创建液态物质或者泡沫的效果，一般与粒子系统搭配使用，如图 4-4 所示。

图 4-4

创建水滴网格时，只需激活“水滴网格”命令，在场景中单击就可以产生水滴网格。在“修改”面板的“参数”卷展栏的“水滴对象”组中单击“拾取”按钮，拾取水滴对象即可完成。

“参数”卷展栏中各参数作用如下。

- “大小”选项用于设置每个水滴的大小。
- “张力”用于控制网格表面的松紧程度，值越小，网格越大。
- “计算粗糙度”用于设置水滴的粗糙度和密度。选中“相对粗糙度”复选框，则应用粗糙效果；选中“软选择”复选框，则可对场景中已经有软选择效果的水滴对象控制其水滴大小，配合“大小”使用。
- “大型数据优化”是当水滴数量比较多时，选中该选项，可以更加高效地显示水滴；

选中“在视口内关闭”复选框时，在视口中不显示水滴网格，但不影响渲染结果；单击“拾取”按钮，可以在场景中拾取要加入水滴网格的对象或粒子系统；单击“添加”按钮，可以在弹出的对话框中选择要加入水滴网格的对象或粒子系统；单击“移除”按钮，则可以删除对象。

如果已经向水滴网格中添加粒子流系统，且只需在发生特定事件时生成水滴网格，可以使用“粒子流参数”卷展栏。

4.1.4　图形合并

图形合并能将一个网格对象、多个几何体图形进行合并，产生合并或者切割的效果，如图 4-5 所示。

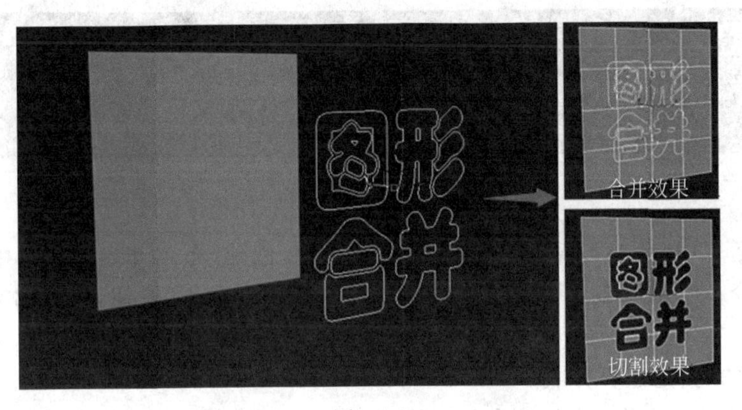

图　4-5

创建“图形合并”时，首先选中对象，激活“图形合并”命令，在“拾取操作对象”卷展栏中单击“拾取图形”按钮，拾取图形对象，即完成图形合并效果。合并后的效果可以在卷展栏中进行具体设置。

“拾取操作对象”卷展栏用于拾取操作对象，详细操作方法参考“散布”命令。

“参数”卷展栏可以对操作对象的参数进行设置。“操作对象”组用于显示图形合并中所有的操作对象名称；“操作”组用于决定图形如何合并到对象上，有“饼切”和“合并”两种，“饼切”除了合并外还有切割效果，选中“反转”则对“饼切”与“合并”中去留的面进行反转；“输出自网格选择”组用于决定以哪种次物体层级的选择形式输出，“无”表示输出整个物体，“边”“面”和“顶点”表示分别以对应的层级输出。

“显示/更新”卷展栏用于控制是否在视图中显示运算结果以及每次修改后以哪种形式进行更新。

4.1.5　布尔

布尔运算能对两个或两个以上的物体进行并集、差集和交集的运算，从而得到新的物体形态。建模时碰到的一些复杂异面造型的三维切割情况就可以使用“布尔”命令，如

图 4-6 所示。这里所讲的复合对象的“布尔”命令，要与前面二维图形的布尔运算区分。

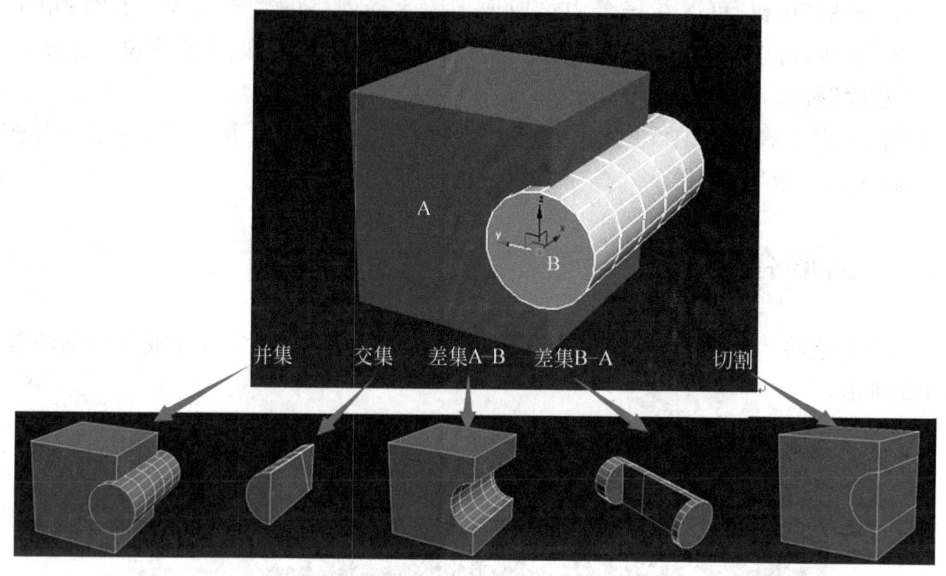

图 4-6

在布尔运算中，参与运算的有 A 对象和 B 对象，创建“布尔”时，首先选中 A 对象，激活“布尔”命令；在“拾取布尔”卷展栏中单击“拾取操作对象 B”按钮，拾取 B 对象，即可完成布尔运算。在“参数”卷展栏的“操作”组中可以选择“并集”“交集”“差集 A－B”“差集 B－A”“切割”来指定运算方式。

“拾取布尔”卷展栏用来拾取布尔运算的对象 B，单击“拾取操作对象 B”按钮，可以在场景中拾取对象 B。

“参数”卷展栏用于设置布尔运算的方式。“操作对象”组用于显示所有参与布尔运算的对象名称；“操作”组用于指定运算方式，有“并集”“交集”“差集 A－B”“差集 B－A”和“切割”。“切割”下方还有“优化”“分割”“移除内部”和“移除外部”四种切割方式。

“显示/更新”卷展栏类似于图形合并中的此命令，详细解释参考图形合并中的“显示/更新”卷展栏。

课堂案例　制作“中国象棋”模型

(1) 在顶视图中画一个切角圆柱体作为对象 A，设置好参数，使边缘圆滑，如图 4-7 所示。

(2) 在顶视图中画一个圆环，再创建一个文字“士”，将两个二维图形进行附加，然后挤出一定的厚度作为对象 B，如图 4-8 所示。

(3) 将两个模型使用对齐工具中心对齐，调整到合适的位置，如图 4-9 所示。

(4) 使用复合对象“布尔”对两个模型进行运算，使用“并集”和“差集 A－B”可以得到两种类型的象棋棋子，如图 4-10 所示。

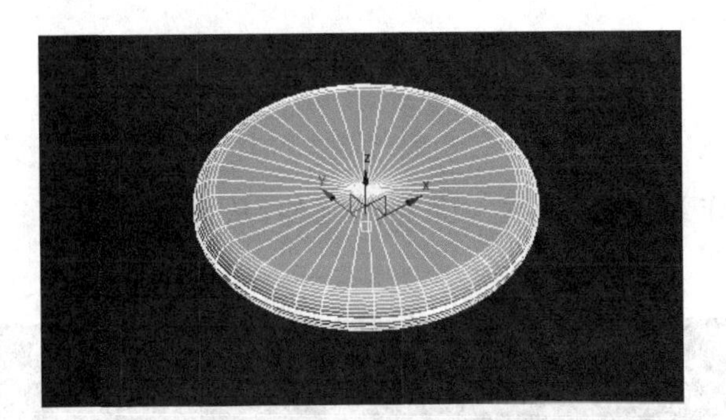

图　4-7

图　4-8

图　4-9

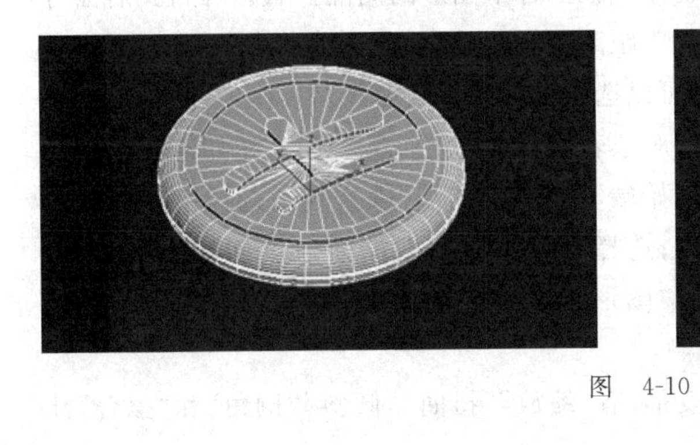

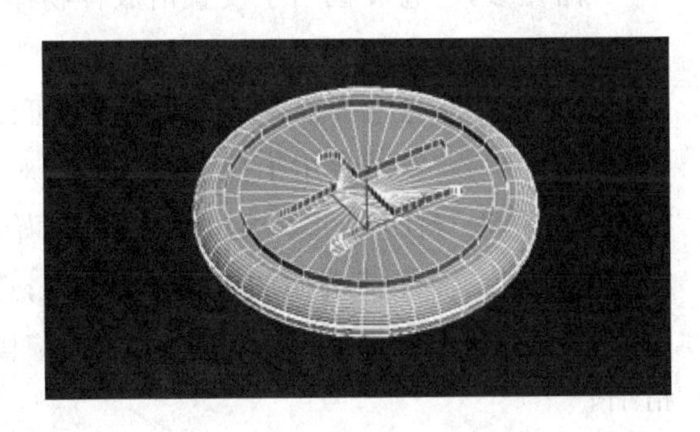

图　4-10

4.1.6 放样

放样是将图形作为截面，沿着一条路径延伸，从而形成新的三维模型，如图 4-11 所示。

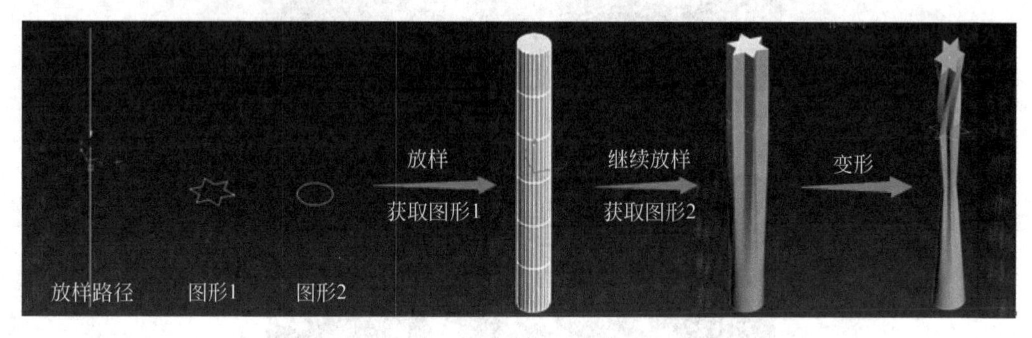

图 4-11

创建放样必须具备以下两个条件。

(1) 放样路径。一个放样物体有且只有一条放样路径，路径可以是直线也可以是曲线；可以是开放的，也可以是封闭或者交错的。

(2) 图形。可以是一个或多个图形。图形可以是开放的，也可以是封闭的。

创建放样时，可以先选路径，然后激活“放样”命令，在“创建方法”卷展栏中单击“获取图形”按钮，在场景中选择图形，即可完成放样。如果有多个图形需要放样，则在“路径参数”中输入相应的参数，可以是百分比，再选择第二个图形，会继续沿路径放样。在创建放样的时候，也可以先选择图形，再去获取放样路径，得到的模型是一致的，只是模型的位置会有所不同。

“创建方法”卷展栏用于选择放样的方式，有“获取路径”和“获取图形”两种方式。

“曲面参数”卷展栏用于对放样后的模型进行光滑处理，还可以在此卷展栏中设置材质贴图和输出处理。

“路径参数”卷展栏用于设置沿放样物体路径上各个图形的间隔位置。“路径”后面可以输入图形插入点的位置，可以用“百分比”“距离”和“路径步数”三种方式来测量；“捕捉”用于设置捕捉路径上界面图形的增量值，可以选中“启用”来激活。

“蒙皮参数”卷展栏用于控制放样后的对象表面的各种特征。“封口”组用来控制放样模型两端是否“封闭”，可以通过选中“封口始端”和“封口末端”来实现。选择“变形”时建立变形模型二而保持端面的点、面数不变；选择“栅格”会根据端面顶点创建网格面，渲染效果好于变形。“选项”组中可以设置“图形步数”和“路径步数”，值越大则模型越精细。

“变形”卷展栏用于对放样模型进行变形，有“缩放”“扭曲”“倾斜”“倒角”和“拟合”几种方式。

课堂案例 制作“饮料瓶”模型

(1) 在顶视图中绘制一个圆形和一个星形，在前视图中绘制一条直线，调整到合适的大小，如图4-12所示。

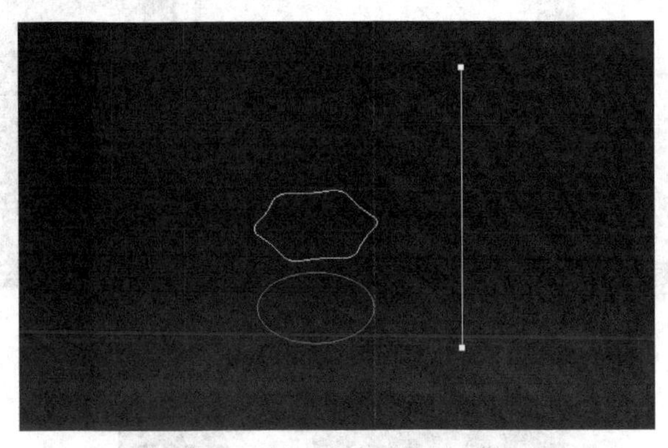

图 4-12

(2) 选中直线，激活“放样”命令，在“创建方法”卷展栏中单击“获取图形”按钮，获取圆形；在“路径参数”卷展栏的“路径”中输入6，使用“百分比”，即在直线6%的地方；单击“获取图形”，获取圆形，再在12%的位置获取星形，如图4-13所示。

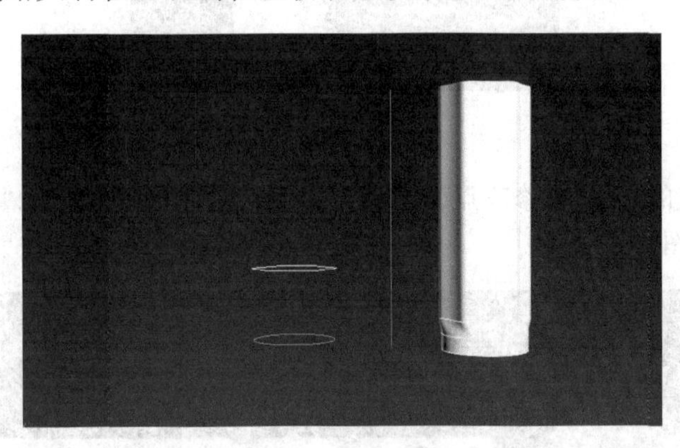

图 4-13

(3) 此时发现放样模型有点变形，我们可以通过比较图形来调整。单击“修改”面板下Loft的“图形”层级，在“图形命令”卷展栏中单击“比较”按钮，弹出“比较”对话框，使用“拾取图形”工具拾取放样模型中的星形和圆形，使用“旋转”工具在放样模型中调整图形到合适的位置，如图4-14所示。

(4) 回到Loft层级，在60%的位置获取星形，使用比较、旋转进行修正。再在66%的位置获取圆形，至此，放样模型基本型已经完成，如图4-15所示。

(5) 接着使用“变形”卷展栏对放样模型进行整形，单击“缩放”按钮，弹出“缩放”对话框，使用“插入角点”和“移动控制点”调整曲线，效果如图4-16所示，注意插入的点是角

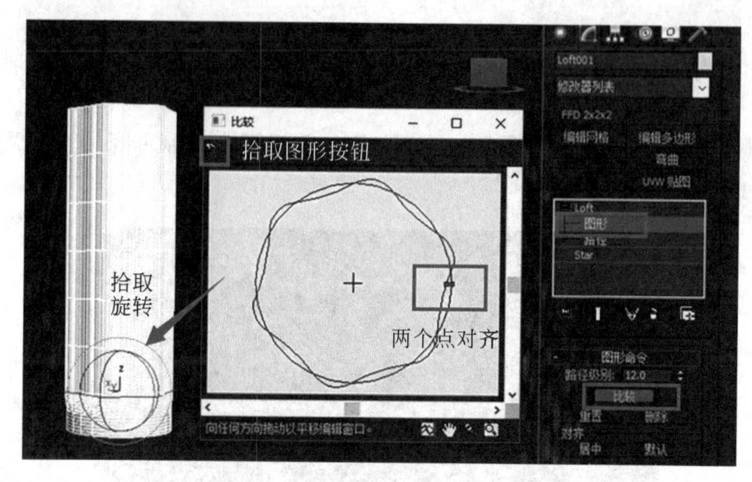

图 4-14

图 4-15

点。可以选中相应的点,右击修改点的类型,有“角点”“Bezier-平滑”和“Bezier-角点”可供选择,最终效果如图 4-17 所示。

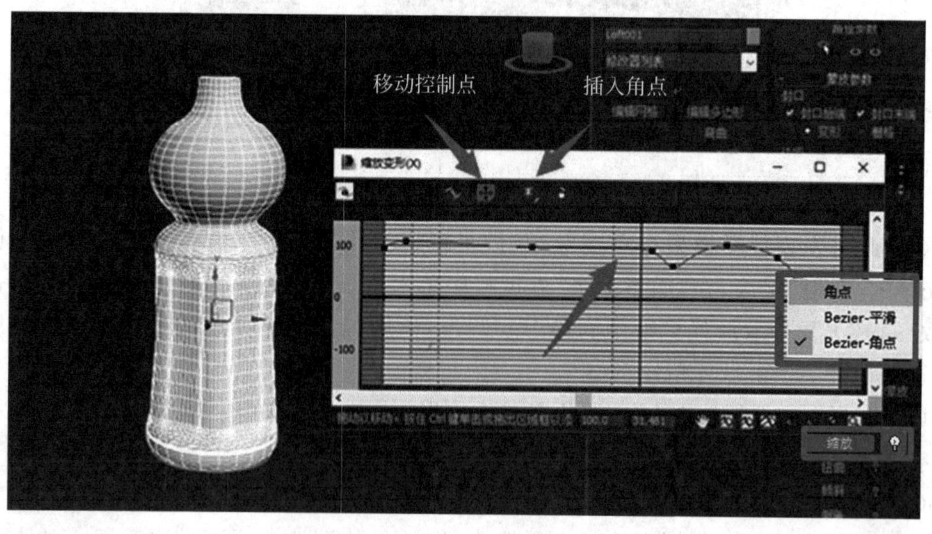

图 4-16

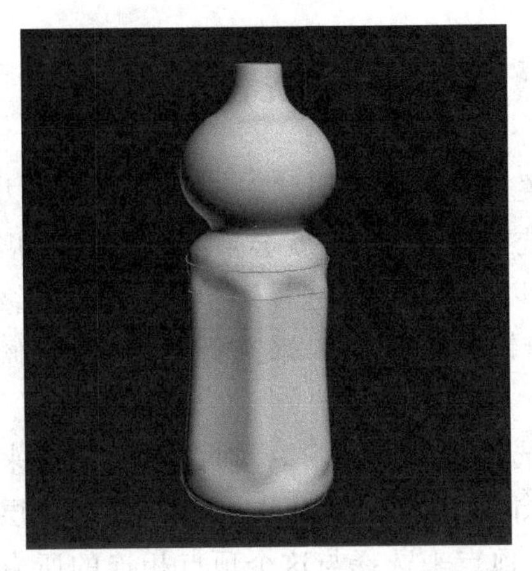

图　4-17

4.2　多边形建模

在3ds Max中进行建模时，多边形建模是使用非常频繁的一种建模方式，可以通过将基本模型转换成可编辑多边形或者追加“编辑多边形”修改器进行编辑，可以创建出千变万化的造型。不管是转换成可编辑多边形还是追加“编辑多边形”修改器，都提供5个层级的编辑，分别是“顶点”“边夺”“边界”“多边形”和“元素”，如图4-18所示。在“编辑多边形”修改命令下有6个卷展栏，选中不同层级时“编辑”卷展栏也会发生变化，接下来我们就来详细介绍各个卷展栏的功能。

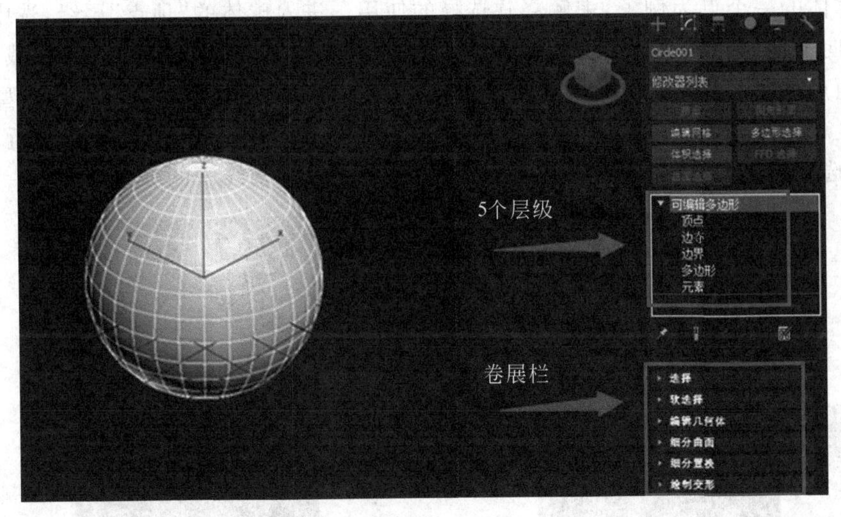

图　4-18

4.2.1 “选择”与“软选择”卷展栏

“选择”卷展栏用于设置各个层级编辑状态下对象的选择方式，如图4-19所示。

在“可编辑多边形”下选择某个层级，就会点亮“选择”卷展栏下的对应层级按钮，也可以直接单击“选择”卷展栏下的层级按钮，还可以直接使用快捷键1、2、3、4、5来选择层级，这时候就可以对该层级进行编辑。

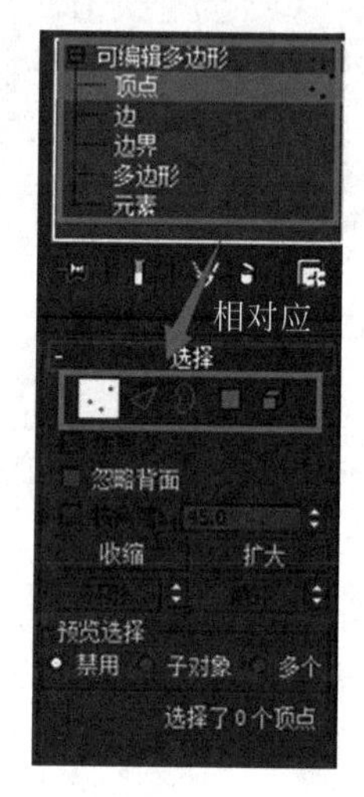

图 4-19

- “按顶点”：选中该选项，可以通过选择对象表面顶点来选择与这个顶点相邻的指定层级对象，比如，在“面”层级下，可以通过一个顶点来选择与这个顶点相连的所有面，但在“点”层级下该选项失效。
- “忽略背面”：选中该选项，则只对当前显示的这个面进行选择，而背面会被忽略不被选择。
- “按角度”：该选项只在“多边形”层级下可用，选中该选项，输入数值，用于指定选择角度的参数。
- “收缩”和“扩大”按钮：单击会收缩或扩大选择范围，每个层级都可以使用。
- “环形”(组合键为Alt+R)和“循环”(组合键为Alt+L)：这两个按钮只在“边”和“边界”层级下才能被激活。当选择一条边或一个边界，单击“环形”或“循环”按钮则以环形或循环的方式选择与当前边或边界同一方向上的所有边，也可以单击“环形”和“循环”按钮后面的箭头，依次选中边，可以结合Ctrl键一起使用。

“软选择”卷展栏可以在编辑多边形时，使各个层级选择时有一个衰减和过渡。我们以编辑球体的一个点为例子，来解释软选择的使用。进入球体的“顶点”层级，选中一个顶点，直接向上拖动，效果如图4-20所示。再选中“使用软选择”，设置相应的衰减值，同样拖动该顶点，效果如图4-21所示。通过对比可知，使用软选择后模型产生的造型有一个明显的衰减和过渡，通过模型上的颜色分布来调整影响的权重值，离选择点越近，则影响越大；离选择点越远，则影响越小或不影响，这个和二维样条线中的软选择功能一致。

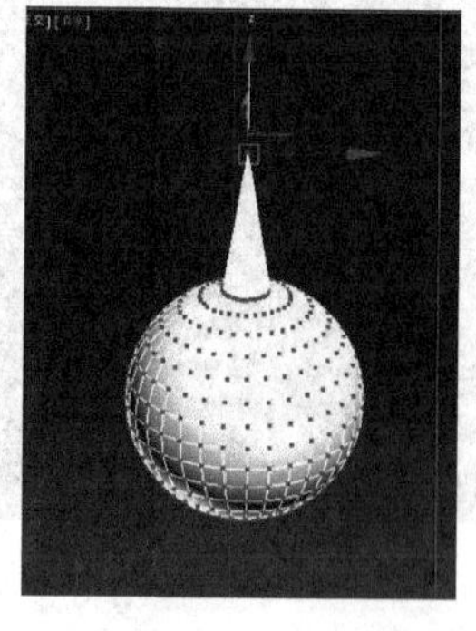

图 4-20

图 4-21

“衰减”值控制影响的权重。“收缩”和“膨胀”可调整权重的状态。在各个层级下都可以使用软选择。如果选中“边距离”复选框，可以设置软选择影响的范围。

单击“明暗处理面切换”按钮，可以使用颜色的明暗对衰减程度进行显示，一般配合“绘制软选择”一起使用，可以按自己的需求来绘制影响区域，绘制的笔刷大小强度都可以进行调节，如图 4-22 所示。

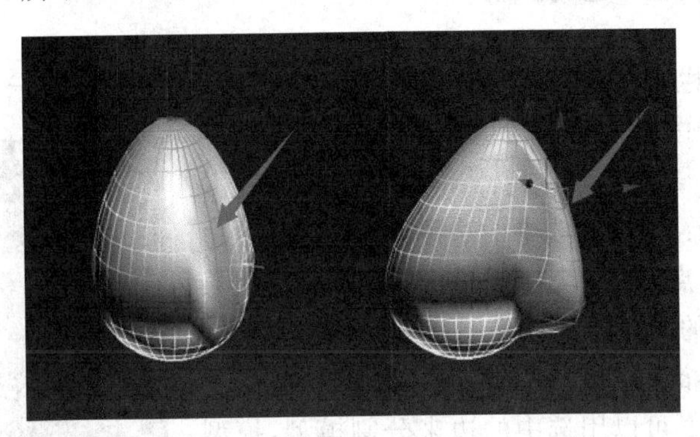

图　4-22

4.2.2　“编辑顶点”卷展栏

前面介绍的“选择”和“软选择”卷展栏属于公共卷展栏，在任何层级下都会出现；“编辑顶点”卷展栏只有在选中“顶点”层级时才会出现，如图 4-23 所示。

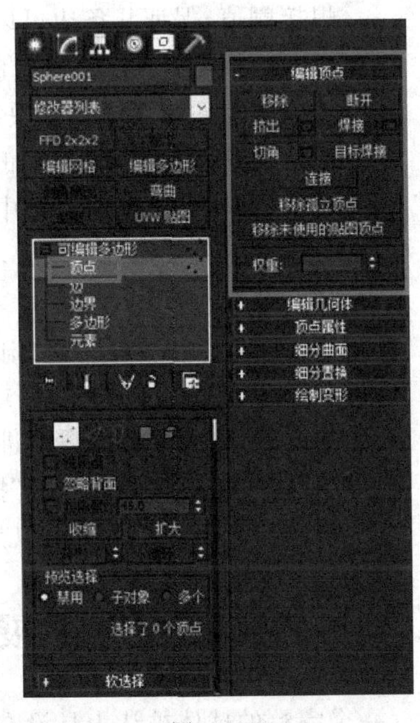

图　4-23

- “移除”按钮：可以将选中的顶点删除，但不删除顶点所关联的边和面，快捷键为 Backspace。
- “断开”按钮：可以将选中的顶点进行断开，而不再是一个点。
- “挤出”按钮：可以将选中的点按照鼠标拖动的方向进行挤出，也可以单击挤出后面的方块，输入具体挤出高度和宽度的数值来进行挤出操作。
- “焊接”按钮：可以将断开的点进行焊接，输入合适的焊接阈值，保证几个点可以焊接成一个点。
- “切角”按钮：可以将选中的点进行切角处理，也可以单击切角后面的方块，输入具体的切角量来进行切角操作；也可以选中“打开”，使切角面打开。
- “目标焊接”按钮：激活该按钮后，可以对点进行拖动，有目标地进行焊接处理。
- “连接”按钮：可以将两个不跨线的点进行连接处理。

- “移除孤立顶点”按钮和“移除未使用的贴图顶点”按钮：可以对相应的点进行移除处理。
- “权重”：可以配合修改器使用，设置点的权重值。

4.2.3 “编辑边”卷展栏

“编辑边”卷展栏只有在选中“边”层级时才会出现，如图 4-24 所示。

- “插入顶点”按钮：可以在选中的边上插入新的顶点。
- “移除”按钮：可以将选中的边删除，但不删除边所关联的顶点和面，快捷键为 Backspace。如果在移除边的同时想移除顶点，使用组合键 Ctrl+Backspace。
- “分割”按钮：可以用选中的边来分割模型，模型会被分割成不同的元素。
- “挤出”按钮：可以将选中的边按照鼠标拖动的方向进行挤出，也可以单击挤出后面的方块，输入具体挤出高度和宽度的数值来进行挤出操作。
- “焊接”按钮：可以用断开的边焊接，输入合适的焊接阈值，保证几条边可以焊接成一条边。
- “切角”按钮：可以将选中的边进行切角处理；也可以单击切角后面的方块，输入具体的切角量来进行切角操作。可以增加分段数来提高模型的切角的平滑度；也可以选中“打开”选项，使切角面打开。

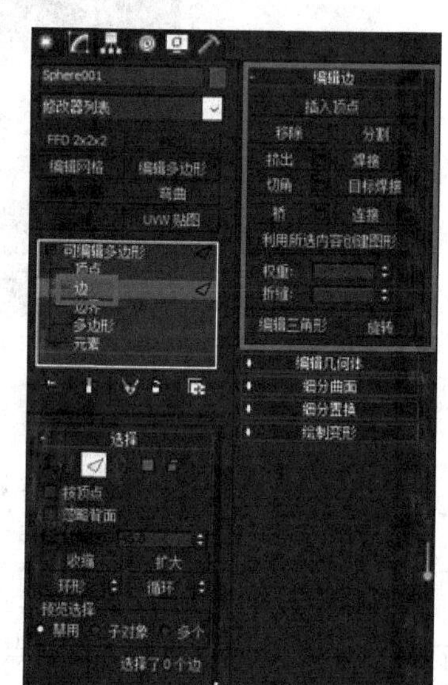

图 4-24

- “目标焊接”按钮：激活后，可以对边进行拖动，有目标地进行焊接处理。
- “桥”按钮：可以在两条边之间搭建一个新的面；也可以单击桥后面的方块，输入具体的数值进行更加详细的设置。
- “连接”按钮：可以将两条或者两条以上的边进行连接处理；也可以单击连接后面的方块，输入具体的数值进行更加详细的设置。
- “利用所选内容创建图形”按钮：可以将选中的边创建二维样条线，并输入新建样条线的名称。样条线可以是平滑的也可以是线性的。

4.2.4 “编辑边界”卷展栏

一个完整的球体被认为是没有边界的，只有在球面上删掉一些面才能出现边界。“编辑边界”卷展栏只有在选中“边界”层级时才会出现，如图 4-25 所示。

- “挤出”按钮：可以将选中的边界按照鼠标拖动的方向进行挤出；也可以单击挤出后面的方块，输入具体挤出高度和宽度的数值来进行挤出操作。

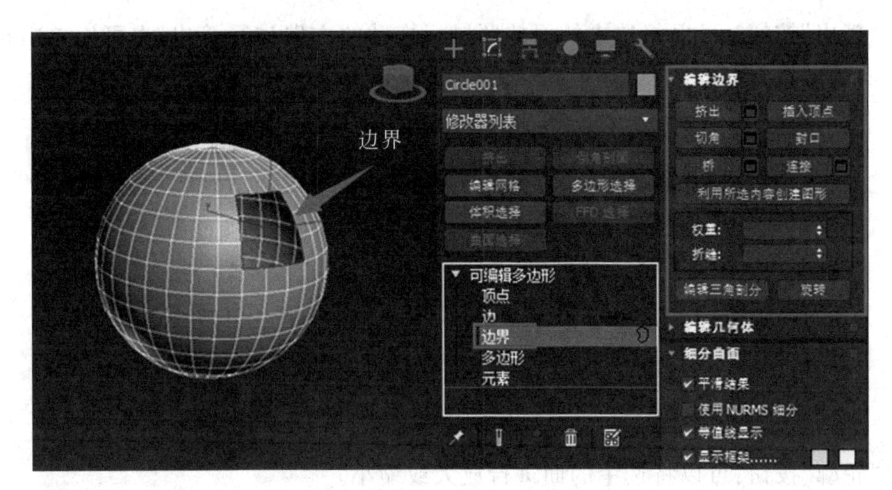

图 4-25

- “插入顶点”按钮：可以在选中的边界上插入新的顶点。
- “切角”按钮：可以将选中的边界进行切角处理；也可以单击切角后面的方块，输入具体的切角量来进行切角操作。可以增加分段数来提高模型的切角的平滑度；也可以选中“打开”选项，使切角面打开，从而使边界变大。
- “封口”按钮：可以对边界进行封口。封口只是简单地对边界进行补面。如果对封口效果不满意，可以通过对边的连接来达到对面的重新布线，加上平滑组的指定来修复模型，达到想要的效果。
- “桥”按钮：可以将两个边界之间搭建新的面；也可以单击桥后面的方块，输入具体的数值进行更加详细的设置。
- “连接”按钮：可以对边界的边进行连线处理；也可以单击连接后面的方块，输入具体的数值进行更加详细的设置。
- “利用所选内容创建图形”按钮：可以将选中的边界创建二维样条线，并输入新建样条线的名称。样条线可以是平滑的也可以是线性的。

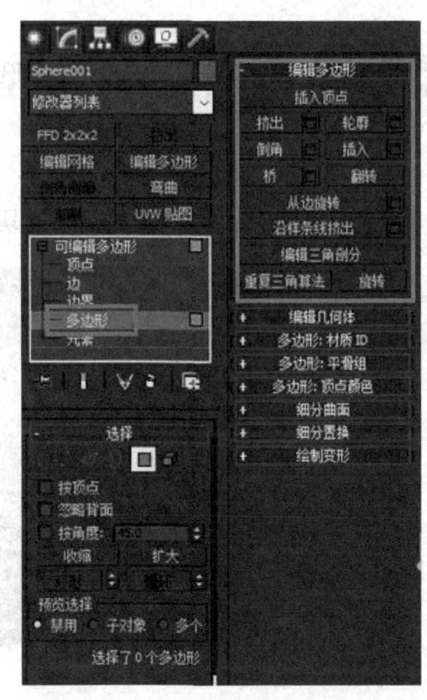

图 4-26

4.2.5 “编辑多边形”卷展栏

“编辑多边形”卷展栏只有在选中“多边形”层级时才会出现，如图 4-26 所示。“多边形”层级直白的表达就是“面”的层级。

- “插入顶点”按钮：可以在选中的面上插入新的顶点，新插入的点自动和面上原有的点进行连线。

- “挤出”按钮：可以将选中的面按照鼠标拖动的方向进行挤出；也可以单击挤出后面的方块，选择按照“组”“局部法线”或“多边形”方式挤出，如图 4-27 所示。

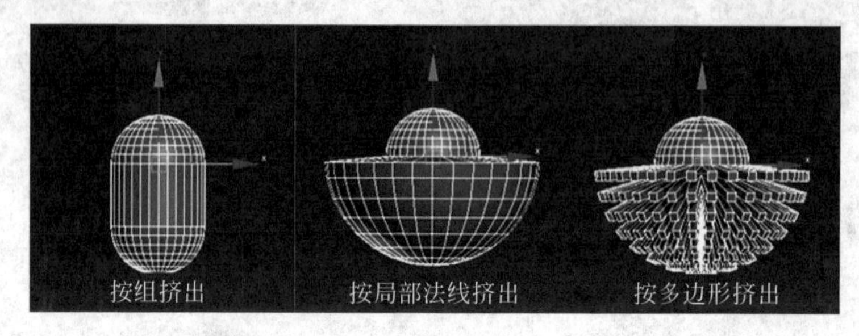

图 4-27

- “轮廓”按钮：可以将选中的面进行放大或缩小。
- “倒角”按钮：跟“挤出”按钮有些类似，它可以按挤出操作，还可以对挤出的面进行倒角操作(面变大或变小)，它也有按照“组”“局部法线”和“多边形”三种方式。
- “插入”按钮：可以在选中的面中插入形状相同而大小不同的面，可以按照“组”或“多边形”的方式进行。
- “桥”按钮：可以在两个选中的面之间搭建新的面，效果同边界中的桥。
- “翻转”按钮：可以对面的法线面进行翻转，使渲染可见。
- “从边旋转”按钮：可以使选中的面围绕着选中的转枢轴进行挤出；单击该按钮后面的方块，可以设置从边旋转的角度、分段数并拾取转枢轴。
- “沿样条线挤出”按钮：可以将选中的面沿着一根样条线做挤出操作；单击该按钮后的方块可以拾取样条线以及进行更加详细的设置。

课堂案例　制作“碗”模型

(1) 在顶视图中创建一个球体，调整到合适的大小和分段数(注意一定要有足够的分段数，否则碗将不圆)右击球体，将其转换成可编辑多边形，如图 4-28 所示。

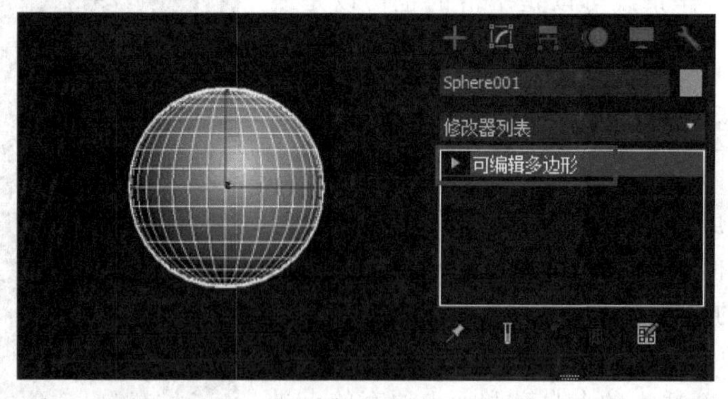

图 4-28

(2) 进入“多边形”层级，选中相应的面进行删除，使“碗”模型成型，如图4-29所示。

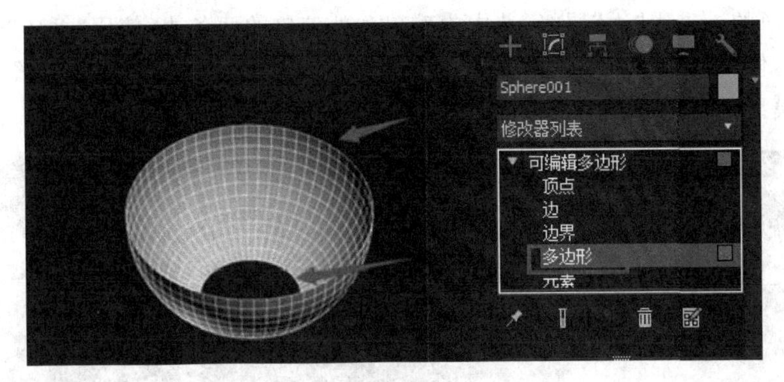

图　4-29

(3) 进入“边界”层级，选中碗底的边界，进行“封口”操作，如图4-30所示。

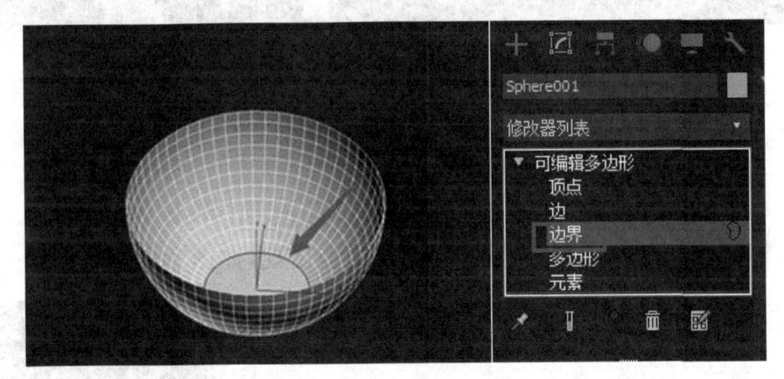

图　4-30

(4) 碗需要有一定的厚度，因此退出“边界”层级，给模型加上“壳”修改器，调节内部量或外部量参数，设置合适的厚度，如图4-31所示。

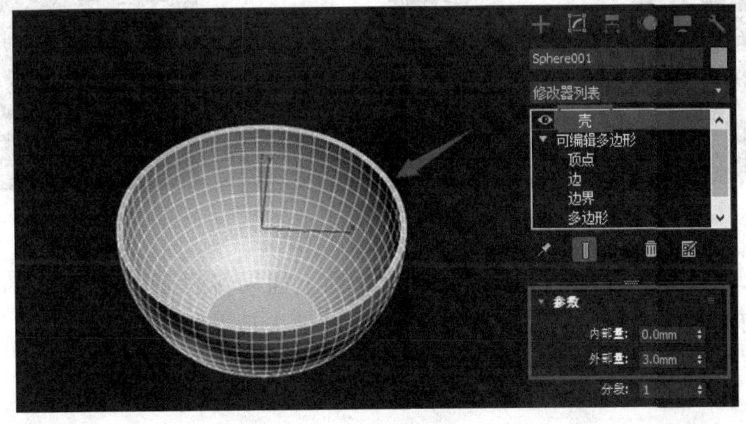

图　4-31

（5）加了“壳”修改器后，再次将模型转换成可编辑多边形并进行进一步的编辑。碗口应该是平滑的。进入“边”层级，选中内碗口和外碗口的两条边，使用“循环”命令选中整个碗口的边，使用“切角”命令调整合适的切角量和分段数，将碗口平滑，如图 4-32 所示。至此，“碗”模型就完成了，如图 4-33 所示。

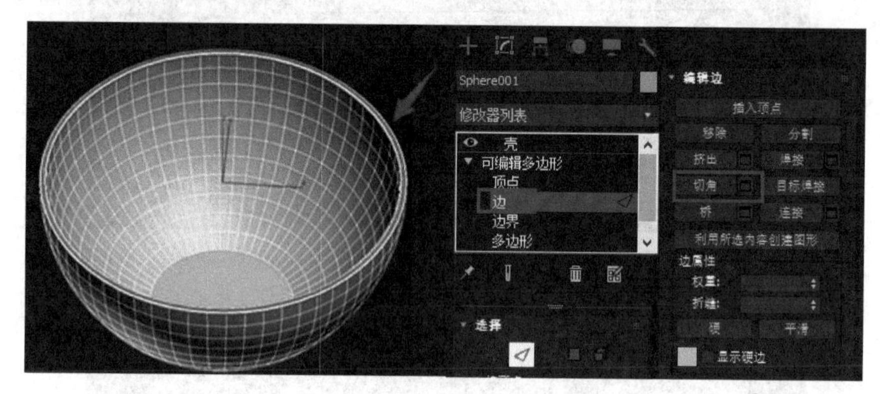

图 4-32

4.2.6 “编辑元素”卷展栏

“编辑元素”卷展栏只有选中“元素”层级时才会出现，如图 4-34 所示。

图 4-33

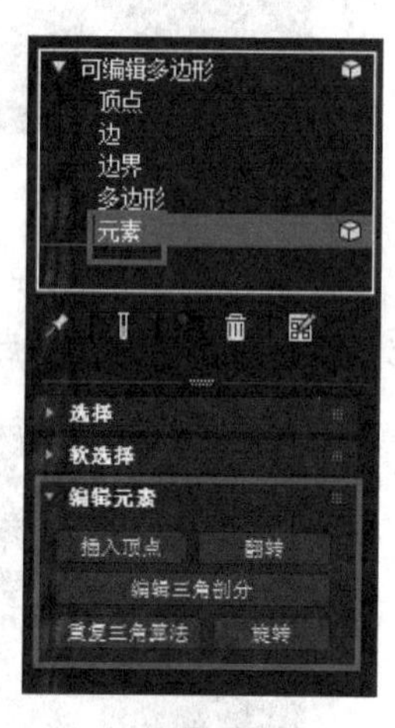

图 4-34

- “插入顶点”按钮：可以在选中的元素的面上插入新的顶点，新插入的点自动和面上原有的点进行连线，可编辑多边形中的“插入顶点”命令。
- “翻转”按钮：可以将选中的元素的法线面进行翻转，使渲染可见。

4.2.7 “编辑几何体”卷展栏

“编辑几何体”卷展栏是一个公共卷展栏，如图 4-35 所示。

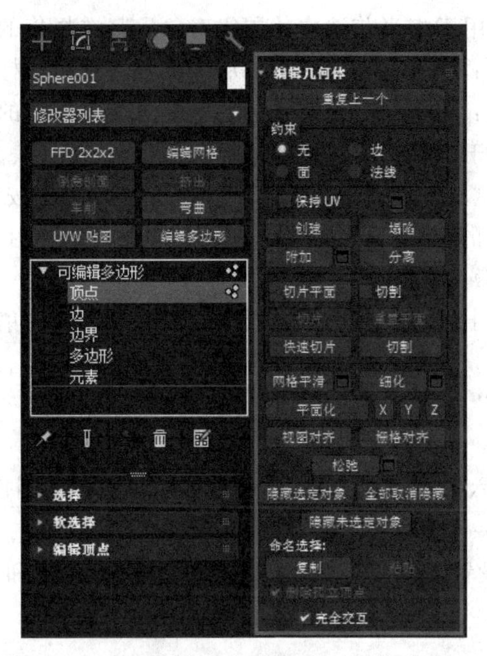

图　4-35

- “重复上一个”按钮：用于重复执行最近的命令，快捷键是“;”。
- “约束”组：用于约束当前选中的层级对象在移动或变形时的边界范围，“无”表示没有约束。
- “创建”按钮：会根据当前激活的层级，在不同层级间创建不同的对象。
- “塌陷”按钮：能把选中的顶点、边或面或修改器合并为一个对象。该功能在建模中经常使用。
- “附加”按钮：可以将几个独立的模型附加为一个模型。
- “分离”按钮：是与“附加”按钮相反的命令，可以将当前选中层级的对象分离出去，可以分离为另一个对象，也可以分离为另一个元素。
- “切片平面”按钮：选中需要切片的面，“切片平面”按钮激活时，会在场景中间放置一个剪切平面，平面可以进行移动、缩放和旋转操作。配合“切片”按钮，可以将场景模型中选中的面沿切片平面切出一条线，相当于在面上绘制了一条线，没有把面切开；如果选中“切割”选项，则会真正把面切开。当想让切片平面放置在最初的位置上时，可以单击“重置平面”按钮进行复位。
- “切割”按钮：可以在点、边和面上进行切割处理。在点、边和面上切割时要注意鼠标的状态，以确定切割的是哪个对象。
- “快速切片”按钮：该按钮被激活后，可以在场景中画两个点确定一条线，对模型或模型的某些面进行切片处理，可以结合“捕捉”命令一起使用。
- “网格平滑”按钮：用于平滑模型或子层级对象。
- “细化”按钮：用于指定细化程度，细化有“边”和“面”两种方法，可以单击细化后面的方块进行设置。

- “平面化”按钮：用于将当前选中的层级对象沿其选择集的X、Y、Z轴对齐。
- “视图对齐”按钮：用于将当前选中的层级对象与视图坐标的平面对齐。
- “栅格对齐”按钮：用于将当前选中的层级对象与主栅格的平面对齐。
- “松弛”按钮：用于微调当前选中的层级对象位置，使其表面产生塌陷效果。
- “隐藏选定对象”“全部取消隐藏”和“隐藏未选定对象”按钮：用来隐藏或取消隐藏选定或未选定的次物体层级对象。这三个按钮只有在“顶点”“多边形”和“元素”层级下才被激活。
- “复制”按钮：用于复制当前选中的层级对象中已选择的集合到剪贴板中。

课堂案例　制作“足球”模型

足球是由五边形和六边形组成的，因此可以使用异面体来制作。

(1) 在场景中绘制一个异面体，修改“系列”为“十二面体/二十面体”，“系列参数”中P值设置为0.37，Q值设置为0.0，这时就创建了一个由五边形和六边形组成的类似球体的模型，如图4-36所示。

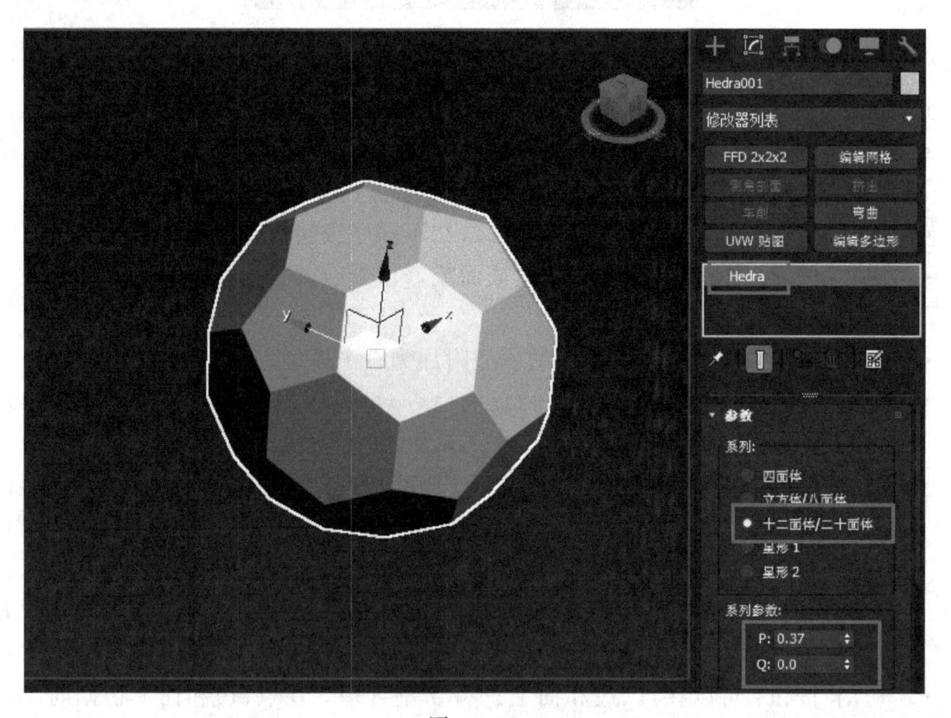

图　4-36

(2) 右击模型，将模型转换成“可编辑网格”。进入“修改”面板中的“多边形”层级，全选所有的面。在“编辑几何体”卷展栏中选择“元素”后，单击“炸开”按钮，将模型炸开为五边形和六边形的面元素，如图4-37所示。

(3) 添加“网格平滑”修改器，设置“迭代次数”为1。再添加“球形化”修改器，参数为默认值，这时已经接近足球的形状了，如图4-38所示。

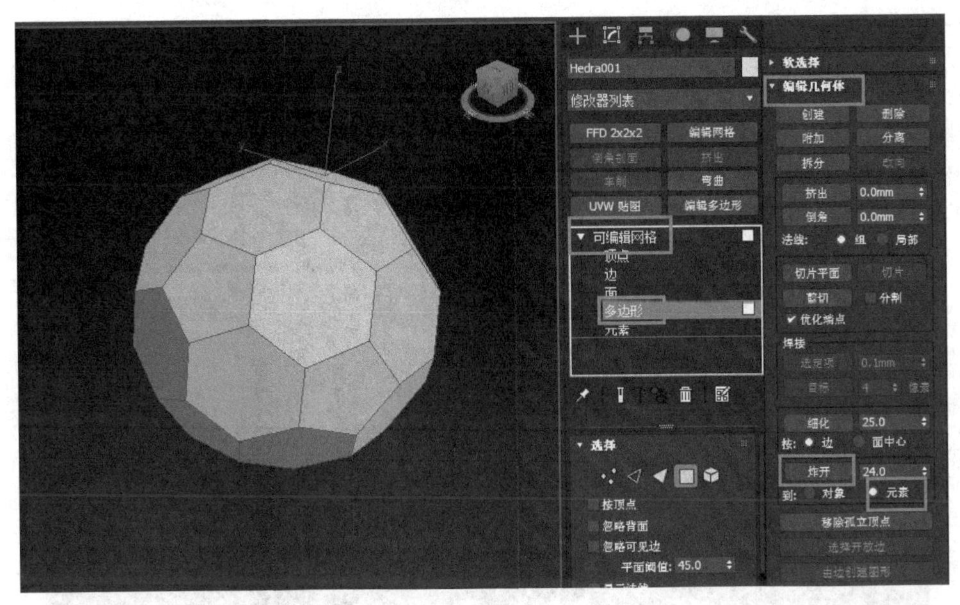

图　4-37

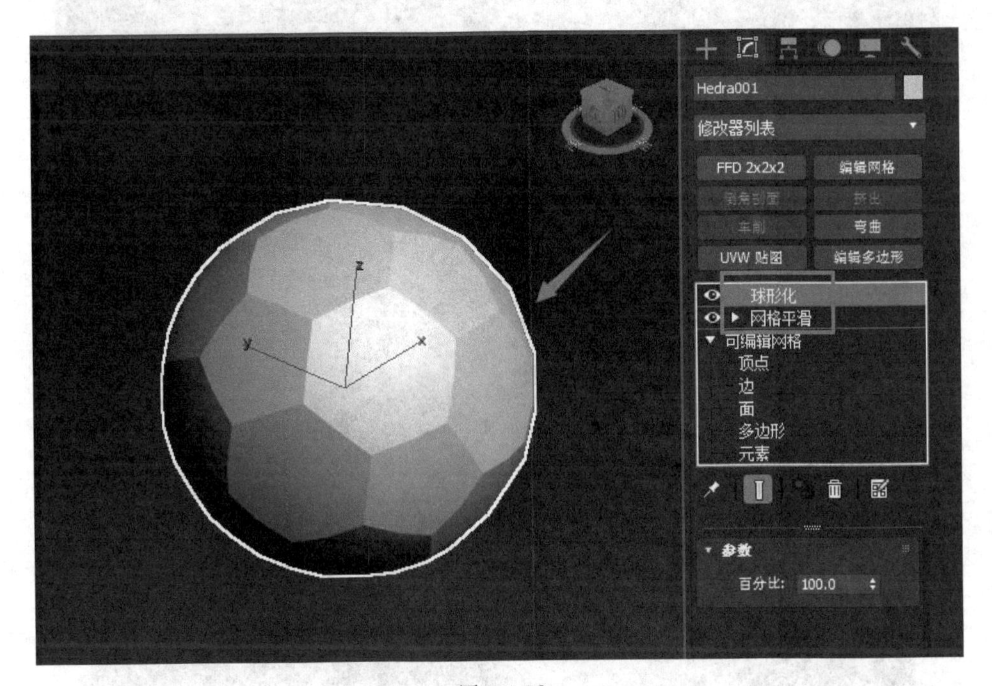

图　4-38

(4) 再添加“体积选择”修改器，将“参数”卷展栏的“堆栈选择层级”修改为“面”，如图 4-39 所示。

(5) 再添加“面挤出”修改器，“参数”卷展栏中设置“数量”为 1.0，如图 4-40 所示。

(6) 最后添加“网格平滑”修改器，设置“迭代次数”为 1，“细分方法”设置为“四边形输

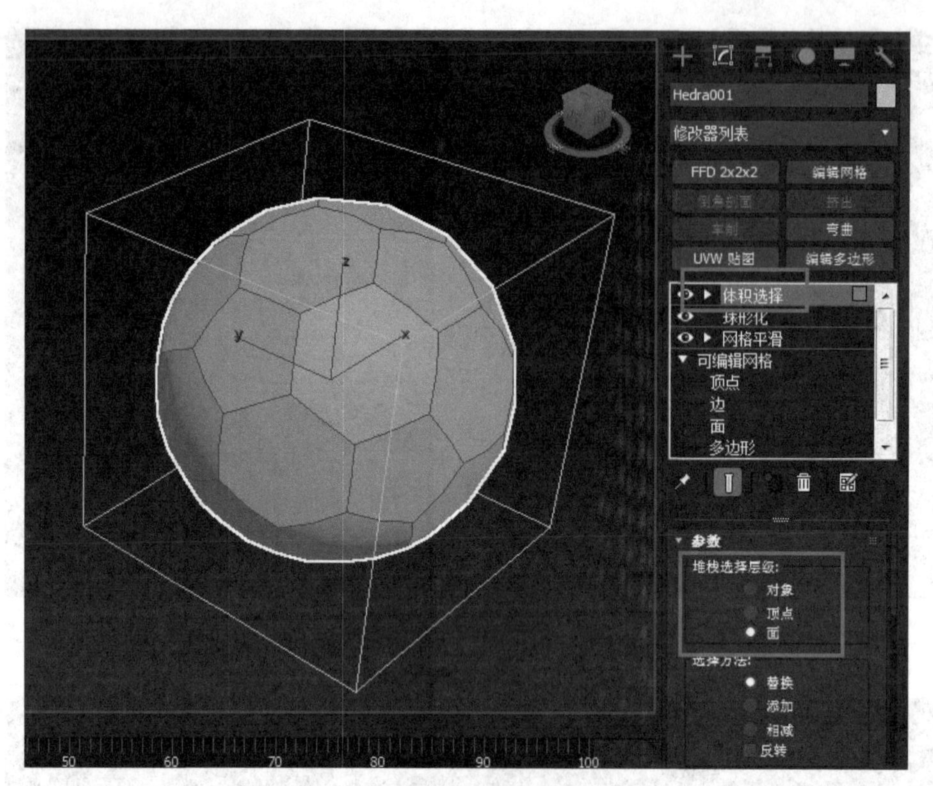
Hedra001
修改器列表
FFD 2x2x2
编辑网格
弯曲
UVW 贴图
编辑多边形
体积选择
球形化
网格平滑
可编辑网格
顶点
边
面
多边形
参数
堆栈选择层级:
对象
顶点
面
替换
添加
相减
反转
50
60
70
80
90
100

图 4-39

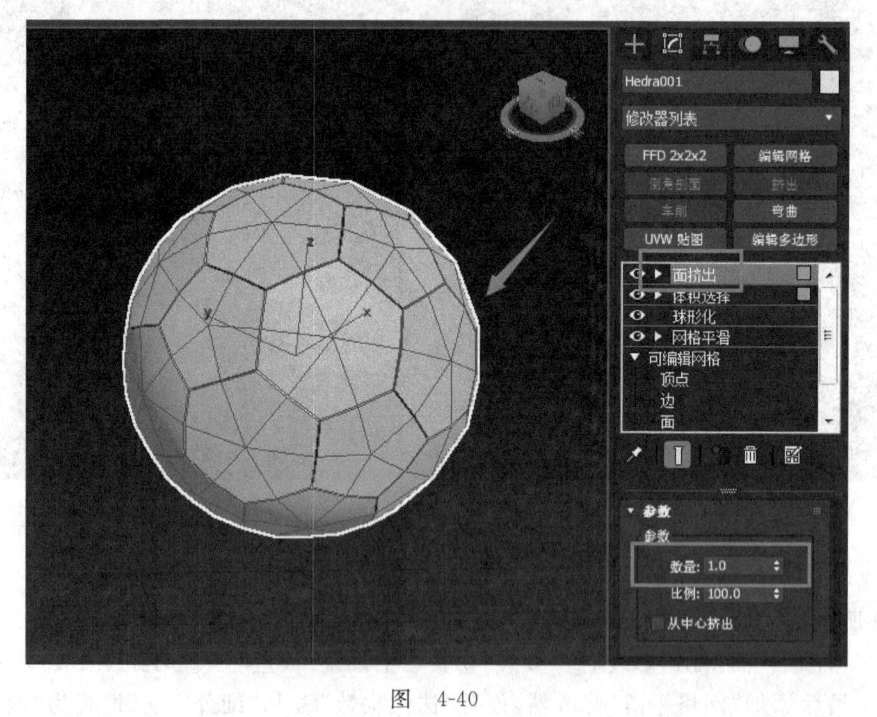
Hedra001
修改器列表
FFD 2x2x2
编辑网格
弯曲
UVW 贴图
编辑多边形
面挤出
体积选择
球形化
网格平滑
可编辑网格
顶点
边
面
参数
数量: 1.0
比例: 100.0
从中心挤出

图 4-40

出”，如图 4-41 所示。

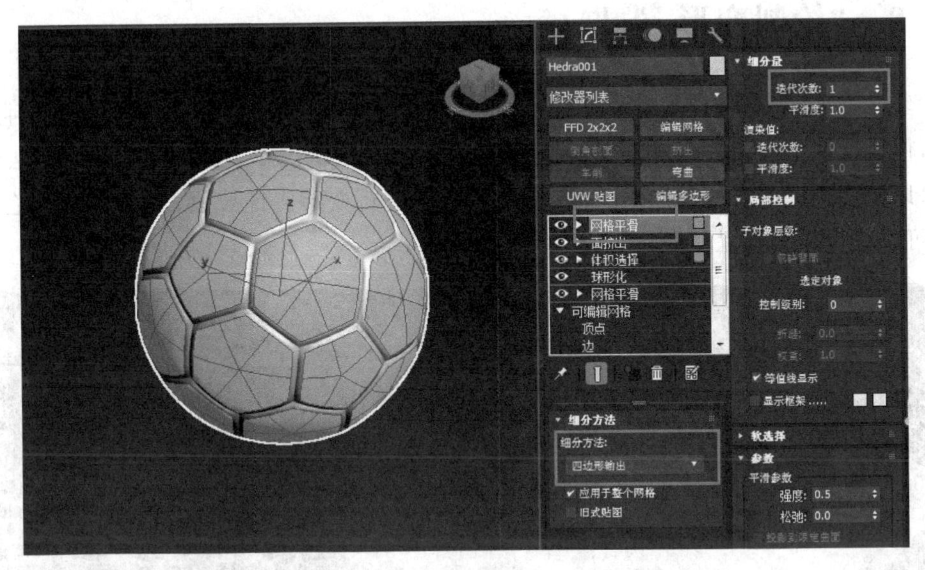

图　4-41

(7) 至此，“足球”模型已经建好。打开“材质编辑器”，将一个材质球指定给“足球”模型。设置“材质类型”为“多维/子对象”，“设置数量”为 2，将 ID1 设置为黑色，将 ID2 设置为白色，如图 4-42 所示。最后得到“足球”模型，渲染效果如图 4-43 所示。

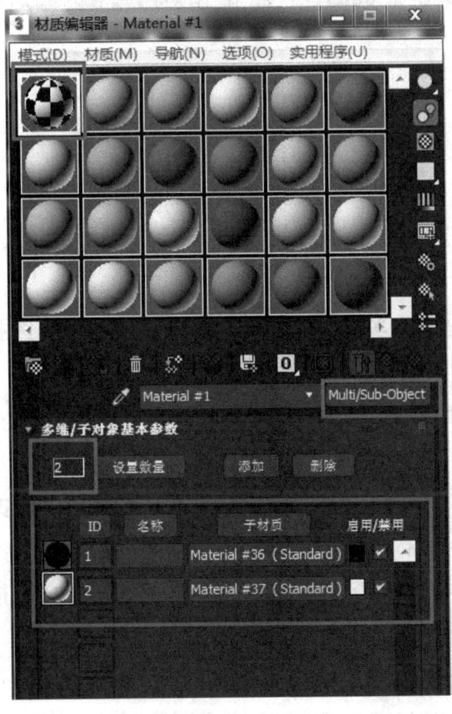

图　4-42

图　4-43

4.2.8 “绘制变形”卷展栏

“绘制变形”卷展栏用于对模型进行细微调整，通过“推/拉”“松弛”和“复原”三种操作模式，但每次只能激活一种模式，如图 4-44 所示。默认情况下，变形发生在原始法线方向，可以使用更改的法线方向，也可以沿着指定轴进行变形。推拉值、笔刷大小和笔刷强度都可以进行详细设置。

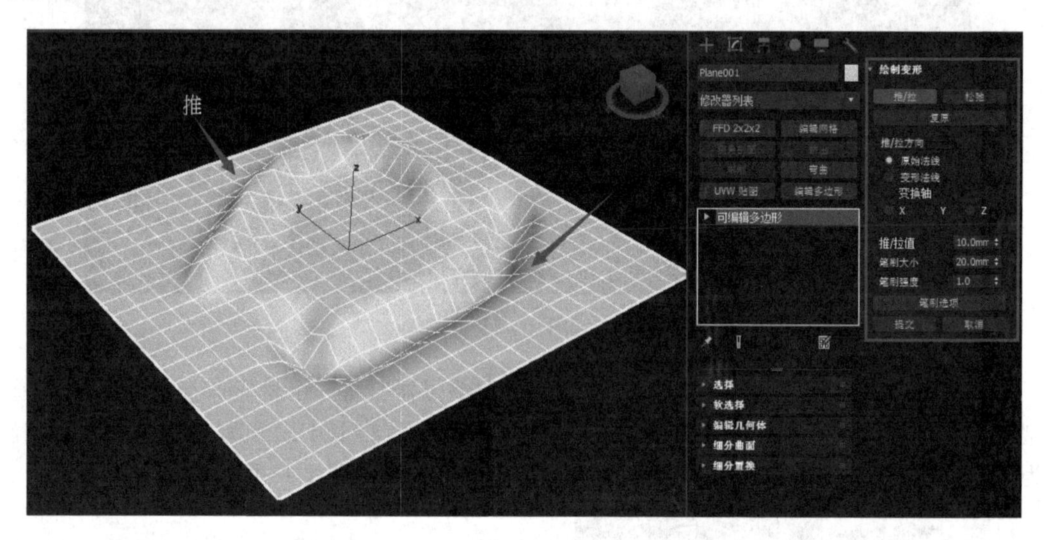

图 4-44

课堂案例 制作“排球”模型

(1) 在场景中创建一个正方体，长、宽、高均为 100.0mm，长、宽、高的分段数均为 3，如图 4-45所示。

(2) 右击模型，将其转换为“可编辑网格”，进入“多边形”层级，按图 4-46 所示选择面，然后在“编辑几何体”卷展栏中选择“对象”进行“炸开”。

(3) 添加“网格平滑”修改器，设置“迭代次数”为 2，再添加“球形化”修改器，排球模型已基本成型，如图 4-47 所示。

(4) 再添加“编辑网格”修改器，进入“多边形”层级，全选所有面，添加“面挤出”修改器，设置“数量”为 1.0，“比例”为 99.0，效果如图 4-48 所示。

(5) 最后再添加“网格平滑”修改器，设置“迭代次数”为 1，“细分方法”设置为“四边形输出”，如图 4-49 所示。

(6) 至此，“排球”模型已经建好。打开“材质编辑器”，将材质球指定给“排球”模型，最后得到排球，如图 4-50 所示。

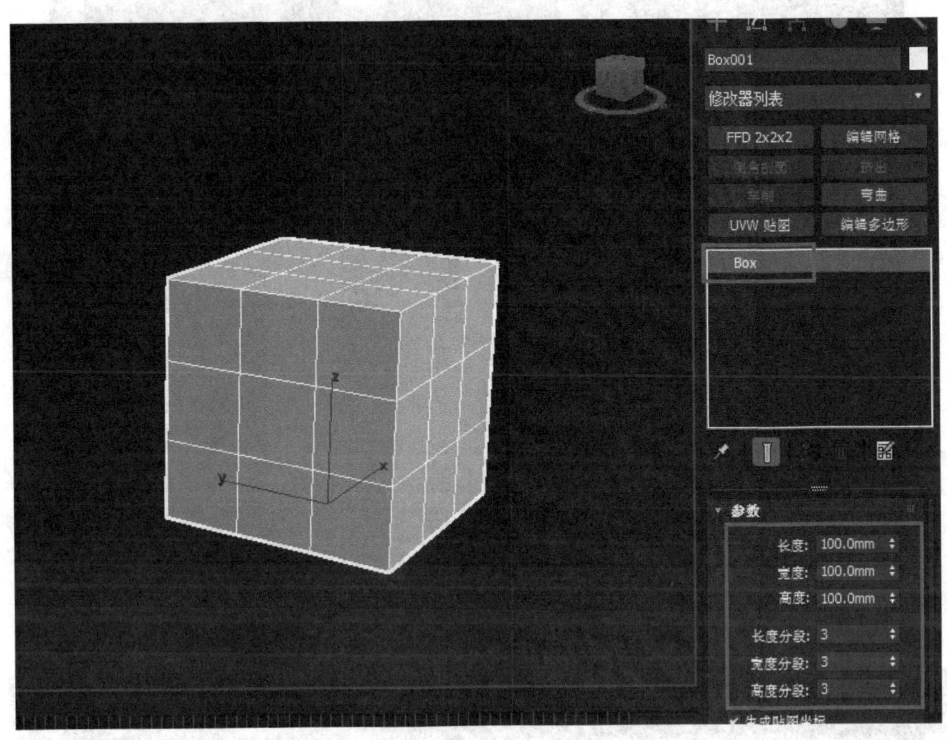
Box001
修改器列表
FFD 2x2x2
编辑网格
弯曲
UVW 贴图
编辑多边形
Box
参数
长度: 100.0mm
宽度: 100.0mm
高度: 100.0mm
长度分段: 3
宽度分段: 3
高度分段: 3

图　4-45

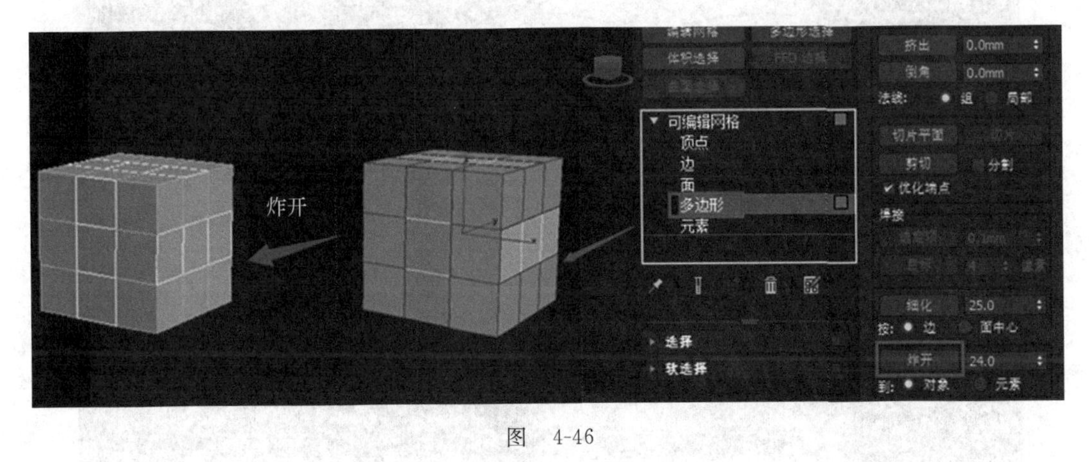
炸开
体积选择
可编辑网格
顶点
边
面
多边形
元素
选择
软选择
挤出 0.0mm
倒角 0.0mm
法线: 组 局部
切片平面
剪切
分割
优化端点
焊接
细化 25.0
按: 边 面中心
炸开 24.0
到: 对象 元素

图　4-46

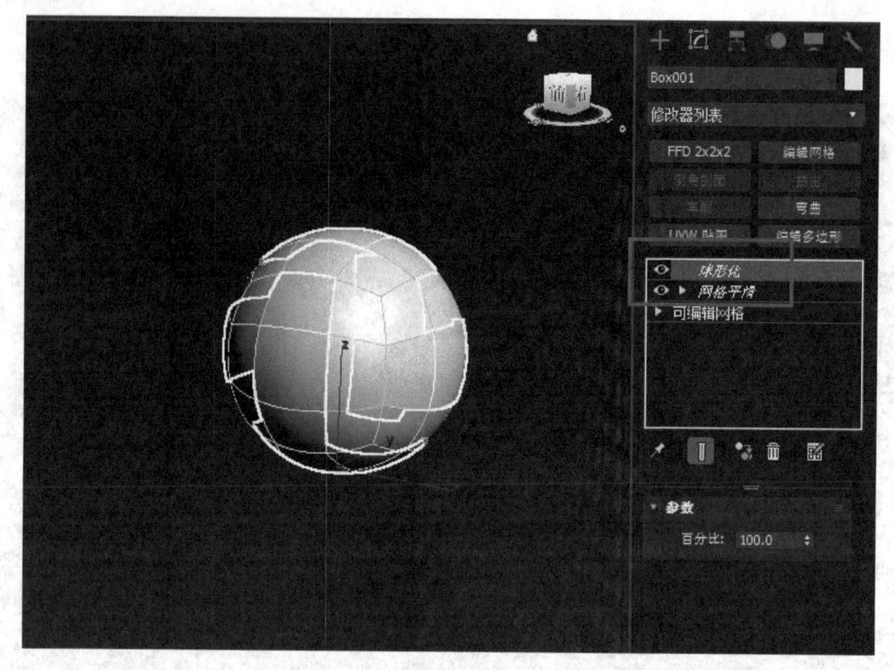
Box001
修改器列表
FFD 2x2x2
编辑网格
弯曲
球形化
网格平滑
可编辑网格
参数
百分比: 100.0

图 4-47

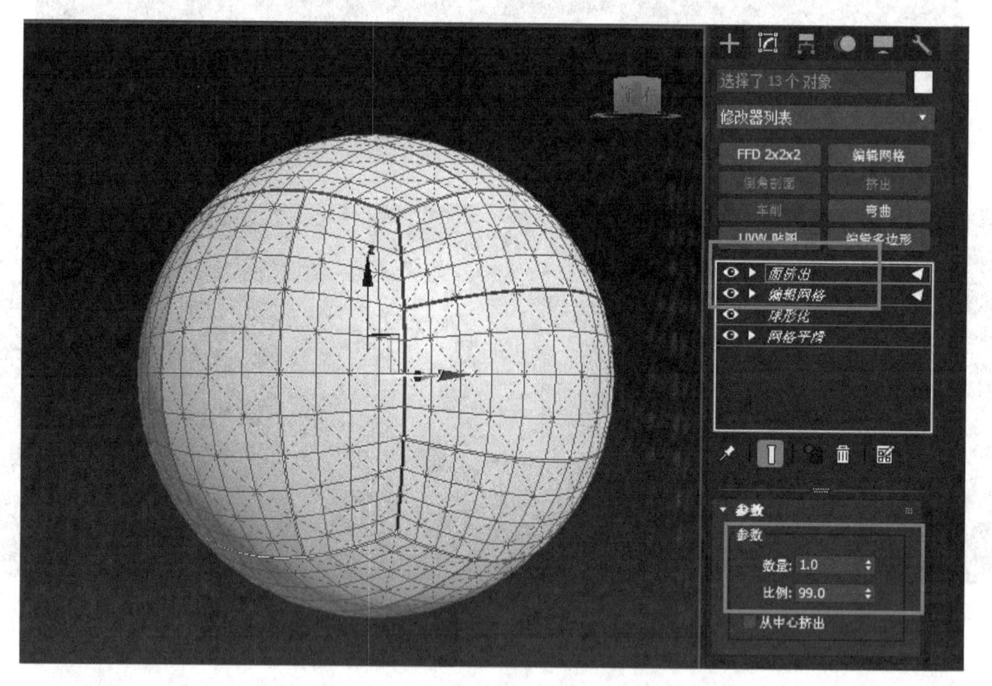
选择了 13 个对象
修改器列表
FFD 2x2x2
编辑网格
倒角剖面
挤出
车削
弯曲
面挤出
编辑网格
球形化
网格平滑
参数
参数
数量: 1.0
比例: 99.0
从中心挤出

图 4-48

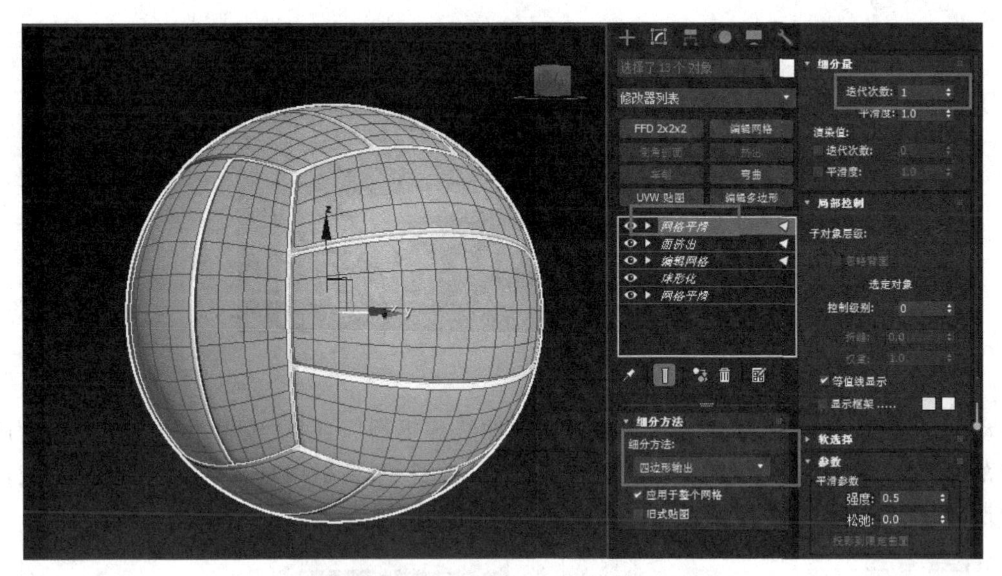

图　4-49

图　4-50

4.3　特殊建模方法

4.3.1　快照建模

快照建模的原理是将模型的动画进行预演，通过对动画过程中某些帧进行快照定格的方式进行建模，一般用于大批量重复模型的建模。

课堂案例　制作“特殊造型休闲凳”模型

在顶视图中绘制一个矩形木板，如图 4-51 所示。

使用“旋转”命令，使木板沿 Y 轴旋转 5°，在第 10 帧插入自动关键帧，设置木板沿 Y 轴旋转－10°。这时候 0～10 帧已经有了木板往复的动画，但只有一次动作，我们希望这

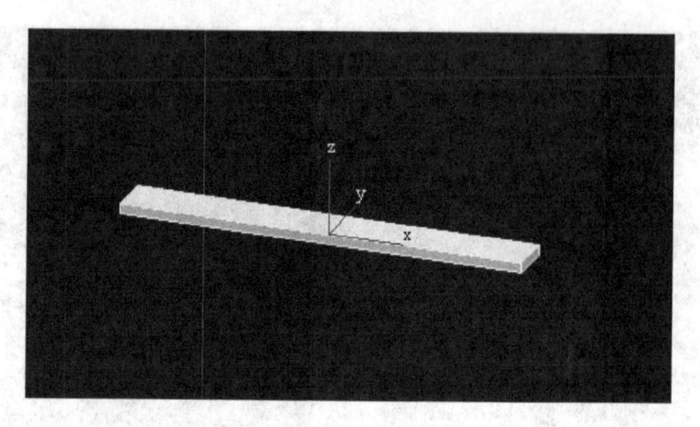

图 4-51

个动作一直重复，因此，选中木板，右击打开“曲线编辑器”，选择“编辑”→“控制器”→“超出范围类型”命令，在打开的“参数曲线超出范围类型”对话框中选择“往复”，即达到我们预期的目的，如图 4-52 所示。

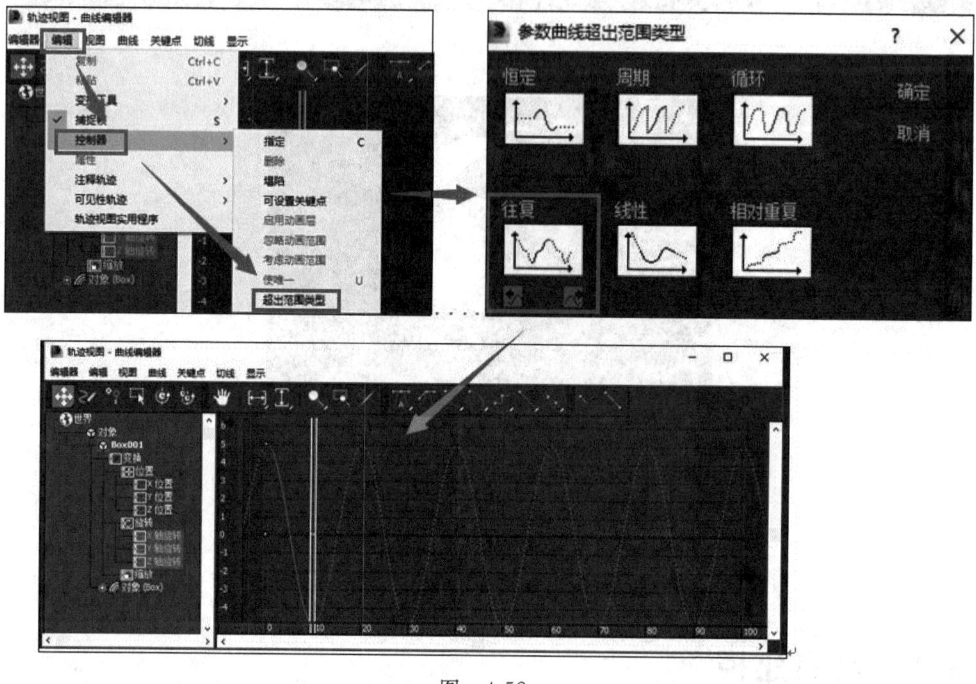

图 4-52

在顶视图中绘制一条圆弧。选择木板对象，选择“动画”→“约束”→“路径约束”命令，选择圆弧路径，这时候木板已经在圆弧路径上就位了。拖动时间轴，可以看到木板沿着圆弧路径运动，但是方向不对。选中木板，可以打开“动画”面板，在“路径参数”卷展栏中选中“跟随”复选框，在“轴”组中选择正确的轴向，木板跟随路径的运动就设置完成了，如图 4-53 所示。

选择“工具”→“快照...”命令，打开“快照”对话框，设置如图 4-54 所示，这时就完成了“特殊造型休闲凳”的凳面造型。利用前面学过的多边形建模的方法制作脚蹬，最后效果如图 4-55 所示。

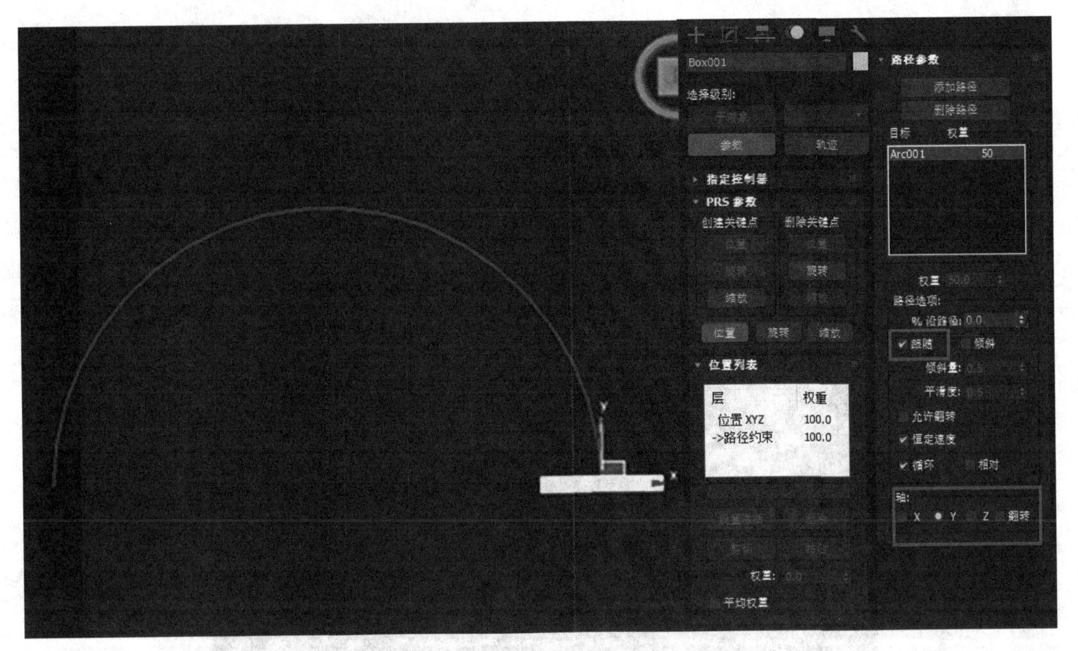

图　4-53

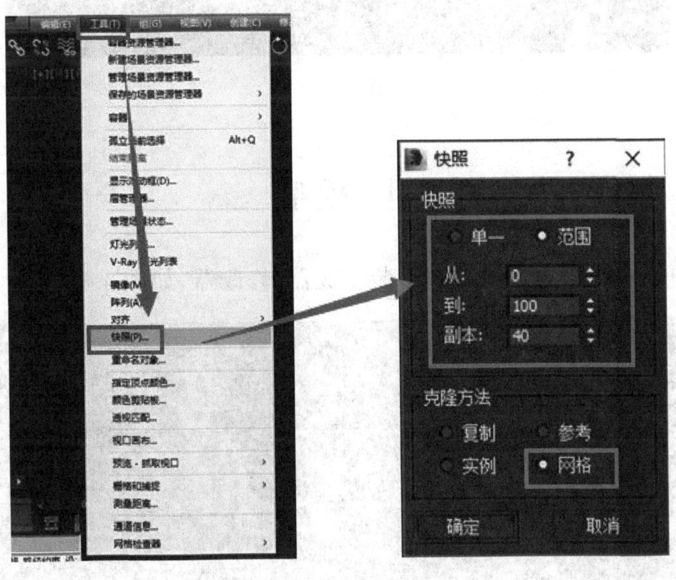

图　4-54

4.3.2　服装生成器建模

服装生成器也称为 Garment Maker，可以配合 Cloth，模拟布料的效果，我们可以利用该修改器产生的随机三角面制作一些无序的模型。服装生成器只对二维样条线进行添加。

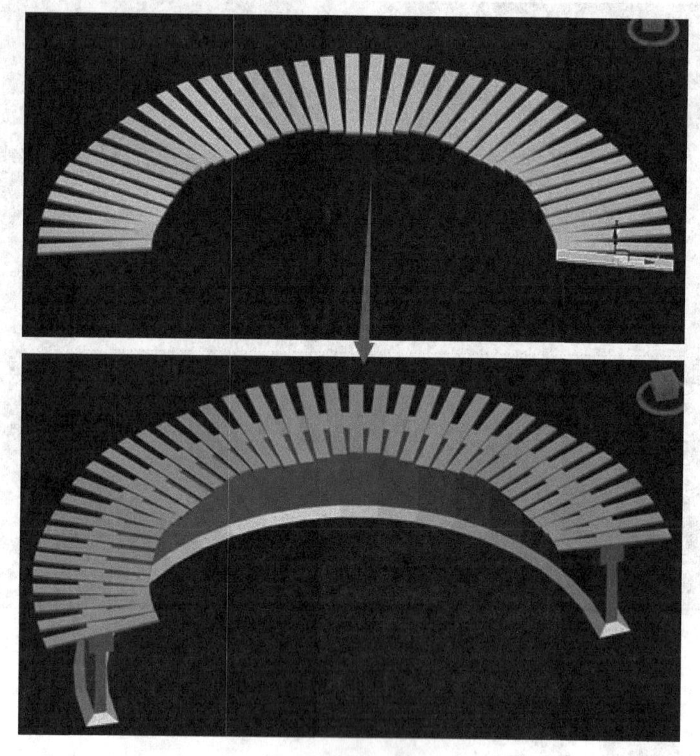

图 4-55

课堂案例 制作“沙滩石头堆”模型

在顶视图中绘制一个矩形，添加“服装生成器”修改器，如图 4-56 所示。

图 4-56

这时会发现矩形的两个角不是那么完整，因此在对矩形进行“服装生成器”修改器添加的时候，先将矩形转换成可编辑样条线，然后对四个角的点进行“断开”处理，再添加“服装生成器”修改器，在“主要参数”卷展栏中调节“密度”，如图 4-57 所示。密度值非常敏感，调节的时候要特别注意，否则容易造成内存溢出。

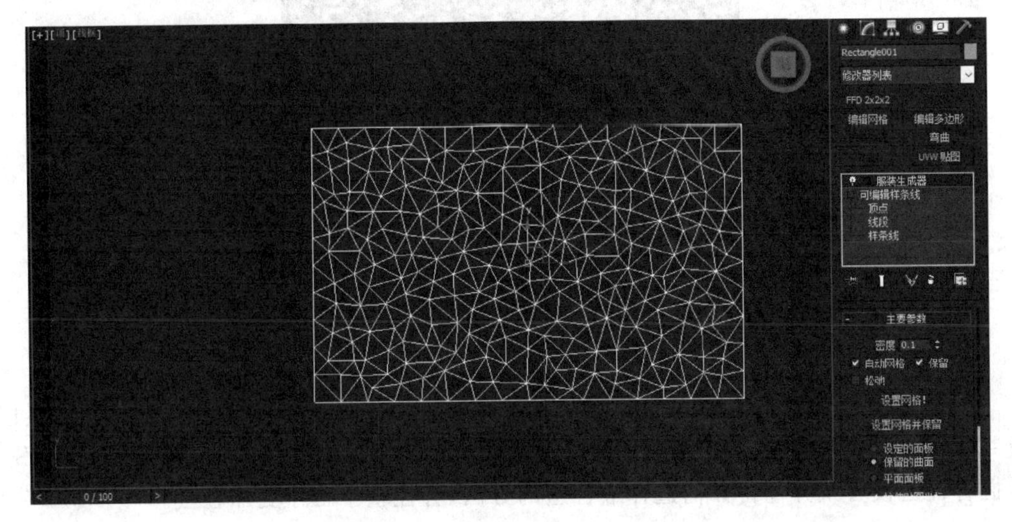

图　4-57

将该模型转换成可编辑多边形，进入“边”层级，全选所有边，进行“分割”；再进入“面”层级，全选所有面，进行“挤出”；最后进入“边界”层级，全选所有边界，进行“封口”，效果如图 4-58 所示。

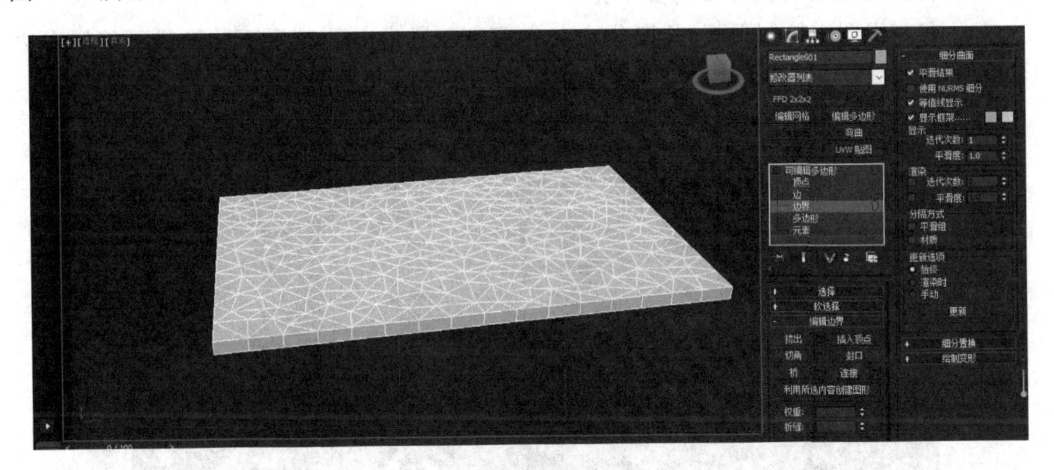

图　4-58

对这个模型添加“涡轮平滑”修改器，设置“迭代次数”为 2，这时就得到了“沙滩石头堆”的模型效果，如图 4-59 所示。

图 4-59

本章小结

本章介绍了复合建模和多边形建模，详细介绍了多边形建模中各个层级的卷展栏以及一些特殊的建模方法。模型的制作是室内设计的基础，好的模型会为整个场景加分。掌握各种建模方式并懂得如何选择最合适的方法，会让整个工作更加轻松。

综合案例

特殊鱼群造型装饰操作步骤如下：

（1）在前视图中绘制平面，长度分段为 2，宽度分段为 4，再把平面转换成可编辑多边形，使用缩放工具对点进行调整，得到鱼的大致形态，如图 4-60 所示。

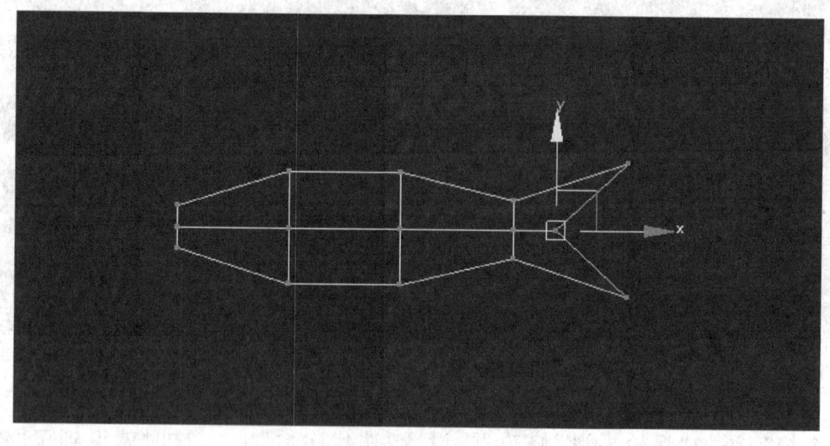

图 4-60

（2）通过调整中间的点，使鱼立体化，如图 4-61 所示。

（3）通过对多边形边界的挤出，再使用“对称”修改器得到鱼的模型，如图 4-62 所示。

图　4-61

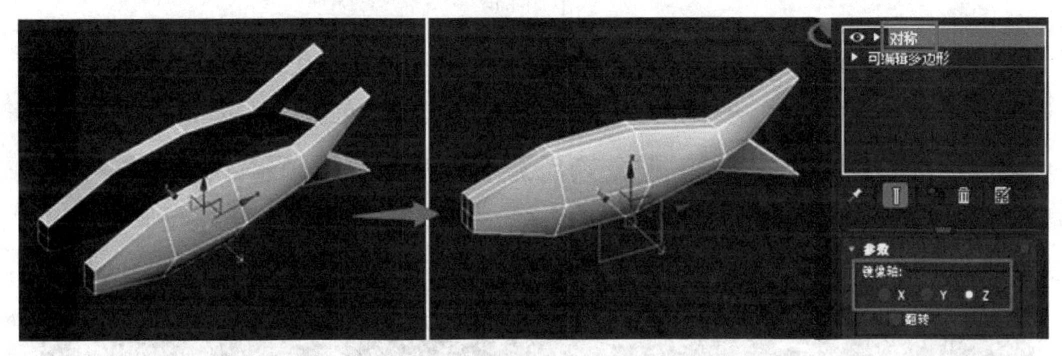

图　4-62

（4）如果想要更加平滑的效果，可以对鱼添加“涡轮平滑”修改器，如图 4-63 所示，完成以后将鱼转换成可编辑多边形备用。

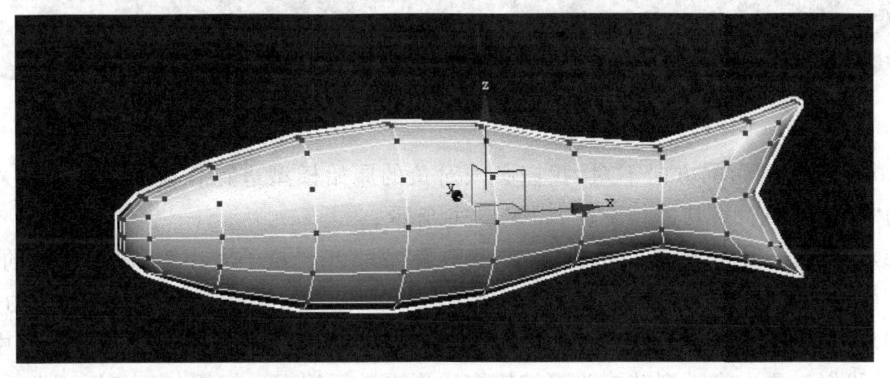

图　4-63

（5）在“创建”面板的下拉菜单中选择“粒子系统”中的“粒子云”，创建一个粒子云，使用“长方体发射器”，长、宽、高根据实际需求进行设置，“视口显示”为“网格”，如图 4-64 所示。

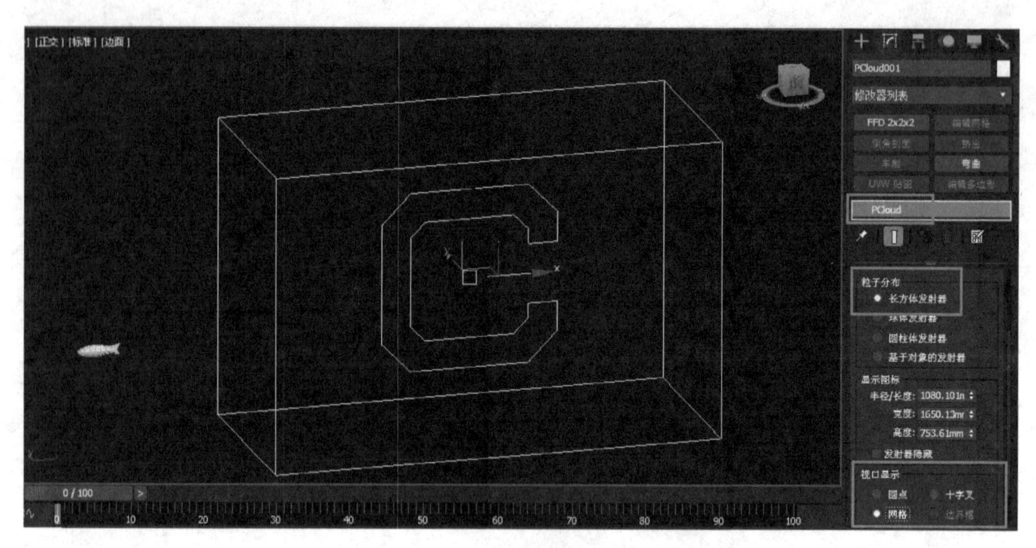

图 4-64

(6) 在“粒子类型”卷展栏中选择“粒子类型”为“实例几何体”,也就是前面建的鱼。在“实例参数”中拾取对象——鱼,这时发现场景中有零星的鱼,如图 4-65 所示。

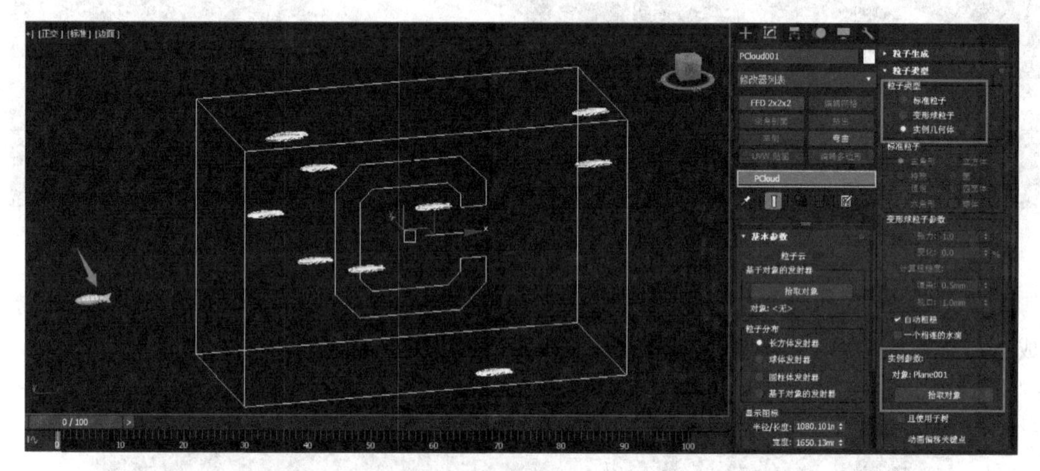

图 4-65

(7) 但会发现鱼的方向不对,我们必须对鱼的原始模型进行相应的调整。进入“鱼”模型的“元素”级别,对其进行旋转,如图 4-66 所示。

(8) 在“粒子生成”卷展栏中设置“粒子数量”为 100,“粒子大小”可以控制鱼的大小,“变化”可以控制鱼大小的偏差,设置参数如图 4-67 所示,这样就能得到大小不一的鱼群。

(9) 由于粒子是不能进行编辑的,因此就不能使用“弯曲”修改器达到效果图中呈现的效果,我们需要先将模型转换为可编辑多边形再进行编辑。使用“复合对象”中的“网格化”在视图中创建一个网格化的物体,如图 4-68 所示。

(10) 用网格化的“修改”面板中的拾取对象功能拾取粒子模型,就得到了一个一模一样的鱼群模型,如图 4-69 所示。

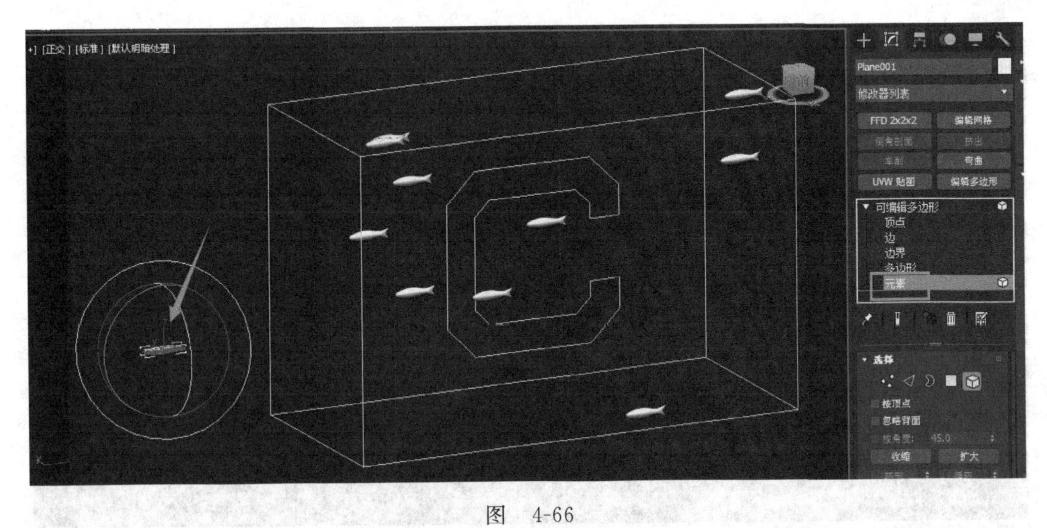

图　4-66

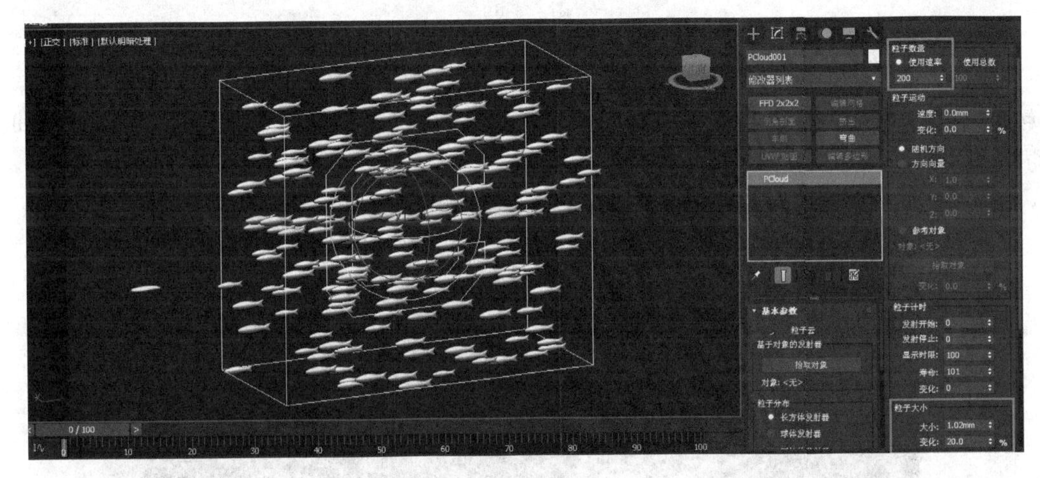

图　4-67

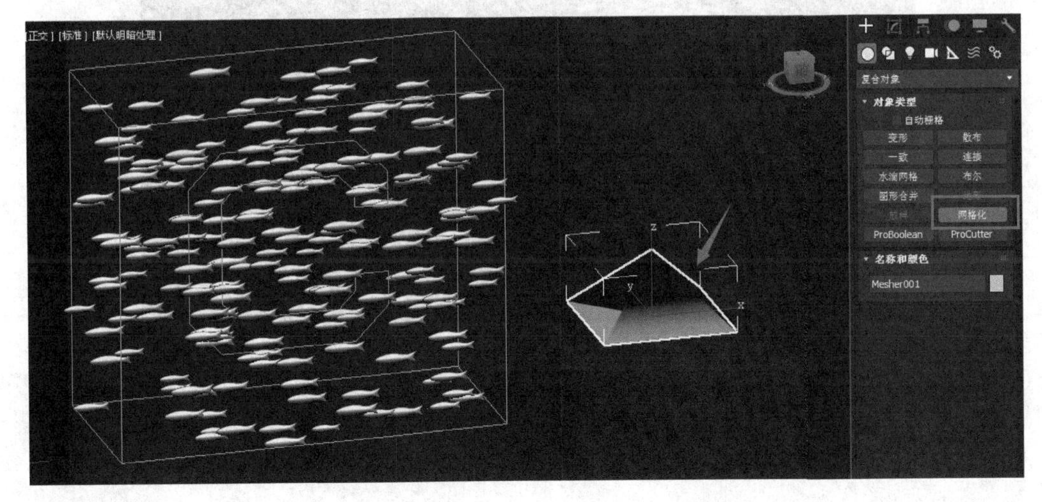

图　4-68

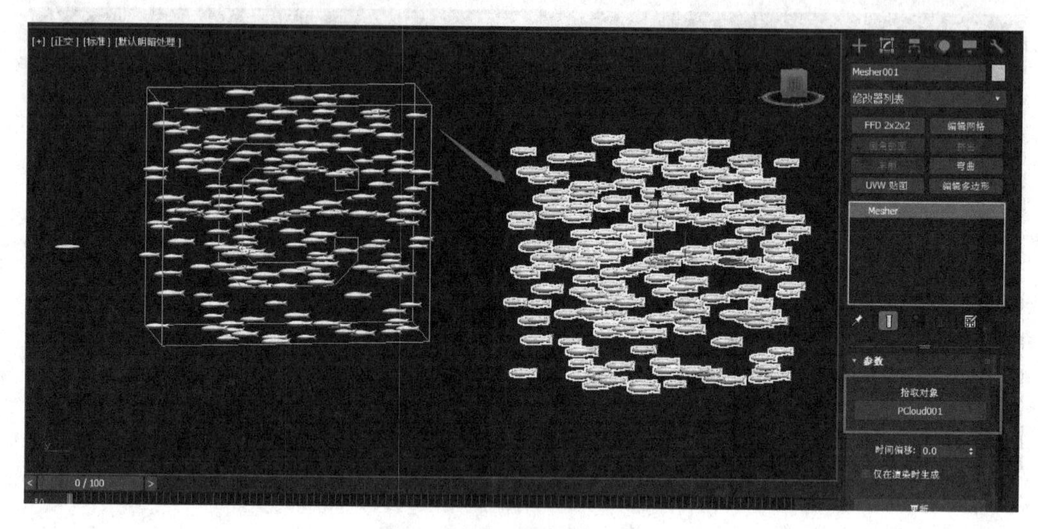

图 4-69

(11) 将得到的新鱼群转换成可编辑多边形,再添加“弯曲”修改器,如图 4-70 所示。需要特别注意的是,如果弯曲时发现鱼被拉长,则可以复制鱼群再进行附加,并进行弯曲操作。

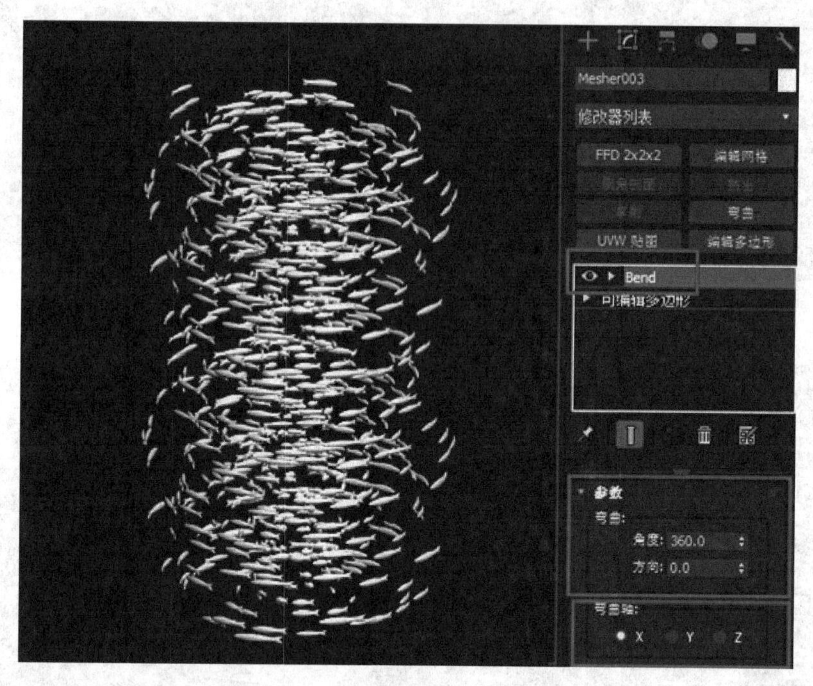

图 4-70

第 5 章　内置的灯光与摄影机

本章要点：

- 标准灯光
- 光度学灯光
- 摄影机

灯光是模拟实际灯光(例如，家庭或办公室的灯、舞台和电影工作中的照明设备以及太阳本身)的对象。不同种类的灯光对象用不同的方法投影灯光，模拟真实世界中不同种类的光源，如图 5-1 所示。

图　5-1

3ds Max 中当场景中没有灯光时，使用默认的照明着色或渲染场景，这个时候可以添加灯光使场景的外观更逼真，照明增强了场景的清晰度和三维效果，除了获得常规的照明效果之外，灯光还可以用作投影图像。一旦创建了一个灯光，那么默认的照明就会被禁用。如果场景中删除了所有的灯光，则重新启用默认照明。默认照明由两个不可见的灯光组成：一个位于场景上方偏左的位置；另一个位于场景下方偏右的位置。默认有两种方式创建灯光，分别为“创建”面板中的“灯光”选项或者“对象”菜单中的“灯光”命令。3ds Max 提供了两种类型的灯光：光度学灯光和标准灯光，所有类型在视口中显示为灯光对象并共享相同的参数，包括阴影生成器。

标准灯光与光度学灯光有着明显的不同特性：光度学灯光使用光度学(光能)值，通过这些值可以更精确地定义灯光，就像在真实世界一样，还可以设置它们分布、强度、色温和其他真实世界灯光的特性。也可以导入照明制造商的特定光度学文件以便设计基于商用灯光的照明，尤其是室内设计中常用的射灯。而标准灯光是基于计算机的对象，其模拟的灯光如家用灯或办公室灯，舞台和电影工作时使用的灯光设备以及太阳光。不同种类的灯光对象可用不同的方法投影灯光，模拟不同种类的光源。与光度学灯光不同，标准灯光不具有基于物理的强度值，标准灯光更适合于艺术家使用。

创建灯光的步骤如下：

(1) 在“创建”面板中单击“灯光”选项。

(2) 从下拉列表中选择“光度学”或“标准”(“光度学”是默认设置)。

(3) 在“对象类型”卷展栏中单击要创建的灯光类型。

(4) 单击视口可创建灯光。该步骤因灯光类型的不同稍有差异。例如，如果灯光具有一个目标，则拖动并单击可设置目标的位置。

(5) 设置创建参数。与所有对象一样，灯光具有名称、颜色和“常规参数”卷展栏。

5.1 标准灯光

3ds Max 的标准灯光分为四类，分别为聚光灯、平行光、泛光灯、天光，如图 5-2 所示。

5.1.1 聚光灯

聚光灯像闪光灯一样投影聚焦的光束，它分为目标聚光灯和自由聚光灯，本质上所有参数没有什么区别，唯一的不同是目标聚光灯具备可移动的目标对象，可以调整它来指向场景中的对象，而自由聚光灯不具备可调整目标。两者均可以在创建之后互相切换，如图 5-3 所示。

图 5-2

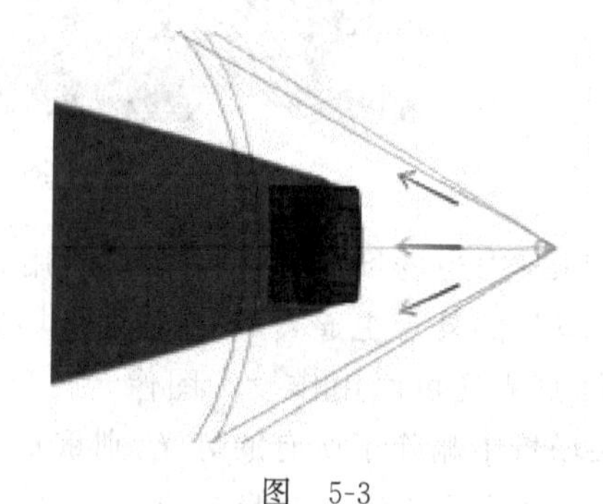

图 5-3

创建聚光灯之后，在“修改”面板中可以修改其所有的属性。

1. “常规参数”卷展栏

(1) “灯光类型”组

- 启用：在“创建”面板和“修改”面板中启用与禁用灯光。当“启用”选项处于选中状态时，使用灯光着色和渲染以照亮场景；当“启用”选项处于禁用状态时，进行着

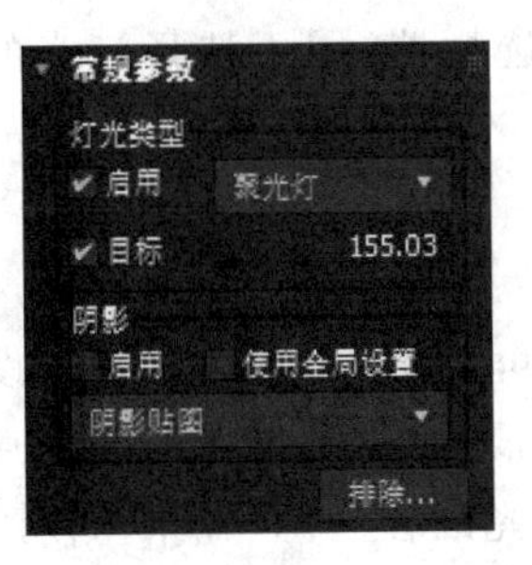

图 5-4

色或渲染时不使用该灯光。默认设置为选中，如图 5-4 所示。

- 目标：启用该选项后，灯光将成为目标。灯光与其目标之间的距离显示在复选框的右侧。对于自由灯光，可以设置该值。对于目标灯光，可以通过禁用该复选框或者移动灯光或灯光的目标对象对其进行更改。
- [灯光类型下拉列表]：更改灯光的类型，可以将灯光更改为泛光灯、聚光灯或平行光。

提示：有中括号的选项的名称在界面上没有显示，只显示相应的内容。下同。

(2)"阴影"组

- 启用：决定当前灯光是否投射阴影，默认设置为启用。
- 使用全局设置：启用此选项以使用该灯光投射阴影的全局设置，禁用此选项以启用阴影的单个控件。如果未选择"使用全局设置"，则必须选择渲染器使用哪种方法来生成特定灯光的阴影。当启用"使用全局设置"后，切换阴影参数显示全局设置的内容。该数据由此类别的其他每个灯光共享。当禁用"使用全局设置"后，阴影参数将针对特定灯光。
- [阴影方法下拉列表]：决定渲染器是否使用阴影贴图、光线跟踪阴影、高级光线跟踪阴影或区域阴影生成该灯光的阴影。所提供的"mental ray 阴影贴图"类型与 mental ray 渲染器一起使用。当选择该阴影类型并启用阴影贴图(位于"渲染设置"对话框的"阴影与位移"卷展栏中)时，阴影使用 mental ray 阴影贴图算法。如果选中该类型但使用默认扫描线渲染器，则进行渲染时不显示阴影。
- "排除..."按钮：将选定对象排除于灯光效果之外。单击此按钮可以显示"排除/包含"对话框，排除的对象仍在着色视口中被照亮，只有当渲染场景时排除才起作用。

2. "强度/颜色/衰减"卷展栏

(1) 其他选项

- 倍增：将灯光的功率放大一个正或负的量。例如，如果将倍增设置为 2.0，灯光将亮两倍。负值可以减去灯光，这对于在场景中有选择地放置黑暗区域非常有用，默认值为 1.0。使用该参数增加强度可以使颜色看起来有"烧坏"的效果，它也可以生成颜色，该颜色不可用于视频中。通常，将"倍增"设置为其默认值 1.0，特殊效果和特殊情况除外。高"倍增"值会冲蚀颜色。例如，如果将聚光灯设置为红色，之后将其"倍增"增加到 10.0，则在聚光区中的灯光为白色并且只有在衰减区域的灯光为红色，其中并没有应用"倍增"。负的"倍增"值导致"黑色灯光"，即灯光使对象变暗而不是使对象变亮，如图 5-5 所示。

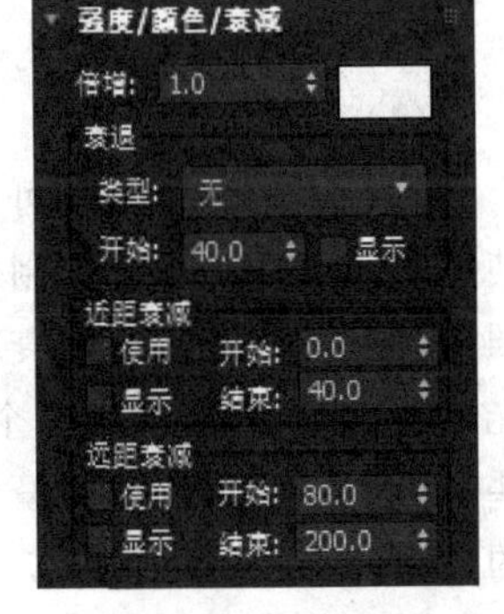

图 5-5

- [色样]选项：显示灯光的颜色。单击色样将显示颜色选择器，用于选择灯光的颜色。

(2)“衰退”组

“衰退”是使远处灯光强度减小的另一种方法。

- “类型”下拉列表：选择要使用的衰退类型，有三种类型可供选择。“无”(默认设置)表示不应用衰退，从其源到无穷大灯光仍然保持全部强度，除非启用远距衰减。“倒数”选项对应的公式亮度为 R0/R，其中 R0 为灯光的径向源(如果不使用衰减)，为灯光的“近距结束”值(如果不使用衰减)。R 为与 R0 照明曲面的径向距离。“平方反比”选项应用平方反比衰退，该公式为$(R0/R)^2$，实际上这是灯光的“真实”衰退，如果“平方反比”衰退使场景太暗，可以尝试使用“环境”面板来增加“全局照明级别”值。衰退开始的点取决于是否使用衰减：如果不使用衰减，则光源处开始衰退；如果近距衰减，则从近距结束位置开始衰退。建立开始点之后，衰退遵循其公式到无穷大，或直到灯光本身由“远距结束”距离切除。换句话说，“近距结束”和“远距结束”不成比例，否则影响衰退灯光的明显坡度。由于随着灯光距离的增加，衰退继续计算越来越暗的值，最好至少设置衰减的“远距结束”以消除不必要的计算。
- 开始：如果不使用衰减，则设置灯光开始衰退的距离。
- 显示：在视口中显示衰退范围。对于聚光灯，衰减范围看起来好像锥形的镜头状截面。对于平行光，衰减范围看起来好像锥形的圆形截面。对于启用“泛光化”的聚光灯，范围看起来好像球形。默认情况下，开始范围呈蓝绿色。当选中一个灯光时，衰减范围始终可见，因此，在取消选择该灯光后清除此复选框才会有明显效果。

(3)“近距衰减”组

- 开始：设置灯光开始淡入的距离。
- 结束：设置灯光达到其全值的距离。
- 使用：启用灯光的近距衰减。
- 显示：在视口中显示近距衰减范围设置。对于聚光灯，衰减范围看起来好像圆锥体的镜头形部分；对于平行光，衰减范围看起来好像圆锥体的圆形部分。对于启用“泛光化”的泛光灯和聚光灯或平行光，衰减范围看起来好像球形。默认情况下，“近距开始”为深蓝色并且“近距结束”为浅蓝色。当选中一个灯光时，衰减范围始终可见，因此，在取消选择该灯光后清除此复选框才会有明显效果。

(4)“远距衰减”组

设置远距衰减范围可有助于大大缩短渲染的时间。如果场景中存在大量的灯光，则使用“远距衰减”可以限制每个灯光所照场景的比例。例如，如果办公区域存在几排顶上照明，则通过设置“远距衰减”范围，可在处于渲染接待区域而非主办公区域时无须计算灯光照明。再如，楼梯的每个台阶上可能都存在嵌入式灯光，如同剧院所布置的一样。将这些灯光的“远距衰减”值设置为较小的值，可在渲染整个剧院时无须计算它们各自(忽略)的照明。

- 开始：设置灯光开始淡出的距离。

- 结束：设置灯光减为 0 的距离。
- 使用：启用灯光的远距衰减。
- 显示：在视口中显示远距衰减范围设置。对于聚光灯，衰减范围看起来好像圆锥体的镜头形部分；对于平行光，衰减范围看起来好像圆锥体的圆形部分。对于启用“泛光化”的泛光灯和聚光灯或平行光，衰减范围看起来好像球形。默认情况下，“远距开始”为浅棕色并且“远距结束”为深棕色。当选中一个灯光时，衰减范围始终可见，因此，在取消选择该灯光后清除此复选框才会有明显效果。

3. “聚光灯参数”卷展栏

- 显示光锥：启用或禁用圆锥体的显示。当选中一个灯光时，该圆锥体始终可见，因此，当取消选择该灯光后，清除该复选框才有明显效果，如图 5-6 所示。
- 泛光化：启用泛光化后，灯光在所有方向上投影灯光。但是，投影和阴影只发生在其衰减圆锥体内。
- 聚光区/光束：调整灯光圆锥体的角度。聚光区值以度为单位进行测量，默认值为 43.0。
- 衰减区/区域：调整灯光衰减区的角度。衰减区值以度为单位进行测量，默认值为 45.0。
- 圆/矩形：确定聚光区和衰减区的形状。如果想要一个标准圆形的灯光，应设置为“圆形”。如果想要一个矩形的光束（如灯光通过窗户或门口投影），应设置为“矩形”。
- 纵横比：设置矩形光束的纵横比。使用“位图适配”按钮可以使纵横比匹配特定的位图，默认值为 1.0。
- 位图拟合：如果灯光的投影纵横比为矩形，应设置纵横比以匹配特定的位图。当灯光用作投影灯时，该选项非常有用。

4. “高级效果”卷展栏

“高级效果”卷展栏提供影响灯光曲面方式的控件，也包括很多微调和投影灯的设置，如图 5-7 所示。

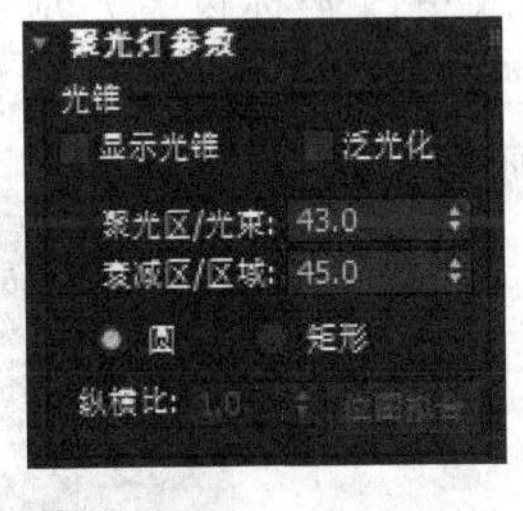

图　5-6

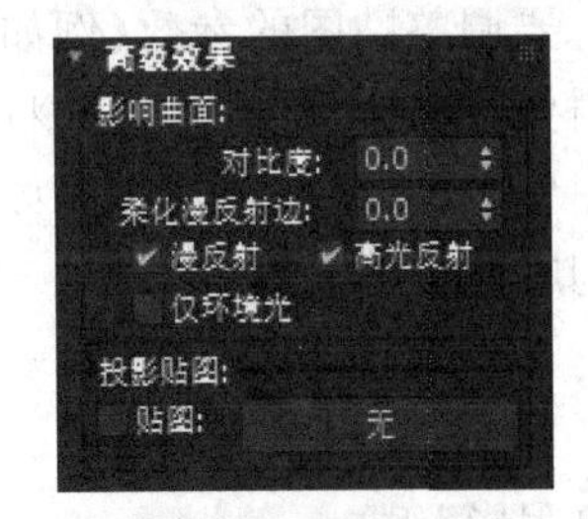

图　5-7

（1）“影响曲面”组

- 对比度：调整曲面的漫反射区域和环境光区域之间的对比度。普通对比度设置为 0.0。增加该值即可增加特殊效果的对比度，例如，外部空间刺眼的光，默认设置为 0.0。

- 柔化漫反射边：增加“柔化漫反射边”的值可以柔化曲面的漫反射部分与环境光部分之间的边缘，这样有助于消除在某些情况下曲面上出现的边缘，默认值为 50.0。“柔化漫反射边”轻微减少灯光的量，某种程度上，通过增加倍增值可以计算该值。
- 漫反射：启用此选项后，灯光将影响对象曲面的漫反射属性；禁用此选项后，灯光在漫反射属性上没有效果。默认设置为启用。
- 高光反射：启用此选项后，灯光将影响对象曲面的高光属性；禁用此选项后，灯光在高光属性上没有效果。默认设置为启用。例如，通过使用“漫反射”和“高光反射”复选框，可以拥有一个灯光颜色对象的反射高光，而其漫反射区域没有颜色，然后拥有第二种灯光颜色的曲面漫反射部分，而不创建反射高光。
- 仅环境光：启用此选项后，灯光仅影响照明的环境光组件。这样可以对场景中的环境光照明进行更详细的控制。启用“仅环境光”后，“对比度”“柔化漫反射边”“漫反射”和“高光反射”不可用。默认设置为禁用状态。在视口中，“仅环境光”的效果不可见，仅当渲染场景时才显示。

(2) “投影贴图”组

这些参数使灯光变成投影。当光度学灯光成为一个投影时，其光束不以标准灯光的方式与体积照明效果交互。

- “贴图”复选框：启用该复选框，可以通过“贴图”按钮投影选定的贴图；禁用该复选框可以禁用投影。
- “贴图”按钮：命名用于投影的贴图(默认情况下该按钮标为“无”)。单击该按钮显示“材质/贴图浏览器”。使用浏览器可以选择贴图类型，然后将按钮拖动到“材质编辑器”，并且使用“材质编辑器”选择和调整贴图。还可以从“材质编辑器”示例窗中拖放贴图。如果“Slate 材质编辑器”处于打开状态，则可以从贴图节点的输出套接字拖动，然后放置到“投影”按钮上。也可以从“材质编辑器”中的“贴图”按钮或 3ds Max 界面中的其他任意位置进行拖放。将贴图放置到投影“贴图”按钮上时，将出现一个对话框，询问用户希望该贴图成为源贴图的副本(独立)还是实例。要调整贴图的参数(例如，要指定位图或更改坐标设置)，应将“贴图”按钮拖到“材质编辑器”中，并确保将其作为实例进行放置。在“精简材质编辑器”中，将贴图置于未使用的示例窗中。在“Slate 材质编辑器”中，将其置于活动视图中。

5. “阴影参数”卷展栏

(1) “对象阴影”组

- 颜色：单击色样以显示颜色选择器，然后为此灯光投射的阴影选择一种颜色。默认颜色为黑色。可以设置阴影颜色的动画，如图 5-8 所示。

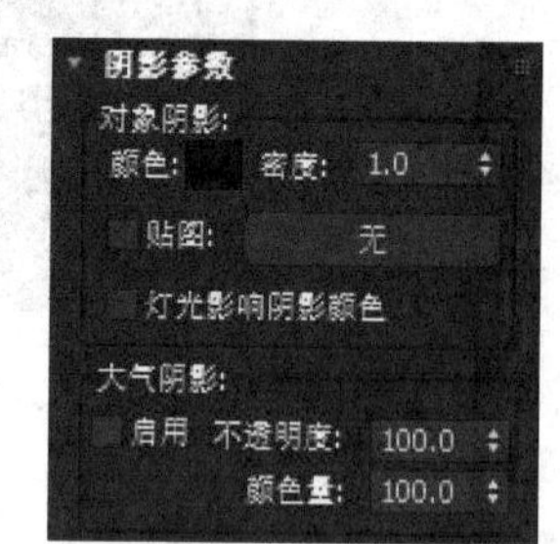

图 5-8

- 密度：调整阴影的密度。
- “贴图”复选框：启用该复选框，可以使用“贴图”按钮指定的贴图。默认设置为禁用状态。
- “贴图”按钮：（默认情况下该按钮标为“无”。）单击以打开“材质/贴图浏览器”并将贴图指定给阴影，贴图颜色与阴影颜色混合起来。还可以从“材质编辑器”示例窗中拖放贴图。如果“Slate 材质编辑器”处于打开状态，则可以从贴图节点的输出套接字拖动，然后放置到该按钮上。也可以从“材质编辑器”中的“贴图”按钮或3ds Max 界面中的其他任意位置进行拖放。将贴图放置到“贴图”按钮上时，将出现一个对话框，询问用户希望该贴图成为源贴图的副本（独立）还是实例。要调整贴图的参数（例如，要指定位图或更改坐标设置），应将“贴图”按钮拖到“材质编辑器”中，并确保将其作为实例进行放置。在“精简材质编辑器”中，将贴图置于未使用的示例窗中。在“Slate 材质编辑器”中，将其置于活动视图中。
- 灯光影响阴影颜色：启用此选项后，将灯光颜色与阴影颜色（如果阴影已设置贴图）混合起来，默认设置为禁用状态。

(2)“大气阴影”组

使用这些参数，诸如体积雾这样的大气效果也投射阴影。

- 启用：启用此选项后，大气效果如灯光穿过它们一样投射阴影。默认设置为禁用状态，此控件与法线“对象阴影”的启用切换无关。灯光可以投影大气阴影，但不能投影法线阴影；反之亦然。它可以投影两种阴影，或两种阴影都不投影。
- 不透明度：调整阴影的不透明度，此值为百分比，默认设置为100.0。
- 颜色量：调整大气颜色与阴影颜色混合的量，此值为百分比，默认设置为100.0。

6. “阴影贴图参数”卷展栏

- 偏移：阴影偏移是将阴影移向或移离投射阴影的对象。如果偏移值太低，阴影可能在无法到达的地方“泄漏”，从而生成叠纹图案或在网格上生成不合适的黑色区域。如果偏移值太高，阴影可能从对象中“分离”。在任何一个方向上如果偏移值是极值，则阴影根本不可能被渲染。此值取决于是启用还是禁用“绝对贴图偏移”：当禁用“绝对”时（默认情况下），偏移是在场景范围的基础上进行计算，然后标准化为1.0。这将提供相似的默认阴影结果，而不论其场景大小如何。用户通常将“偏移”调整为接近1.0的较小的数值（如1.2）。当启用“绝对”时，“偏移”是以3ds Max单位表示的值。用户根据场景的大小调整“偏移”，值的范围接近于0.0～100.0，如图5-9所示。

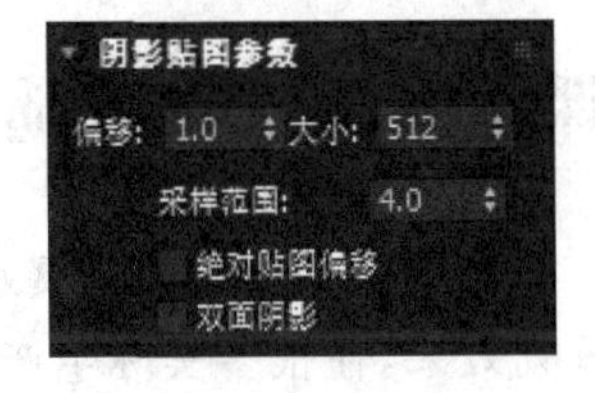

图 5-9

- 大小：设置用于计算灯光的阴影贴图的大小（以像素平方为单位）。
- 采样范围：采样范围决定阴影内平均有多少区域，这将影响软阴影边缘的程度，范围为0.01～50.00。
- 绝对贴图偏移：启用此选项后，阴影贴图的偏移未标准化，而是在固定比例的基础上以 3ds Max 单位表示。在设置动画时，无法更改该值。在场景范围大小的基础上必须选择该值。禁用此选项后，系统将相对于场景的其余部分计算偏移，然后将其标准化为 1.0。这将在任意大小的场景中提供常用起始偏移值。如果场景范围更改，这个内部的标准化将从帧到帧改变。默认设置为禁用。在多数情况下，保持"绝对贴图偏移"为禁用状态都会获得极佳效果，这是因为偏移与场景大小实现了内部平衡。但是，在设置动画期间，如果移动对象可能导致场景范围(或如果取消隐藏对象等)有大的变化，标准化的偏移值可能不恰当，会引起阴影闪烁或消失。如果出现这种情况，应启用"绝对贴图偏移"。必须将"偏移"控制设置为适合场景的值。凭经验而言，偏移值是灯光和目标对象之间的距离，按 100.0 进行分隔。

- 双面阴影：启用此选项后，计算阴影时背面将不被忽略。从内部看到的对象不由外部的灯光照亮。禁用此选项后，忽略背面，这样可使外部灯光照明室内对象。默认设置为启用。

5.1.2 平行光

当太阳在地球表面上投影时，所有平行光以一个方向投影平行光线。平行光主要用于模拟太阳光。可以调整灯光的颜色和位置并在 3D 空间中旋转灯光。平行光的"参数"面板设置与聚光灯完全相同，可以参照 5.1.1 小节中聚光灯的详细介绍。平行光与聚光灯最重要的区别在于它强调的是方向，通常被用于室外强光的模拟，如太阳光等。它同样有目标平行光和自由平行光两种形式。

5.1.3 泛光灯

"泛光灯"从单个光源向各个方向投影光线，泛光灯用于将"辅助照明"添加到场景中或模拟点光源。泛光灯的"参数"面板设置与聚光灯完全相同。泛光灯与球形光源有点相似，光线是从一个中心向四周散射，可以用来模拟台灯等光源以及一些室内辅助光源。

课堂案例　设置随机灯光阵列效果

该案例主要向大家展示一下利用简单的泛光灯并配合简单的脚本就能创建随机灯光阵列效果，在很多实际生产过程中，看似复杂的效果其实是由很简单的工具来实现的，可能需要创作者真正地深入掌握灯光的运用以及脚本带来的便利。本案例如果没有脚本的支持，手动创建是非常不现实的，一是工作量巨大；二是没法实现非常随机的效果。最终效果如图 5-10 所示。下面就来看一下本案例的具体制作过程。

首先，通过"创建"面板→"几何体"按钮→"标准基本体"下拉菜单→"对象类型"→"平面"按钮进行选择(见图 5-11)，在视图中创建一个平面，并设置参数：长度为 150.0cm，宽度为 150.0cm，分段数都为 1。

图　5-10

通过“创建”面板→“灯光”按钮→“标准”下拉菜单→“对象类型”→“泛光”按钮进行选择(见图 5-12),在视图中创建一个泛光灯。进入“修改”面板,选中“启用”复选框,修改衰减类型为平方反比,“开始”距离为 20.0cm,其余保持默认设置(见图 5-13)。

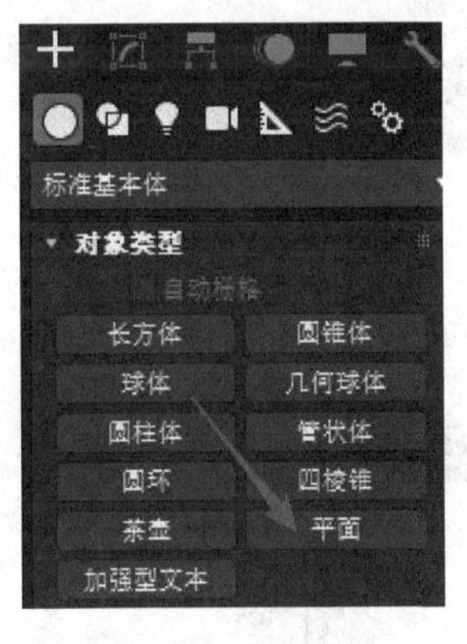

图　5-11

图　5-12

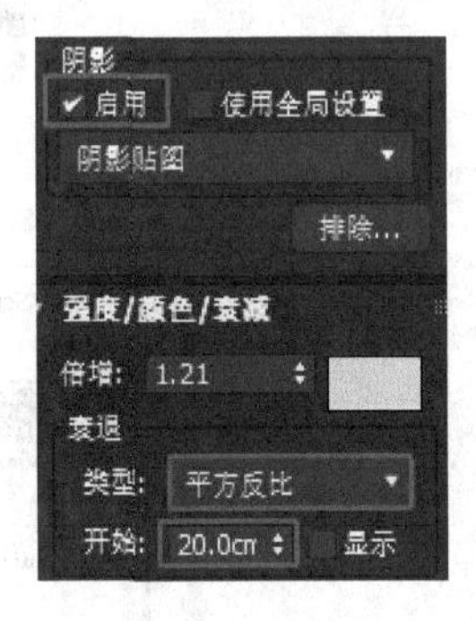

图　5-13

选择“工具”→“阵列”命令,打开阵列工具(见图 5-14),设置 1D“数量”为 6,X 轴向移动 60.0cm;2D“数量”为 4,Y 轴向移动 60.0cm,把视图切换到顶视图,调整好位置。

单击“工具栏”→“渲染设置”按钮,设置渲染输出的大小,宽度为 1280、高度为 720,使用组合键 Shift+F 开启渲染框,并按 F9 键开始渲染及测试(见图 5-15)。

此时的灯光阵列布局完成,但是灯光的颜色和灯光的强度是完全一致的,这并不是我们想要的随机效果,接下来使用 MAXScript 来设置随机效果,非常简单。由于本书主要是讲解室内效果图的制作技巧,不是重点讲解脚本代码的书籍,因此在这里会简单阐述代码的含义,并不会具体展开详解,如果读者有兴趣,可以查看一些脚本相关的书籍。

选择“脚本”→“MAXScript 侦听器”命令,并在面板中设置代码(见图 5-16)。

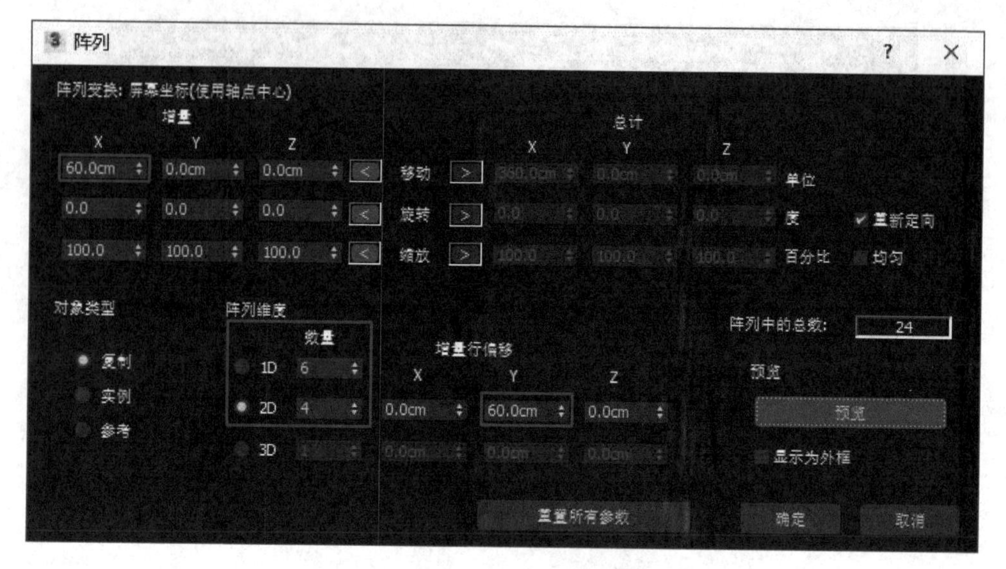

图 5-14

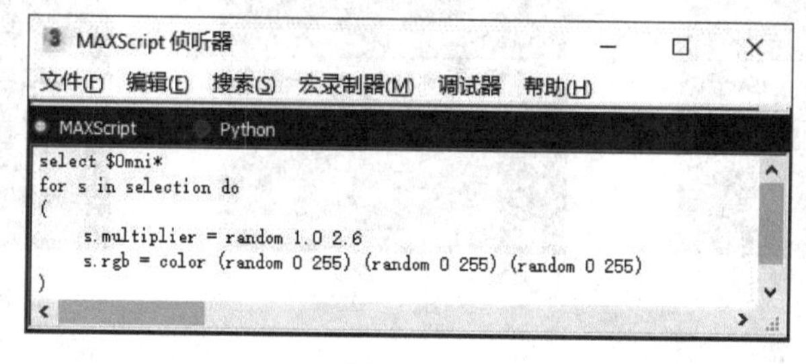

图 5-15

MAXScript 侦听器

文件(F) 编辑(E) 搜索(S) 宏录制器(M) 调试器 帮助(H)

MAXScript Python

```
select $Omni*
for s in selection do
(
    s.multiplier = random 1.0 2.6
    s.rgb = color (random 0 255) (random 0 255) (random 0 255)
)
```

图 5-16

```
select $Omni *                    //选择场景中以 Omni 开头的所有对象
for s in selection do             //循环，把上面选中的所有对象做一次循环操作
(
    s.multiplier = random 1.0 2.6 //把选中的灯光的强度设置为随机值(1.0~2.6)
    s.rgb = color (random 0 255) (random 0 255) (random 0 255)
                                  //设置灯光三个通道的颜色随机(范围为 0~255 的整数)
)
```

按小键盘上的 Enter 键运行脚本，灯光的颜色和强度随机效果已经完成，可以渲染查看最终效果。如果对随机效果不满意，还可以再运行一次脚本，直到达到满意的效果

为止。

5.1.4　天光

“天光”灯光建立日光的模型，可以设置天空的颜色或将其指定为贴图，把天空建模作为场景上方的圆屋顶，如图 5-17 所示。

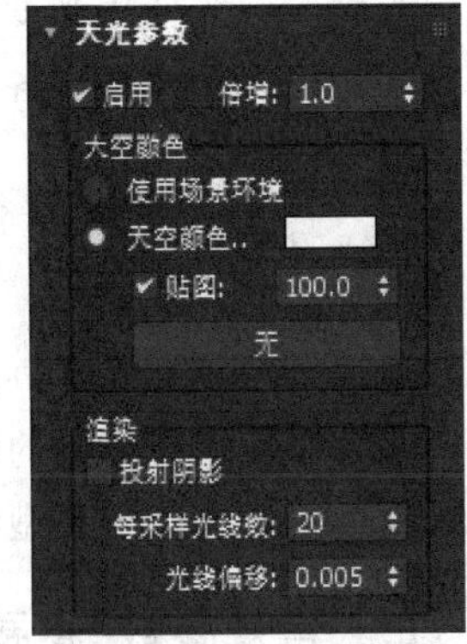

图　5-17

(1) 其他选项

- 启用：启用和禁用灯光。当“启用”选项处于启用状态时，使用灯光着色和渲染以照亮场景；当该选项处于禁用状态时，进行着色或渲染时不使用该灯光，默认设置为启用。
- 倍增：将灯光的功率放大一个正或负的量。例如，如果将倍增设置为 2.0，灯光将亮两倍，默认值为 1.0。使用该参数增加强度可以使颜色看起来有“烧坏”的效果。它也可以生成颜色，该颜色不可用于视频中。通常，将“倍增”设置其默认值为 1.0，特殊效果和特殊情况除外。

(2)“天空颜色”组

- 使用场景环境：使用“环境”面板中设置的环境给光上色，天空颜色单击色样可显示颜色选择器，并选择为天光染色。
- [贴图控件]：可以使用“贴图”选项影响天光的颜色，下面的按钮指定贴图。微调器设置要使用的贴图的百分比（当值小于 100.0%时，贴图颜色与天空颜色混合）。为获得最佳效果，应使用高动态范围（HDR）格式，如 OpenEXR。天空颜色贴图（包括 HDR 贴图）为所有渲染器提供照明。它们还为 Nitrous 视口提供照明级别和阴影。新版 3ds Max 的天空颜色贴图不需要光跟踪器。天空颜色贴图中的阴影会增强室外场景，但可能会导致室内场景在 Nitrous 视口中看起来太暗。可以通过将天光设置为投射光但没有阴影来避免此问题。请参见按视图预设中的“天光作为环境光颜色”视口设置。

(3)“渲染”组

如果渲染器没有设置为“默认的扫描线”或如果“光跟踪器”处于激活状态，则这些控件不可用。

- 投射阴影：使天光投射阴影，默认设置为禁用。当使用光能传递或光跟踪时，“投射阴影”切换无效。天光对象将不在 ActiveShade 渲染中投射阴影。
- 每采样光线数：用于计算落在场景中指定点上天光的光线数。对于动画，应将该选项设置为较高的值以便消除闪烁，值为 30 左右应该可以消除闪烁。
- 光线偏移：对象可以在场景中指定点上投射阴影的最短距离。将该值设置为 0.000 可以使该点在自身上投射阴影，并且将该值设置为大的值可以防止点附近的对象在该点上投射阴影。

5.2　光度学灯光

光度学灯光使用光度学(光能)值,通过这些值可以更精确地定义灯光,就像在真实世界一样。可以创建具有各种分布和颜色的特性灯光,或导入照明制造商提供的特定光度学文件。

1. “模板”卷展栏

通过“模板”卷展栏,可以在各种预设的灯光类型中进行选择。当选择模板时,将更新灯光参数以使用该灯光的值,并且列表之上的文本区域会显示灯光的说明。如果标题选择的是类别而非灯光类型,则文本区域会提示用户选择实际的灯光,如图 5-18 所示。

2. “常规参数”卷展栏

(1) “灯光属性”组

- 启用:(“创建”面板和“修改”面板)启用和禁用灯光。当“启用”选项处于启用状态时,使用灯光着色和渲染以照亮场景。当“启用”选项处于禁用状态时,进行着色或渲染时不使用该灯光。默认设置为启用。在视口中,交互式渲染器显示启用或禁用灯光的效果如图 5-19 所示。

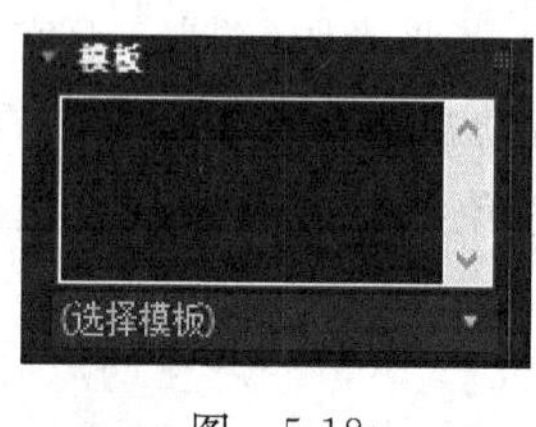

图　5-18

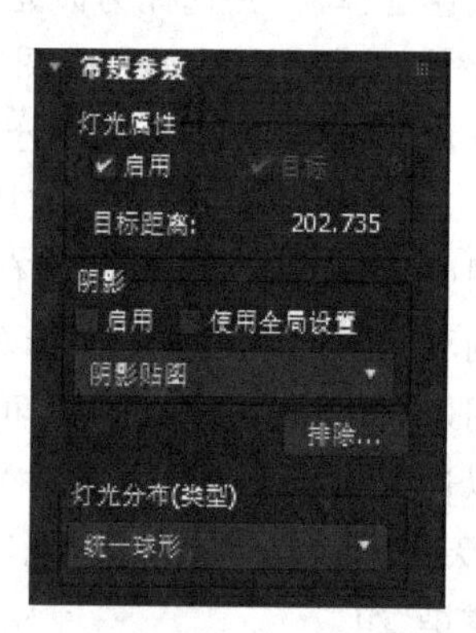

图　5-19

- 目标:启用此选项之后,该灯光将具有目标。禁用此选项之后,则可使用变换指向灯光。通过切换,可将目标灯光更改为自由灯光;反之亦然。
- 目标距离:显示目标距离。对于目标灯光,该字段仅显示距离。对于自由灯光,则可以通过输入值更改距离。

(2) “阴影”组

- 启用:决定当前灯光是否投射阴影。默认设置为启用。
- 使用全局设置:启用此选项以使用该灯光投射阴影的全局设置,禁用此选项以启用阴影的单个控件。如果未选择“使用全局设置”，则必须选择渲染器使用哪种方法来生成特定灯光的阴影。当启用“使用全局设置”后，切换阴影参数显示全局设置的内容。该数据由此类别的其他每个灯光共享。当禁用“使用全局设置”后，阴影参数将针对特定灯光。

- [阴影方法下拉列表]：决定渲染器是否使用阴影贴图、光线跟踪阴影、高级光线跟踪阴影或区域阴影生成该灯光的阴影。所提供的“mental ray 阴影贴图”类型与 mental ray 渲染器一起使用。当选择该阴影类型并启用阴影贴图(位于“渲染设置”对话框的“阴影与位移”卷展栏中)时，阴影使用“mental ray 阴影贴图”算法。如果选中该类型但使用默认扫描线渲染器，则进行渲染时不显示阴影。
- “排除...”按钮：将选定对象排除于灯光效果之外。单击此按钮可以显示“排除/包含”对话框，排除的对象仍在着色视口中被照亮，只有当渲染场景时排除才起作用。

(3) “灯光分布(类型)”组

通过“灯光分布(类型)”下拉列表，可选择灯光分布的类型。具有以下选项。

- 光度学 Web：选择此选项，“分布(光度学文件)”卷展栏显示在“命令”面板上。
- 聚光灯：选择此选项，“分布(聚光灯)”卷展栏显示在“命令”面板上，如图 5-20 所示。
  - 当未选择时圆锥体在视口中可见：启用或禁用圆锥体的显示。当选中一个灯光时，该圆锥体始终可见，因此当取消选择该灯光后清除该复选框才有明显效果。
  - 聚光区/光束：调整灯光圆锥体的角度。光束值以度为单位进行测量。对于光度学灯光，光束角度为灯光强度减为全部强度的 50%时的角度，默认值为 30.0。
  - 衰减区/区域：调整灯光区域的角度。区域值以度为单位进行测量。对于光度学灯光，区域角度是灯光强度降低到接近于零时的角度，默认值为 60.0。光束角度与标准灯光的聚光角度相似，但所有聚光区的强度均为 100%。区域角度与标准灯光的衰减角度相似，但对于衰减角度，强度会减为零；由于光度学灯光使用的是较平滑的曲线，因此某些灯光可能投影在区域角度之外。
- 统一漫反射与统一球形：这里光度学 Web 是最常用的，切换为光度学 Web 可以添加一个 IES 广域网文件，以此来模拟室内的射灯效果是最佳的处理方式，如图 5-21 所示。

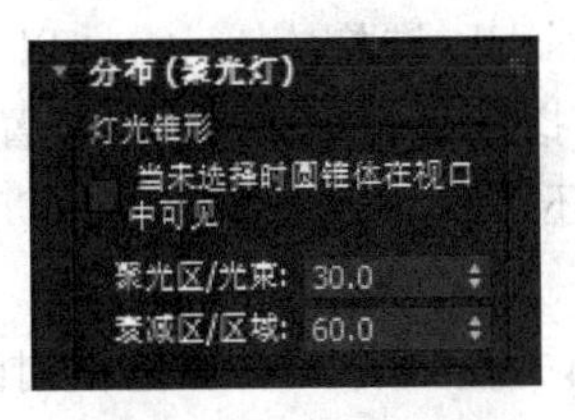

图　5-20

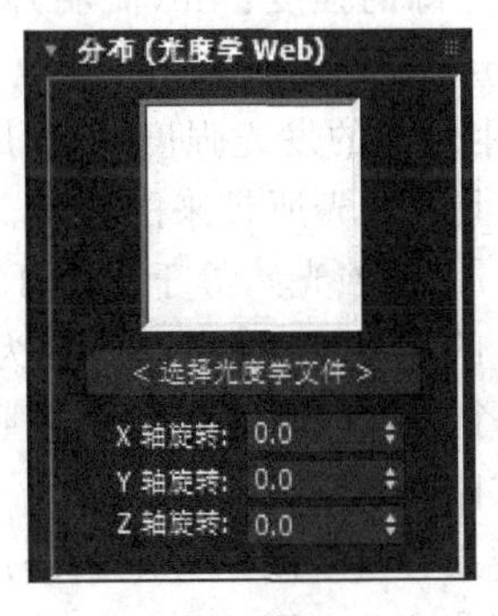

图　5-21

- ＜选择光度学文件＞：单击此按钮，可选择用作光度学Web的文件。该文件可采用IES、LTLI或CIBSE格式。一旦选择某个文件后，该按钮会显示文件名(不带.ies、.ltli或.cibse扩展名)。当浏览光度学Web文件时，“文件”对话框还会显示高亮显示文件的缩略图。
- X轴旋转：沿着X轴旋转光域网，旋转中心是光域网的中心，范围为－180.0°～180.0°。
- Y轴旋转：沿着Y轴旋转光域网，旋转中心是光域网的中心，范围为－180.0°～180.0°。
- Z轴旋转：沿着Z轴旋转光域网，旋转中心是光域网的中心，范围为－180.0°～180.0°。

3. “强度/颜色/衰减”卷展栏

(1)“颜色”组

灯光拾取常见灯规范，使之近似于灯光的光谱特征。更新开尔文参数旁边的色样，以反映用户选择的灯光。开尔文通过调整色温微调器设置灯光的颜色，色温以开尔文度数显示，相应的颜色在色温微调器旁边的色样中可见，如图5-22和图5-23所示。

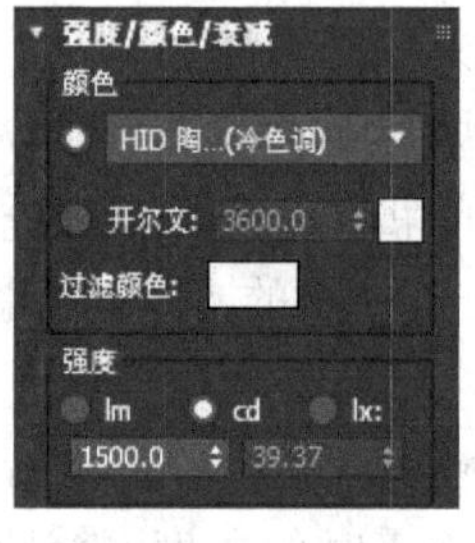

图　5-22

图　5-23

“过滤颜色”选项表示使用颜色过滤器模拟置于光源上的过滤色的效果。例如，红色过滤器置于白色光源上就会投影红色灯光。单击色样设置过滤器颜色可以显示颜色选择器。默认设置为白色(RGB为255,255,255；HSV为0,0,255)。

(2)“强度”组

该组的参数在物理数量的基础上指定光度学灯光的强度或亮度。使用下面其中一种单位设置光源的强度：lm(流明)测量灯光的总体输出功率(光通量)。100W通用灯泡约有1750lm的光通量。cd(坎得拉)用于测量灯光的最大发光强度，通常沿着瞄准发射。100W通用灯泡的发光强度约为139cd。lx(勒克斯)测量以一定距离并面向光源方向投射到表面上的灯光所带来的照度。勒克斯是国际场景单位，等于$1lm/m^2$。照度的美国标准单位是fc(尺烛光)，等于$1lm/ft^2$。要从footcandle转换为lx，需乘以10.76。例如，要指定35fc的照度，请将照度设置为376.6lx。要指定灯光的照度，需设置左侧的lx值，然后在第二个值字段中输入所测量照度的距离。还可以从照明制造商处直接获得这些值。

(3)“暗淡”组

- 结果强度：用于显示暗淡所产生的强度，并使用与“强度”组相同的单位。
- 百分比：启用该切换后，该值会指定用于降低或提高灯光强度的“倍增”。如果值为 100.0%，则灯光相当于设置的强度值，百分比较低时，灯光较暗。

- 光线暗淡时白炽灯颜色会切换：启用此选项之后，灯光可在暗淡时通过产生更多黄色来模拟白炽灯。

(4)“远距衰减”组

设置光度学灯光的衰减范围，严格来讲，这并不能解释真实世界的灯光原理，但设置衰减范围可有助于在很大程度上缩短渲染时间。如果场景中存在大量的灯光，则使用“远距衰减”可以限制每个灯光所照场景的比例。例如，如果办公区域存在几排顶上照明，则通过设置“远距衰减”范围，可在处于渲染接待区域而非主办公区域时保持无须计算灯光照明。再如，楼梯的每个台阶上可能都存在嵌入式灯光，如同剧院所布置的一样。将这些灯光的“远距衰减”值设置为较小的值，可在渲染整个剧院时无须计算它们各自(忽略)的照明。

- 使用：启用灯光的远距衰减。
- 显示：在视口中显示远距衰减范围的设置。对于聚光灯分布，衰减范围看起来好像圆锥体的镜头形部分。这些范围在其他的分布中呈球体状。默认情况下，“远距开始”为浅棕色并且“远距结束”为深棕色。当选中一个灯光时，衰减范围始终可见，因此在取消选择该灯光后清除此复选框才会有明显效果。
- 开始：设置灯光开始淡出的距离。
- 结束：设置灯光减为 0.0 的距离。

4. “图形/区域阴影”卷展栏

(1)“从(图形)发射光线”组

使用下拉列表，可选择阴影生成的图形。当选择非点的图形时，维度控件和阴影采样控件将分别显示在“发射灯光”组和“渲染”组。

点计算阴影时，如同灯光从一个点发出一样。点未提供其他控件。

线计算阴影时，如同灯光从一条线发出一样。线性图形提供了长度控件。

矩形计算阴影时，如同灯光从矩形发出一样。矩形提供了长度控件和宽度控件。

圆形计算阴影时，如同灯光从圆形发出一样。圆形提供了半径控件。

球体计算阴影时，如同灯光从球体发出一样。球体提供了半径控件。

圆柱体计算阴影时，如同灯光从圆柱体发出一样。圆柱体提供了长度控件和半径控件。

(2)“渲染”组

- 灯光图形在渲染中可见：启用此选项后，如果灯光对象位于视野内，灯光图形在渲染中会显示为自供照明(发光)的图形。关闭此选项后，将无法渲染灯光图形，而只能渲染它投影的灯光，默认设置为禁用。
- “阴影采样”选项：用于设置区域灯光的整体阴影质量。如果渲染的图像呈颗粒状，应增加此值；如果渲染需要耗费太长的时间，应减少该值。默认设置为 32。将点选为阴影图形时，界面中不会出现此设置，如图 5-24 所示。

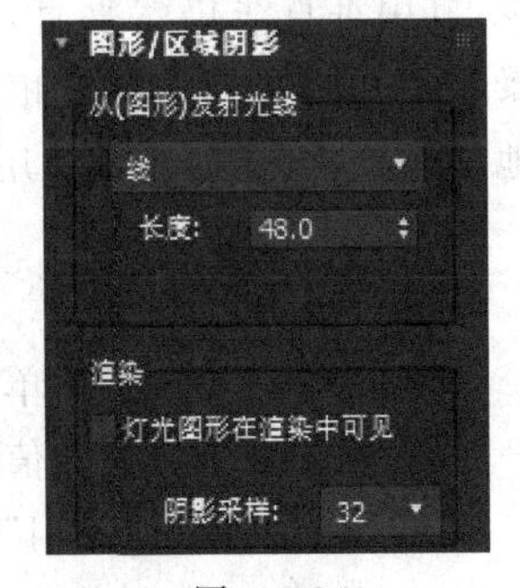

图　5-24

“阴影参数”“阴影贴图参数”“高级效果”卷展栏见 5.1.1 小节聚光灯相关内容介绍。

5.3 摄 影 机

摄影机从特定的观察点表现场景，摄影机对象模拟现实世界中的静止图像、运动图片或视频摄影机。创建一个摄影机之后，可以设置视口以显示摄影机的观察点，使用摄影机视口可以调整摄影机，就好像你正在通过其镜头进行观看。摄影机视口对于编辑几何体和设置渲染的场景非常有用，多个摄影机可以提供相同场景的不同视图，如果要设置观察点的动画，可以创建一个摄影机并设置其位置的动画。例如，可能要飞过一个地形或走过一个建筑物，可以设置其他摄影机参数的动画，例如，可以设置摄影机视野的动画以获得场景放大的效果。新版的 3ds Max 中除了传统摄影机以外，还添加了物理摄影机（见图 5-25）。

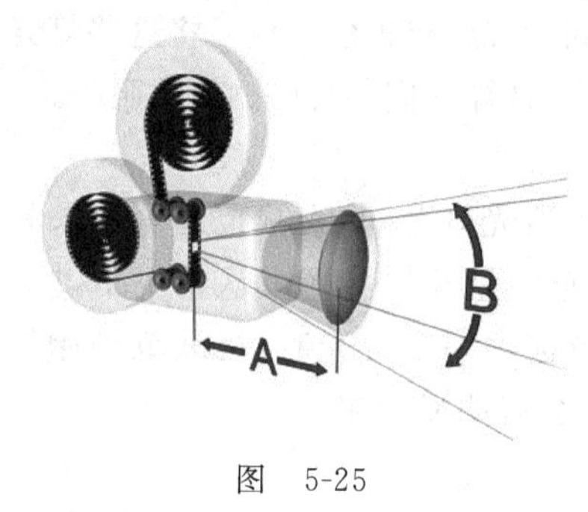

图 5-25

5.3.1 传统摄影机

传统摄影机是由 3ds Max 2017 版本之前的 3ds Max 就已经提供的摄影机类型，分为两种传统摄影机，分别为目标摄影机和自由摄影机。

目标摄影机查看目标对象周围的区域。创建目标摄影机时，会看到一个图标，该图标表示摄影机及其目标（显示为一个小框）。摄影机和目标摄影机可以分别设置动画，以便当摄影机不沿路径移动时，容易使用摄影机。

自由摄影机在摄影机指向的方向查看区域。创建自由摄影机时，看到一个图标，该图标表示摄影机及其视野。摄影机图标与目标摄影机图标看起来相同，但是还存在要设置动画的单独的目标图标。当摄影机的位置沿一个路径被设置动画时，更容易使用自由摄影机。

使用摄影机校正修改器可以将摄影机视图校正为两点透视，其中垂直线仍然垂直，使用“透视匹配”实用程序可以从背景照片开始并创建具有相同观察点的摄影机对象，对于特定场地的场景，该选项非常有用，如图 5-26 所示。

图 5-26

1. 组外参数 1

- 镜头：以 mm 为单位设置摄影机的焦距。使用镜头微调器来指定焦距值，而不是指定在“备用镜头”组框中按钮上的预设“备用”值。更改“渲染设置”对话框中的“光圈宽度”值也会更改镜头微调器字段的值。这样并不通过摄影机更改视图,但会更改“镜头”值和 FOV 值之间的关系,也会更改摄影机锥形光线的纵横比。

- FOV 方向弹出按钮：可以选择怎样应用视野(FOV)值。水平(默认)表示水平应用视野,这是设置和测量 FOV 的标准方法;垂直表示垂直应用视野;对角线表示在对角线上应用视野,从视口的一角到另一角。
- 视野：决定摄影机查看区域的宽度(视野)。当“视野方向”为水平(默认设置)时,视野参数直接设置摄影机的地平线的弧形,以度为单位进行测量。也可以设置“视野方向”来垂直或沿对角线测量 FOV。也可以通过使用 FOV 按钮在摄影机视口中交互地调整视野。
- 正交投影：启用此选项后,摄影机视图看起来就像“用户”视图。禁用此选项后,摄影机视图好像标准的透视视图。当“正交投影”有效时,视口导航按钮的行为如同平常操作一样,“透视”除外。“透视”功能仍然移动摄影机并且更改 FOV,但“正交投影”取消执行这两个操作,以便禁用“正交投影”后可以看到所做的更改。

2. “备用镜头”组

可以用下面这些预设值设置摄影机的焦距(以 mm 为单位)：15、20、24、28、35、50、85、135、200。

3. 组外参数 2

- 类型：将摄影机类型从目标摄影机更改为自由摄影机;反之亦然。当从目标摄影机切换为自由摄影机时,将丢失应用于摄影机目标的任何动画,因为目标对象已消失。
- 显示圆锥体：显示摄影机视野定义的锥形光线(实际上是一个四棱锥)。锥形光线出现在其他视口但是不出现在摄影机视口中。
- 显示地平线：在摄影机视口中的地平线层级显示一条深灰色的线条。

4. “环境范围”组

- 显示：启用此选项后,显示在摄影机圆锥体内的矩形以显示近距范围和远距范围的设置。
- 近距范围和远距范围：为在“环境”面板上设置的大气效果设置近距范围和远距范围的限制。在两个限制之间的对象消失在远端百分之几和近端百分之几之间,如图 5-27 所示。

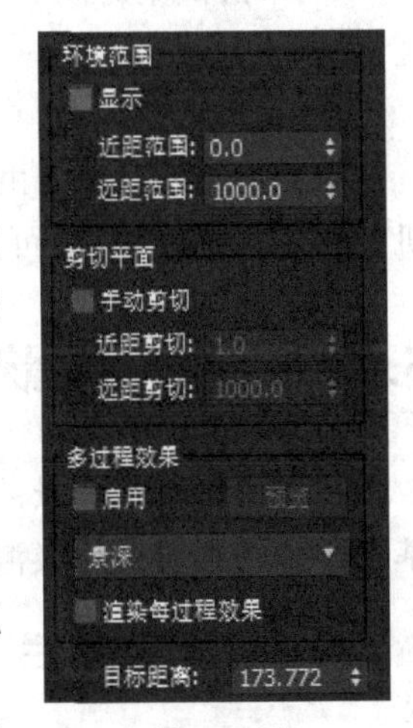

图　5-27

5. “剪切平面”组

设置选项来定义剪切平面。在视口中,剪切平面在摄影机锥形光线内显示为红色的矩形(带有对角线)。

- 手动剪切：启用该选项,可定义剪切平面。禁用“手动剪切”后，不显示近于摄影机距离小于 3 个单位的几何体。要覆盖该几何体，应使用“手动剪切”。

- 近距剪切和远距剪切：设置近距和远距平面。对于摄影机，比近距剪切平面近或比远距剪切平面远的对象是不可视的，“远距剪切”值的限制为 10～32 的幂之间。启用“手动剪切”后，近距剪切平面可以接近摄影机 0.1 个单位。极大的“远距剪切”值可以产生浮点错误，该错误可能引起视口中的 Z 缓冲区问题，如对象显示在其他对象的前面，而这是不应该出现的。

6. “多过程效果”组

使用该组中的参数可以指定摄影机的景深或运动模糊效果。当由摄影机生成时，通过使用偏移以多个通道渲染场景，这些效果将生成模糊。它们增加渲染时间。景深和运动模糊效果相互排斥。由于它们基于多个渲染通道，将它们同时应用于同一个摄影机会使速度慢得惊人。如果想在同一个场景中同时应用景深和运动模糊，则使用多过程景深（使用这些摄影机参数）并将其与对象运动模糊组合使用。

- 启用：启用该选项后，使用效果预览或渲染。禁用该选项后，不渲染该效果。
- 预览：单击该按钮，可在活动摄影机视口中预览效果。如果活动视口不是摄影机视图，则该按钮无效。
- [效果下拉列表]：使用该选项可以选择生成哪个多过程效果，可选景深或运动模糊。这些效果相互排斥，默认设置为“景深”。使用该列表也可以选择“景深”参数(mental ray/iray)，从而可以使用 mental ray、iray 或 Quicksilver 渲染器的原始景深效果。在 Nitrous 视口处于活动状态时，如果启用了“启用”选项，摄影机视口也会显示景深。默认情况下，在“参数”卷展栏之后，将出现所选效果的卷展栏。
- 渲染每过程效果：启用此选项后，如果指定任何一个，则将渲染效果应用于多过程效果的每个过程（景深或运动模糊）。禁用此选项后，将在生成多过程效果的通道之后只应用渲染效果。默认设置为禁用状态。禁用该选项可以缩短多过程效果的渲染时间。

7. 组外参数 3

目标距离：对于自由摄影机，将点设置为不可见的目标，以便可以围绕该点旋转摄影机。对于目标摄影机，可设置摄影机和其目标对象之间的距离。

5.3.2 物理摄影机

物理摄影机将场景的帧设置与曝光控制和其他效果集成在一起，物理摄影机是用于基于物理的真实照片级渲染的最佳摄影机类型。

1. “基本”卷展栏

- 目标：启用此选项后，摄影机包括目标对象，并与目标摄影机的行为相似：可以通过移动目标设置摄影机的目标。禁用此选项后，摄影机的行为与自由摄影机相似：可以通过变换摄影机对象本身设置摄影机的目标，默认设置为“启用”，如图5-28所示。

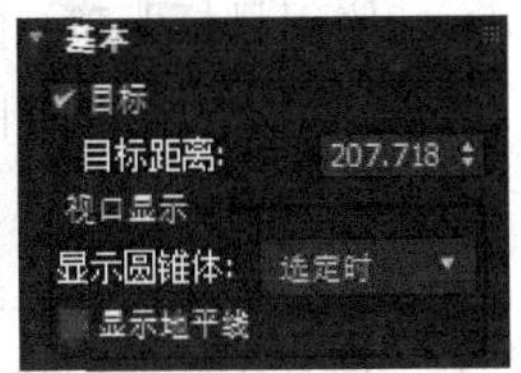

图 5-28

- 目标距离：设置目标与焦平面之间的距离。目标距离会影响聚焦、景深等。
- 显示圆锥体：在显示摄影机圆锥体时可以选择“选定时”(默认设置)、“始终”或“从不”选项。
- 显示地平线：启用该选项后，地平线在摄影机视口中显示为水平线(假设摄影机帧包括地平线)，默认设置为禁用。

2. “物理摄影机”卷展栏

(1) “胶片/传感器”组

- 预设值：选择胶片模型或电荷耦合传感器，选项包括35mm(全画幅)胶片(默认设置)，以及多种行业标准传感器设置，每个设置都有其默认宽度值，“自定义”选项用于选择任意宽度，如图5-29和图5-30所示。

图 5-29

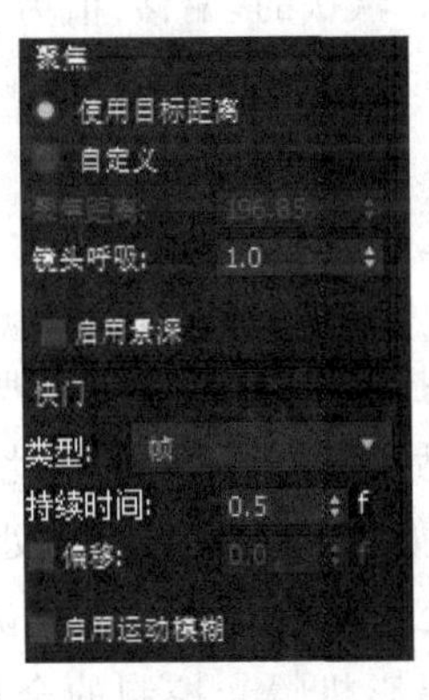

图 5-30

- 宽度：可以手动调整帧的宽度。

(2) “镜头”组

- 焦距：设置镜头的焦距。默认值为40.0毫米。
- 指定视野：启用时，可以设置新的视野(FOV)值(以度为单位)，默认的视野值取决于所选的胶片/传感器预设值，默认设置为禁用，大幅更改视野可导致透视失真，当“指定视野”处于启用状态时，“焦距控件”将被禁用。但是，更改其中一个控件的值也会更改其他控件的值。
- 缩放：在不更改摄影机位置的情况下缩放镜头，“缩放”提供了一种裁剪渲染图像而不更改任何其他摄影机效果的方式。例如，更改焦距会更改散景效果(因为它可以改变光圈大小)，但不会更改缩放值。
- 光圈：将光圈设置为光圈数或“f制光圈”，此值将影响曝光和景深，光圈数越低，光圈越大并且景深越窄。

(3)“聚焦”组

- 使用目标距离：使用“目标距离”作为焦距，这是默认值。
- 自定义：使用不同于“目标距离”的焦距，焦平面在视口中显示为透明矩形，以摄影机视图的尺寸为边界。选中“自定义”单选按钮后，允许设置“聚焦距离”选项。
- 镜头呼吸：通过将镜头向焦距方向移动或远离焦距方向来调整视野。镜头呼吸值为 0.0 表示禁用此效果，默认值为 1.0。
- 启用景深：启用时，摄影机在不等于焦距的距离上生成模糊效果，景深效果的强度基于光圈设置，默认设置为禁用。

(4)“快门”组

- 类型：选择测量快门速度使用的单位。帧(默认设置)通常用于计算机图形；秒或分通常用于静态摄影；度通常用于电影摄影。
- 持续时间：根据所选的单位类型设置快门速度。该值可能影响曝光、景深和运动模糊。
- 偏移：启用时，指定相对于每帧的开始时间的快门打开时间，更改此值会影响运动模糊。默认的“偏移”值为 0.0，默认设置为禁用。
- 启用运动模糊：启用此选项后，摄影机可以生成运动模糊效果。默认设置为禁用。

3. “曝光”卷展栏

[安装曝光控制]：单击以使物理摄影机曝光控制处于活动状态。如果物理摄影机曝光控制已处于活动状态，则会禁用此按钮，其标签将显示“曝光控制已安装”。如果其他曝光控制处于活动状态，该卷展栏中的其他控制将处于非活动状态。默认情况下，此卷展栏中的设置将覆盖物理摄影机曝光控制的全局设置。还可以设置物理摄影机曝光控制，以替代单个摄影机曝光设置，如图 5-31 所示。

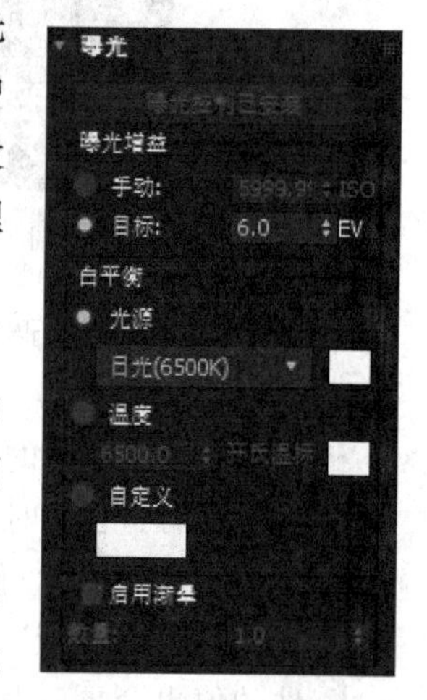

图 5-31

(1)“曝光增益”组

- 手动：通过 ISO 值设置曝光增益。当此选项处于活动状态时，通过此值、快门速度和光圈设置计算曝光。该数值越高，曝光时间越长。
- 目标：设置与三个摄影曝光值的组合相对应的单个曝光值，每次增加或降低 EV 值，对应的也会分别减少或增加有效的曝光，如快门速度值中所做的更改一样。因此，值越高，生成的图像越暗；值越低，生成的图像越亮，默认设置为 6.0。例如，快门速度为 1/125s、f/16 和 ISO 100 的组合，结果曝光值为 15，将快门速度的相同 EV 结果降低到 1/250s，将光圈大小增加到 f/11。这两个值相互关联，更改“手动”ISO 值或“目标”曝光值也会更改其他设置。

(2)“白平衡”组

- 光源：按照标准光源设置色彩平衡，默认设置为“日光(6500K)”。
- 温度：以色温的形式设置色彩平衡，以开尔文度表示。
- 自定义：用于设置任意色彩平衡，单击色样以打开“颜色选择器”，可以从中设置希望使用的颜色。

(3)“启用渐晕”组

- 启用渐晕：启用时，渲染模拟出现在胶片平面边缘的变暗效果。要在物理上更加精确地模拟渐晕，请使用“散景(景深)”卷展栏中的“光学渐晕(CAT 眼睛)”控制。
- 数量：增加此值以增加渐晕效果，默认值为 1.0。

4. “散景(景深)”卷展栏

(1)“光圈形状”组

- 圆形：散景效果基于圆形光圈，这是默认选项。
- 叶片式：散景效果使用带有边的光圈，使用“叶片数”值设置每个模糊圈的边数，使用“旋转”值设置每个模糊圈旋转的角度。
- 自定义纹理：使用贴图来用图案替换每种模糊圈。(如果贴图为填充黑色背景的白色圈，则等效于标准模糊圈)，将纹理映射到与镜头纵横比相匹配的矩形：会忽略纹理的初始纵横比。
- 影响曝光：启用时，自定义纹理将影响场景的曝光，根据纹理的透明度，这样可以允许相比标准的圆形光圈通过更多或更少的灯光(同样地，如果贴图为填充黑色背景的白色圈，则允许进入的灯光量与圆形光圈相同)。禁用此选项后，纹理允许的通光量始终与通过圆形光圈的灯光量相同，默认设置为启用，如图 5-32 所示。

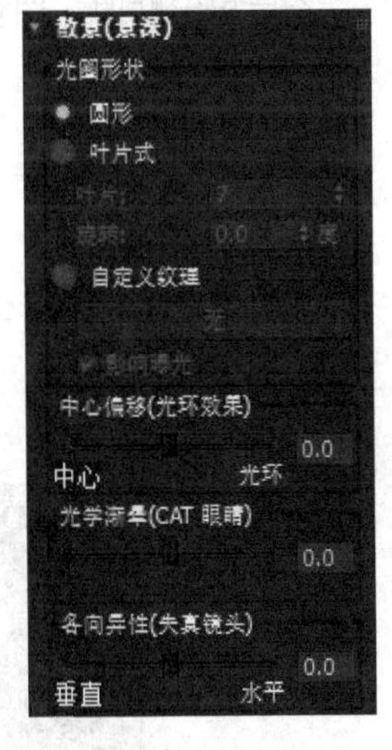

图　5-32

(2)“中心偏移(光环效果)”组

使光圈透明度向中心(负值)或边(正值)偏移，正值会增加焦外区域的模糊量，而负值会减小模糊量。

(3)“光学渐晕(CAT 眼睛)”组

通过模拟“猫眼”效果，使帧呈现渐晕效果(部分广角镜头可以形成这种效果)。

(4)“各向异性(失真镜头)”组

通过垂直(负值)或水平(正值)拉伸光圈来模拟失真镜头，与“中心偏移”选项结合时，“各向异性”设置在显示散景效果的场景中是最明显的。

5. “透视控制”卷展栏

(1)“镜头移动”组

“镜头移动”组的参数将沿水平或垂直方向移动摄影机视图，而不旋转或倾斜摄影机，在 X 轴和 Y 轴，它们将以百分比形式表示膜/帧宽度(不考虑图像纵横比)，如图 5-33

所示。

（2）“倾斜校正”组

“倾斜校正”组的参数将沿水平或垂直方向倾斜摄影机，可以使用它们来更正透视，特别是在摄影机已向上或向下倾斜的场景中。

“自动垂直倾斜校正”选项启用时，应将“垂直”值设置为沿Z轴对齐透视。该选项默认设置为禁用。

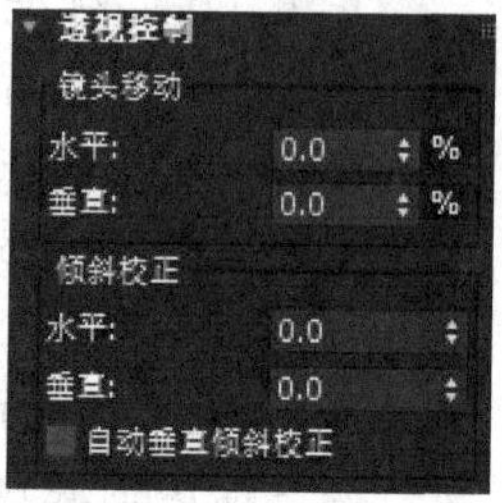

图 5-33

6. “镜头扭曲”卷展栏

- 无：不应用扭曲，这是默认选项。
- 立方：不为零时，将扭曲图像。正值会产生枕形扭曲，负值会产生筒体扭曲。在枕形扭曲中，到图像中心的距离越大，向中心扭曲的线越多，枕形扭曲还会装饰图像。在筒体扭曲（典型的缩放镜头）中，到图像中心的距离越大，从其向外扭曲的线越多，如图5-34所示。
- 纹理：基于纹理贴图扭曲图像。单击下面的按钮，可打开“材质/贴图浏览器”，然后指定贴图。图像的红色分量沿X轴扭曲图像；绿色分量沿Y轴扭曲图像；蓝色分量将被忽略。

7. “其他”卷展栏

（1）“剪切平面”组

- 启用：启用此项，在视口中，剪切平面在摄影机锥形光线内显示为红色的栅格，如图5-35所示。

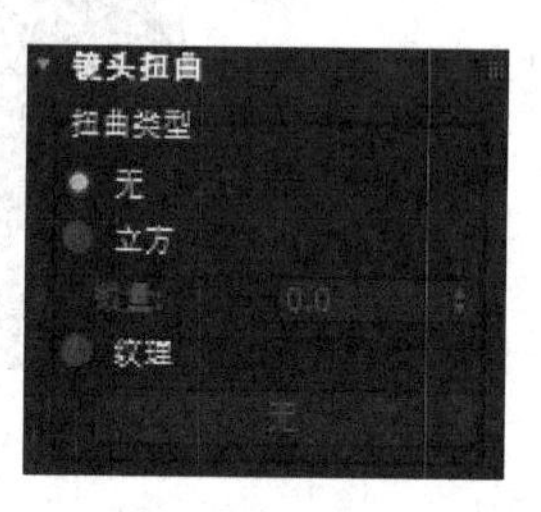

图 5-34

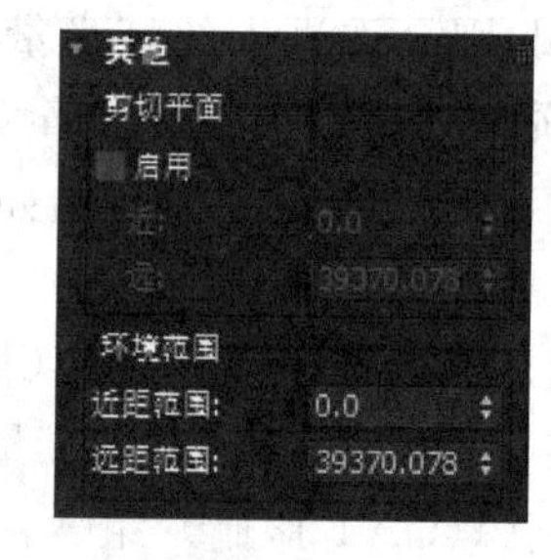

图 5-35

- 近和远：设置近距和远距平面，采用场景单位。对于摄影机，比近距剪切平面近或比远距剪切平面远的对象是不可视的。“远距剪切”值限制为10～32的幂，近距剪切平面可以距摄影机0.1个单位。极大的“远距剪切”值可以产生浮点错误，该错误可能引起视口中的Z缓冲区问题，如对象显示在其他对象的前面，而这是不应该出现的。

（2）“环境范围”组

“近距范围”和“远距范围”选项确定在“环境”面板上设置大气效果的近距范围和远距范围限制，两个限制之间的对象将在远距值和近距值之间消失。这些值采用场景的单位，默认情况下，它们将覆盖场景的范围。

本章小结

本章介绍了"名称和颜色"卷展栏(灯光)、使用灯光、光度学灯光、标准灯光、"公用照明"卷展栏和对话框、阴影类型和阴影控件、旧版 3ds Max 的传统摄影机与新版的物理摄影机等内容，灯光与相机的使用，对于渲染高质量图像非常重要，尤其是室内效果图的制作，灯光的合理运用，配合适合的相机角度，才能够设计制作出效果出众的照片级效果图。

综合案例

本章学习了 3ds Max 内置的灯光系统，虽然比起 VRay 等高级渲染器，3ds Max 自带的灯光系统并不算强大，但是作为内置的系统，也需要读者多了解其特性和用法。由于高级的灯光用法会在 VRay 章节中详细介绍，现只介绍内置光源。下面运用一个实际案例向大家展示灯光的打法，要保证统一性，渲染器使用的是 VRay 渲染器，但是灯光全部采用内置的光源，并且不开启 GI，通过这个案例让大家更加清楚地了解在没有 GI 功能以前的布光方式，以及辅助光的重要性。本例最终效果如图 5-36 所示。

图　5-36

首先打开包含这个场景的案例，里面已经具备了场景的模型以及材质，读者可以把灯光删掉，然后开始此案例的布光。首先通过"创建"面板→"灯光"按钮→"标准"下拉菜单→"对象类型"→"平行光"按钮进行选择，在视图中创建一个平行光。进入"修改"面板，选中"启用"复选框(见图 5-37)。由于它将作为主光，因此开启阴影，阴影类型设置为 VRayShadow，强度"倍增"为 26.0，衰退"类型"为"倒数"，"开始"设置为 1500.0，"聚光区/光束"为 100.0mm，"衰减区/区域"为 15000.0mm(见图 5-38)。开启区域阴影，设置 U/V/W 大小都为 1200.0mm，"细分"为 64，其余参数保持默认值即可(见图 5-39)。

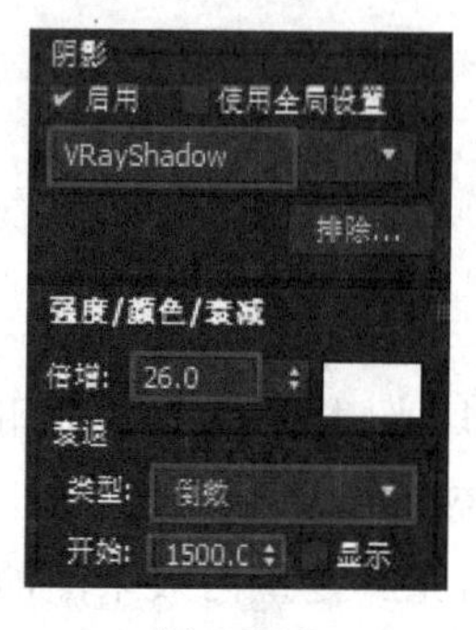

图 5-37

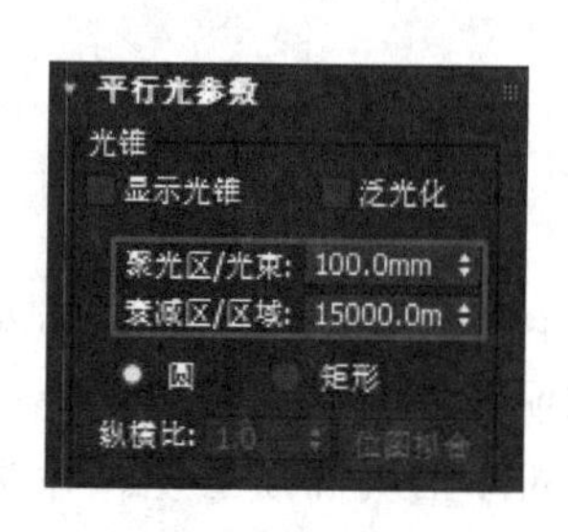

图 5-38

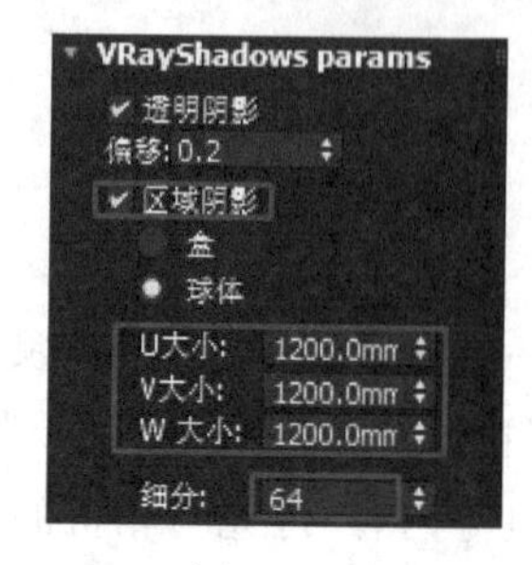

图 5-39

然后设置辅助光，给场景创建一个聚光灯，因为是辅助光，所以不开启阴影，设置“强度”为 2000.0，衰减“类型”为“平方反比”，从 20.0mm 开始。选中“泛光化”复选框，“衰减区/区域”为 130.0mm，其余参数保持默认值。然后复制出其他 6 个聚光灯，并在视口中调整 7 个灯光的摆放位置，如图 5-40 所示。

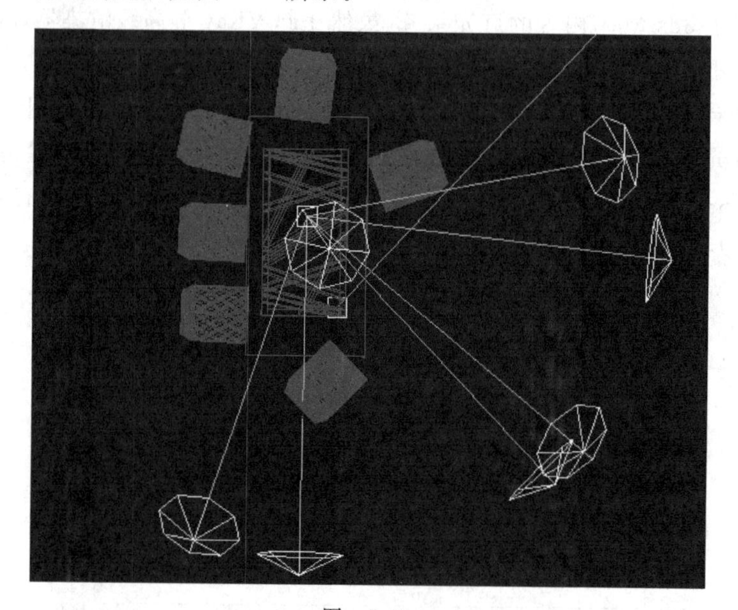
图 5-40

最后为了营造良好的氛围，分别设置不同的色温来获得画面的艺术感，因此设置平行灯的颜色为“H：155、S：25、B：255”(冷色调)，设置其余 7 个聚光灯颜色为“H：15、S：48、B：255”(暖色调)，以此获得最终效果图的冷暖色对比，也是好莱坞常用的一种布光方式。

注意：本案例中的所有参数设置只作为参考，读者在练习过程中如果更改了场景的比例大小，那么相应的参数也需要改变，希望广大读者能够理解三维灯光效果跟场景的比例大小关联很大，因此需要灵活地去设置每个参数，并且理解本章前面讲解的每个参数的具体用途，融会贯通，才能在实际项目中运用自如。本案例没有经过任何后期处理，纯属练习场景。

第6章　VRay渲染引擎设置

本章要点：

- VRay图像采样
- GI引擎
- 全局采样设置

VRay是一个世界著名的高级渲染器，它是现今装潢设计、建筑设计工作者们使用最普遍的渲染器。在介绍它之前首先了解一下以前曾经流行的Lightscape渲染器，Lightscape于1996年由德塞公司引进中国，1997年以后开始在国内逐渐流行，2000年以后Lightscape软件已经在全国大规模地商业普及。但是，再好的软件如果没有升级进步，因落后淘汰也是迟早的事。2005年以后，Lightscape被VRay等渲染器软件逐渐取代。取代的主要原因：Lightscape的生产商被美国Autodesk公司收购以后，停止了对Lightscape软件的研究开发，Autodesk公司将Lightscape 3.2的技术融入3ds Max软件之中，从此以后Lightscape 3.2软件不再升级，这让所有使用Lightscape软件的用户感到非常遗憾。

VRay、Brazil、FinalRender三大渲染软件的运用，已经到了群雄逐鹿、各领风骚的地步，成为当今世界渲染器的霸主。三大霸主弥补了Lightscape的所有缺陷，并且光的运用表现更逼真、更细腻。操作者如果具备很好的美术基础，可以细腻到照片级的地步。如今三大霸主软件已经在全国各行各业大规模地应用和进行商业普及。

VRay渲染器是著名的Chaos Group公司新开发的产品，主要用于室内外装潢设计、建筑设计等方面的渲染，并且它能产生一些特殊的效果，如次表面散射、光迹追踪、焦散、全局光照等。VRay真实的光线能创建出专业的照片级效果。其渲染速度快，在焦散方面的效果也是所有渲染器中最好的，其天光和反射的效果也非常好。设置简单是VRay渲染器的另一大特色，它的控制参数完全内嵌在材质编辑器和渲染设置中，为初学者快速入门提供了可能。说到VRay渲染器就不得不提准蒙特卡罗算法，它是渲染器中最重要的计算方法，当前没有任何一款渲染器能够离开准蒙特卡罗算法，而且它们一般使用的都是修改过的准蒙特卡罗算法。在VRay渲染器中，使用准蒙特卡罗算法进行计算的有图像采样器、反射模糊、折射模糊、阴影模糊、运动模糊、景深模糊、发光贴图间接光照渲染引擎、确定性准蒙特卡罗间接光照渲染引擎。

如果想要真正地去掌握好VRay渲染器，那么关于渲染器的具体参数设置显得非常重要，只有理解了这些参数背后的原理，并能够熟练地运用它们，才能够为自己的设计工作带来便利，下面将详细地向读者介绍VRay的各种参数设置。

6.1 VRay 基本设置

VRay 基本设置的界面位于 3ds Max 渲染器设置的第二个选项卡，这里包含了有关 VRay 的版本号、授权信息、帧缓存、全局开关、图像采样(抗锯齿)、图像过滤、全局 DMC、环境、颜色贴图、相机等内容。下面将最重要以及最常用的参数作详细介绍。

6.1.1 “全局开关”卷展栏

依次展开“渲染设置”→VRay 选项卡→“全局开关”卷展栏，如图 6-1 和图 6-2 所示。

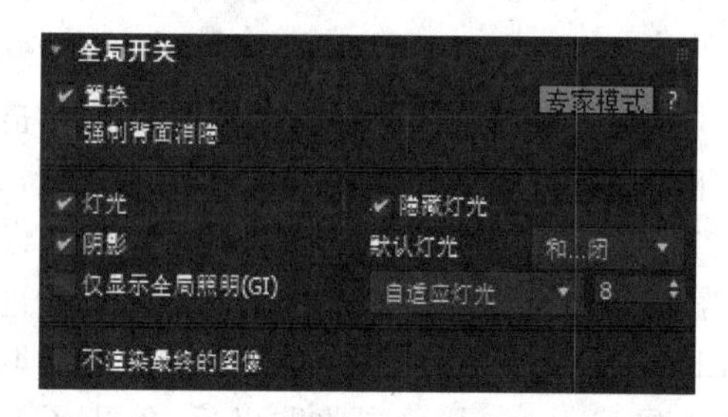

图 6-1

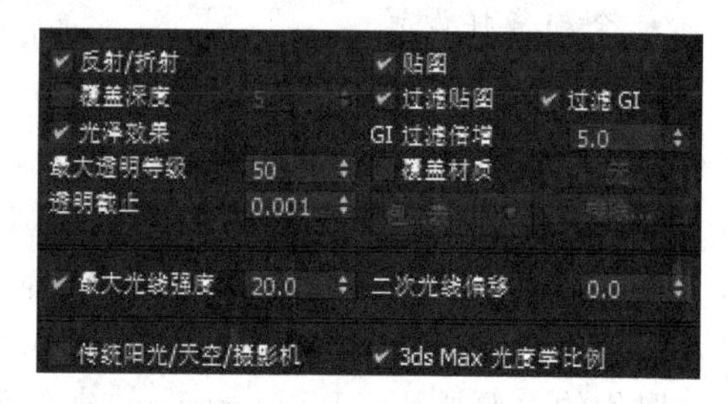

图 6-2

- 置换：全局启用(默认)或禁用 VRay 自身的置换贴图。
- 强制背面消隐：启用或禁用(默认)背面消隐摄影机和阴影光线。
- 灯光：全局启用或禁用灯光计算。
- 隐藏灯光：启用或禁用灯光。
- 阴影：全局启用或禁用阴影计算。
- 默认灯光：在场景中没有其他灯光存在时允许用户控制是否创建默认灯光。
- 仅显示全局照明(GI)：该选项将从最终渲染中排除直接照明，但是灯光还是会考虑全局照明(GI)的计算，最终只有间接照明被显示。
- [“采样灯类型”下拉列表]：确定在许多灯光的场景中如何应用采样灯。全部灯光求值：全光评估计算每个阴影点的所有灯；均匀概率：用统一概率评估随机选择的几盏灯；自适应灯光：如果不使用光缓存，自适应光将使用来自缓存的信息来确定采样和均匀采样的灯。
- [数值]：在每个着色点计算概率灯光的数目。
- 不渲染最终的图像：选中该选项时，VRay 将只计算相关的全局照明贴图(光子图、灯光缓存、发光图)。
- 反射/折射：全局启用或禁用计算 VRay 贴图和材质中的反射与折射。
- 覆盖深度：可以限制全局反射/折射的深度。
- 光泽效果：该选项可以替换场景中的所有光泽反射与非光泽反射(适用于测试渲染)。

- 最大透明等级：控制透明对象的跟踪深度。这个值设置较高时，在存在许多不透明贴图的情况下，会重叠三角形（如树叶）。
- 透明截止：该值代表跟踪透明对象时何时被停止。
- 贴图：启用或禁用纹理贴图。
- 过滤贴图：启用或禁用贴图过滤。
- 过滤 GI：在全局照明（GI）计算和光泽反射/折射期间启用或禁用纹理过滤。
- GI 过滤倍增：全局照明（GI）的纹理过滤倍增值。
- 覆盖材质：该选项可以在渲染时覆盖场景材质。当创建自定义的场景过程或快速调整标准化条件下的场景灯光时有用。
- [覆盖材质下拉列表]：可以选择何种方式去排除场景中的对象，分为包含/排除列表、排除层、排除对象 ID。
- 最大光线强度：该选项可以抑制很亮的二次光线参考，在渲染图像中可能会造成过度且难以汇聚的噪波。虽然结果可能没有更多的偏移，显示没有明显的视觉差异，但会导致缩短渲染时间。
- 二次光线偏移：正偏移将被应用到所有的二次光线。当场景包含重叠三角形时，将其设置为 0.001 这样一个很小的正值来避免 Z 轴起伏的问题。
- 传统阳光/天空/摄影机：当关闭该选项（默认）时，VRay 使用改进且更精确的模型。当开启时，将切换到兼容老场景的旧模型。
- 3ds Max 光度学比例：当启用（默认）时，这个选项将使 VRay 灯光、VRay 太阳、VRay 天空和 VRay 物理摄影机与 3ds Max 的光度学单位适配。

6.1.2　VRay 图像采样

1. “图像采样（抗锯齿）”卷展栏

依次展开“渲染设置”→VRay 选项卡→“图像采样（抗锯齿）”卷展栏，如图 6-3 所示。

图　6-3

- 类型：“渲染块”采样器渲染矩形区域中的图像，而“渐进”采样器在整体图像上渲染一次。“块”采样器内存效率更高，并可能更适用于分布式渲染，效果更好。“渐进”采样器用于获得整个图像的快速反馈，来渲染图像特定的时间段或让渲染运行到图像足够好为止，当启用 IPR 渲染默认渲染方式等同于“渐进”采样器。
- 渲染遮罩：该选项将启用渲染遮罩功能，可以定义计算图像的像素，其余的像素保持不变。
- 最小着色速率：该选项可以控制投射光线的抗锯齿数目和其他效果，如光泽反射、全局照明(GI)、区域阴影等，提高这个数字通常会提高这些效果的质量，增加的渲染时间反而低于提高抗锯齿采样所增加的时间。

- 划分着色细分：默认情况下，为每个图像采样，划分灯光、材质等采样数目，按抗锯齿采样以达到大致相同的质量和数量的光线时更改抗锯齿设置数目，关闭时，可以指定灯光、材质的具体精确的细分控制；该项除非特定的情况，否则建议开启。

2. “渐进图像采样器”卷展栏

依次展开“渲染设置”→VRay 选项卡→“渐进图像采样器”卷展栏，如图 6-4 所示。

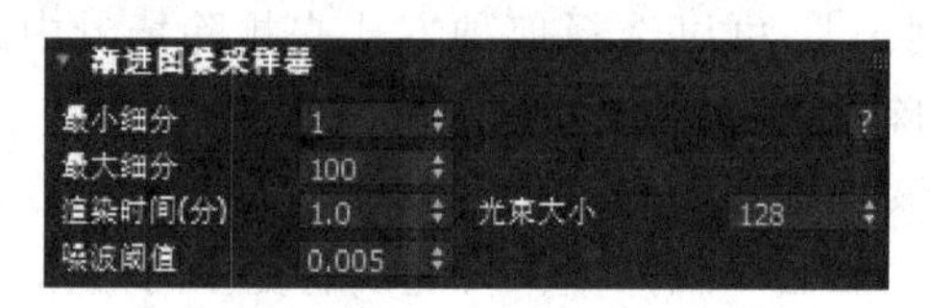

图 6-4

- 最小细分/最大细分：控制图像中的每个像素所接收的最小/最大采样数目，采样的实际数目是细分的平方。
- 渲染时间(分)：最大渲染时间以分钟为单位，这只是最后像素的渲染时间，不包括任何的全局照明，类似于灯光缓存、光子图等，0.0 代表不受时间限制。
- 噪波阈值：图像中所需的噪波级别如果是 0.000，那么整个图像均匀采样直到最大。
- 光束大小：该项用于分布式渲染控制交给每台机器工作的渲染块大小，当使用分布式渲染时，较高的值可有助于利用服务器上的 CPU 更好地渲染。

3. “块图像采样器”卷展栏

依次展开“渲染设置”→VRay 选项卡→“块图像采样器”卷展栏，如图 6-5 所示。

图 6-5

- 最小细分/最大细分：控制每个像素采样的最小/最大采样数目，最小值通常为 1。但提高这个值，可以更好地初始检测薄几何体或小镜面反射，以及景深、运动模糊等。最大值提高，可以使用最小着色速率和噪波阈值来控制图像质量，以确保终止的光线投射在需要的地方。
- 噪波阈值：控制何时停止对像素自适应采样，较低的值会产生更少的噪波和更好的图像质量，但会增加渲染时间。
- 渲染块宽度/渲染块高度：水平/垂直渲染块大小。取决于系统选项卡中的“划分方法”选项。

4. "图像过滤"卷展栏

依次展开"渲染设置"→VRay 选项卡→"图像过滤"卷展栏,如图 6-6 所示。

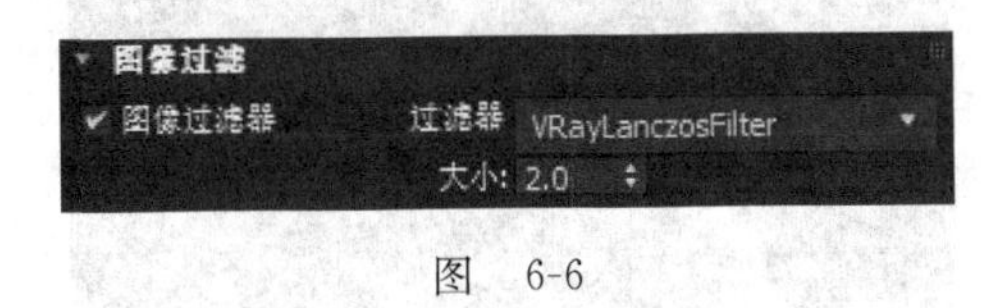

图 6-6

- 图像过滤器:启用子像素过滤。当它关闭时,使用内部的 1×1 像素框过滤器。
- 过滤器:指定过滤器的类型。
- 大小:指定图像过滤的大小。

5. "全局 DMC"卷展栏

依次展开"渲染设置"→VRay 选项卡→"全局 DMC"卷展栏,如图 6-7 所示。

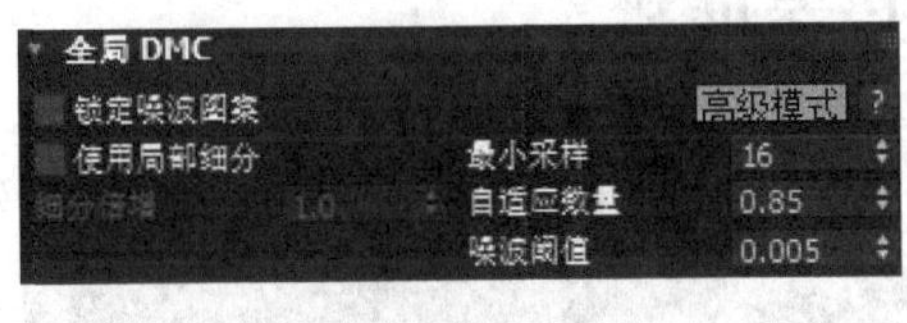

图 6-7

- 锁定噪波图案:将动画的所有帧强制使用相同的噪波图案。默认为关闭。
- 使用局部细分:禁用时,将自动计算着色效果的细分;开启时,材质/灯光/全局照明可以指定自己的细分值。
- 细分倍增:场景中所有细分的倍增值。如果设置为 0.0,那么所有材质/灯光/全局照明的细分值将被忽略,并且只使用最小的着色速率(除了发光图和插值的光泽反射/折射外)。
- 最小采样:该选项确定了采样的最小数目,一般保持默认值即可。
- 自适应数量:该选项决定了适应的程度,1.00 意味着完全适应,0.00 意味着不适应。
- 噪波阈值:噪波控制的范围,较小值意味着更少的噪波、更多的采样;反之亦然。0.000 意味着不适应。

6.1.3 "环境"卷展栏

依次展开"渲染设置"→VRay 选项卡→"环境"卷展栏,如图 6-8 所示。

- GI 环境:开启或关闭全局照明(GI)环境覆盖,可以设置环境颜色,也可以给环境指定纹理。当指定了纹理之后,颜色失效。注意,倍增值不影响纹理的强度。
- 反射/折射环境:在反射/折射计算过程中使用指定的颜色和纹理,颜色、纹理和倍增值与 GI 环境相同。

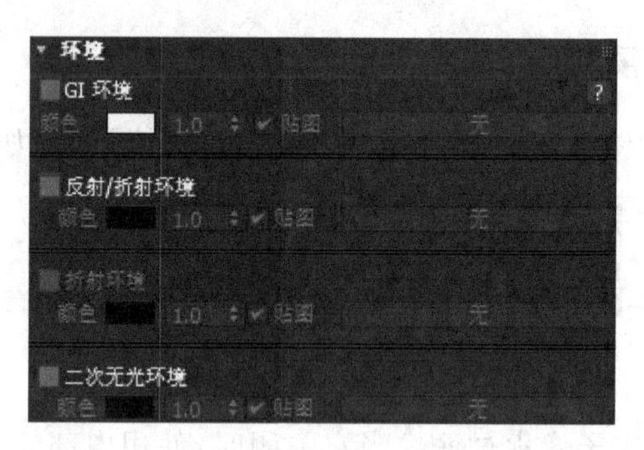

图 6-8

• 折射环境：启用折射环境覆盖，颜色、纹理和倍增值与 GI 环境相同。
• 二次无光环境：使用在反射/折射中可见的无光对象指定的颜色和纹理，颜色、纹理和倍增值与 GI 环境相同。

6.1.4 “颜色贴图”卷展栏

依次展开“渲染设置”→VRay 选项卡→“颜色贴图”卷展栏，如图 6-9 所示。

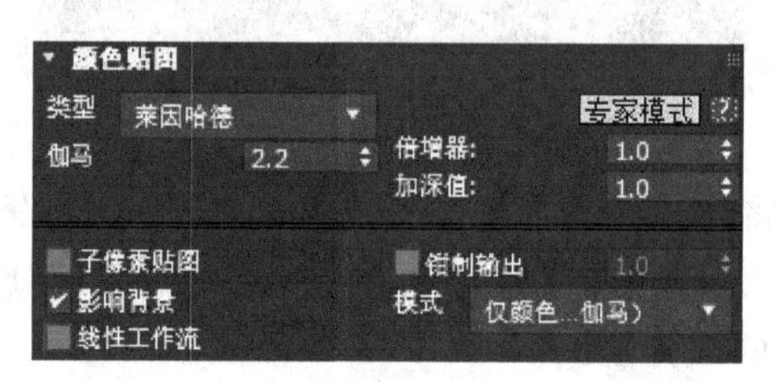

图 6-9

• 类型：包括以下类型。
 ♦ 线性乘法：此模式将简单地根据其亮度乘以最终图像颜色，而不应用任何更改。
 ♦ 指数：此模式将根据其亮度使颜色饱和，用于防止非常明亮的区域周围产生过亮的颜色。
 ♦ HSV 指数：此模式类似于指数模式，但它将保留色彩的饱和度。
 ♦ 强度指数：此模式类似于指数模式，但保留 RGB 颜色分量的比例，只会影响颜色的强度。
 ♦ 伽马校正：此模式将伽马曲线应用于颜色，暗部倍增是对伽马校正之前的颜色倍增，亮度倍增是伽马值的倒数。
 ♦ 强度伽马：此模式将伽马曲线应用于颜色的强度，而不是独立的每个 RGB 通道。
 ♦ 莱茵哈德：此模式是指数和线性之间的混合，如果加深值为 1，则为线性模式；如果加深值为 0，则为指数模式。
• 伽马：允许用户控制输出图像的伽马校正，不管颜色贴图模式，但是这里的值是用于伽马校正颜色贴图类型之一的倒数。

- 子像素贴图：控制颜色贴图应用到最终图像像素或单个子像素的采样，旧版本的 VRay 的底层是打开的，而现在默认为关闭，因为这样才能产生更正确的渲染，特别是使用通用的设置方法。
- 影响背景：如果关闭，颜色贴图将不会影响到背景的颜色。
- 线性工作流：选中该项时，VRay 会自动应用线性工作流程，但它并不适合替换适当的线性工作流程，关于具体的线性工作流程，详见本书的第 9 章。
- 钳制输出：如果启用，颜色贴图将被钳制，在某些情况下，这可能是不可取的。比如，要对图像的 HDR 部分抗锯齿，应关闭钳制。
- 模式："仅颜色贴图和伽马"表示颜色贴图和伽马二者加深最终的图像。"无"表示既不是颜色贴图也不是伽马加深。"仅颜色贴图"表示无伽马。

6.1.5 "相机"卷展栏

依次展开"渲染设置"→VRay 选项卡→"相机"卷展栏，如图 6-10 所示。

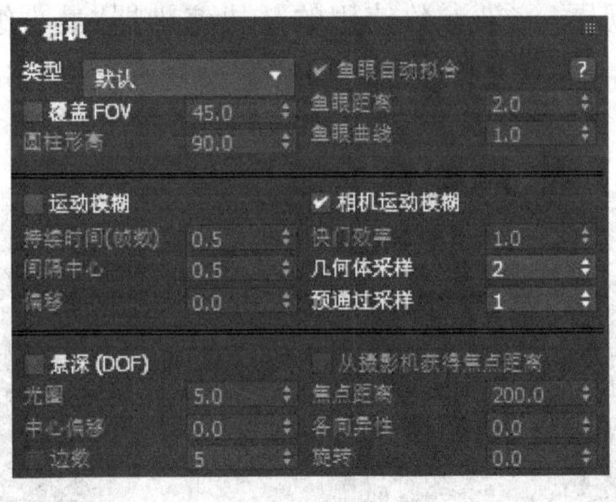

图 6-10

- 类型：定义光线如何将场景项目投射到屏幕上。
- 覆盖 FOV：最常用的是配合"球形"类型。设置为 360.0°，输出一张全景图。后续可以制作 720°室内效果图。
- 运动模糊：启用/禁用渲染图像的运动模糊。
- 持续时间(帧数)：指定帧的持续时间，并打开摄影机的快门。
- 间隔中心：默认值为 0.5，意味着运动模糊区间的中间介于 3ds Max 的帧之间。0.0 代表精确的帧位置。
- 偏移：0.0 意味着灯光从场景均匀分布在整个运动模糊区间，正值为灯光朝向区间的末端，负值为朝向始端。
- 相机运动模糊：当相机有动画时，请选中此项。
- 快门效率：默认为 1.0 较低的值会产生与现实更接近的结果，根据情况而定。
- 几何体采样：当对象以非线性方式移动时，增加值来创建平滑的模糊拖尾，较高的值会增加内存消耗。

- 预通过采样：让部分采样在发光图计算期间进行计算。
- 景深(DOF)：通过标准的3ds Max摄影机或从透视视口渲染景深效果。
- 光圈：控制世界单位虚拟摄影机光圈的大小，较小会减少景深效果，较大会产生更多的模糊。
- 中心偏移：默认为0.0，意味着灯光通过光圈均匀传递，正值为灯光同心朝向边，负值为灯光同心朝向中心。
- 边数：模拟真实世界摄影机光圈的多边形图形，关闭时为完美的圆形。
- 从摄影机获得焦点距离：如果从摄影机视图完成渲染，启用该选项。
- 焦点距离：焦点距离之外的对象会模糊。
- 各向异性：正值为垂直方向上的散景效果，负值为水平方向上的水平拉伸。

课堂案例　正确地设置AA采样与细分采样

(1) 打开配套素材中的第6章里的课堂案例“AA采样与细分采样设置(素材)”文件，按F9键渲染摄影机视图，渲染参数使用的是块渲染器“最小细分”为1，“最大细分”为4，“噪波阈值”为默认的0.01，“渲染块宽度”和“渲染块高度”为64.0，得到如图6-11所示效果，共花费时间为0.9s。

图　6-11

在得到的渲染图中很明显地看到了很多的噪点，这显然不是我们想要的效果，为了得到更高的渲染质量，务必要增加采样的精度，但是该把哪项采样的精度增加才合适呢？显然不可能把所有的采样值都加大，这样的确能改善渲染质量，但是，付出的代价就是非常漫长的渲染时间。在实际工作中效率是非常重要的，如果一味地提高渲染质量，却花费过多的时间，这与实际项目是相违背的，因此，必须分析出现噪点的位置，是因为什么原因出现了噪点，只有清楚了这些问题才能有的放矢地设置相应的参数来改善渲染质量，并且不会增加太多的渲染时间，做到质量与时间平衡。

(2) 先给渲染元素里面添加分层，这样能让 VRay 在渲染时把添加分层图像单独提取出来，以便于观察各个分层的效果。单击“渲染设置”按钮，切换到“渲染元素”选项卡，单击“添加...”按钮(见图 6-12)，分别添加“VRay 采样率”“VRay 反射”“VRay 镜面”“VRay 全局光照”“VRay 照明”这 5 个分层元素。

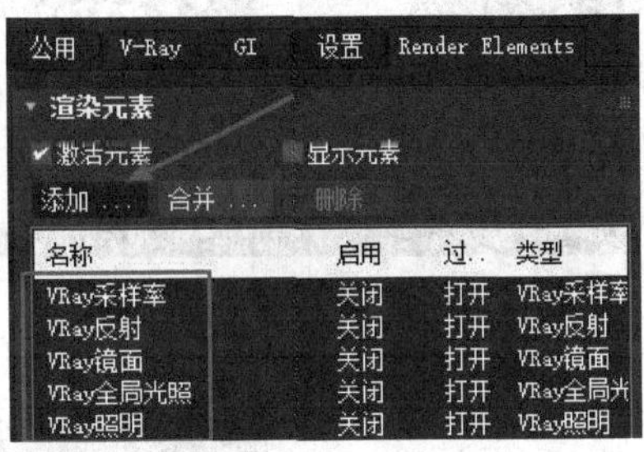

图　6-12

(3) 单击“渲染”按钮，得到渲染图。在 VRay 帧缓存中切换至“VRay 反射”层，得到如图 6-13 所示的效果。从图中可以看出，存在非常多的噪点，这代表了反射采样远远不足，因此可以将物体材质的反射采样细分值提高，经过测试，将细分值从默认的 8 提高至 256，能够得到比较干净的渲染效果，渲染时间也从 0.7s 增加到了 49.3s，但是画质是非常高的。

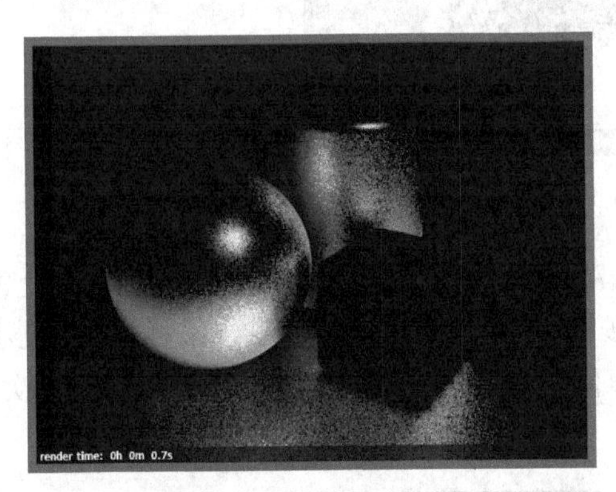

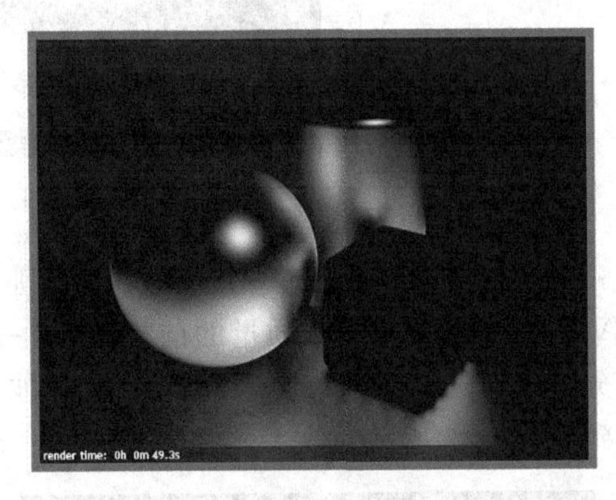

图　6-13

(4) 切换到“VRay 照明”层，从图中可以看到在这个分层中还存在很多的噪点，这些噪点显然是由于灯光的采样细分值不够所导致的，因此应该将灯光的采样细分提高，从默认的 8 提高到 128，得到如图 6-14 所示的效果，可以看出噪点基本已经不存在了，但是渲染时间却神奇般地从 49.3s 减少到 27.4s，按照正常情况，增加灯光的细分采样，渲染时间一定是要增加的，而本案例却减少了，这得益于新版 VRay 新的高效算法，因为提高了灯光采样，同时降低了 AA 采样的负担，由于加快了 AA 采样的速度，因此总体的渲染时间反而减少了。

(5) 切换回 RGB 层，得到了如图 6-15 所示的最终效果，渲染质量很高，几乎不存在肉眼可以观察到的明显噪点，达到了商业出图的质量，但是花费的时间只有 27.4s。

图 6-14

图 6-15

切换到“VRay 采样率”分层，可以看到 AA 采样仍然使用得有点多，下面继续设置 AA 采样，在不降低渲染质量的前提下，进一步缩短渲染时间。将块图像采样器的“最小细分”设置为 1，“最大细分”设置为 8，“噪波阈值”设置为 0.03，这个时候再来渲染一次，得到如图 6-16 所示的效果。

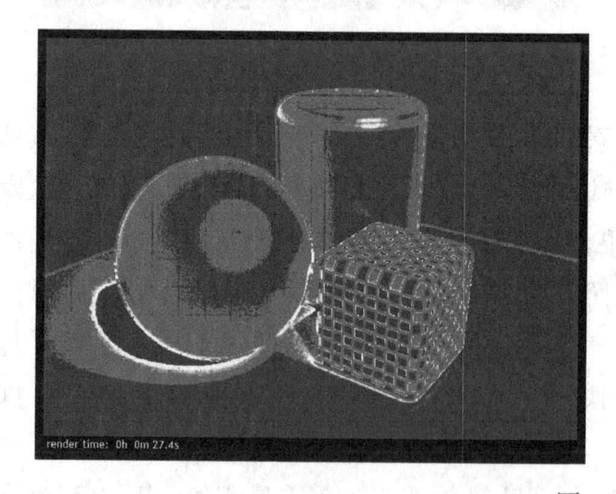

图 6-16

(6) 现在渲染时间从 27.4s 降低到了 7.8s，但是，画面中也重新出现了一些噪点，它们同样是由于反射与灯光的细分采样不够而产生的，这意味着需要再次提高反射与灯光的细分值；将灯光细分值增大到 224，得到如图 6-17 所示的最终结果，渲染质量基本没变，渲染时间也仅仅只是以原来的 7.8s 增加到 11.6s，但是对比之前的 27.4s 已经节省了非常多的时间，而渲染质量不变。通过这个小案例我们知道，合理地使用各个参数，理解参数背后的原理，能够大大提高工作效率。

图 6-17

6.2 VRay 间接光照（GI）

GI 全名为 Global Illumination（全局光照）。在一个场景中，根据照明中光能的来源，分为直接光照和间接光照。直接光照是由光源所发出的光能直接照射到场景中物体上所形成的照明效果，间接光照是由光源发出的光能经由场景中其他物体表面反弹后照射在某些物体表面所形成的光照现象（间接光照中的光能来自直接光照中被物体表面所反弹的光能）。理解上面的分析后，就容易理解什么是 GI 了。GI 就是由直接光照和间接光照一起形成的光照，全局光照更加符合现实中真实的光照。其实 GI 在图形领域里面已经不算是新的技术了，微软、Nvidia 等厂商一直在开发 GI 技术，如今的 GPU 速度已经非常快，并且浮点计算能力已经相当强大，普及 GI 技术是硬件厂商的必然发展方向。GI 的出现大大提高了场景的打灯效率。在没有 GI 之前，一个场景中往往需要打非常多的辅助灯光才能达到正确照明的效果，而自从有了 GI 之后，程序将会自动计算所有灯光的间接光照，这样就不需要过多的辅助光，但是 GI 需要正确地使用，并不代表有了 GI 就不再需要辅助光了，GI 只能作为补充照明，属于起到锦上添花的作用。很多情况下，GI 的照明效果都不如实际灯光的效果好。如果场景是模拟的室外，GI 也未必需要开启，因为室外并不像室内有这么多的光线交叉；另外，如果场景中有动画，或者相机有动画，又或者两者皆有，那么也要谨慎使用 GI，防止出现闪烁现象，但是 GI 在室内效果图的制作中扮演着十分重要的角色。下面就详细地介绍 GI 各种引擎的一些最常用的参数。

6.2.1 发光贴图

发光贴图的计算方式是基于发光缓存技术的，是只计算场景中某一些特定的间接光照，对附近的区域进行插值计算。发光贴图在最终图像质量相同的情况下运行速度比其他集中渲染引擎快，而且相比之下渲染出来的噪波较少。发光贴图可以被保存，以便被载入使用，尤其是在同一场景表现动画的时候，我们可以在不同角度叠加保存被计算的发光贴图采样点，以便加速渲染整个动画过程。发光贴图还可以加快面积光源的计算。但由于采用了差值计算，所以容易在细节上或在设置了运动模糊的场景中产生模糊和噪波。如果参数设置过低，渲染出的动画很容易产生动画跳帧。发光贴图描述了三维空间中任意一点和全部可能照射到这一点的光线。通常照射这个点的每条光线都是不同的，但是渲染器在渲染时对这些光线也有限制，由于被照射的点都在场景中物体的表面上，所以有一种约束叫作表面约束。另外一种是渲染器只考虑这个点被照射的所有光线数量而不去计算这些光线来自哪个方向。这些被计算的所有的点是一个三维空间方式的集合。当光线照射到物体表面时，VRay 会在发光贴图中查找与当前计算过的点类似的点，并从已计算过的点中提取信息，根据这些信息将相似的点进行内差值替换。如果那个点与其他任何被计算过的点不同，就会被重新计算，保存发光贴图到内存中。由于上述原因，所以发光贴图是自适应的，它会根据我们给定的参数对场景中物体的边界、物体交叉部分以及阴影等重要的部分进行精确的全局光照计算，在大量平坦的区域进行低精度的全局光照计算。发光贴图是 VRay 渲染系统的默认渲染引擎，也是参数最多的渲染引擎。

1. 优点

(1) 与穷尽算法相比，发光贴图速度非常快，特别是对场面的平面面积较大的，噪点问题大大地减少。

(2) 发光贴图可以储存起来重复使用，因此可以加速相同场景不同视角的渲染，或是用于动态场景的动画。

(3) 发光贴图也可以加速由区域光照所产生的直接漫射照明。

2. 缺点

(1) 因为用的是插值算法，所以在间接光照的计算中可能模糊掉该有的细节。

(2) 如果参数设定过低，在渲染动画时可能会产生闪烁的问题。

(3) 需要额外的记忆体。

(4) 当计算动态模糊时，用这个方法计算出的间接光照并不完全正确，并可能导致噪点(虽然在大多数情况下这个问题不是很显著)。

依次展开“渲染设置”→GI 选项卡→“发光贴图”卷展栏，如图 6-18 所示。

• 当前预设：非常低——仅用于预览；低——用于预览；中等——在很多情况下，如

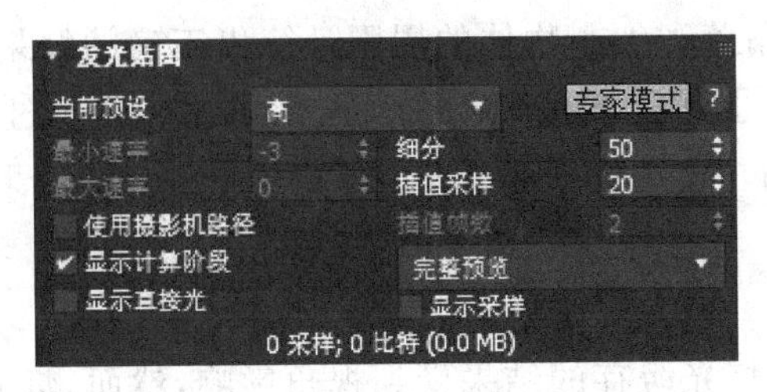

图 6-18

果场景中并没有太多的小细节，这个级别可以用于商业出图设置；中等动画——旨在减少动画中的闪烁；高——适合小细节特别多以及大多数的动画场景；高动画——主要防止动画中存在的闪烁；非常高——用于极小而非常复杂细节的场景。

- 最小速率/最大速率：0 代表与最终渲染图像的分辨率一致，－1 代表 1/2，－2 代表 1/4。
- 细分：控制单独 GI 采样的质量，较小值速度更快，但会产生噪点，更高的值图像更清晰，但会增加渲染时间。
- 插值采样：较大的值会模糊细节，结果会更平滑；较小的值会有更多的细节，但如果采样不够就会产生很多斑点，该项参数增大并不会明显增加渲染时间，它属于后期插值效果，不等同于真实的采样，建议值 20 即可，不要超过 30，否则将失去很多细节。

6.2.2 灯光缓存

VRay 灯光缓存也使用近似计算场景中的全局光照信息，它采用了 Irradiance Map 和 Photon Map 的部分特点，在摄影机可见部分跟踪光线的发射和衰减，然后把灯光信息储藏到一个三维数据结构中。它对灯光的模拟类似于 Photon Map，而计算范围和 Irradiance Map 的方式一样，仅对摄影机可见部分进行计算。虽然它对灯光的模拟类似于 Photon Map，但是它支持任何灯类型，也就是说，它对灯光的模拟是类似于光子贴图的，但计算范围和发光贴图的方式是一样的，仅对摄影机中的可见部分进行计算。虽然它对灯光的模拟类似于光子贴图，但它对灯光没有局限性。

注意：由于 Light Cache(灯光缓存)特殊的计算方式，在使用灯光缓存时，尽量不要将材质色彩的 RGB 值设置到 255，这样会导致追踪路径过长从而增加渲染时间。

1. 优点

(1) 参数很容易设定，只计算由视角产生的射线，与光子贴图不同的是，光子贴图必须计算场景中所有的光源，而且常常要分别设定每个光源的参数。

(2) 能够有效地计算任何类型的光源：天光、自身照明光源、非物理光、光度计灯等，相较之下，光子贴图的功能是有限的，例如，光子映射无法重现天光产生的照明，也无法重现没有平方衰减的标准点光源效果。

(3) 灯光缓存能在角落和细小物体的周围计算出正确的结果，而光子贴图因为必须依赖光密度计算，所以在上述区域往往容易产生错误，常常产生过暗或过亮的结果。

(4) 在大部分情况下，灯光缓存可以直接预览场景的照明效果。

2. 缺点

(1) 与热辐射相同，灯光缓存的结果受到视角影响，然而，灯光缓存能产生近似的间接光照；对于封闭的空间，几乎可以完全计算出场景完整的间接光照。

(2) 需要使用 VRay 自己的材质。

(3) 同光子贴图，灯光缓存不是自适应的，灯光缓存是以固定的解析度来计算的，这个解析度可以由使用者自行决定。

(4) 灯光缓存没办法计算出好的凹凸贴图效果。如果想要得到好的凹凸贴图效果，最好搭配热辐射来计算。

(5) 灯光缓存计算动态模糊时结果不一定是正确的，但是结果非常平滑，因为随着计算时间的延长，灯光缓存也会平滑计算 GI(与热辐射不同，因为热辐射是计算某一特定瞬间时间的每个样本)。

依次展开“渲染设置”→GI 选项卡→“灯光缓存”卷展栏，如图 6-19 所示。

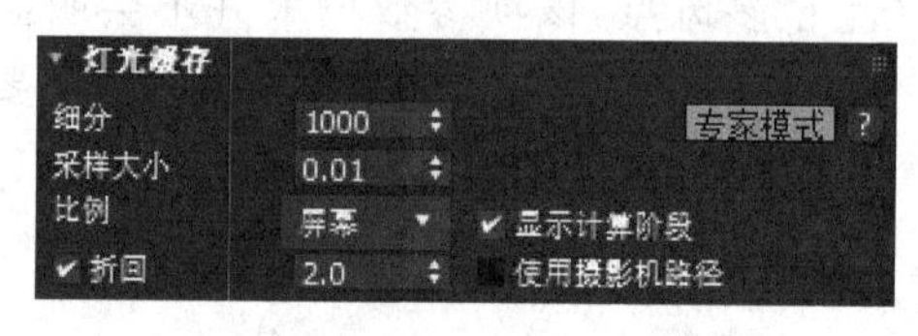

图 6-19

- 细分：控制灯光缓存的质量，默认 1000 是一个很好的起点值。设置为较大的值，比如 3000，能在更复杂的室内渲染减少动画中的闪烁。另外，灯光缓存的时间代价并不算太高，因此不需要设置得太低，一般情况下设置为 1000～1500 即可。
- 采样大小：单位为系统单位，因此选择一个与场景中几何体大小一致的值即可，一般默认不需要更改，更小值会带来更精细的采样，同样以渲染时间为代价。

6.2.3 穷尽计算

穷尽计算也称为暴力计算，它是一种更加精确的算法，理论上它是真正的物理计算，大部分情况接近于准蒙特卡罗算法，比准蒙特卡罗算法要精确费时，也等于直接计算(Direct Computing)，虽然它们的本质还是有点不同。准蒙特卡罗演算法是指一种取巧的随机采样的方式，主要是为了不计算所有算法，而只考虑较少的采样样本。跟 Photon Map、Irradiance Map 这种算法相比较，后者多少有点取巧，不计算所有的采样点。穷尽计算则是完全地计算所有准蒙特卡罗产生的采样点，换句话说就是直接计算，因此能获得特别精确的结果；缺点是速度较慢。

1. 优点

(1) 保留间接光照里面所有的细节(例如,小或锐利的阴影)。

(2) 渲染动画几乎不会有闪烁的问题。

(3) 不需要额外的记忆体。

(4) 能正确地计算动态模糊。

2. 缺点

(1) 对于复杂的场景会消耗很多的计算时间(如室内照明)。

(2) 往往会产生噪点,这个问题可以经由发射更多光线来解决,但光线越多时间越长。

依次展开"渲染设置"→GI 选项卡→"暴力计算 GI"卷展栏,如图 6-20 所示。

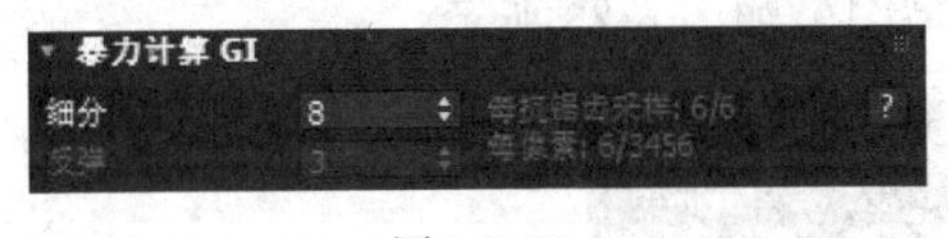

图　6-20

细分: 采样值越高带来越精细的效果,但是以牺牲渲染时间为代价。

关于最常用的三种 GI 引擎的搭配问题,这里推荐两种搭配方式。

- 第一种方式

首次引擎: 发光图;二次引擎: 灯光缓存。适用于场景复杂度为一般,特别精细的对象并不多的时候。

- 第二种方式

首次引擎: 穷尽计算;二次引擎: 灯光缓存。适用于场景复杂度极高、极小对象很多或者灯光计算出错、动画闪烁时。

6.2.4　VRay 焦散

依次展开"渲染设置"→GI 选项卡→"焦散"卷展栏,如图 6-21 所示。

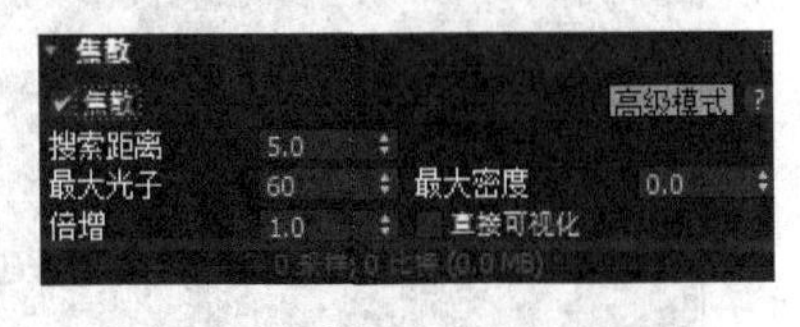

图　6-21

- 焦散: 启用或禁用焦散。
- 搜索距离: 当 VRay 需要在给定的曲面点渲染焦散效果时,它搜索光子在曲面区域周围的阴影点,较小的值产生更清晰但有更多噪点的焦散,较大的值产生更平滑但更加模糊的焦散。
- 最大光子: 渲染曲面焦散效果时的光子最大数目,较小值会导致较少、较清晰的光子焦散效果;较大值会产生更平滑但焦散比较模糊的效果。
- 倍增: 控制焦散的强度。

- 最大密度：限制焦散光子图的分辨率。
- 直接可视化：显示焦散贴图的计算过程。

课堂案例　钻石渲染焦散效果

(1) 打开配套素材中的第 6 章里的课堂案例“钻石渲染焦散效果素材”文件，场景中已有一个“钻石”模型，以及环境灯光都已经设置好了。首先按 M 键打开“材质编辑器”，选择一个空的材质球并单击“将材质指定给物体”按钮，如图 6-22 所示，并且把材质设置为 VRayMtl。

(2) 然后设置“漫反射”颜色为全黑，“反射”的颜色为全白，开启高光光泽锁定，设置“高光光泽”为 0.96，“细分”为 64。

(3) 接着设置“折射”颜色为全白，IOR 为 2.4，选中“阿贝数”复选框并设置为 50.0，“细分”为 64，“最大深度”为 10，如图 6-23 所示。

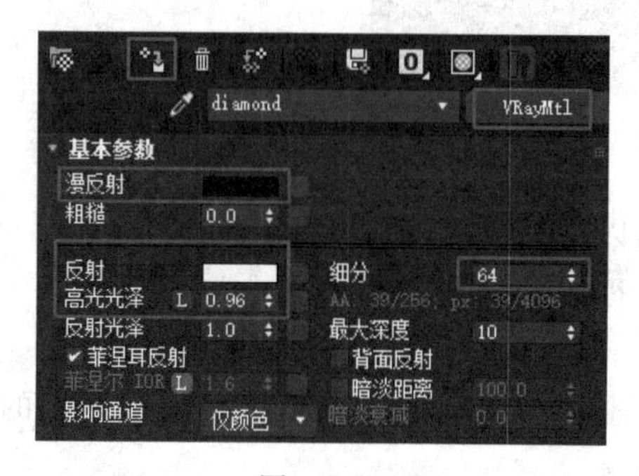

图 6-22

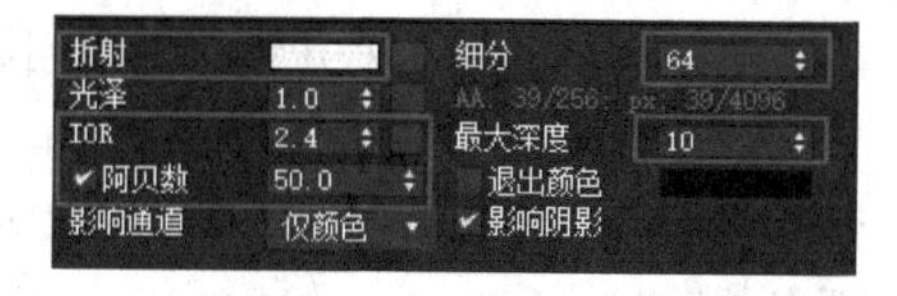

图 6-23

(4) 打开“渲染设置”面板，切换到“设置”选项卡，打开灯光设置，设置“焦散细分”为 15000，“焦散倍增”为 50.0，如图 6-24 所示。

(5) 切换到 GI 选项卡，开启焦散，设置“搜索距离”为 10.0，“最大光子”为 100，“倍增”为 10.0，如图 6-25 所示。

(6) 最后选择摄影机，按 F9 键渲染场景，得到如图 6-26 所示的效果。

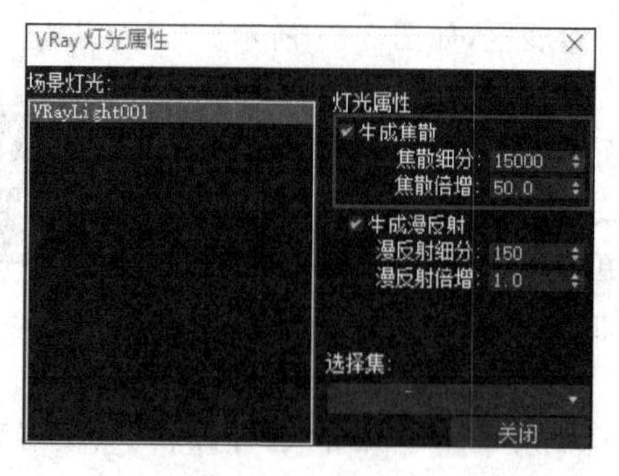

图 6-24

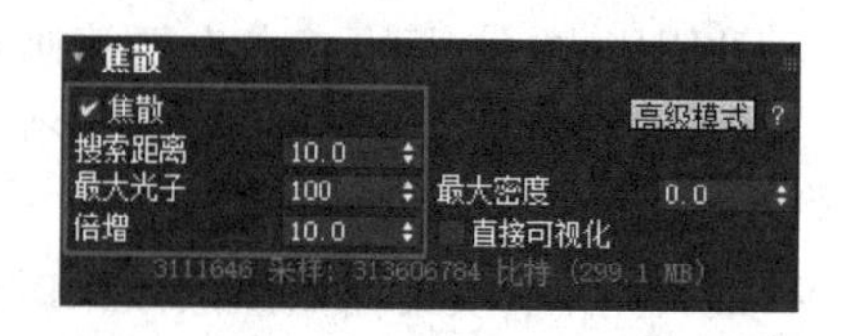

图 6-25

图　6-26

6.3　VRay 渲染元素

依次展开“渲染设置”→Render Elements 选项卡，如图 6-27 所示。

VRay 的渲染元素非常多，渲染元素是非常好用和重要的，它让后期合成变得无比强大。由于渲染元素特别多，这里只介绍最为常用的传统渲染元素。

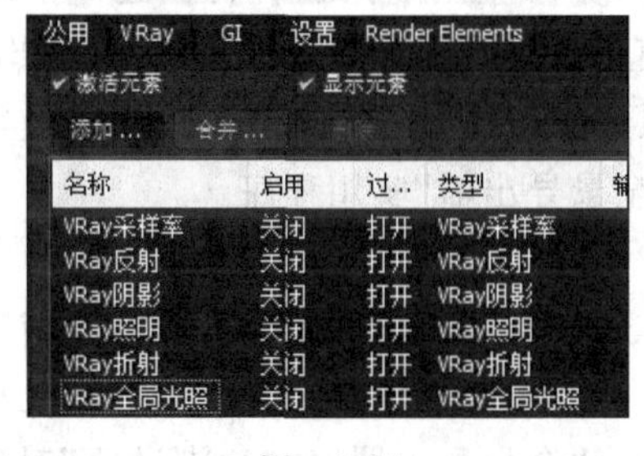

图　6-27

- VRay 采样率：该通道会显示 AA 采样与其他非 AA 的细分采样之间的比率。
- VRay 反射：该通道只会显示所有物体的反射效果。
- VRay 阴影：该通道只会显示物体的阴影效果。
- VRay 照明：该通道只会显示所有直接光照的照明效果。
- VRay 折射：该通道只会显示所有物体的折射效果。
- VRay 全局光照：该通道只会显示所有间接光照效果。

6.4　创建全景

6.4.1　导出渲染的全景

(1) 在场景中至少需要一台摄影机来使用全景导出器，选择“渲染”→“全景导出器”命令。如果使用的是 Alt 菜单，请选择“渲染”→“工具(渲染设置)” →“全景导出器”命令。依次展开“实用程序”面板→“全景导出器”卷展栏并单击“渲染...”按钮(见图 6-28)。

(2) 在“渲染设置”对话框中设置渲染条件，然后单击“渲染”按钮。为了获得最佳的效果，有必要使用高分辨率。除非是处理草图，否则建议使用 2048×1024 像素或更高的分辨率。3ds Max 渲染一系列视图，用于构建全景(见图 6-29)。

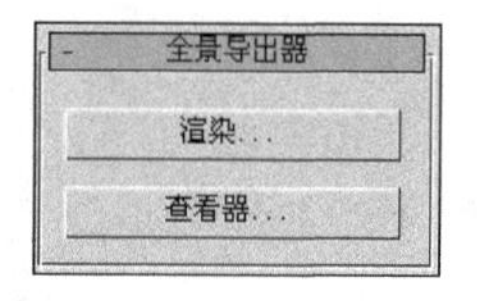

图 6-28

图 6-29

(3)“全景导出器”将创建 360°球形渲染。渲染完成时，将显示“全景导出器查看器”。使用该查看器导航全景，或将其导出到文件中。还可以使用该查看器打开先前保存的全景。Autodesk Rendering Cloud 渲染器提供了另外一种方法来创建全景。此功能独立于“全景导出器”实用程序。

6.4.2 “全景导出器”的“渲染设置”对话框

“全景导出器”的“渲染设置”对话框是专为生成全景输出而配置的“渲染设置”对话框的模式版本。渲染方法如下。

依次展开“实用程序”面板→“实用程序”卷展栏→“更多”按钮→“实用程序”对话框→“全景导出器”→“渲染”按钮；默认菜单：单击“渲染”菜单→“全景导出器”→“渲染”按钮；Alt 菜单：单击“渲染”菜单→“工具(渲染设置)”→“全景导出器”→“渲染”按钮。在场景中至少需要一台摄影机来使用全景导出器(见图 6-30)。

1. “输出大小”组

- 宽度和高度：以像素为单位指定图像的宽度和高度，从而设置输出图像的分辨率。
- [预设分辨率按钮(512×256 像素、1024×512 像素等)]：单击这些按钮之一，选择一个预设分辨率。选择一个预定义的大小或在“宽度”和“高度”字段(以像素为单位)中输入的另一个大小。这些控件影响图像的

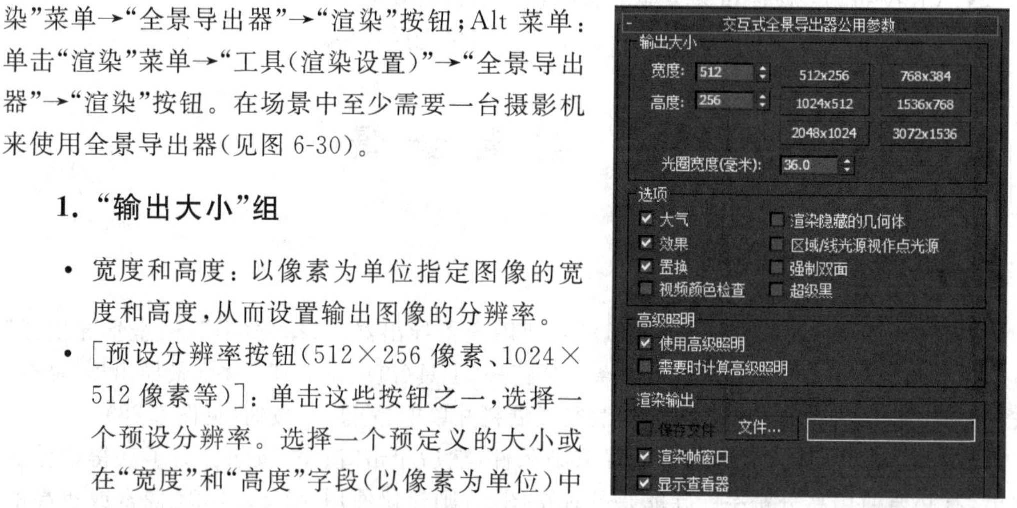

图 6-30

纵横比。为了获得最佳的效果,有必要使用高分辨率。除非是处理草图,否则建议使用2048×1024像素或更高的分辨率。

- 光圈宽度(毫米):指定用于创建渲染输出的摄影机光圈宽度。更改此值将更改摄影机的镜头值。这将影响镜头值和FOV值之间的关系,但不会更改摄影机场景的视图。例如,如果将镜头设置为43.0毫米,将光圈宽度从36更改为50,则当关闭“渲染设置”对话框(或进行渲染)时,摄影机镜头微调器将变为59.722,但场景在视口和渲染中都不发生变化。如果使用预定义格式,而没有使用“自定义”,“光圈宽度(毫米)”将由所选择的格式确定,该控件替换为文本显示。

2. “选项”组

- 大气:启用此选项后,渲染任何应用的大气效果,如体积雾。
- 渲染隐藏的几何体:启用此选项后,渲染场景中所有的几何体对象,包括隐藏的对象。
- 效果:启用此选项后,渲染任何应用的渲染效果,如模糊。
- 区域/线光源视作点光源:启用此选项后,将所有区域或线光源当作点光源进行渲染。这可以加快渲染速度。
- 置换:启用此选项后,渲染任何应用的置换贴图。
- 强制双面:启用此选项后,渲染所有曲面的两个面。通常,需要加快渲染速度时禁用此选项。如果需要渲染对象的内部及外部,或如果已导入面法线未正确统一的复杂几何体,则可能要启用此选项。默认设置为禁用。
- 视频颜色检查:启用此选项后,检查超出NTSC或PAL安全阈值的像素颜色,然后标记这些像素颜色或将其改为可接受的值。默认情况下,“不安全”颜色渲染为黑色像素。可以使用“首选项设置”对话框中的“渲染”面板更改颜色检查的显示。这对草图渲染非常有用,因为点光源的渲染速度比区域光源快得多。该设置不影响带有光能传递的场景,因为区域光源对光能传递解决方案的性能影响不大。
- 超级黑:“超级黑”渲染限制用于视频组合的渲染几何体的黑暗度。除非确实需要此选项,否则将其禁用。

3. “高级照明”组

- 使用高级照明:启用此选项后,3ds Max在渲染过程中提供光能传递解决方案或光跟踪。
- 需要时计算高级照明:启用此选项后,当需要逐帧处理时,3ds Max将计算光能传递。当渲染一系列帧时,3ds Max通常只为第一帧计算光能传递。如果在动画中有必要为后续的帧重新计算高级照明,请启用此选项。例如,一扇颜色很亮丽的门打开后影响到旁边白色墙壁的颜色,这种情况下应该重新计算高级照明。

4. “渲染输出”组

- 保存文件:将渲染的全景保存到磁盘。直到通过单击“文件”按钮定义了文件名,此选项才可用。

- “文件...”：单击该按钮以指定渲染全景文件的名称、位置和文件类型。
- 渲染帧窗口：用于启用或禁用全景导出器的渲染显示。
- 显示查看器：启用此选项后，当渲染全景时打开“全景导出查看器”。

5. [全局控件]

- “视口”下拉列表：显示场景中的摄影机。使用它可以选择要渲染的摄影机视口。
- 渲染：选择“渲染”命令以渲染全景。
- 闭合：单击该按钮可关闭对话框并保存所做的任何更改。

6.5 批处理渲染

“批处理渲染”工具提供了一种有效、可视化效果好的方法来设置不同任务或场景状态的序列以自动进行渲染。选择“渲染”菜单下的“批处理渲染”命令或“工具(渲染设置)”→“批处理渲染”命令，均可打开“批处理渲染”对话框，如图 6-31 所示。

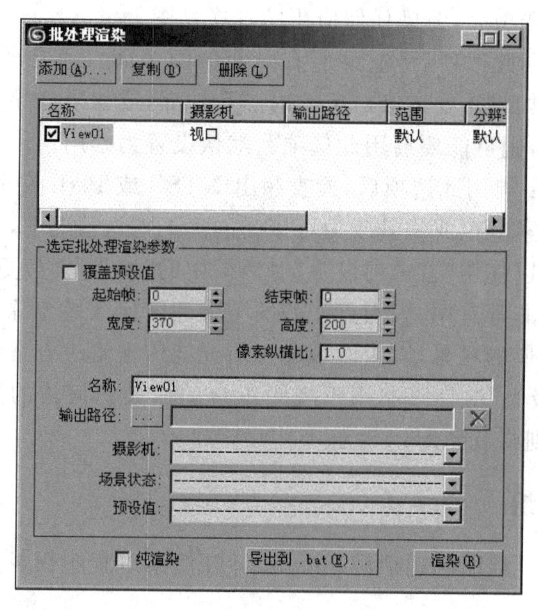

图 6-31

在“批处理渲染”对话框中可以控制以下选项。

- 如果图像分辨率、像素纵横比或时间序列与“渲染设置”对话框中的默认渲染设置不同，则可对其进行控制。
- 是否渲染特定摄影机视图或活动的视口。
- 渲染的摄影机视图。
- 存储渲染图像的输出路径。

- 渲染前要还原的场景状态。
- 每个渲染视图使用的渲染预设。
- 是否应将所有的批处理渲染任务发送给 Backburner，以便按多个系统执行网络渲染，从而获得更快的渲染速度。

将批处理渲染任务以及在“批处理渲染”对话框中设置的所有参数导出到一个 BAT 文件中以便以后执行命令行渲染。“批处理渲染”对话框用于渲染相同场景的各个方面，如不同摄影机的视图。要批处理渲染多个不同的场景，请使用 Backburner 或命令行渲染。

下面介绍“批处理渲染”对话框中各选项的作用。

- “添加”按钮：使用默认设置向队列添加新的渲染任务。默认情况下，设置新的渲染任务以渲染活动的视口。要将其设置为渲染特定摄影机，请从“摄影机”下拉列表中选择摄影机。
- “复制”按钮：向队列添加高亮显示的渲染任务的副本。所有渲染参数都是原有渲染任务的一部分，并复制给新的渲染任务。
- “删除”按钮：删除高亮显示的渲染任务。不会出现确认删除的警告信息，并且不能撤销删除操作。
- [任务队列]：列出已选择进行批处理渲染的所有摄影机任务。任务队列由 8 个栏组成，它们显示了某项特定摄影机任务的所有参数设置。通过在列表中切换复选框可以控制对哪些任务进行渲染(见图 6-32)。

名称	摄影机	输出路径	范围	分辨率	像素纵横比	场景状态
☑ Camera02 View01	Camera02	hallway_wal...	0 - 5	320x240	1.000	
☑ Camera01 View03	Camera01		0 - 0	320x240	1.000	Brick Wall - ...
☑ Camera02 View03	Camera02	hallway_wal...	Default	Default	Default	

图　6-32

- “选定批处理渲染参数”组：默认情况下，指定的进行批处理渲染的任何任务都使用“渲染设置”对话框中当前“时间输出”和“输出大小”参数。
  - 覆盖预设值：启用此选项后，可以通过“起始帧”“结束帧”“宽度”“高度”和“像素纵横比”设置覆盖高亮显示任务的任何默认设置。默认设置为禁用状态。
  - 起始帧：该帧是为高亮显示的任务渲染的第一个帧。该参数的默认设置与“渲染设置”对话框的“公用”面板中的“时间输出”组设置相匹配。
  - 结束帧：该帧是为高亮显示的任务渲染的最后一个帧。其默认状态还与“渲染设置”对话框的“公用”面板中的“时间输出”组设置相匹配。默认的“起始帧”和“结束帧”参数与“渲染设置”对话框中的参数对应，“起始帧”和“结束帧”设置还符合当前的时间配置格式，例如，帧、SMPTE、“帧：标记”或“MM(分)：SS(秒)：标记”。
  - 宽度：如果启用“覆盖预设值”，则可以为图像指定新的宽度设置；如果禁用“覆盖预设值”，则该值将与“渲染设置”对话框中的宽度设置相匹配。
  - 高度：如果启用“覆盖预设值”，则可以为图像指定新的高度设置；如果禁用“覆盖预设值”，则该值将与“渲染设置”对话框中的高度设置相匹配。

◆ 像素纵横比：设置显示在其他设备上的像素纵横比。图像可能会在显示上出现挤压效果，但将在具有不同形状像素的设备上正确显示。默认情况下，该值模拟“渲染设置”对话框中设置的值。

◆ 名称：用于更改高亮显示任务的默认名称。摄影机任务的默认命名结构使用“视图”和递增的视图编号，例如，View01 或 View02。如果愿意，可以将任务的名称更改为更具描述性的名称。更改名称之后，必须按 Enter 键以对注册进行更改。如果将渲染元素作为批处理的一部分，则将任务名称附加到每个渲染元素指定的文件名上。例如，如果任务名称为 View01，渲染元素输出文件名称为 Test_Diffuse. tga，则批处理渲染的元素输出文件名变为 Test_Diffuse_View01. tga。如果正在渲染一个元素而无须为元素指定文件名，则批处理渲染器将元素类型附加到批处理输出文件名中。例如，如果批处理输出文件名称为 MyBatch. png，并且正在渲染一个大气元素，则元素输出文件名变为 MyBatch_Atmosphere. png。

◆ 输出路径：打开“渲染输出文件”对话框，可在其中指定选定摄影机任务的渲染图像的输出路径、文件名和文件格式。设置之后，输出路径和文件名将出现在“输出路径”字段中，文件名将出现在任务队列的“输出路径”一栏中。

◆ 清空输出路径✕：从“输出路径”字段和任务队列中移除输出路径和文件名。

◆ “摄影机”下拉列表：显示场景中的所有摄影机。默认情况下，设置任务以渲染活动的视口，如任务队列“摄影机”列中“视口”条目所示。可以使用此列表，从任何场景中为高亮显示的任务选择一个摄影机。新的摄影机显示在任务队列的“摄影机”一栏中。要设置高亮显示的任务以渲染活动的视口，可从下拉列表的顶部选择虚线(见图 6-33)。选择要渲染活动视口的虚线，选择摄影机只更改任务使用的摄影机。不更改该任务的名称。

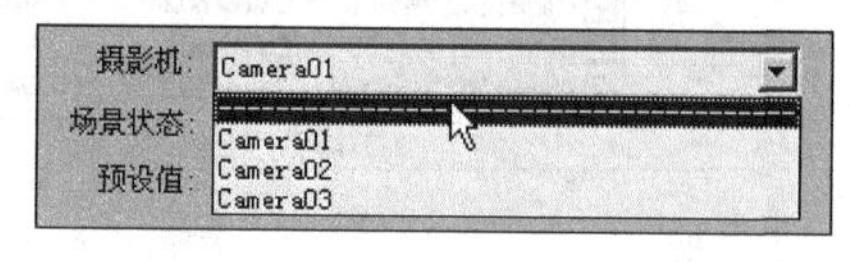

图 6-33

◆ “场景状态”下拉列表：如果此下拉列表显示场景状态，则可以指定给高亮显示的任务。如果场景状态处于活动状态，那么将使用当前的场景设置。

◆ “预设值”下拉列表：用于为高亮显示的任务选择渲染预设。如果渲染预设未处于活动状态并且没有覆盖，那么将使用当前的渲染设置。如果从下拉列表中选择“加载预设”选项，则打开“渲染预设加载”对话框。

• 纯渲染：启用此选项后，在单击“渲染”按钮时打开“网络作业分配”对话框。“批处理渲染”对话框中的每个摄影机任务都作为单独的渲染作业而不是单个作业传递给“网络作业分配”对话框。默认情况下，“网络作业分配”对话框使用 MAX 文件作为其作业名称，然后附加摄影机任务的名称。例如，如果有一个名为 Athena_High_Ris 的场景和三个摄影机，那么在监视器中，作业将显示为 Athena_High_Rise Camera02 View01、Athena_High_Rise Camera01 View02 和

Athena_High_Rise Camera01 View03。

- "导出到.bat"按钮：创建用于命令行渲染的批处理文件。该按钮打开"将批处理渲染导出为批处理文件"对话框，其中可以指定批处理文件要保存的驱动器的位置和名称。
- "渲染"按钮：开始批处理渲染进程，如果启用了"网络渲染"，则打开"网络作业分配"对话框。

6.6 渲染设置——"公用"面板

6.6.1 "公用参数"卷展栏

"公用参数"卷展栏用来设置所有渲染器的公用参数。

依次展开主工具栏→[渲染设置]→"渲染设置"对话框→"公用"面板→"公用参数"卷展栏，或选择"渲染"菜单→"渲染设置"→"渲染设置"对话框→"公用"面板→"公用参数"卷展栏，均可打开"公用参数"卷展栏，如图 6-34 和图 6-35 所示。

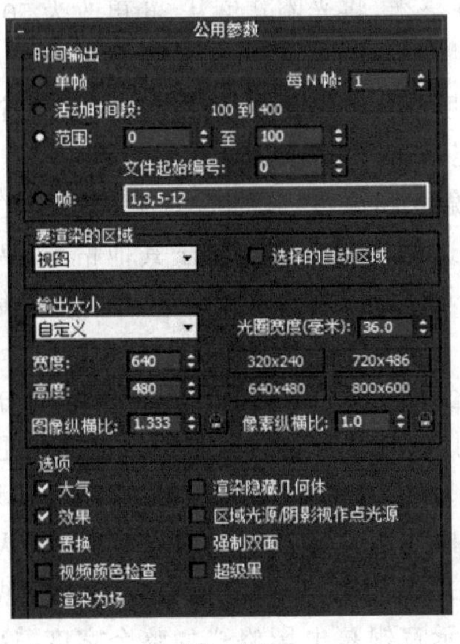

图　6-34

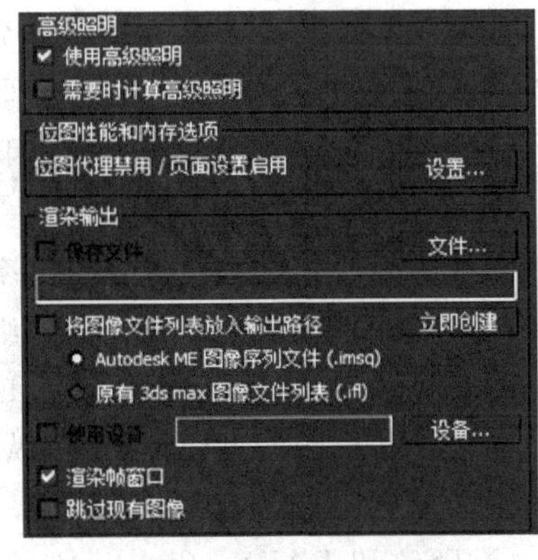

图　6-35

1. "时间输出"组

- 单帧：仅当前帧。
- 每 N 帧：帧的规则采样。例如，输入 8 则每隔 8 帧渲染一次。只用于"活动时间段"和"范围"输出。
- 活动时间段：活动时间段是帧的当前范围，如轨迹栏所示。
- 范围：指定的两个数字(包括这两个数字)之间的所有帧。

- 文件起始编号：指定起始文件编号，从这个编号开始递增文件名。范围为－99999～99999。只用于“活动时间段”和“范围”输出。
- 帧：用逗号隔开的非顺序帧（如“2,5”），或用连字符相连的帧范围（如“0-5”）。例如，如果将“范围”设置为0-3，将“每N帧”设置为1，将“文件起始编号”设置为15，则输出文件为file0015、file0016、file0017、file0018。也可以指定负的起始编号。例如，如果正渲染帧50-55，并将“文件起始编号”设置为－50，则结果为file-050、file-051、file-052、file-053、file-054、file-055。开始渲染帧范围时，如果没有指定保存动画的文件（使用“文件...”按钮），将会出现一个警告对话框提示该问题。渲染动画将花费很长时间，而且通常渲染帧的范围时，不将所有帧保存到一个文件是毫无意义的。

2. “输出大小”组

- [自定义]：选择一个预定义的大小或在“宽度”和“高度”字段（以像素为单位）中输入的另一个大小。这些控件影响图像的分辨率和纵横比。
- 光圈宽度（毫米）：指定用于创建渲染输出的摄影机光圈宽度。更改此值将更改摄影机的镜头值。这将影响镜头值和FOV值之间的关系，但不会更改摄影机场景的视图。例如，如果将镜头设置为43.0毫米，将光圈宽度从36更改为50，则当关闭“渲染设置”对话框（或进行渲染）时，摄影机镜头微调器将变为59.722，但场景在视口和渲染中都不发生变化。如果使用预定义格式，而没有使用“自定义”，“光圈宽度（毫米）”将由所选择的格式确定，该控件替换为文本显示。
- 宽度和高度：以像素为单位指定图像的宽度和高度，从而设置输出图像的分辨率。使用自定义格式，可以分别单独设置这两个微调器。对于其他格式，两个微调器将锁定为指定的纵横比，因此更改一个时另一个值也将改变。最大宽度和高度为32768×32768像素。
- 图像纵横比：宽度与高度的比率。更改此值将改变高度值以保持活动的分辨率正确。如果使用的格式并非该组的下拉列表中的“自定义”，则图像纵横比是固定的并显示为“只读”字段。在3ds Max中，“图像纵横比”的值始终表示为倍增值。在电影和视频的书面描述中，纵横比通常描述为比率。例如，1.33333（默认的自定义纵横比）通常表示为4∶3。这是不使用遮幅时，用于广播视频的标准纵横比（NTSC和PAL）。（Letterboxing可以显示宽银幕电影格式的整个宽度，这种技术在电影上下加上黑边。）自定义输出大小时，“图像纵横比”右侧的锁按钮会将纵横比锁定在其当前值。启用此按钮后，“图像纵横比”微调器将替换为一个标签，并且“宽度”和“高度”字段将被锁定在一起；调整其中一个值，另一个值也将跟着改变，以保持纵横比的值不变。另外，锁定纵横比后，改变像素纵横比值将改变高度值以保持图像纵横比。在视口中，摄影机的圆锥体会发生更改，以反映在“渲染设置”对话框中设置的图像纵横比。当退出“渲染设置”对话框时，更改生效。
- 像素纵横比：设置显示在其他设备上的像素纵横比。图像可能会在显示上出现挤压效果，但将在具有不同形状像素的设备上正确显示。如果使用标准格式而非自定义格式，则不可以更改像素纵横比，该控件处于禁用状态。像素纵横比左边的锁定按钮可以锁定像素纵横比。启用此按钮后，“像素纵横比”微调器替换为一个标签，并且不能更改该值。“锁定”按钮仅在“自定义”格式中可用。

具有不同像素纵横比的图像在具有方形像素的监视器上将出现拉伸或挤压效果（见图 6-36）。标准的 NTSC 中，像素纵横比为 0.9。如果为 NTSC 创建 16∶9(0.778)的失真图像，像素纵横比应为 1.184（如在前面图像纵横比的讨论中，假设图像不使用 Letterboxing）。

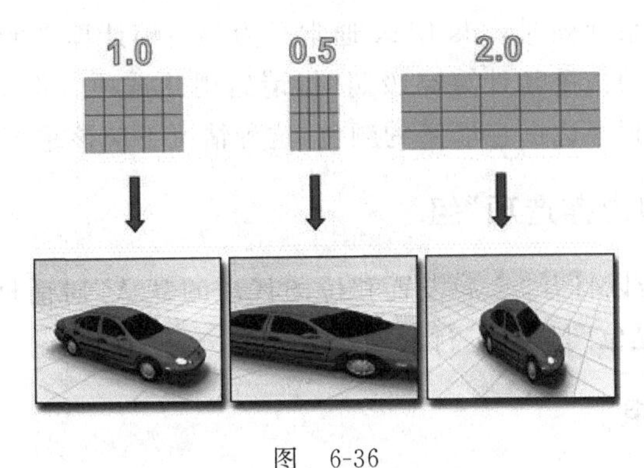

图 6-36

3. “选项”组

- 大气：启用此选项后，渲染任何应用的大气效果，如体积雾。
- 效果：启用此选项后，渲染任何应用的渲染效果，如模糊。
- 置换：启用此选项后，渲染任何应用的置换贴图。
- 视频颜色检查：启用此选项后，检查超出 NTSC 或 PAL 安全阈值的像素颜色，然后标记这些像素颜色或将其改为可接收的值。默认情况下，“不安全”颜色渲染为黑色像素。可以使用“首选项设置”对话框中的“渲染”面板更改颜色检查的显示。
- 渲染为场：渲染为视频场而不是帧。为视频创建动画时使用此选项。
- 渲染隐藏几何体：渲染场景中所有的几何体对象，包括隐藏的对象。
- 区域光源/阴影视作点光源：将所有的区域光源或阴影当作从点对象发出的进行渲染，这样可以加快渲染速度。如果 mental ray 为活动的渲染器，则此开关也在“渲染帧窗口”→“下部”面板中可用，类似于软阴影精度滑块最左侧位置。或者可以使用滑块来全局调整软阴影，以便在加快渲染速度的同时仍可看到软阴影。此选项对草图渲染非常有用，因为点光源的渲染速度比区域光源快很多。该切换不影响带有光能传递的场景，因为区域光源对光能传递解决方案的性能影响不大。
- 强制双面：双面渲染可渲染所有曲面的两个面。通常，需要加快渲染速度时禁用此选项。如果需要渲染对象的内部及外部，或如果已导入面法线未正确统一的复杂几何体，则可能要启用此选项。该开关不适合使用 mental ray 材质 Arch & Design 的对象。此类情况下，启用材质的“高级渲染选项”卷展栏→“背面消隐”复选框。

- 超级黑："超级黑"渲染限制用于视频组合的渲染几何体的黑暗度。除非确实需要此选项，否则将其禁用。

4. "高级照明"组

- 使用高级照明：启用此选项后，3ds Max 在渲染过程中提供光能传递解决方案或光跟踪。
- 需要时计算高级照明：启用此选项后，当需要逐帧处理时，3ds Max 将计算光能传递。当渲染一系列帧时，3ds Max 通常只为第一帧计算光能传递。如果在动画中有必要为后续的帧重新计算高级照明，请启用此选项。例如，一扇颜色很亮丽的门打开后影响到旁边白色墙壁的颜色，这种情况下应该重新计算高级照明。

5. "位图性能和内存选项"组

"设置"按钮：单击以打开"全局设置和位图代理的默认"对话框，确定 3ds Max 是使用完全分辨率贴图还是位图代理进行渲染。

6. "渲染输出"组

- 保存文件：启用此选项后，进行渲染时 3ds Max 会将渲染后的图像或动画保存到磁盘中。使用"文件..."按钮指定输出文件之后，"保存文件"选项才可用。
- "文件..."按钮：打开"渲染输出文件"对话框，指定输出文件名、格式以及位置。可以渲染到任何可写的静止或动画图像文件格式。如果将多个帧渲染到静态图像文件，渲染器渲染每个单独的帧文件并在每个文件名后附加序号。可以用"文件起始编号"设置控制。
- 将图像文件列表放入输出路径：启用此选项可创建图像序列(IMSQ)文件，并将其保存在与渲染相同的目录中。默认设置为禁用状态。3ds Max 将为每个渲染元素创建一个 IMSQ 文件(或 IFL 文件)。单击"渲染"或"创建"按钮时创建该文件。

6.6.2 "电子邮件通知"卷展栏

使用"电子邮件通知"卷展栏可使渲染作业发送电子邮件通知，如网络渲染那样。如果启动冗长的渲染(如动画)，并且不需要在系统上花费所有时间，则这种通知非常有用。

依次展开主工具栏→[渲染设置]→"渲染设置"对话框→"公用"面板→"电子邮件通知"卷展栏，或选择"渲染"菜单→"渲染设置"→"渲染设置"对话框→"公用"面板→"电子邮件通知"卷展栏，如图 6-37 所示。

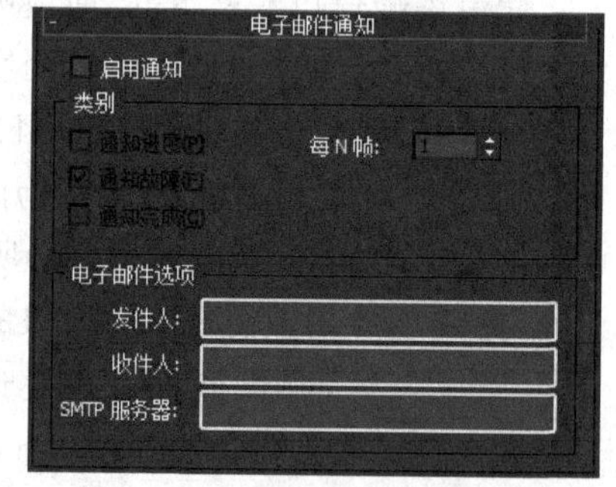

图 6-37

- 启用通知：启用此选项后，渲染器将在某些事件发生时发送电子邮件通知。默认设置为禁用状态。

- 通知进度：发送电子邮件以表明渲染进度。每当“每 N 帧”中指定的帧数完成渲染时，将发送一个电子邮件。默认设置为禁用状态。
- 每 N 帧：“通知进度”使用的帧数。默认值为 1。如果启用“通知进度”复选框，则此值应大于默认值。
- 通知故障：只有在出现阻止渲染完成的情况时才发送电子邮件通知。默认设置为启用状态。
- 通知完成：当渲染作业完成时，发送电子邮件通知。默认设置为禁用状态。
- 发件人：输入启动渲染作业的用户的电子邮件地址。
- 收件人：输入需要了解渲染状态的用户的电子邮件地址。
- SMTP 服务器：输入作为邮件服务器使用的系统的数字 IP 地址。

6.6.3 “指定渲染器”卷展栏

“指定渲染器”卷展栏显示指定给产品级和 ActiveShade 类别的渲染器，也显示“材质编辑器”中的示例窗。

依次展开主工具栏→[渲染设置]→“渲染设置”对话框→“公用”面板→“指定渲染器”卷展栏，或选择“渲染”菜单→“渲染设置”→“渲染设置”对话框→“公用”面板→“指定渲染器”卷展栏，如图 6-38 所示。

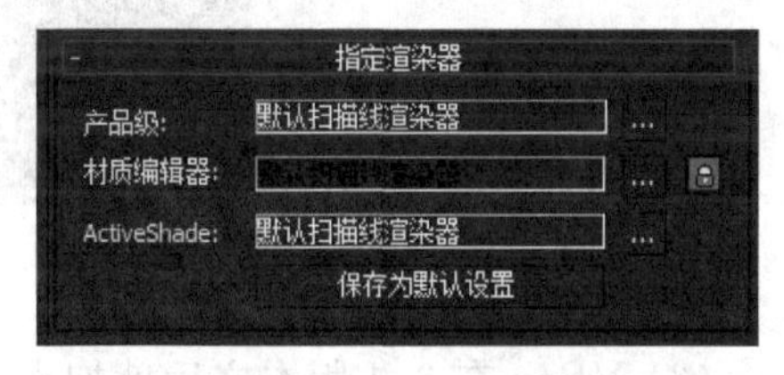

图　6-38

对于每个渲染类别，该卷展栏显示当前指定的渲染器名称和可以更改该指定的按钮。

- 选择渲染器（“...”）：单击带有省略号的按钮可更改渲染器指定。此按钮会显示“选择渲染器”对话框。
- 产品级：选择用于渲染图形输出的渲染器。
- 材质编辑器：选择用于渲染“材质编辑器”中示例窗的渲染器。默认情况下，示例窗渲染器被锁定为与产品级渲染器相同的渲染器。可以禁用锁定按钮来为示例窗指定另一个渲染器。
- ActiveShade：选择用于预览场景中照明和材质更改效果的 ActiveShade 渲染器。
- 保存为默认设置：单击该选项，可将当前渲染器指定保存为默认设置，以便下次重新启动 3ds Max 时，它们仍处于活动状态。

本 章 小 结

本章介绍了 VRay 渲染器的基本设置，其中包含全局设置、AA 采样设置、细分设置、GI 引擎、焦散、渲染元素等知识点。由于参数非常多，希望读者能够在仔细阅读介绍的同时，重点掌握书中的案例，做到在案例的应用中理解各个参数背后的原理，同时也为自己积累一定的经验，这样才能真正掌握好 VRay 渲染器，让自己能够游刃有余地设置各个参数来达到自己的渲染目的，而不是盲目地去设置参数或者照搬照套别人的参数设置。

综 合 案 例

（1）打开配套资料中第 6 章里的综合案例文件，打开“渲染设置”面板，切换到 Render Elements 选项卡，为场景添加渲染元素，例如 VRay 背景、VRay 反射、VRay 镜面、VRay 全局光照、VRay 照明、VRay 折射、VRay 自发光等渲染元素，分层的目的是能够更好地达到后期处理的效果，为后期提供很大的方便，如图 6-39 所示。

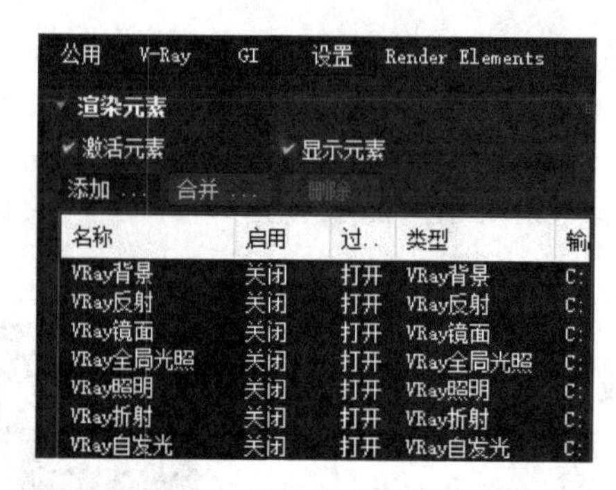

图 6-39

（2）VRay 在 3.4 版本之后就加入了一个物理降噪的功能，开启它可以对场景进行一定程度的物理降噪，因此在某些时候可以利用这个功能进行测试出图，因为它可以让用户把细分采样值设置得很低。具体步骤如下：首先把场景细分和 AA 采样都降低，为渲染元素中添加降噪器，渲染测试一下，效果如图 6-40 所示。图中噪点较多，但是渲染速度极快。

图 6-40

然后切换为 effectResult。如图 6-41 所示，通过物理降噪器，把场景中的噪点基本去除，也在一定程度上保留了细节。通过这样的方式，就可以快速地获得基本效果图，节约工作流程中花费的时间，提高了工作效率。

图　6-41

第 7 章 VRay 灯光系统

本章要点：

- VRay 灯光
- VRay 光度学灯光
- VRay 太阳光

VRay 渲染器自己具备一套完整的灯光系统，并且是完全基于物理计算的光源，因此，它跟 3ds Max 自带的灯光系统是不同的，例如，VRay 灯光自带衰减功能，完全模拟现实生活中的物理特性。可以这么说，它是更加完美的照明解决方案，编者强烈推荐读者去使用 VRay 灯光系统。

7.1 VRay 灯光

VRay 灯光可以用来创建物理上准确的区域灯光，在 3ds Max 中有 5 种不同类型的灯光，分别是 VRay 平面光、VRay 穹顶光、VRay 球体光、VRay 网格光、VRay 圆形光。下面将详细介绍这 5 种光的参数。

7.1.1 VRay 平面光

平面光是室内最常用的灯光之一，它能模拟非常柔和的光，形状也与真实世界摄影棚的灯光较为一致，因此决定了它是使用频率较高的一种光。

1. “一般”卷展栏

通过“创建”面板 →“灯光”按钮→VRay 下拉菜单→VRayLight 按钮进行选择，在场景中创建一个 VRay 灯光，并切换到“修改”面板（见图 7-1）。

- 开：打开或关闭 VRay 灯光。
- 类型：可以在这里切换 5 种类型的灯，“类型”为“平面”时，提供一个矩形的面光源。
- 目标的：可以为灯光添加目标对象。

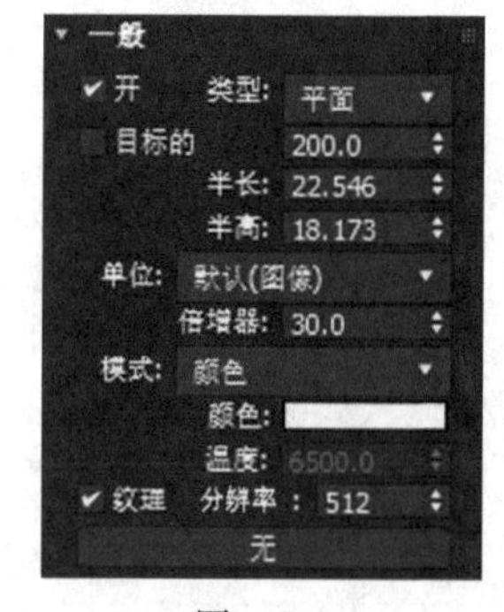

图 7-1

- 半长/半高：控制面光源的尺寸。
- 单位：灯光的单位，一般保持默认即可。
- 倍增器：控制灯光的强弱。
- 模式：分为两种：一种为颜色模式；另一种为色温模式，前者直接修改颜色赋予灯光的颜色，后者通过色温值来改变灯光的冷暖色。
- 纹理：可以给灯光一个纹理贴图来控制灯光照明。
- 分辨率：灯光纹理的分辨率。

2. “选项”卷展栏

“选项”卷展栏的各项参数如图 7-2 所示，下面详细介绍各项参数的作用。

- 排除：可以设置该灯光对场景中哪些物体产生照明效果，哪些物体不产生照明效果。
- 投射阴影：决定是否产生阴影。
- 双面：面光源两面都产生照明。
- 不可见：灯光本身的形状在渲染中不可见。
- 不衰减：灯光不具备衰减效果，一般不开启。
- 天光入口：把面光源当成一个通道光，其他光源都从此照射进来。
- 存储发光图：把该灯源的光子图保存。
- 影响漫反射：确定该灯光是否对漫反射造成影响。
- 影响镜面：确定该灯光是否对镜面造成影响。
- 影响反射：确定该灯光是否对反射造成影响。

3. “采样”卷展栏

“采样”卷展栏的各项参数如图 7-3 所示，下面详细介绍各项参数的作用。

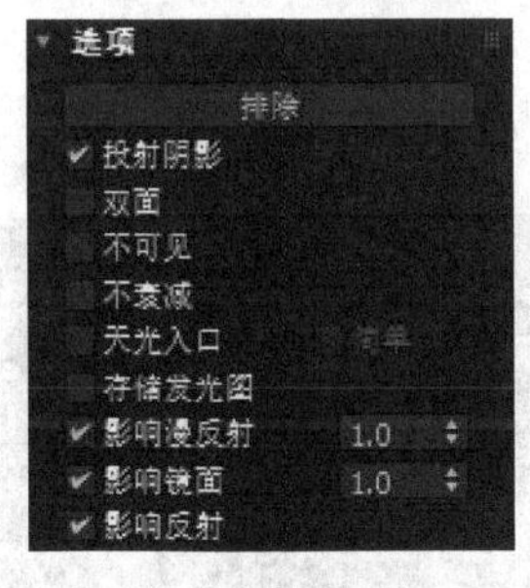

图　7-2

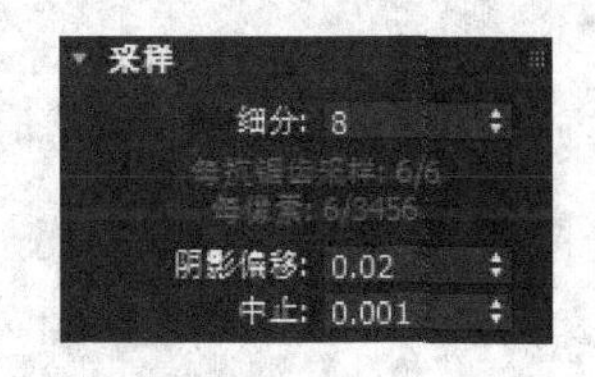

图　7-3

- 细分：灯光的采样细分值越高，噪点越少，但渲染时间增多；反之亦然。
- 阴影偏移：可以使阴影偏离物体，一般保持默认值。

课堂案例　测试面光源的三个影响值

（1）打开配套素材中的第 7 章里的课堂案例“测试面光源的三个影响值”文件，场景中已经搭配好了灯光与材质。选中面光源，在“选项”卷展栏中取消选中“影响漫反射”“影响镜面”“影响反射”三个复选框，效果如图 7-4 所示。

图　7-4

（2）选中“影响漫反射”复选框，场景中打开了面光源的照明效果，但没有反射和高光效果，如图 7-5 所示。

图　7-5

（3）分别加选“影响镜面”与“影响反射”复选框，如图 7-6 所示。

图　7-6

7.1.2 VRay 穹顶光

VRay 穹顶光的“一般”“选项”“采样”等卷展栏与面光源参数一致，可参照 7.1.1 小节。

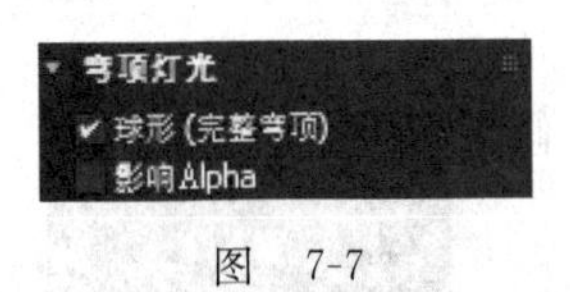

图 7-7

一般用来大范围给灯，可以给一个穹顶光。它的缺点是有非常多的噪点，需要采样细分来解决。

“穹顶灯光”卷展栏的各项参数如图 7-7 所示，下面详细介绍各个参数的作用。

- 球形(完整穹顶)：选中时，穹顶灯模拟的是一个无限大范围的球体光。而不选中时，是一个半球体。
- 影响 Alpha：不选中时，灯光造成的照明将不影响图像的 Alpha 信息。

7.1.3 VRay 球体光

VRay 球体光的“一般”“选项”“采样”等卷展栏与面光源参数一致，可参照 7.1.1 小节。

球体光一般可以用来模拟灯泡的光源，或者场景中需要的由中心向四周均匀散射的辅助光。

7.1.4 VRay 网格光

“网格灯光”卷展栏的各项参数如图 7-8 所示，下面详细介绍各个参数的作用。

- 翻转法线：反转模型的法线。
- 选取网格：选取想要作为灯光的模型。
- 用灯光替换网格：启用，选取网格作为灯光之后，原有的网格就不再存在了。

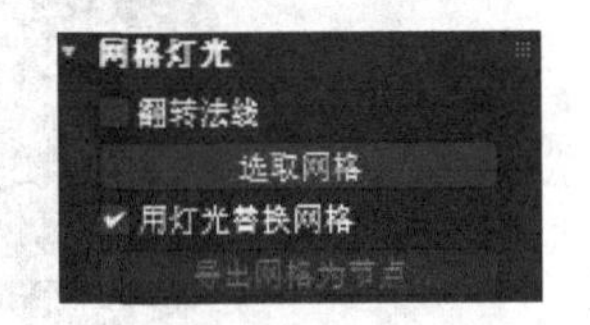

图 7-8

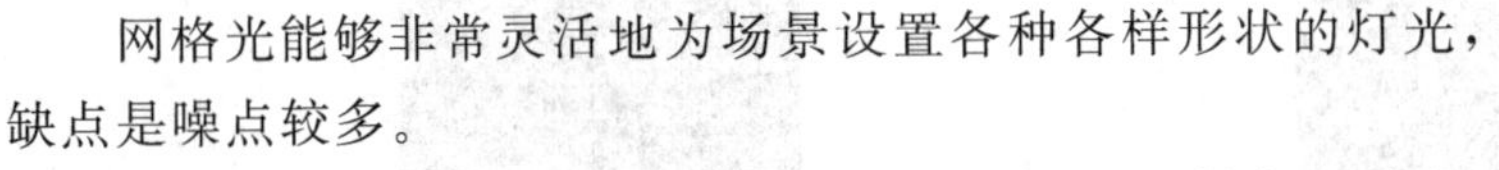
网格光能够非常灵活地为场景设置各种各样形状的灯光，缺点是噪点较多。

VRay 网格光的“一般”“选项”“采样”等卷展栏与面光源参数一致，可参照 7.1.1 小节。

7.1.5 VRay 圆形光

VRay 圆形光的所有参数与 VRay 平面光相同，可参照 7.1.1 小节的描述。圆形光是新版 VRay 加入的一种灯光，特性与平面光极为相似，唯一不同的是形状不同，弥补了以往只有矩形形状的灯光。

7.2 VRay 环境光与太阳光

(1) VRay 环境光可以创建不从一个特定方向来的光，它可以用来模拟 GI 环境等。

通过“创建”面板→“灯光”按钮→VRay 下拉菜单→“VRay 环境光”按钮进行选择，在场景中创建一个 VRay 环境光，并切换到“修改”面板(见图 7-9)。

图　7-9

- 启用：打开或关闭环境光。
- 模式：指环境光对射线的影响。“直接...GI”选项影响直接光照和间接光照；“直接光照”选项只影响直接光照；“间接光照”选项只影响间接光照。
- GI 最小距离：指定物体到 GI 光照的距离将不会被环境光影响。
- 颜色：控制环境光的颜色。
- 强度：控制环境光的强度。
- 灯光贴图：为环境光指定纹理贴图。
- 曝光补偿：确保物理摄影机的曝光设置不影响环境光的颜色。
- 视口线框颜色：显示在视口中的环境光的线框颜色。

(2) VRay 太阳光能模拟物理世界中的真实阳光和天光的效果，它们的变化主要是随着 VRay 太阳光位置的变化而变化。

VRay 太阳光的各项参数如图 7-10 和图 7-11 所示，下面详细介绍各项参数的作用。

图　7-10

图　7-11

- 启用：打开或关闭太阳光。
- 不可见：确定太阳光形状是否可见。
- 影响漫反射：决定太阳光是否影响材质的漫反射属性。
- 漫反射参考：控制太阳光在漫反射照明中的分布。
- 影响镜面：此选项决定太阳光是否影响材质的高光属性。
- 镜面参考：控制太阳光在高光反射中的分布。
- 生成大气阴影：场景启用大气效果时，将投射阴影。

- 浑浊：此参数决定在空气中的灰尘量以及影响太阳和天空的颜色，较小的值会产生一个清晰的天空和太阳，而较大的值会呈现黄色和橙色。早晨和日落时阳光的颜色为红色，中午为很亮的白色，原因在于太阳光在大气层中穿越的距离不同，即因地球的自转使我们看太阳时因大气层的厚度不同而呈现不同的颜色。早晨和日落时的太阳光在大气层中穿越的距离越远，大气的浑浊度也越高，所以会呈现红色的光线；反之正午时浑浊度最小，光线也越亮越白。
- 臭氧：此参数会影响太阳光的颜色，在0.00～1.00的范围有效，较小值使太阳光更黄，值越大则太阳光越蓝。
- 强度倍增：控制太阳光的强度倍增。
- 大小倍增：控制太阳可见的大小，太阳光越大则阴影越模糊。
- 过滤颜色：根据颜色模式来改变太阳的颜色。
- 颜色模式：有过滤、直接、覆盖三种模式。
- 阴影细分：控制区域太阳阴影的采样数量，更多细分产生的区域阴影质量较好，但渲染速度也较慢。
- 阴影偏移：控制阴影的偏移，当值为1.0时阴影有偏移，大于1.0时阴影远离投影对象，小于1.0时阴影靠近投影对象。
- 光子发射半径：控制光子的半径。
- 天空模型：允许用户指定程序模型来产生VRaySky纹理。
- 间接地平线照明：指定天空水平表面上的光照强度(单位为lx)。
- 地面反射：用于改变地面的颜色。
- 混合角度：控制天空与地面之间的角度大小。
- 地平线位移：控制从默认的位置进行偏移。

7.3　VRayIES

VRayIES是一种特殊的VRay灯光，可以用IES文件来指定灯光的形状。IES文件包含一个真实世界灯泡或灯管，它们通常是由制造商提供，并且这些文件的信息是通过实验室的实验收集而来。

VRayIES的各项参数如图7-12～图7-14所示，下面详细介绍部分参数的作用。

图　7-12

图　7-13

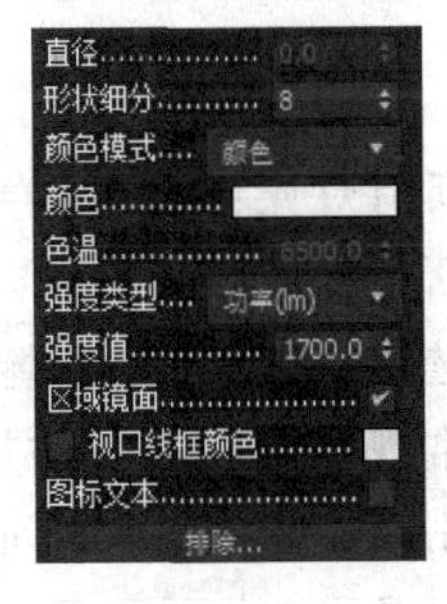

图　7-14

- 启用：打开或关闭 VRay 光度学灯光。
- 目标的：产生灯光目标点。
- IES 文件：选择 IES 光域网文件作为当前灯光的形状。
- 阴影偏移：控制阴影的偏移，当值为 1.0 时阴影有偏移，大于 1.0 时阴影远离投影对象，小于 1.0 时阴影靠近投影对象。
- 产生阴影：确定是否投射阴影。
- 影响漫反射：决定灯光是否影响材质的漫反射属性。
- 漫反射参考：控制灯光在漫反射照明中的分布。
- 影响镜面：决定灯光是否影响材质的高光属性。
- 镜面参考：控制灯光在高光反射中的分布。
- 使用灯光形状：关闭此选项会创建锐利的阴影，默认为开启。
- 形状细分：控制灯光照明的采样细分值。
- 颜色模式：指定灯光的颜色模式。
- 颜色：当模式设置为颜色时，此选项控制灯光的颜色。
- 色温：当模式设置为温度时，此选项控制灯光的颜色。
- 强度类型：有功率和强度两种选择。
- 强度值：对应的灯光强度值。
- 区域镜面：选中此选项时，实际高光形状将被 IES 文件定义。要使用此选项，必须使用柔和阴影。

7.4 灯光列表

“灯光列表”设置既可为全局，也可为局部。

1. “配置”卷展栏

选择“工具”菜单→“灯光列表”选项，打开的“配置”卷展栏的各项参数如图 7-15 所示，下面详细介绍各项参数的作用。

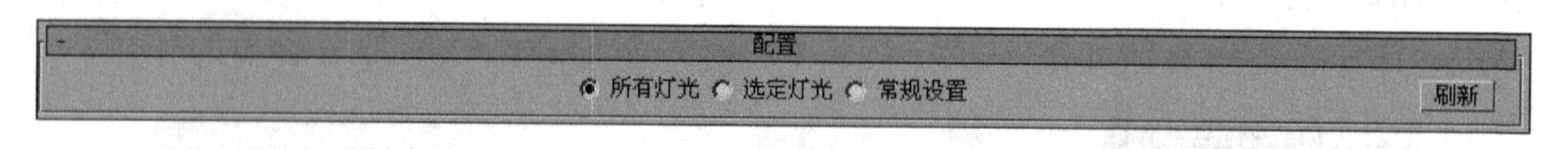

图 7-15

- 所有灯光：“灯光”卷展栏显示场景中的所有灯光(限制在 150 个灯光之内，如上所述)。
- 选定灯光：“灯光”卷展栏仅显示选定的灯光。
- 常规设置：显示“常规设置”卷展栏。
- 刷新：更新灯光的列表以使用当前的灯光选择(如果“选定灯光”处于活动状态)以及当前场景设置。

2. “常规设置”卷展栏

“常规设置”卷展栏的各项参数如图7-16所示，下面详细介绍各项参数的作用。

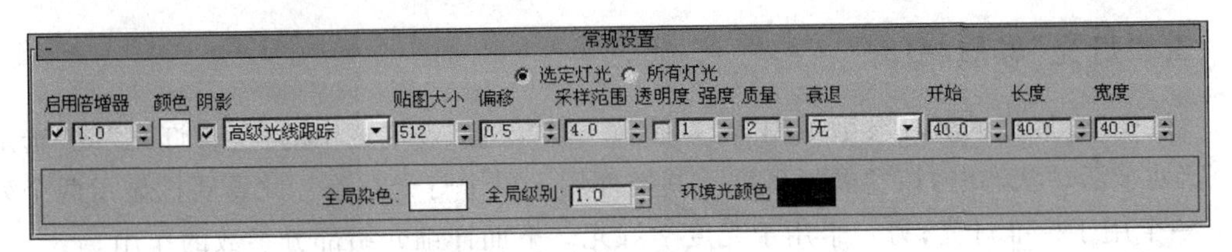

图 7-16

- 选定灯光：选中该选项后，常规设置仅影响选定灯光。
- 所有灯光：选中该选项后，常规设置影响场景中的所有灯光(限制在150个灯光之内，如上所述)。
- 启用：启用该选项后，场景中被影响的灯光处于活动状态；禁用该选项后，在视口和渲染中被影响的灯光变黑。
- 倍增器：增加或减小标准灯光的灯光强度。
- 颜色：默认情况下，所有标准灯光的颜色为白色。单击可显示颜色选择器并更改被影响灯光的灯光颜色。对于光度学灯光，这会更改过滤颜色，而非颜色温度。
- 阴影：启用该选项后，被影响的灯光投射阴影；禁用该选项后，被影响的灯光不投射阴影。
- [阴影类型]下拉列表：选择被影响灯光的阴影类型。
- 贴图大小：设置影响灯光使用的阴影贴图大小(以平方像素为单位)。
- 偏移：该设置取决于所选的阴影类型。通常偏移是将阴影移向或移离投射阴影的对象。
- 采样范围：对于阴影贴图阴影，应设置“采样范围”值，该值对于光线跟踪或区域阴影无效。
- 透明度：启用此选项后，启用高级光线跟踪和区域阴影的透明度。对于阴影贴图或标准光线跟踪阴影，该选项无效。默认设置为禁用状态。
- 强度：对于高级光线跟踪阴影或区域阴影，应设置“阴影完整性”。
- 质量：对于高级光线跟踪阴影或区域阴影，应设置“阴影质量”。
- 衰退：(对于标准灯光)可设置衰退的类型为“无”“反比”或“平方反比”。
- 开始：(对于标准灯光)设置衰退的开始范围。
- 长度：(对于光度学灯光)设置“线形”和“长方形”灯光的“长度”值。
- 宽度：(对于光度学灯光)设置“长方形”灯光的“宽度”值。
- 全局染色：将颜色染色添加到场景中的所有灯光，环境光除外。单击可使用颜色选择器。该染色全局灯光颜色或单个灯光的颜色除外。默认设置为白色，没有染色效果。
- 全局级别：增加或减小标准灯光的总体照明级别，默认值为1.0。该设置是针对标准灯光而设计的，将光度学灯光的级别减小为接近黑暗。如果场景中拥有光度学灯光，则使该设置为默认设置。

- 环境光颜色：更改环境光颜色，该颜色在阴影中可见。单击可使用颜色选择器。

3. “灯光”卷展栏

“灯光”卷展栏的各项参数如图 7-17 所示。当“配置”卷展栏中的“所有灯光”或“选定灯光”处于活动状态时，该卷展栏可见。其控件用于单个灯光对象。此卷展栏显示两个列表：一个用于标准灯光；另一个用于光度学灯光。下面详细介绍部分参数的作用。

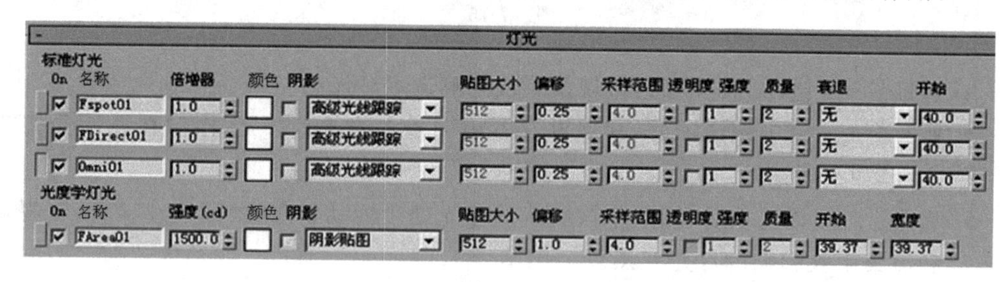

图 7-17

- [选择]按钮：单击可选择命名的灯光。对于选定灯光，该按钮变为白色。选择一个灯光可打开该灯光的“修改”面板。对于显示在“修改”面板中的灯光，该按钮中间有一个灰色框，该灰色框显示灯光是否被选中。单击[选择]按钮，取消选择所有其他灯光。如果该条目用于灯光的一个实例，单击[选择]按钮选择所有实例(参见下面的“名称”字段的说明)。如果该灯光是组的一部分，则选中整个组。如果现处于“选定灯光”模式(位于“配置”卷展栏中)，不自动刷新选定灯光的列表，无须选择灯光即可设置该灯光的控件。
- On 复选框：启用或禁用灯光。默认设置为启用。
- 名称：显示灯光对象的名称。如果存在一个灯光的多个实例，则在“灯光列表”中只显示一个条目，并且“名称”字段成为一个下拉列表。在该列表中，可以查看所有实例的名称，但没有任何其他效果：在“灯光列表”中所做的参数更改将影响灯光的所有实例。
- 倍增器：(只适于标准灯光)增加或减小灯光的强度。默认值为 1.0。如果灯光拥有程序控制器，则该控件不可用。
- 强度：(仅适于光度学灯光)设置灯光强度，以坎得拉为单位。默认设置为 1500.0。如果灯光拥有程序控制器，则该控件不可用。
- 颜色：单击可显示颜色选择器，并更改灯光颜色。默认设置为白色。对于光度学灯光，这样会更改过滤色，而非颜色温度。
- 阴影：启用或禁用投射阴影。默认设置为启用。
- [阴影类型]下拉列表：选择灯光的阴影类型。
- 贴图大小：仅当阴影贴图阴影处于启用状态时可用。设置所有灯光使用的阴影贴图大小(以平方像素为单位)。

- 偏移：该设置取决于所选的阴影类型。通常，偏移是将阴影移向或移离投射阴影的对象。
- 采样范围：对于阴影贴图阴影，设置“采样范围”值。该值对于光线跟踪阴影无效。默认设置为 4.0。
- 透明度：启用此选项后，启用高级光线跟踪和区域阴影的透明度。对于阴影贴图或标准光线跟踪阴影，该选项无效。默认设置为禁用。“阴影透明度”控件位于“优化”卷展栏中。
- 强度：对于高级光线跟踪阴影或区域阴影，设置“阴影完整性”。默认值为 1。
- 质量：对于高级光线跟踪阴影或区域阴影，设置“阴影质量”。默认值为 2。
- 衰退：(只适于标准灯光)设置衰退的类型：“无”“反比”或“平方反比”。默认设置为“无”。
- 开始：(只适于标准灯光)设置衰退的开始范围。默认值为 0.0。

7.5 照明原则

摄影师、电影摄制者和舞台设计者使用的照明原则也可以帮助用户设置 3ds Max 中场景的照明。照明的选择取决于场景模拟自然照明还是人工照明。自然照明场景，如日光或月光，从一个光源获取最重要的照明。而人工照明场景通常有多个相似强度的光源。如果使用标准灯光不是光度学灯光，这两种场景要求多个次级光源以获得有效照明。一个场景是室内还是室外可能影响材质颜色的选择。

7.5.1 自然光

拥有自然光的室外场景：为了更实用，在地平面上太阳光具有来自一个方向的平行光线。方向和角度因时间、纬度和季节而异。在晴朗的天气时，太阳光的颜色为浅黄色。例如，RGB 值为 250、255、175（HSV 为 45、80、255）。多云的天气太阳光为蓝色，暴风雨的天气太阳光为深灰色。空气中的粒子可以将太阳光染为橙色或褐色。在日出和日落时，颜色可能比黄色更红。3ds Max 提供了几个日光系统来模拟太阳。单个日光系统与日照场景的主光源相对应。天空越晴朗，阴影越清晰，对于使自然照明的场景呈现三维效果，阴影非常必要。平行光也可以模拟月光，月光为白色但比阳光暗淡(见图 7-18)。

图　7-18

7.5.2 人工光

拥有自然黎明黄昏和街灯的室外场景：人工光无论用于室内还是夜间的室外都使用

多个灯光。以下指南用于创建正常照明、清晰的场景。当然，没有必要遵循该指南，但是之后应关注照明本身而不应关注场景的主题。场景的主题应该有单个亮光照亮，称为主灯光。将主灯光定位于主题前并稍微靠上的部分。除了主灯光之外，还定位一个或多个其他灯光，用于照亮主题的背景和侧面。这些灯光称为辅助灯光。辅助灯光比主灯光暗。当只使用一个辅助灯光时，该灯光与主题和主灯光之间地平面处的角度应该为90°左右。主灯光和辅助灯光突出场景的主题，也突出场景的三维效果。在3ds Max中，聚光灯通常最适合做主灯光，聚光灯或泛光灯适合创建辅助灯光，环境光可以是辅助灯光的另一个元素，也可以添加灯光以突出场景中的次主题。在舞台术语中，这些灯光称为特殊灯光。特殊灯光通常比辅助灯光更亮，但比主灯光暗。要使用基于物理的能量值、分布和颜色温度进行设计，可以创建光度学灯光(见图7-19)。

图 7-19

7.5.3 环境光

3ds Max中的环境光模拟从灯光反射远离漫反射曲面的常规照明。环境光设置确定阴影曲面的照明级别，或决定不接收光源直接照明曲面的照明级别。在“环境”对话框中的“环境光”级别建立场景的“基本照明”级别，之后才考虑光源，该级别是场景的最暗部分。“环境光”通常用于外部场景，当天空的主要照明在背向太阳的曲面上产生均匀分布的反射灯光时，用于加深阴影的常用技术是对环境光颜色进行染色，以补充场景主灯光。与外部不同，内部场景通常拥有很多灯光，并且常规“环境光”级别对于模拟局部光源的漫反射并不理想。对于外部来说，通常将场景的“环境光”级别设置为黑色，并且使用仅影响环境光的灯光来模拟漫反射的区域(见图7-20)。

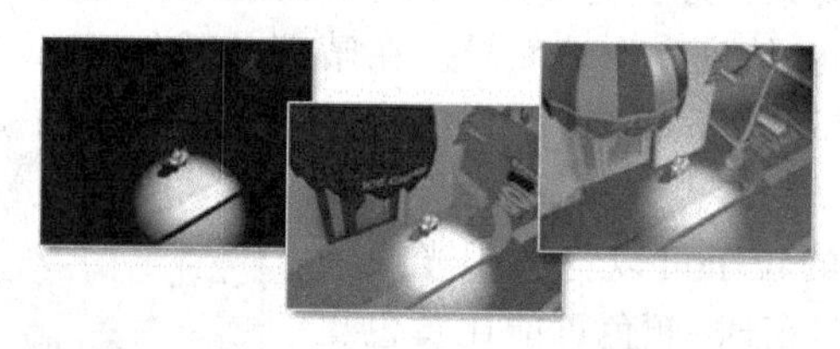

图 7-20

使用“环境和效果”对话框中的“环境”面板设置场景的环境光。使用灯光的“高级效果”卷展栏中的“仅环境光”复选框将灯光设置为仅影响环境光照明。

1. 强度

标准灯光的强度为其HSV值。当该值为完全强度(255)时，灯光最亮；当该值为0时，灯光完全黑暗。光度学灯光的强度由真实强度值设置，以流明、坎得拉或照度为单位。

2. 入射角

3ds Max使用从灯光对象到该曲面的一个向量和面法线来计算入射角。当入射角为0°(也就是光源垂直曲面入射)时,曲面完全照亮。如果入射角增加,则衰减有效;如果灯光有颜色,则曲面强度减小。换句话说,灯光的位置和方向与对象相关,并且是控制场景中入射角的内容。“放置高光”命令是微调灯光位置的一种方法。

3. 衰减

对于标准灯光,默认情况下,衰减为禁用状态。要使用衰减着色或渲染场景,则对于一个或多个灯光,将其启用。标准灯光的所有类型支持衰减。在衰减开始和结束的位置可以进行设置。更重要的是,使用该功能可以微调衰减的效果。在室外场景中,衰减可以增强距离的效果。可以建立环境效果的模型以在渲染时使用大气设置。在室内设置中,衰减对于低强度光源(如蜡烛)非常有用。光度学灯光始终衰减,实际上使用平方反比衰减(如果是IES太阳光,则其强度较大会使其衰减不明显)。

4. 反射光和环境光

使用默认的渲染器进行渲染并且标准灯光不计算从场景中对象反射的灯光效果。因此,使用标准灯光照明场景通常要求添加比实际需要更多的灯光对象。但是,可以使用光能传递来显示反射灯光的效果。当不使用光能传递解决方案时,可以使用“环境”面板调整环境光的颜色和强度。环境光影响对比度。环境光的强度越高,场景中的对比度越低。环境光的颜色为场景染色。有时,环境光是从场景中其他对象获取其颜色的反射光。但是,多数情况下,环境光的颜色应该是场景主光源的颜色组件。要获得最佳模拟反射光和由场景中对象的反光度改变引起的变化,可以向场景中添加更多灯光并进行设置以排除不想影响的对象。也可以将灯光设置为仅影响曲面的环境光组件。

5. 颜色

可以设置3ds Max灯光的颜色。可以使用颜色温度的RGB值作为场景的主要照明的指南。但应注意,我们倾向于感觉场景由白色灯光照亮(这是称为颜色恒定性的概念现象),因此精确复制光源颜色可以使渲染场景看起来为奇怪的颜色。

6. 在视口中预览阴影和其他照明

如果你的系统中含有支持SM(明暗器模型)2.0或3.0标准的图形卡,并使用Nitrous驱动程序或Direct3D驱动程序,则可以在明暗处理视口中预览阴影。通过选择“帮助”菜单中的“诊断视频硬件”命令,可以检查你的系统是否支持交互式阴影。通过SM 3.0硬件明暗处理,视口可预览边缘模糊的阴影以及边缘清晰的阴影。它们还可预览环境光阻挡和曝光控件,以及照明和阴影(见图7-21)。

下面介绍几种其他照明方式。

（1）无阴影、无曝光控件的着色视口（见图 7-22）。

图 7-21

图 7-22

（2）带曝光控件和边缘清晰的阴影的着色视口（见图 7-23）。

（3）带曝光控件和边缘模糊的阴影的着色视口（见图 7-24）。

图 7-23

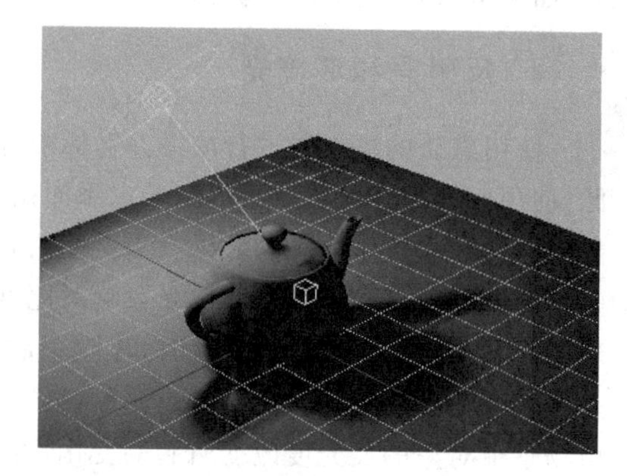

图 7-24

如果灯光为将某一区域用于阴影投射的光度学灯光，则视口预览可显示区域阴影。使用 Direct3D 驱动程序时，默认情况下，区域阴影未启用。要启用它们，可以在 MAXScript 侦听器中输入以下命令。

```
viewportSSB.AreaShadow=True;
```

（4）由使用碟形区域的光投射的视口阴影。

区域阴影的视口显示不必精确。通常，视口中的照明和阴影预览只是为了方便。这些设置和视口外观不一定符合实际呈现时的情况。如果阴影在渲染时不出现，则也不会出现在视口中。例如，如果将某一对象设置为不投射或接收阴影，则该对象不会在视口中投射或接收阴影，而且当灯光关闭或无阴影投射时，不会影响视口的显示（见图 7-25）。

（5）经过硬件明暗处理后带有阴影但无 Ambient Occlusion 的视口（见图 7-26）。带阴影和 Ambient Occlusion 的硬件着色视口，使用 Ambient Occlusion 时，阴影更浓更逼真。

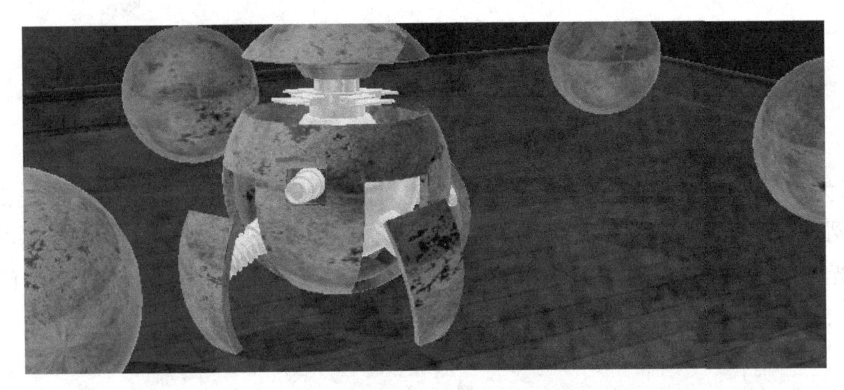

图　7-25

图　7-26

(6) 要在视口中查看阴影,请执行以下操作。

① 单击或右击"明暗处理"视口菜单标签,在弹出的菜单中选择"照明和阴影"→"阴影"命令以启用该选项。

② 选择灯光。

③ 右击视口,在"四元"菜单左上方的"工具1"象限上选择"投射阴影"以打开阴影。

(7) 要为多个灯光启用阴影,应执行以下操作。

① 在主菜单中选择"工具"→"灯光列表"命令。

② 在"灯光列表"对话框中为要投射阴影的每个灯光对象启用"阴影"切换。如果已在视口中启用"阴影",则灯光的显示将会立即更新。

(8) Direct3D 为活动驱动程序时,必须启用"硬件明暗处理"预览阴影。执行下列操作之一。

① 单击或右击"明暗处理"视口菜单标签,在弹出的菜单中选择"照明和阴影"→"启用硬件明暗处理"命令(如果尚未启用)。

② 在"视口配置"对话框的"照明和阴影"面板中的"照亮场景方法"组中启用"硬件明暗处理"选项;在"照明和阴影"面板中的"质量/硬件支持"组中可以选择硬件明暗处理的级别:"好"或"最佳"。"好"使用 SM 2.0 显示阴影;"最佳"使用 SM 3.0 显示阴影。

本章小结

本章为大家介绍了 VRay 自身的灯光系统，详细介绍了 VRay 灯光（平面光、球体光、穹顶光、网格光、圆形光）、VRay 太阳光和环境光、VRayIES 等光源的具体参数以及适用情况，灯光的参数并不复杂，但是如何合理地布光是一门高深的学问，希望读者能根据案例多练习、多实践，从实践中总结布光技巧。

综合案例

（1）打开配套素材中的第 7 章里的“综合案例（素材）”文件，为场景中添加 VRayIES 光源，并分别复制出 8 个对应的位置，“色温”为 6000.0，“强度类型”为 cd，“强度”值为 2000.0，加载光盘中自带的 IES 文件，渲染效果如图 7-27 所示。

图 7-27

（2）为场景中所有的台灯灯罩里面放置一盏球形灯，“色温”为 5500.0，“倍增器”为 300.0，并在天花板上的灯罩里也放置球形灯，“色温”为 5500.0，“倍增器”为 1200.0。

（3）为场景中添加一个方向灯，由室外照进里面，倍增为 0.2，开启阴影，效果如图 7-28 所示。

图 7-28

第 8 章　VRay 材质与贴图

本章要点：

- VRayMtl 材质
- VRay 混合材质
- VRay 车漆材质

VRay 材质与贴图与 3ds Max 内置的材质与贴图是不同的，这些材质具备了一定的通用性，比如，VRayMtl 属于一种标准材质，它能渲染出各种类型的材质；VRay 的材质比 3ds Max 自带的材质要强大得多，它能够设置真实的材质，也能够设置真实光源的发光材质，它具备速度快、设置简易的特点。

8.1　VRayMtl 材质

VRay 材质是 VRay 渲染器的常用材质，也是万能标准材质，它相当于 3ds Max 的标准材质，通过它的贴图通道可以做出真实的材质，如反射、折射、模糊、凹凸和置换等。

8.1.1　基本参数

1. “漫反射”区域

- 漫反射：物体漫反射颜色用来决定物体表面的颜色，平时人眼看到的物体表面漫反射颜色，与反射和折射的颜色有关系，而这里指的仅仅是漫反射，如图 8-1 所示。
- 粗糙：这个参数可以用来模拟粗糙表面或表面布满灰尘的物体（例如，皮肤或者月球表面）。

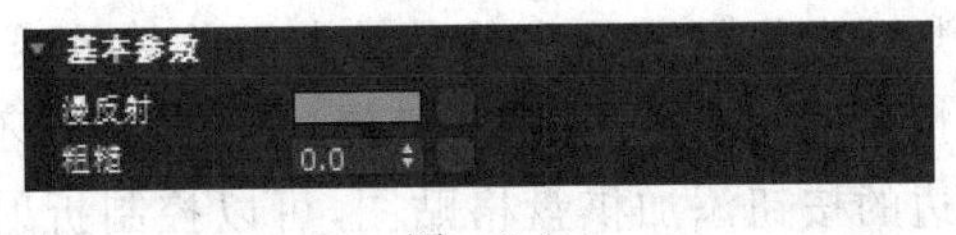

图　8-1

2. “反射”区域

- 反射：这里反射是靠颜色的灰度来控制的。颜色越白反射越强，颜色越黑反射越弱；而这里选择的颜色则是反射出来的，颜色和反射的强度是分开来计算的，单击旁边的按钮，可以使用贴图的灰度来控制反射的强弱（颜色分为灰度和色度，灰度是控制反射的强弱，色度是控制反射出什么颜色），如图 8-2 所示。

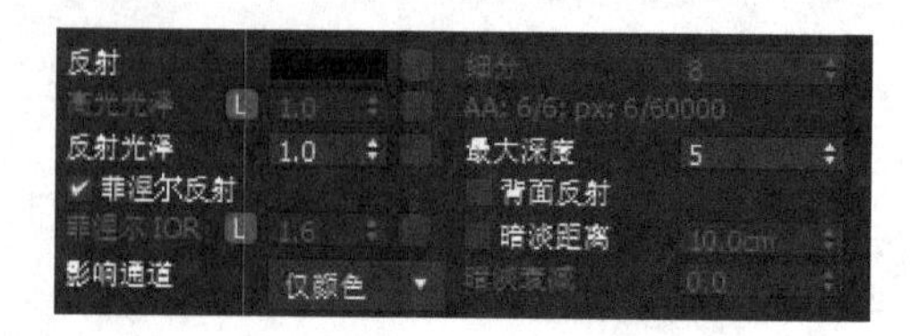

图 8-2

- 高光光泽：此参数控制材质的高光形状。通常这个参数是和反射光泽度锁定的，这样在物理上能够产生精确的结果。
- 反射光泽：控制反射的清晰度。自然界中大部分材质都或多或少地有反射模糊，值为 1.0 时意味着完美的镜面反射，而较低的值会产生反射模糊，使用反射细分参数可以控制镜面反射的质量，但是当值为 1.0 时，高的细分值没有意义。
- 菲涅尔反射：选中此选项后，反射强度会与物体表面入射角度有关系。在自然界中，一些材质（玻璃等）使用了这种方式反射，入射角度越小，反射越强烈；当垂直入射时，发射强度最弱，菲涅尔效果取决于折射率（IOR）。
- 菲涅尔 IOR：在菲涅尔反射计算时使用折射率。这通常被锁定到折射率参数，但也可以更好地控制它。
- 影响通道：指影响的通道有哪些。比如，只影响颜色通道，还是影响颜色和透明通道等。
- 细分：控制反射模糊的质量。较低的值模糊区域会产生颗粒的效果，但渲染速度较快；较高的值产生更平滑的效果，但会增加渲染时间。
- 最大深度：光线可以反射的最大次数。许多反射和折射表面的场景，可能需要较高的反射次数，这样看起来才正确，当然渲染时间也就越慢，需要根据实际场景来设置具体的数值，通常保持默认值即可。
- 暗淡距离：指定距离后，反射光线将不会被追踪。

3. “折射”区域

- 折射：与“反射”类似的参数，颜色灰度值控制着物体的透明程度，灰度值越高，进入物体内部产生折射的光线也越多；灰度值越低，物体越不透明，产生折射的光线也越少。单击右边的按钮添加棋盘格贴图，可以控制折射的不同位置的强度，同样色度控制着透明物体的颜色，如图 8-3 所示。
- 光泽：控制物体折射的清晰度，值为 1.0 时意味着完美的镜面折射，而较低的值会产生折射模糊，使用折射细分参数可以控制镜面反射的质量。

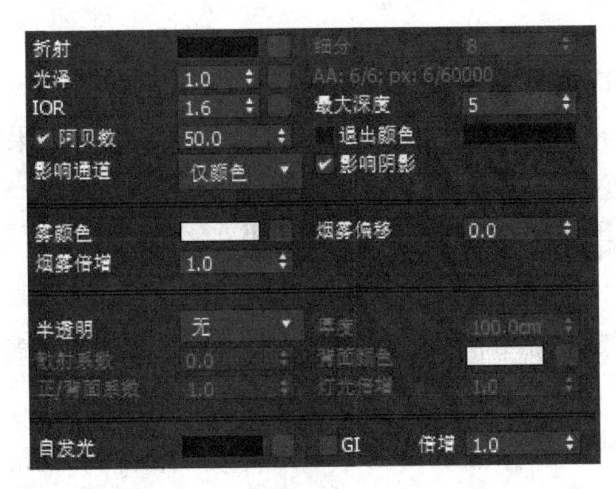

图 8-3

- IOR：控制材质的折射率。
- 阿贝数：此项允许增加或减少分散的效果，值越小分散越大；反之亦然。
- 影响通道：选中此选项后，将会影响透明物体的通道效果，可以是仅影响颜色或者是颜色＋透明通道或者所有通道。
- 细分：控制物体折射的质量，较低的值使模糊区域产生颗粒的效果，但是渲染速度较快；较高的值产生更加平滑的效果，但会增加渲染时间。
- 最大深度：光线可以折射的最大次数，许多反射和折射表面的场景，可能需要较高的折射次数，这样看起来才正确，当然渲染时间也越慢，通常保持默认值即可。
- 退出颜色：当材质的折射达到最大深度时就会停止计算折射，这时折射次数不够的折射区域的颜色就用此颜色代替，默认为黑色。
- 影响阴影：此项控制透明物体产生的阴影，选中后将导致材质根据折射颜色和雾颜色投射透明阴影，这样能够产生更为真实的阴影。
- 雾颜色：此参数可以使光线通过透明物体后变少，用来模拟厚的透明物体比薄的透明物体透明度低一些，取决于场景对象的绝对大小。
- 烟雾倍增：确定烟雾的浓度，较小值雾效减少，使材质更加透明；较大值使雾效增强，光线穿透物体的能力也越差，材质更加不透明。
- 烟雾偏移：此参数允许改变雾的颜色的应用方式，通过调整这个参数可以使薄的部分比正常显得更加透明。
- 半透明：硬质感模式，适合类似大理石硬质材质；软质感模式，主要为了兼容旧版VRay；混合模式，比较适合模拟皮肤、牛奶、果汁和其他半透明材质。
- 散射系数：控制对象内部的散射量，值为0.0表示光线在所有方向被物体内部散射；值为1.0表示光线在一个方向被物体内部散射，而不考虑物体内部的曲面。
- 正/背面系数：控制光线在物体内部的散射方向，值为0.0表示射线只能沿着灯光反射方向向前散射；值为1.0表示射线只能沿着灯光反射方向向后散射；值为0.5表示这两种情况各占一半。
- 厚度：控制光线在物体内部被追踪的深度，也可以理解为光线的最大穿透能力，较大值会使整个物体都被光线穿透，而较小值会使物体比较薄的地方产生次表面散射的现象。

- 背面颜色：控制次表面散射的颜色。
- 灯光倍增：控制光线穿透能力的倍增值，值越大，散射效果越强。

课堂案例　为场景添加材质与纹理

打开配套素材中的第 8 章里的课堂案例“设置材质与纹理(素材)”文件，切换到已经设置好的摄影机视图，开始为场景中的物体设置材质与纹理。

(1) 首先给沙发设置一个标准的 VRayMtl 材质，命名为 sofa；给“漫反射”添加衰减贴图，设置“前”颜色为“R：100；G：8；B：8”，“侧”颜色为“R：208；G：180；B：180”。“衰减类型”为 Fresnel，“衰减方向”为“查看方向(摄影机 Z 轴)”，如图 8-4 所示。

设置 sofa 这个材质的“反射”颜色为“R：15；G：15；B：15”，“高光光泽”为 0.54，并解锁，“反射光泽”为 0.7，“细分”值为 12，不选中“菲涅尔反射”复选框，如图 8-5 所示。

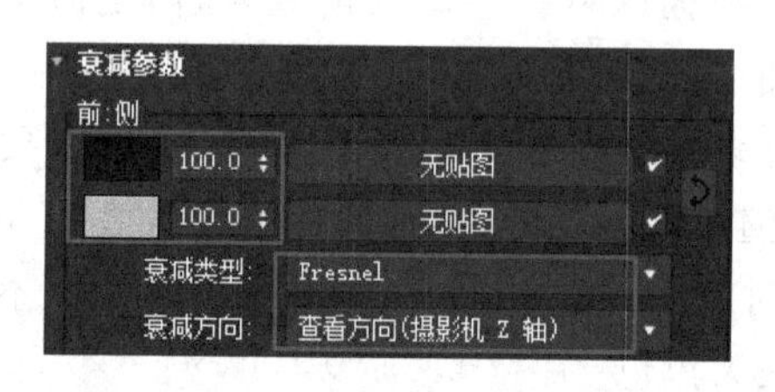

图　8-4

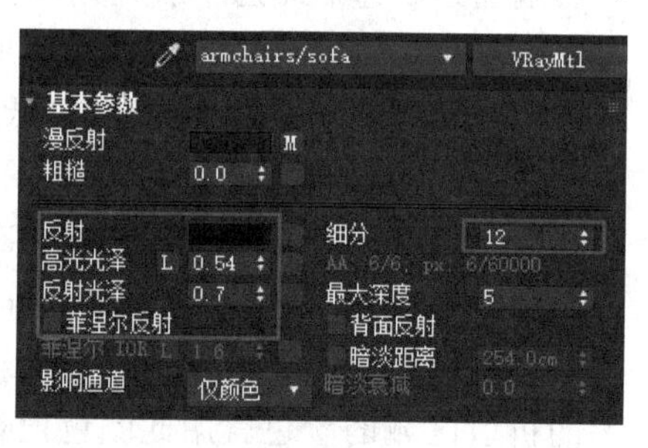

图　8-5

(2) 为茶几的表面设置材质。添加一个标准的 VRayMtl 材质，命名为 table，给“漫反射”设置颜色为“R：30；G：30；B：30”，“反射”颜色为“R：35；G：35；B：35”，“高光光泽”为 0.6，“反射光泽”为 0.75，不选中“菲涅尔反射”复选框，“细分”为 12，如图 8-6 所示。

为茶几的支架设置材质。添加一个标准的 VRayMtl 材质，命名为 chrome，给“漫反射”设置颜色为“R：96；G：96；B：96”，“反射”颜色为“R：210；G：210；B：210”，“高光光泽”为 1.0，“反射光泽”为 0.85，不选中“菲涅尔反射”复选框，如图 8-7 所示。

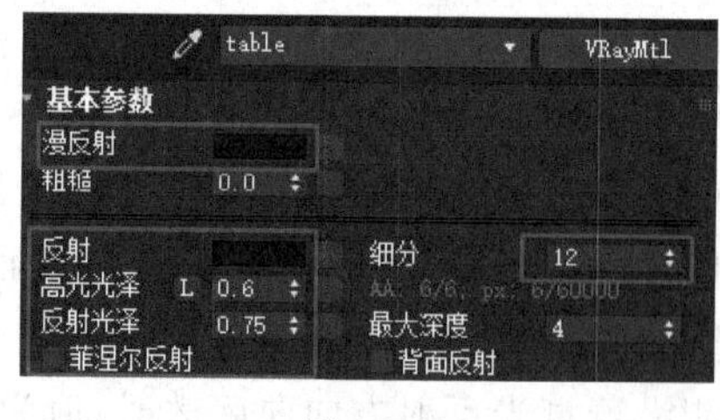

图　8-6

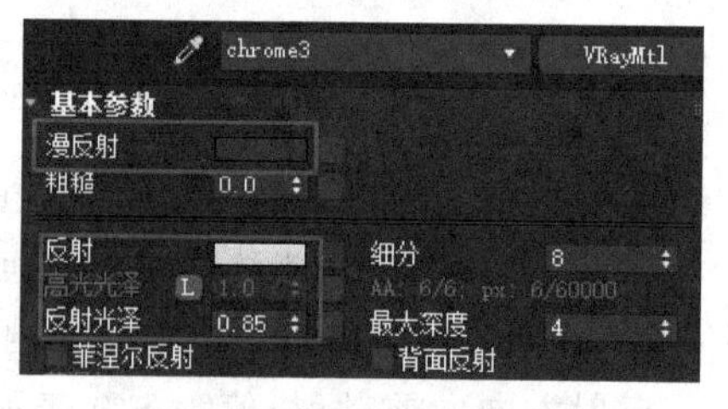

图　8-7

(3) 为茶几上的玻璃杯设置透明玻璃材质。添加一个标准的 VRayMtl 材质，分别把反射和折射的颜色设置为全白色，“反射光泽”设置为 0.98，开启“菲涅尔反射”复选框。

(4) 为沙发旁边的摆设设置材质。添加一个标准的 VRayMtl 材质，命名为 vase，给“漫反射”设置颜色为“R：121；G：185；B：215”，“反射”颜色添加衰减贴图，设置“前”颜色为“R：0；G：0；B：0”，“侧”颜色为“R：200；G：200；B：200”，“衰减类型”为“垂直/平行”，“衰减方向”为“查看方向(摄影机 Z 轴)”(见图 8-8)。

设置“高光光泽”为 0.8，解除锁定，取消选中“菲涅尔反射”复选框(见图 8-9)。

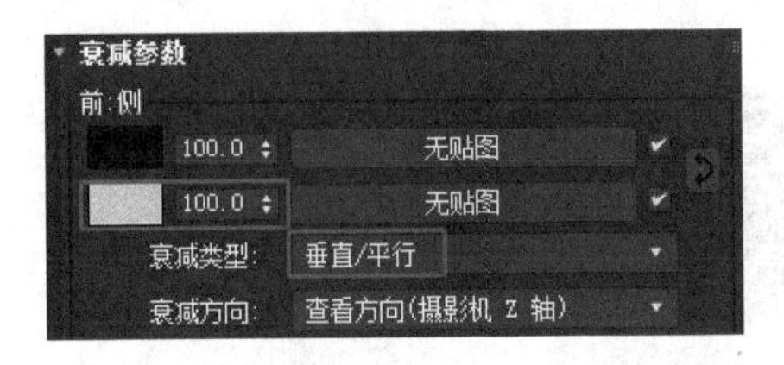

图　8-8

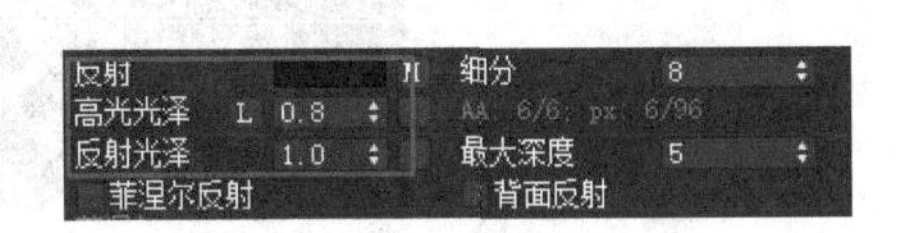

图　8-9

(5) 为茶几上的书本设置材质。添加一个多维/子材质，命名为 book，分别添加 4 个标准 VRay 材质，然后给这 4 个材质的“漫反射”颜色里添加贴图，分别对应的贴图如图 8-10 所示。

设置“反射”颜色为“R：40；G：40；B：40”，“高光光泽”为 0.7，“反射光泽”为 0.85，解除锁定，取消选中“菲涅尔反射”复选框(见图 8-11)。

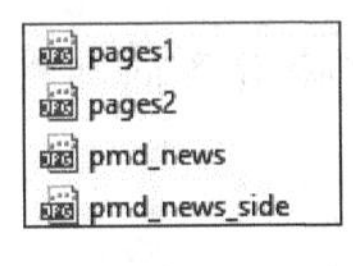

图　8-10

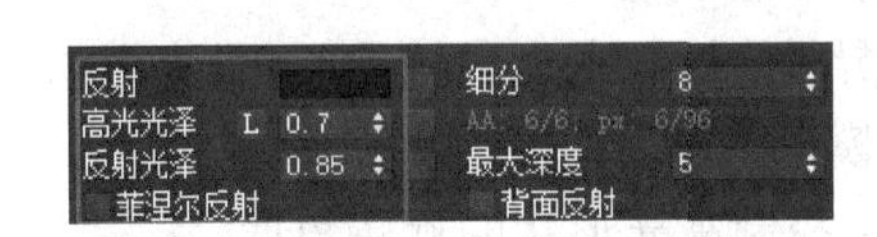

图　8-11

(6) 场景中的其余物体材质的设置方法基本与上面所述方法相同，在此不再赘述，最终的效果如图 8-12 所示。

图　8-12

8.1.2 BRDF

BRDF 是 Bidirectional Relection Distribution Function(双向反射分布)的缩写，主要用于控制物体表面的发射特性。当发射的颜色不为黑色以及反射模糊不为 1 时，这个功能才有效果(见图 8-13)。

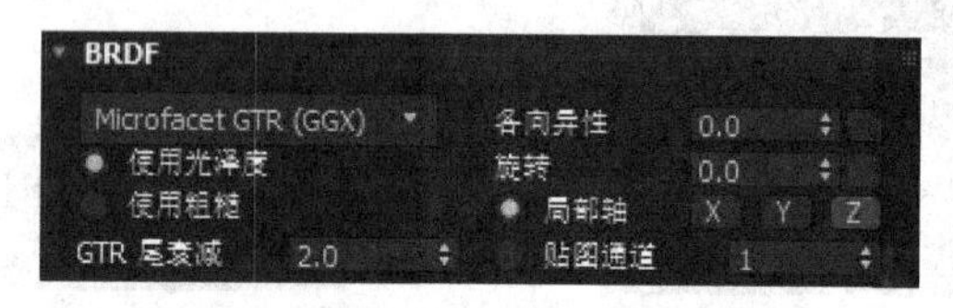

图 8-13

- [类型]：VRayMtl 提供了 4 种双反射类型(高光形态)。
  - ♦ Phong：主要用于塑料表面。高光区域最小。
  - ♦ Blinn：可以用于大部分材质。
  - ♦ Ward：可以用于布料材质和类似粉笔的材质。
  - ♦ Microfacet GTR(GGX)：用于金属表面，它是新版 VRay 新增的高光形态，最适合于金属材质。
- 各向异性：控制高光区域的形状，值为 0.0 时，高光意味着各向同性，正值和负值可以模拟拉丝表面。
- 旋转：控制高光形状的旋转角度。
- 局部轴：控制各向异性效果的方向。
- 贴图通道：方向基于选择映射通道。

8.1.3 选项

"选项"卷展栏的各参数如图 8-14 所示，下面详细介绍各项参数的作用。

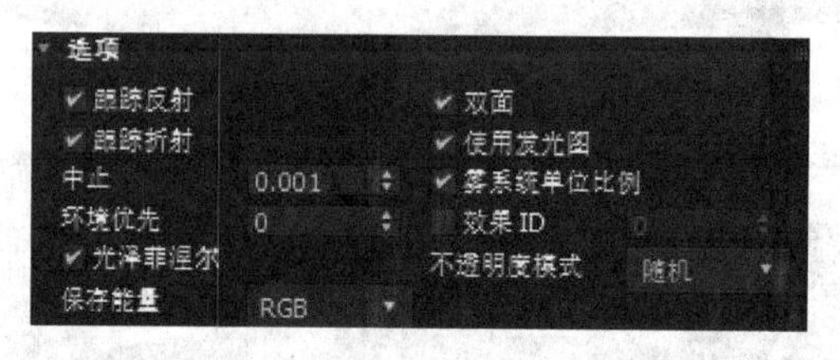

图 8-14

- 跟踪反射：控制材质是否计算反射。
- 跟踪折射：控制材质是否计算折射。
- 中止：阈值以下的反射/折射将无法追踪，VRay 视图估计图像反射/折射，如果低于此阈值，这些影响不会计算，不要将值设置为 0.000，因为它可能在某些情况下导致渲染时间过长。

- 环境优先：当你使用多种材料覆盖环境的时候，此项数值用来指定到底哪个环境贴图将会被使用，这样不同材质的反射/折射环境也就各不相同。
- 双面：控制 VRay 渲染的面为双面。
- 使用发光图：选中此项，发光贴图将近似于漫反射间接光照材质，将强制使用 GI。
- 雾系统单位比例：默认开启，这样雾色的衰减程度就依赖于系统的默认单位了。如果场景不是按照显示尺寸来建模的，可以将这个参数关闭。
- 保存能量：可以为反射和漫反射选择不同的光线影响模式，现实生活中由于反射光的影响，漫反射往往显得会暗一些，而折射现象又会使反射出的色彩无法完全体现出 RGB 中设置的值，为了使反射 100%体现出反射中设置的 RGB 值，将这个参数设置为单色模式即可，这样漫反射的颜色就不会影响到反射的颜色。

8.2　VRay 混合与包裹材质

8.2.1　VRay 混合材质

VRay 混合材质可以让多个材质以层的方式混合，用来模拟真实物理世界中的复杂材质，如汽车涂层、人体皮肤等。

"VRay 混合 参数"卷展栏的各项参数如图 8-15 所示，下面详细介绍各项参数的作用。

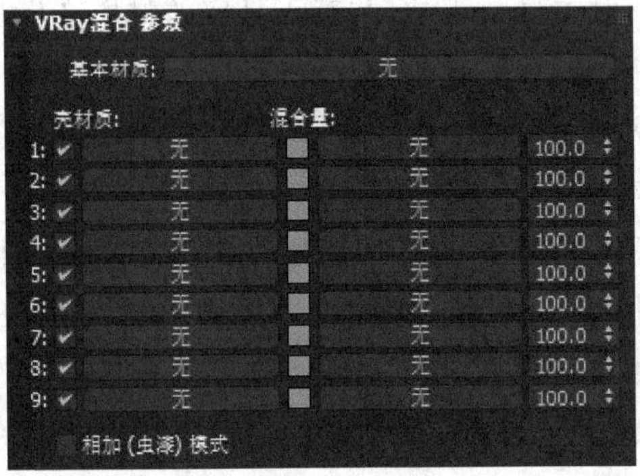

图　8-15

- 基本材质：这是最为基层的材质。如果未指定，基本材质将被认为是一个完全透明的材质。
- 亮材质：这是基本材质上的材质。
- 混合量：表示表面材质混合多少到基本材质上。如果颜色是白色，那么这个表面材质将全部混合上去，而下面的混合材质将不起作用；如果颜色是黑色，那么这个表面材质自身就没什么效果，也可以由后面的贴图通道来控制。
- 相加(虫漆)模式：选中此选项后，混合材质和多层(虫漆)材质类似。一般不建议使用此项，除非特殊情况。

8.2.2 VRay 包裹材质

VRay 包裹材质主要控制材质的全局光照、焦散和物体不可见等特殊内容（见图 8-16）。下面详细介绍各项参数的作用。

- 基本材质：真实的表面材质。
- 生成 GI：控制当前赋予包裹材质的物体产生 GI 光照。
- 接收 GI：控制当前赋予包裹材质的物体接收 GI 光照。
- 生成焦散：控制当前赋予包裹材质的物体是否产生焦散。
- 接收焦散：控制当前赋予包裹材质的物体是否接收焦散。
- [焦散倍增]：控制当前赋予包裹材质的物体的焦散倍增。

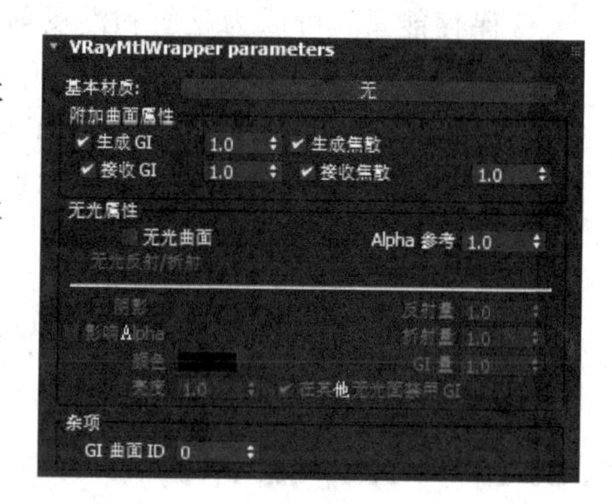

图 8-16

- 无光曲面：控制当前赋予包裹材质的物体是否可见，选中后，被选择物体将不可见，意味着这个物体无法在场景中直接可见，在它的位置上将显示背景颜色，但这个物体在反射/折射中显示正常，并基于真实的材质产生真实的间接光照。
- Alpha 参考：控制被选择物体在 Alpha 通道中如何显示。值为 1.0 意味着物体在 Alpha 通道中正常显示；值为 0.0 意味着物体在 Alpha 通道中完全不显示；值为 −1.0 会反转物体的 Alpha 通道。
- 阴影：控制当前赋予包裹材质的物体是否接收直接光产生的阴影。
- 影响 Alpha：选中此选项后，渲染出的阴影将影响 Alpha 通道。
- 颜色：控制当前赋予包裹材质的物体接收直接光照产生的阴影颜色。
- 亮度：控制当前赋予包裹材质的物体接收直接光照产生的阴影亮度，值为 0.0，阴影将完全不可见；值为 1.0，阴影可见。
- 反射量：控制当前赋予包裹材质的物体的反射数量。
- 折射量：控制当前赋予包裹材质的物体的折射数量。
- GI 量：控制当前赋予包裹材质的物体的 GI 数量。
- 在其他无光面禁用 GI：选中此选项时，可以让物体不影响其他不可见物体的外观，既不会在其他的不可见物体上投射阴影，也不会产生 GI 全局光。
- GI 曲面 ID：这是数值可以用来防止在不同的表面光缓存采样的混合，如果两个对象具有不同的 GI 曲面 ID，两个物体的光缓存采样将不会混合，可以在不同光照对象之间防止漏光。

8.3　VRay 车漆与发光材质

8.3.1　VRay 车漆材质

车漆材质是一种模拟汽车金属漆的材质，它是一个四层复合材质，分别为基本漫反射层、基本光泽层、金属薄片层和清漆层，该材质允许单独调整每一层。

“VRay 车漆 基础层参数”卷展栏的各项参数如图 8-17 所示，下面详细介绍各项参数的作用。

- 基本颜色：控制基本层的漫反射颜色。
- 基本反射：控制基本层的反射率，反射颜色本身和基本颜色是相同的。
- 基本光泽：控制基本层的反射光泽。
- 基本跟踪反射：当此项关闭时，基本层只产生高光，没有反射。

“薄片层参数”卷展栏的各项参数如图 8-18 所示，下面详细介绍部分参数的作用。

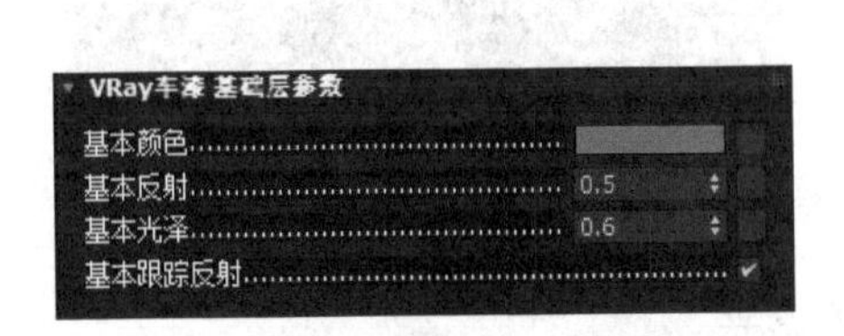

图　8-17

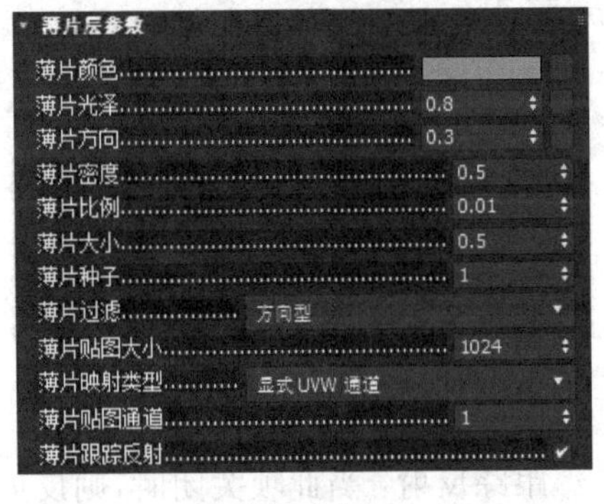

图　8-18

- 薄片颜色：控制金属薄片的颜色。
- 薄片光泽：控制金属薄片的光泽度，不建议设置在 0.9 以上，因为它可能产生不自然的效果。
- 薄片方向：控制薄片相对正常表面的方向，当值为 0.0 时，所有薄片表面完全一致；当值为 1.0 时，薄片完全随机旋转到正常。不建议高于 0.5 以上，因为它们会导致效果不真实。
- 薄片密度：控制某个区域的密度，较低的值，产生薄片较少；较高的值，产生薄片较多；当值为 0.0 时，则材质无薄片产生。
- 薄片大小：控制整个薄片的大小。
- 薄片种子：薄片的随机种子。
- 薄片过滤：该参数控制薄片被过滤的方式。有两种方式。
  - ♦ 简单型：这种方法速度很快但很不准确，可能会改变材质的外观。
  - ♦ 方向型：这种方法稍微慢一点，并需要使用更多的内存，但更加准确，根据它们的方向，然后再执行过滤，以保持材质的外观。

• 薄片贴图大小：材质内部创建几个位图存储生成的薄片，决定了位图的大小。较低值减少内存的使用，但可能会产生明显的薄片平铺效果，值越高就需要越多的内存，但平铺减少；使用定向过滤方法时要小心，因为较大的贴图可能会迅速导致内存使用过多。

• 薄片映射类型：指定映射薄片的方法。

  ♦ 显示贴图通道：薄片映射使用指定的通道。

  ♦ 在物体空间三切面投影：材质自动计算基于表面法线的对象空间映射坐标。

• 薄片贴图通道：薄片映射通道时，薄片映射类型设置为显示贴图通道。

• 薄片跟踪反射：当此项关闭时，薄片只产生高光，没有反射。

"壳层参数"卷展栏的各项参数如图 8-19 所示，下面详细介绍各项参数的作用。

• 壳颜色：控制壳层的颜色。

• 壳强度：当从正面直接查看表面时，壳层将反射强度。

• 壳光泽：控制壳层反射的光泽度。

• 壳跟踪反射：当此项关闭时，壳层只产生高光，没有反射。

"选项"卷展栏的各项参数如图 8-20 所示，下面详细介绍部分参数的作用。

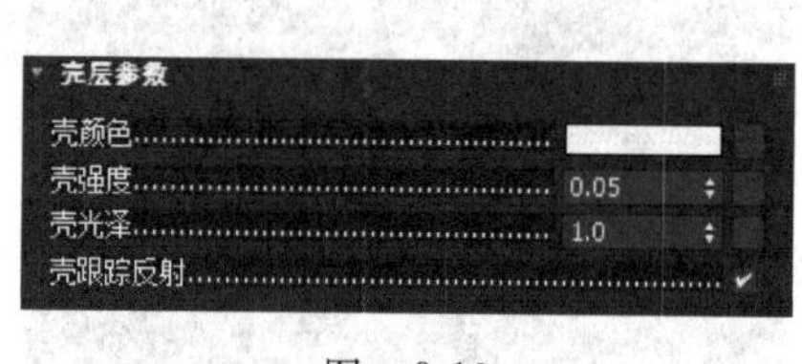

图 8-19

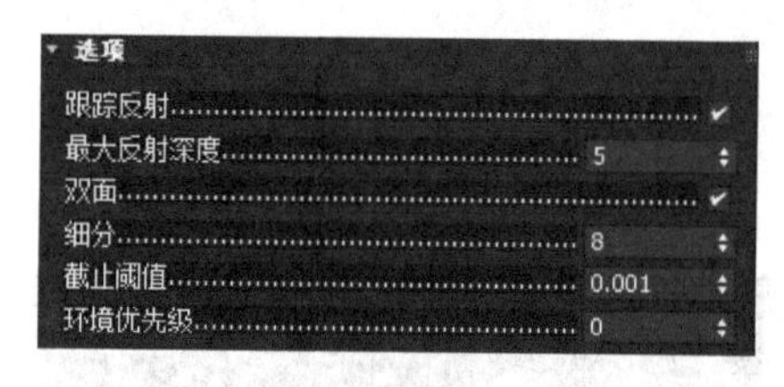

图 8-20

• 跟踪反射：当此项关闭时，则反射只产生高光。

• 最大反射深度：指计算反射的次数。

• 双面：控制材质是否双面。

• 细分：确定不同层镜面反射的采样数量。

• 截止阈值：控制细分的精细度。

课堂案例 渲染汽车车漆

打开配套素材中的第 8 章课堂案例里的"渲染汽车车漆(素材)"文件，开始为场景中的物体设置材质。

(1) 为车体设置一个标准的 VRay 车漆材质，命名为"车体"，设置"基本颜色"为"R：77；G：90；B：128"，"薄片颜色"为"R：65；G：96；B：231"，其余保持默认值即可，如图 8-21 所示。

(2) 设置轮毂为 Chrome 材质，添加 VRayMtl 标准材质，"漫反射"颜色为全黑，"反射"颜色为全白，"反射光泽"为 0.98，不选中"菲涅尔反射"复选框(见图 8-22)。

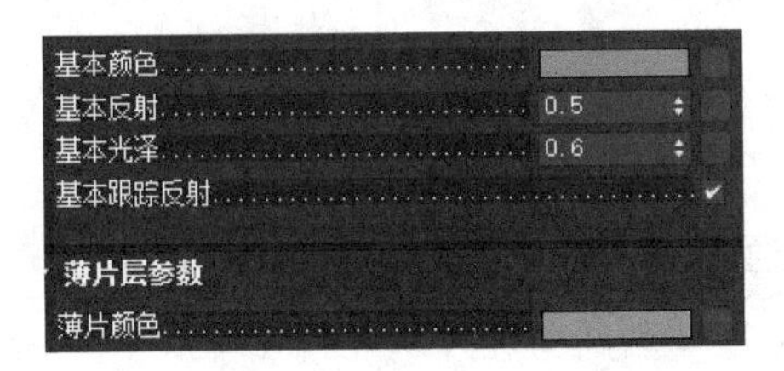

图 8-21

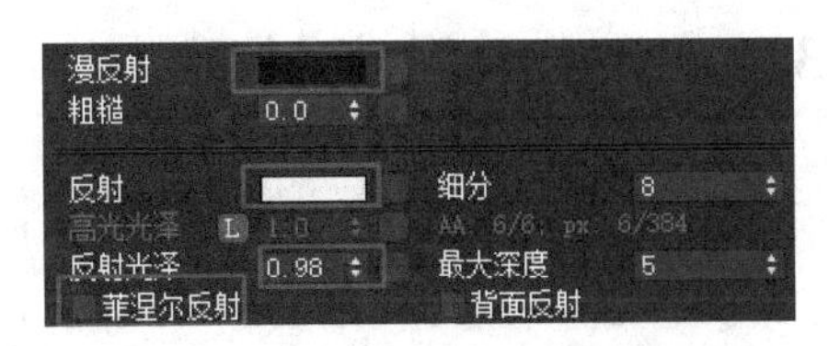

图 8-22

(3) 设置挡风玻璃材质，添加 VRayMtl 标准材质。“漫反射”颜色为全黑，“反射”颜色为全白，“反射光泽”为 1.0，开启“菲涅尔反射”复选框，“折射”颜色为全白，“雾颜色”为“R：251；G：255；B：248”，“烟雾倍增”为 0.1(见图 8-23)。

(4) 设置座椅材质，添加 VRayMtl 标准材质。“漫反射”颜色为“R：8；G：8；B：8”，“反射”颜色为“R：144；G：144；B：144”，“反射光泽”为 0.45，开启“菲涅尔反射”复选框(见图 8-24)。

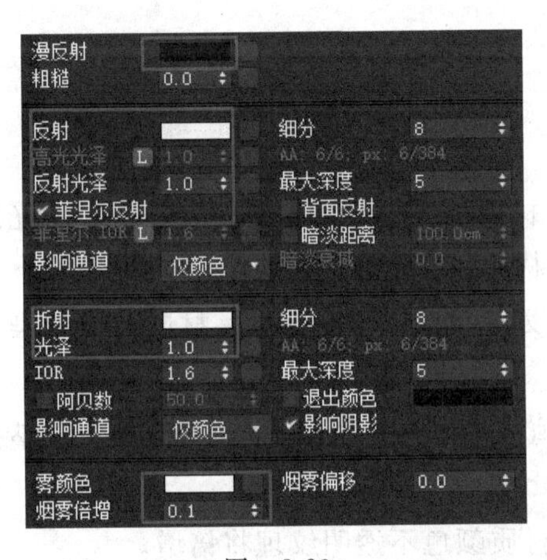

图 8-23

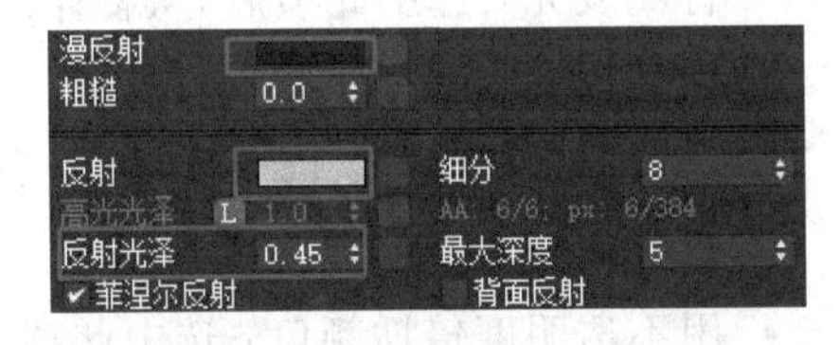

图 8-24

(5) 为汽车搭建场景，设置相应的灯光，以及环境天光，设置渲染分辨率为 800×450 像素，如图 8-25 所示。

图 8-25

8.3.2　VRay 发光材质

VRay 发光材质是一种特殊材质，这种材质通常用于创建自发光表面。

“参数”卷展栏的各项参数如图 8-26 所示，下面详细介绍部分参数的作用。

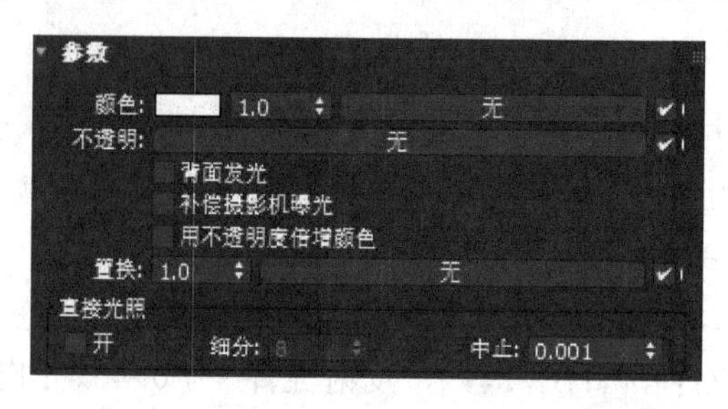

图　8-26

- 颜色：设置自发光材质的颜色。
- [颜色倍增]：控制灯光颜色的倍增。
- [纹理]：允许使用贴图充当光源。
- 不透明：控制材质纹理的不透明度，减少材质的不透明度，并不会影响自发光颜色的强度，即使创建的是一个完全透明的材质，也依然可以发光。
- 背面发光：选中此项后，从物体的背面也发光；如果不选中此项，材质背面渲染为黑色。
- 补偿摄影机曝光：选中此项后，当 VRay 渲染物理摄影机时，材质的强度将调整摄影机的曝光补偿。
- 用不透明度倍增颜色：选中此项后，发光材质颜色不透明纹理将倍增。
- 置换：允许用户添加置换贴图到 VRay 发光材质中。
- 开：选中此项后，将应用特定的 VRay 发光材质，当成网格灯光直接发射。
- 细分：控制 VRay 计算照明采样的数量，值越低意味着噪点越多，但渲染速度更快；较高的值产生平滑的结果，但需要更多的渲染时间，当然也取决于 DMC 的采样设置。

8.3.3　多维/子对象材质

使用多维/子对象材质可以采用几何体的子对象级别分配不同的材质。创建多维材质，将其指定给对象并使用网格选择修改器选中面，然后选择多维材质中的子材质指定给选中的面。打开该材质的方法是依次选择“材质/贴图”浏览器→“材质”→“常规”→“多维/子对象”命令。仅当活动渲染器支持时，该材质才会显示在“材质/贴图”浏览器中(见图 8-27)。

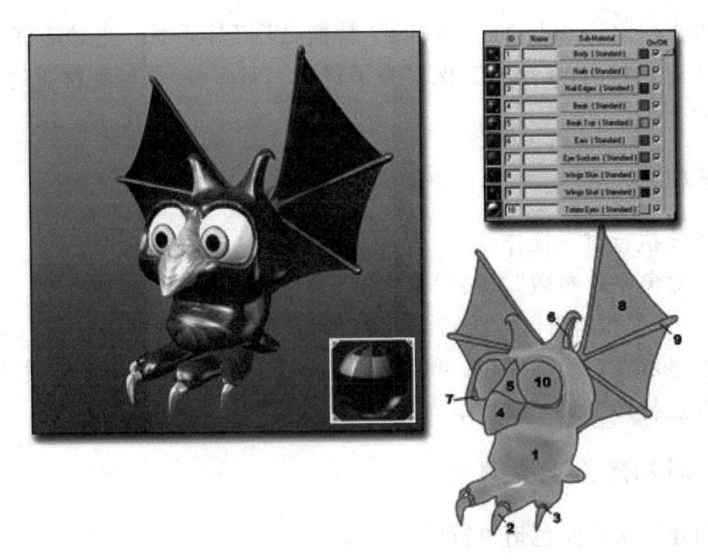

图 8-27

1. 使用多维/子对象材质进行贴图的图形

如果该对象是可编辑网格或可编辑多边形,可以拖放材质到面的不同的选中部分,并随时构建一个多维/子对象材质。也可以通过将其拖动到已被编辑网格修改器选中的面来创建新的多维/子对象材质。子材质 ID 不取决于列表的顺序,可以输入新的 ID 值。使用“材质编辑器”“使唯一”功能可使实例子材质成为唯一副本。在多维/子对象材质级别上,示例窗的示例对象显示子材质的拼凑。在编辑子材质时,示例窗的显示取决于在“材质编辑器选项”对话框中的“在顶级下仅显示次级效果”切换。

2. 使用多维/子对象材质

对于网格编辑和管理子材质方面有一些使用提示。当在“可编辑网格”“多边形”“切片”或“样条线”的子对象级别上进行处理时,或者对应用了“编辑网格”“样条线”和“切片”修改器的对象进行处理时,如果对象应用了多维/子对象材质,那么可以按子材质的名称进行浏览。没有指定给对象或对象曲面的子材质可以通过使用清理多维材质工具来从多维/子对象材质中“清理”出去。

3. 创建多维/子对象材质

创建多维/子对象材质请执行以下操作之一。

方法 1:在“板岩材质编辑器”中依次选择“浏览器”面板→“材质”→“标准”组,再将某个多维/子对象材质拖到活动视图中。

方法 2:在“精简材质编辑器”中激活一个示例窗,单击“类型”按钮,接着在“材质/贴图”浏览器中选择“多维/子对象”,然后单击“确定”按钮。

用以上两种方法之一，3ds Max将打开“替换贴图”对话框。此对话框询问用户是要丢弃示例窗中的原始材质，还是将其保留为子材质。对多维/子对象材质的控制实际上是子材质所包含的列表。

4．指定子材质

指定子材质请执行以下操作。

在“多维/子对象基本参数”卷展栏上单击“子材质”按钮，此时将出现子材质的参数。默认情况下，子材质是带有Blinn明暗处理的“标准”材质。在“板岩材质编辑器”中默认子材质作为节点显示在活动视图中，可以双击这些节点以查看和调整材质参数，也可以使用不同类型的节点替换“标准”材质节点。

5．将子材质构建为实心颜色

将子材质构建为实心颜色请执行以下操作。

在“多维/子对象基本参数”卷展栏上单击与“子材质”按钮相邻的色样。在颜色选择器中选择颜色。该子材质的色样是一种快捷方式。这些色样指定对子材质的“漫反射”组件所选择的颜色。

6．对选中的子对象指定一种子材质

对选中的子对象指定一种子材质请执行以下操作。

选中该对象并对其指定多维/子对象材质。在“修改”面板上，对该对象应用网格选择。单击子对象并将面选为子对象类别，选中所要指定子材质的面，应用材质修改器，将材质ID值设为要指定的子材质的数目。视图更新为显示指定给选中的面的子材质。在多维/子对象材质中的材质ID值与“面选择”卷展栏中的材质ID数目相对应。如果将此ID设为与多维/子对象材质中的材质不一致的数，面将渲染为黑色。一些基本几何体不使用1作为默认材质ID，而另一些，例如异面体或长方体，默认设置中包含多个材质ID。

也可以使用“编辑网格”修改器来对选定的面指定所包含的材质。将“编辑网格”应用给对象，转至子对象级别的面，然后选中要指定的面。在“编辑曲面”卷展栏中将材质ID值设为子材质的ID(可以拖放多维/子对象材质至一个“编辑网格”修改器上，就像对可编辑网格对象的操作)。

7．添加新的子材质

添加新的子材质请执行以下操作。

单击“添加”按钮，将新的子材质添加于列表末端。默认情况下，新的子材质的ID数要大于使用中的ID的最大值。

8．移除子材质

移除子材质请执行以下操作。

(1) 在“多维/子对象基本参数”卷展栏中单击子材质的最小示例球来将其选中。此

示例球由黑白边界包围以显示此子材质被选中。

(2) 如果子材质的列表长于卷展栏的容量，可以使用右边的滚动栏来显示列表的其他部分。单击"删除"按钮，子对象将被移除。删除子对象是不可撤销的操作。

9. "多维/子对象基本参数"卷展栏

"多维/子对象基本参数"卷展栏的各项参数如图 8-28 所示，下面详细介绍部分参数的作用。

图　8-28

- [数量]：此字段显示包含在多维/子对象材质中的子材质的数量。
- 设置数量：设置构成材质的子材质的数量。在多维/子对象材质级别上，示例窗的示例对象显示子材质的拼凑效果(在编辑子材质时，示例窗的显示取决于在"材质编辑器选项"对话框中的"在顶级下仅显示次级效果"选项)。通过减少子材质的数量将子材质从列表的末端移除。在使用"设置数量"按钮删除材质时可以撤销。
- 添加：单击可将新子材质添加到列表中。默认情况下，新的子材质的 ID 数要大于使用中的 ID 的最大值。
- 删除：单击该按钮，可从列表中移除当前选中的子材质。删除子材质的操作可以撤销。
- ID：单击该按钮将对子材质列表排序，其顺序开始于最低材质 ID 的子材质，结束于最高材质 ID 的子材质。
- 名称：单击该按钮，将对输入"名称"列的名称排序。
- 子材质：单击该按钮，将对显示于"子材质"按钮上的子材质名称排序。
- [子材质列表]：此列表中每个子材质有一个单独的项。该卷展栏一次最多显示 10 个子材质。如果多维/子对象材质包含的子材质超过 10 个，则可以通过右边的滚动栏滚动列表。列表中的每个子材质包含以下控件。

- 小示例球：小示例球是子材质的"微型预览"。单击它可以选中子材质。在删除子材质前也必须将其选中。
- 子材质 ID：显示指定于此子材质的 ID 数。可以编辑此字段来改变 ID 数。如果给两个子材质指定相同的 ID，会在卷展栏的顶部出现警告消息。当将多维/子对象材质应用于对象时，指定相同材质 ID 数的对象的面将通过此子材质渲染。可以单击"按 ID 排序"来对子材质列表按这个值从低到高排序。有时"子材质"按钮会显示材质数量。这个数并不是子材质的 ID。
- 材质名称：用于为材质输入自定义名称。当在子材质级别操作时，在"名称"字段中会显示子材质的名称。该名称同时在浏览器和导航器中出现。
- 子材质按钮：单击"子材质"按钮，可以创建或编辑一个子材质。每个子材质对其本身而言是一个完整的材质，可以包含所需的大量贴图和级别。默认情况下，每个子材质都是一个"标准"材质，它包含 Blinn 明暗处理。
- 色样：单击"子材质"按钮右边的色样可以显示颜色选择器并为子材质选择漫反射颜色。
- 开关切换：启用或禁用子材质。禁用子材质后，在场景中的对象上和示例窗中会显示黑色。默认设置为启用状态。

8.3.4 无光／投影材质

1. 无光/投影材质的作用

使用无光/投影材质可将整个对象(或面的任何子集)转换为显示当前背景色或环境贴图的无光对象。可以选择"材质/贴图"浏览器→"材质"→"常规"→"无光/投影"命令。仅当活动渲染器支持时，该材质才会显示在"材质/贴图"浏览器中。在 mental ray 处于活动状态时，"无光/投影"材质将不可用，可改用"无光/投影/反射"材质，效果如图 8-29 所示。

图 8-29

对背景加外框的照片的简单渲染会将照片显示于背景的前面，如图 8-30 所示。

图　8-30

隐藏对象将隐藏照片的一部分，用于显示背景使照片好像位于高脚杯的后面。也可以从场景中的非隐藏对象中接收投射在照片上的阴影。使用此技术，通过在背景中建立隐藏代理对象并将它们放置于简单形状对象前面，可以在背景上投射阴影(见图 8-31)。

图　8-31

2. “无光/投影基本参数”卷展栏

“无光/投影基本参数”卷展栏的各项参数如图 8-32 所示，下面详细介绍各项参数的作用。

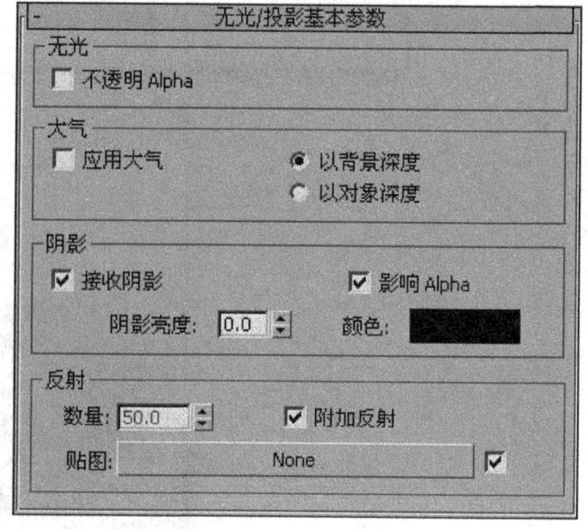

图 8-32

(1) “无光”组

不透明 Alpha：确定无光材质是否显示在 Alpha 通道中。如果禁用“不透明 Alpha”，无光材质将不会构建 Alpha 通道，并且图像将用于合成，就好像场景中没有隐藏对象一样。默认设置为禁用状态。

(2) “大气”组

“大气”组确定雾效果是否应用于无光曲面和它们的应用方式。

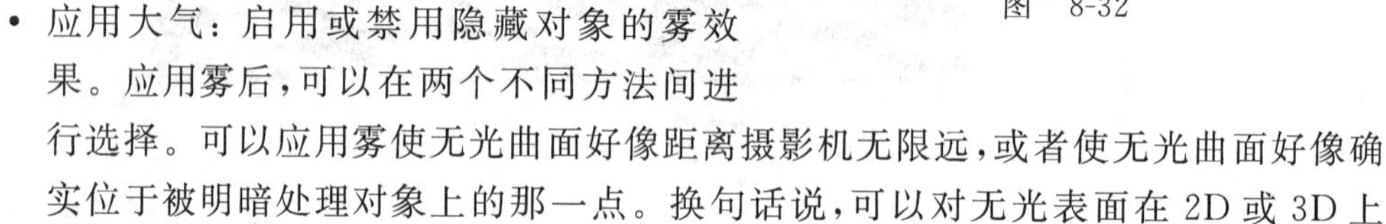

- 应用大气：启用或禁用隐藏对象的雾效果。应用雾后，可以在两个不同方法间进行选择。可以应用雾使无光曲面好像距离摄影机无限远，或者使无光曲面好像确实位于被明暗处理对象上的那一点。换句话说，可以对无光表面在 2D 或 3D 上应用雾效果。以下两个控件确定其应用的方式。

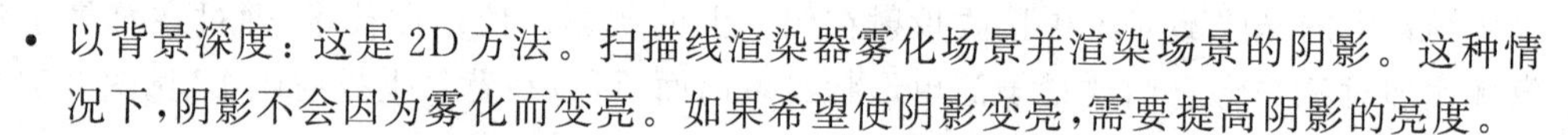

- 以背景深度：这是 2D 方法。扫描线渲染器雾化场景并渲染场景的阴影。这种情况下，阴影不会因为雾化而变亮。如果希望使阴影变亮，需要提高阴影的亮度。
- 以对象深度：这是 3D 方法。渲染器先渲染阴影，然后雾化场景，因为此操作使 3D 无光曲面上雾的量发生变化，因此生成的无光/Alpha 通道不能很好地混入背景。在以 2D 背景表现的场景中要使隐藏对象为一个 3D 对象时，应使用该选项。

(3) “阴影”组

“阴影”组确定无光曲面是否接收投射于其上的阴影和接收方式。

- 接收阴影：渲染无光曲面上的阴影。默认设置为启用。
- 影响 Alpha：启用此选项后，将投射于无光材质上的阴影应用于 Alpha 通道。此操作允许用以后合成的 Alpha 通道来渲染位图。默认设置为启用状态。该选项仅在禁用“不透明 Alpha”(在“无光”组中)时可用。启用该选项后，“阴影亮度”值越高则该阴影越透明，它允许背景透过阴影的显示更多并使阴影更亮。
- 阴影亮度：设置阴影的亮度。此值为 0.5 时，阴影将不会在无光曲面上衰减；此值为 1.0 时，阴影使无光曲面的颜色变亮；此值为 0.0 时，阴影变暗，使无光曲面完全不可见。
- 颜色：“显示颜色”选择器允许对阴影的颜色进行选择，默认设置为黑色。当使用“无光/阴影”材质将阴影合成于背景之下的图像(如视频)时，设置阴影颜色特别有用。此操作允许对阴影染色并使之与图像中已经存在的阴影相匹配。

(4) “反射”组

“反射”组中的控制器确定无光曲面是否具有反射。使用阴影贴图创建无光反射。除非将它们染色于黑色的背景之下，否则无光反射不会成功创建一个 Alpha 通道。

- 数量：控制要使用的反射数量。这是一个范围为 0.0～100.0 的百分比值。除非指定了贴图，否则此控件不可用。默认值为 50.0。可以为此参数设置动画。
- 贴图：单击以指定反射贴图。除非选择反射/折射贴图或平面镜贴图，否则反射与场景的环境贴图无关。

8.3.5 “变形器”材质

1. “变形器”材质的作用

“变形器”材质与“变形”修改器相辅相成，它可以用来创建人物角色脸颊变红的效果，或者使人物角色在抬起眼眉时前额有褶皱。借助“变形”修改器的通道微调器，可以以变形几何体相同的方式来混合材质。打开方式是选择“材质/贴图”浏览器→“材质”→“常规”→“变形器”。仅当活动渲染器支持时，该材质才会显示在“材质/贴图”浏览器中。

“变形器”材质有 100 个材质通道，并且它们对在“变形”修改器中的 100 个通道直接绘图。对对象应用“变形器”材质并与“变形”修改器绑定之后，要在“变形”修改器中使用通道微调器来实现材质和几何体的变形。“变形”修改器中的空通道仅可以使材质变形，它不包含几何体变形数据。如果一个子材质将它的明暗处理设置为“线框”，此时会显示整个材质，并渲染为线框材质。

应用“变形器”材质的方法如下。

对象在其修改器堆栈中必须至少包含一个“变形”修改器。可以将材质指定给一个对象并与对象的“变形”修改器通过一种或两种方式绑定。

将“变形”修改器应用于对象之后，在“变形”修改器的“全局参数”卷展栏中使用“指定新材质”命令。这是最简单的方式，同时对对象应用“变形器材质”并将材质与“变形”修改器绑定。

打开“材质编辑器”，选中“变形器材质”并单击“参数”卷展栏中的“选择变形对象”，然后在视口中单击该对象。单击该对象之后，在视口中出现一个对话框，在此对话框中选中“变形”修改器(一个对象可能有多个“变形”修改器)。此操作将“变形器”材质绑定到“变形”修改器。可以将一个“变形器”材质只绑定到一个“变形”修改器。

2. “变形器基本参数”卷展栏

“变形器基本参数”卷展栏的各项参数如图 8-33 所示，下面详细介绍部分参数的作用。

(1) “修改器连接”组

- 选择变形对象：单击此选项，然后在视口中选中一个应用“变形”修改器的对象。单击视口中的对象，显示“选择变形修改器...”对话框。选择一个“变形器”，然后单击“绑定”按钮(见图 8-34)。

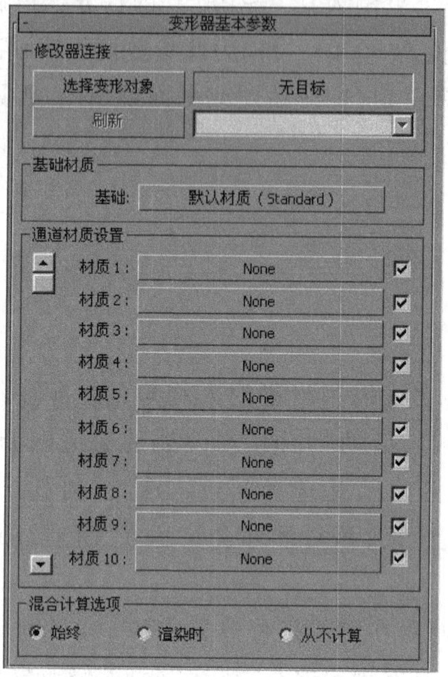

变形器基本参数
修改器连接
选择变形对象
无目标
刷新
基础材质
基础: 默认材质(Standard)
通道材质设置
材质 1: None
材质 2: None
材质 3: None
材质 4: None
材质 5: None
材质 6: None
材质 7: None
材质 8: None
材质 9: None
材质 10: None
混合计算选项
始终 渲染时 从不计算

图 8-33

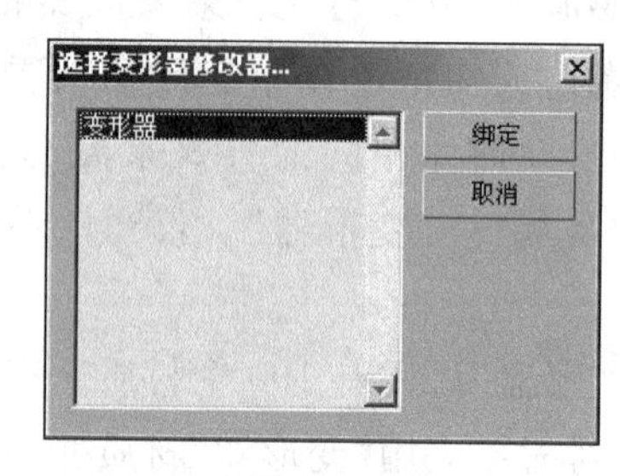

图 8-34

- [名称字段]：显示应用“变形器材质”的对象的名称。如果没有指定对象，该字段显示“无目标”。
- 刷新：更新通道数据。
- [标记]下拉列表：该列表与“变形”修改器中的标记列表相同。此处显示在“变形”修改器中所保存的标记。

(2)“基础材质”组

[基础]按钮：单击此按钮，可对对象应用一个基础材质。基础材质表示在所有通道混合发生前模型的样子。

(3)“通道材质设置”组

- [贴图]：可用的材质通道为 100 个。使用滚动栏可以在所有通道中滚动。双击一个通道跳至该通道的材质参数。在“变形器材质”和“变形修改器”的通道之间存在一对一的对应关系。“变形器”材质的通道 1 中的一个材质是由“变形”修改器的通道 1 微调器所控制的。
- [材质开关切换]：启用或禁用通道。禁用的通道不影响变形的结果。

(4)“混合计算选项”组

如果混合多种活动材质，3ds Max 的运行速度可能减慢。使用此组中的选项可以控制开始计算变形结果的时间。

- 始终：选择此选项，可始终计算材质的变形结果。
- 渲染时：选择此选项，可在渲染时计算材质的变形结果。
- 从不计算：选择此选项，可绕过材质混合。

8.4　VRay 常用程序纹理

8.4.1　VRay 天空

"VRay 天空参数"卷展栏的各项参数如图 8-35 所示，下面详细介绍各项参数的作用。

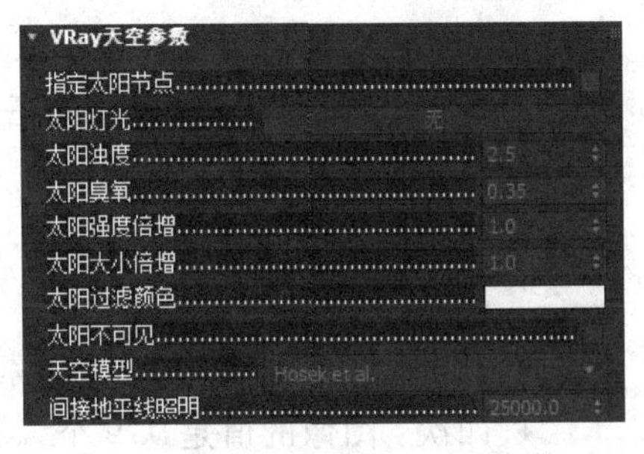

图　8-35

- 指定太阳节点：选中此选项后，可手动设置太阳的节点。
- 太阳灯光：单击后面的按钮，可在场景中选择对象作为太阳的节点。
- 太阳浊度：此项参数决定了空气中的灰尘量以及影响太阳和天空的颜色，较小值会产生一个清晰的天空，而较大值会呈现黄色和橙色。
- 太阳臭氧：影响太阳光的颜色，在 0.00 和 1.00 之间的范围内有效，较小值使天空更黄，较大值使天空更蓝。
- 太阳强度倍增：设置太阳的强度。
- 太阳大小倍增：设置太阳形状的大小。
- 太阳不可见：控制太阳在渲染时是否可见。
- 天空模型：允许用户指定的程序模型来产生 VRaySky 纹理。
- 间接地平线照明：指定天空水平面上的光照强度。

8.4.2　VRayHDRI

VRayHDRI 可以用来加载高动态范围图像(HDRI)作为环境贴图。

"参数"卷展栏的各项参数如图 8-36 和图 8-37 所示，下面详细介绍部分参数的作用。

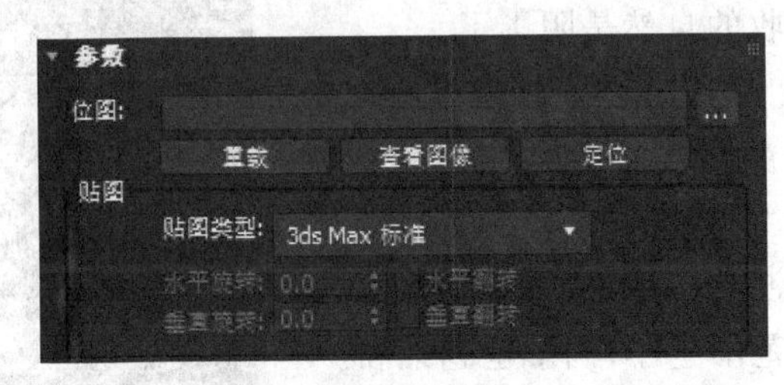

图　8-36

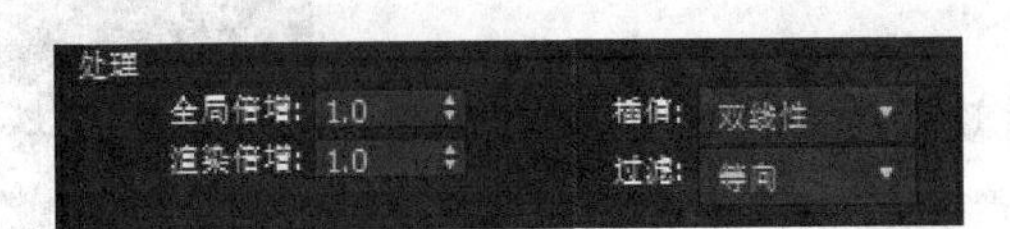

图　8-37

- 位图：从中加载位图文件名，目前支持的格式有 HDR、EXR、PNG、BMP、TGA、SGI、JPG、PIC、TIF、PSD、VRIMG。
- 贴图类型："成角"适用于使用了对角拉伸坐标方式的高动态范围贴图；"立方"适用于使用了立方坐标方式的高动态范围贴图；"球形"代表球状环境映射模式；"球体反射"代表球体反射环境映射模式；"3ds Max 标准"表示映射类型由坐标部分确定。
- 全局倍增：控制 HDRI 贴图亮度的全局倍增值。
- 渲染倍增：该倍增值不会改变 HDRI 贴图在"材质编辑器"中材质的显示亮度，只是在调整最终渲染效果中的亮度值。
- 插值：决定图像的插值像素。
  - ♦ 双线性：图像的值是从 4 个像素的位图开始插值，这是最快的插值方法，但结果是不平滑的。
  - ♦ 三次：图像的值从 16 个像素的位图开始插值，这个方法最慢。
  - ♦ 四次：图像的值是从 9 个像素的位图插值，这种方法比三次插值快，但可能使图像平滑过多。
  - ♦ 默认：根据位图格式自动选择。

8.4.3 污垢

VRayDirt 用于快速模拟全局光照，但它并不是创建真实的 GI 效果，而是根据对象之间的距离和遮挡，模拟一种类似全局光的效果，可以使用它来制作 AO 效果。

"VRay 污垢 参数"卷展栏的各项参数如图 8-38 所示，下面详细介绍部分参数的作用。

- 半径：该参数控制污垢侵蚀的半径，随着半径值增大，污垢的扩散半径也随之增大。
- 遮挡颜色：控制阴影颜色，该物体被其他物体阻挡光线，吸收的自然是阴影了。
- 未遮挡颜色：直接到达物体而被该物体吸收的光线，这个颜色可以替代物体自身的漫反射颜色。
- 分布：该参数控制污垢的扩散范围，值越大，污垢扩散的范围越小，阴影也越柔和。
- 衰减：这个参数控制遮挡与未遮挡颜色之间的过渡范围。
- 细分：控制污垢效果的采样精度，较低值渲染速度较快，但产生的结果中噪点很多。
- 偏移：调整污垢在法线的 X(Y、Z)轴偏移，

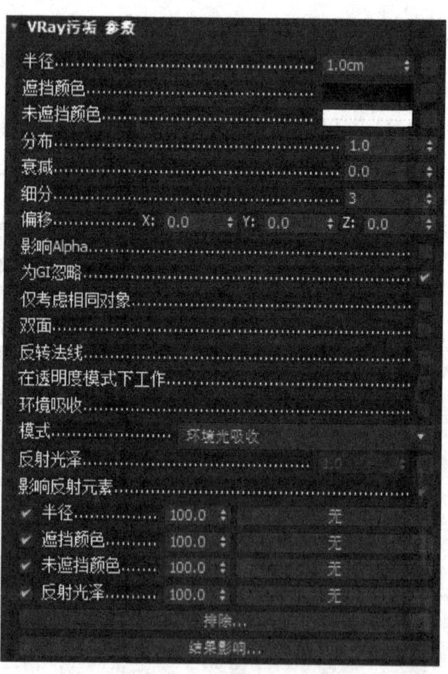

图 8-38

偏移值与污垢和模型的方向有关，在场景中增大 X 偏移值会使污垢增强。

- 为 GI 忽略：渲染时会将周围物体对模型的 GI 影响忽略。
- 仅考虑相同对象：系统只考虑场景中污垢材质对模型的影响。
- 反转法线：改变光线追踪的方向，使污垢附近的面变黑。
- 在透明度模式下工作：会考虑遮挡对象的不透明度。
- 环境吸收：选中此选项后，VRay 计算区域遮挡。当不被其他物体遮挡时，将使用环境。
- 反射光泽：此项控制光线追踪反射遮挡的扩散。
- 影响反射元素：选中此选项后，周围的反射会影响反射渲染元素。

课堂案例　渲染 AO 图

(1) 打开配套素材中的第 8 章里的课堂案例“渲染 AO 图”文件，在“渲染设置”面板中切换到 VRay 面板，在全局开关中取消选中“反射/折射”“贴图”复选框；“颜色贴图”卷展栏中选择“线性叠加”(见图 8-39)。

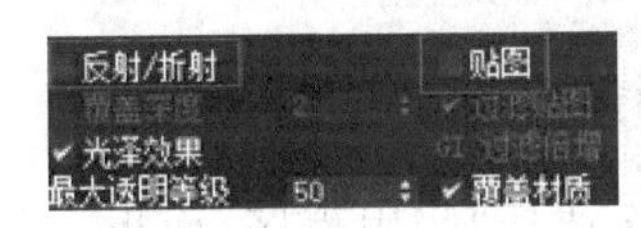

图　8-39

(2) 关闭环境中所有的启动项，并关闭间接光照(GI)(见图 8-40)。

(3) 选择过滤器为“灯光”，按 Ctrl＋A 组合键选中所有灯光，然后删除所有灯光。

(4) 按 M 键打开“材质编辑器”，添加一个 VRay 发光材质，贴图通道添加 VRay 污垢，参数设置如图 8-41 所示，“半径”为 30 左右，“细分”为 25 左右，其他参数不变。

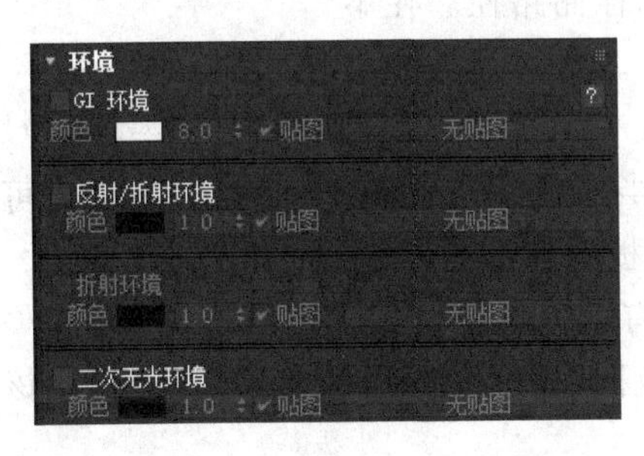

图　8-40

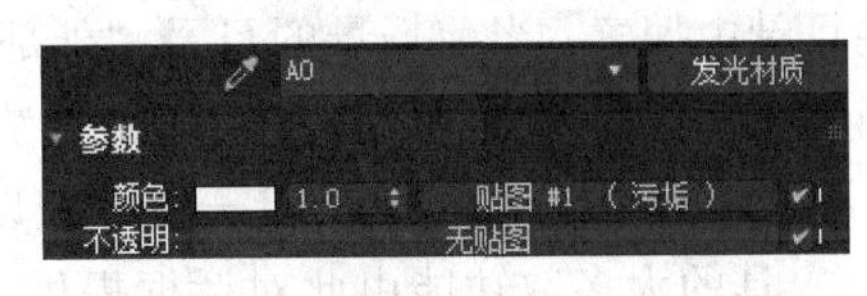

图　8-41

(5) 按 F10 键打开“渲染设置”对话框，选中覆盖材质，将刚才设置的发光材质命名为 AO，然后将其拖动到“覆盖材质”的通道，这样场景中的材质都已被 AO 材质所替换，再取消选中“光泽效果”复选框，最后渲染场景，如图 8-42 所示。

图 8-42

8.5 贴图路径处理方法

8.5.1 位图/光度学路径编辑器

1. “位图/光度学路径编辑器”面板的参数介绍

位图/光度学路径实用程序的打开方法：依次选择“实用程序”面板→“实用程序”卷展栏→“更多”按钮→“实用程序”对话框→“位图/光度学路径”命令，在右侧面板中将会出现如图 8-43 所示界面。

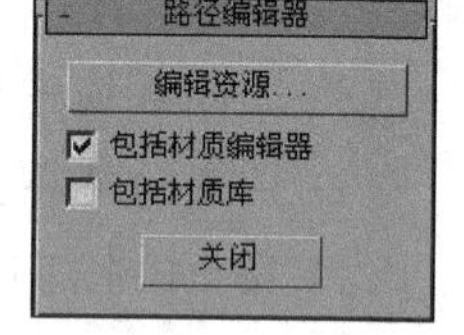

图 8-43

位图/光度学路径实用程序使用可以更改或移除场景中使用的位图和光度学分布文件（IES）的路径。此命令也可用来查看哪些对象使用的资源出现了问题。

默认情况下，3ds Max 使用所参考文件的名称存储路径。在不同的用户之间共享场景时，这可能会成为一个问题。由于存盘的路径不一样，可能会造成场景“丢失”资源。

利用“去除所有路径”功能可消除这个问题。当路径不与资源文件一同保存时，可在这些目录中搜索：当前场景的目录、“外部文件”面板中列出的路径，从列表顶部开始。从位图和光度学引用中移除路径对于网络渲染也很有用。

- “编辑资源...”按钮：单击该按钮以显示“位图/光度学路径编辑器”对话框。该工具的大多数功能由此对话框提供。
- 包括材质编辑器：选中该选项，“路径编辑器”对话框显示“材质编辑器”中的材质以及指定给场景中对象的材质。默认设置为选中。
- 包括材质库：选中该选项，“路径编辑器”对话框显示当前材质库中的材质以及指定给场景中对象的材质。默认设置为不选中。
- 关闭：单击该按钮可关闭此工具。

2. 更正丢失贴图的方法及步骤

通过“工具”面板→“工具”卷展栏→“更多”按钮→“工具”对话框→“位图/光度学路径”→“编辑资源”按钮选择，打开的编辑资源对话框如图 8-44 所示。

图 8-44

首先，如果有缺失的位图或光度学文件，可以使用 Windows 搜索程序来执行此操作。在“位图/光度学路径编辑器”对话框中单击“选择丢失的文件”按钮，在列表中选择一个丢失的文件。如果一组丢失的文件位于同一目录中，则可以将它们全部选中。单击“去除选定路径”按钮，再单击“设置路径”按钮。在“新建路径”字段中输入正确的路径，或单击“...”按钮，以在 Windows 文件对话框中浏览到正确的路径。“位图/光度学路径编辑器”将选定贴图的路径更新为使用新路径。

3. 编辑资源对话框参数详解

- [贴图和光度学文件列表]：显示场景中使用的所有位图和光度学文件(IES、CIBSE、LTLI)，及其当前路径。如果未选定列表中的任何文件，则此对话框中可用的按钮是“关闭”“选择丢失的文件”和“去除所有路径”。
- 关闭：单击该按钮可关闭对话框。
- 信息...：单击该按钮以显示“资源信息”对话框。只有当在列表中选定一个文件时，此按钮才可用。双击列表中的名称也可以显示“资源信息”对话框。“资源信息”对话框显示有关在其他材质或光度学分布文件中使用位图的位置信息，并且显示位图的图像。
- 复制文件：将选定文件复制到所选的目录中。单击此按钮可显示 Windows 文件对话框，用于选择目标目录。
- 选择丢失的文件：高亮显示列表中丢失文件的名称。
- 查找文件：单击该按钮以在当前选择中搜索贴图或光度学文件。单击此按钮可显示一个警报，指出多少文件可以找到，多少文件丢失。
- 去除选定路径：单击该按钮以去除选定文件中的路径，将出现一个警报，警告场景将丢失其信息。
- 去除所有路径：单击该按钮以去除列表中所有文件的路径，将出现一个警报，警告场景将丢失其信息。

- 设置路径：单击该按钮，可将“新建路径”字段应用于选定的文件。如果“新建路径”字段与选定文件相同，则单击“设置路径”按钮可清除“新建路径”选项的内容。
- 新建路径：为当前选定的文件输入路径。默认情况下是当前选定文件的路径。如果选定多个具有不同路径的文件，则该选项中无内容。
- [浏览]按钮■(在“新建路径”选项的右侧)：显示可用于浏览路径的 Windows 文件对话框。

8.5.2 “资源收集器”工具

“资源收集器”将场景(位图、光度学分布文件(IES))使用的资源文件，也可以选择将场景本身收集到单个目录中。

依次单击或打开“实用程序”面板→“实用程序”卷展栏→“更多”按钮→“实用程序”对话框→“资源收集器”，在右侧将会出现如图 8-45 所示的参数界面。“资源收集器”不收集用于置换贴图的贴图或作为灯光投影的贴图。

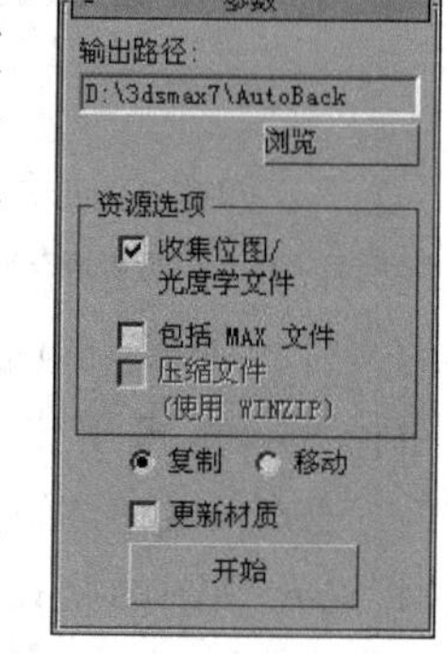

图 8-45

- 输出路径：显示当前输出路径。单击“浏览”按钮可以更改此选项。
- 浏览：单击此按钮可显示用于选择输出路径的 Windows 文件对话框。
- 收集位图/光度学文件：启用时，“资源收集器”将场景位图和光度学文件放置到输出目录中。默认设置为启用状态。
- 包括 MAX 文件：启用时，“资源收集器”将场景自身(.max 文件)放置到输出目录中。默认设置为禁用状态。
- 压缩文件：启用时，将文件压缩到 ZIP 文件中，并将其保存在输出目录中。默认设置为禁用状态。
- 复制/移动：选择“复制”单选按钮可在输出目录中制作文件的副本。选择“移动”单选按钮可移动文件(该文件将从保存的原始目录中删除)。默认设置为“复制”。
- 更新材质：启用时，更新材质路径。默认设置为禁用状态。
- 开始：单击此按钮以根据上方的设置收集资源文件。

“位图分页程序统计”对话框显示场景中出现的问题及相关信息，该场景需要大量的内存。

如图 8-46 所示，该对话框用以下四个类别显示统计信息。

- 内存使用情况。
- 页数。
- 活动。
- 设置。

位图分页始终处于活动状态，并自动进行管理，因此无须设置内存的限制。

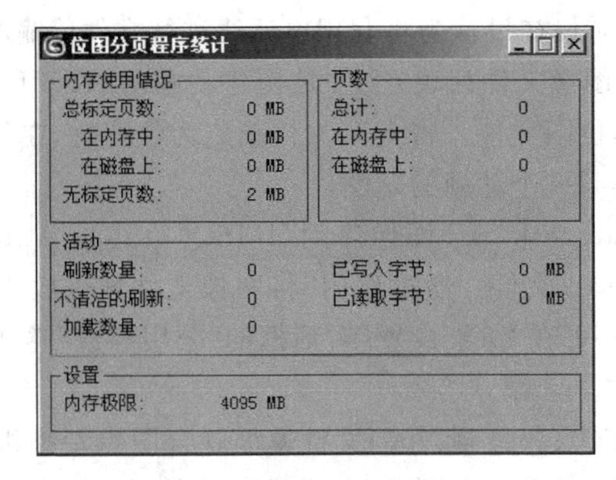

图　8-46

8.5.3　图像文件格式

图像文件也称作位图，在 3ds Max 场景中具有广泛的用途。可以将位图作为材质纹理、视口背景、环境贴图、Video Post 中的图像输入事件或从灯光投射的图像。图像文件可以是单个静态图像或形成视频序列或动画的图像序列。将动画指定用作位图时，随后在渲染 3ds Max 场景时图像会随着时间的推移而产生变化。

通过图形编辑程序更改并重新保存位图之后，将自动重新加载它们。

当渲染场景时，可以渲染静态图像或动画。可以对下面列出的大多数格式进行渲染。其中一些格式支持各种选项。如果存在输出选项，则这些选项会出现在对话框中，在此连同图像文件格式一起进行说明。为了缩短加载时间，如果同名贴图位于两个不同的位置(在两个不同的路径中)，则只加载一次。只要场景中包含两个具有不同内容的同名贴图时就会出现问题。在这种情况下，场景中只出现遇到的第一个贴图。

常用的图像文件格式如下。

- AVI 文件：AVI(音频—视频隔行插入)格式是电影文件的 Windows 标准格式。.avi文件扩展名表示 Windows AVI 电影文件。
- BMP 文件：BMP 文件是 Windows 位图(.bmp)格式的静态图像位图文件。
- CIN(Kodak Cineon)文件：存储单帧运动图片或视频数据流的文件格式。每一帧都将保存为 cineon version 4.5，其文件扩展名为.cin。文件包含无用户定义的数据(如缩略图)，并支持 10 位日志，以及每像素三色。不支持 Alpha 通道。
- DDS 文件：DirectDraw(R) Surface(DDS) 文件格式用于存储具有和不具有 mipmap 级别的纹理和立方体环境贴图。此格式可以存储未压缩的像素格式和压缩的像素格式，并且是存储 DXTn 压缩数据的首选文件格式。此文件格式的开发商是 Microsoft 公司。
- EPS 和 PS(Encapsulated PostScript)文件：3ds Max 可将图像渲染为 Encapsulated PostScript 格式的文件，扩展名为.eps 或.ps。
- GIF 文件：GIF(图形交换格式)是由 Informix 为 CompuServe 公司开发的 8 位

(256 色)格式。它最初设计为将利用电话线进行文件传输的时间降至最低。

- IFL 文件：IFL(图像文件列表)文件是构建动画的 ASCII 文件，它列出了用于每个渲染帧的单帧位图文件。将 IFL 文件指定为位图时，在每一个指定的帧上执行渲染操作将会得到一个动画的贴图。
- IMSQ 文件：Autodesk ME 图像序列(IMSQ)格式是 Autodesk 产品 Cleaner 和 Toxik 使用的 XML 文件。通过启用"将图像文件列表放入输出路径"，然后单击"立即创建"按钮，可在"渲染设置"对话框的"公用参数"卷展栏的"渲染输出"组中生成 IMSQ 文件。
- JPEG 文件：JPEG(.jpeg 或.jpg)文件遵循联合图像专家组设立的标准。由于在提高压缩比率时会损失图像质量，因此这些文件要使用称为有损压缩的变量压缩方法。不过 JPEG 压缩方案非常好，在不严重损失图像质量的情况下，有时可以将文件压缩高达 200 倍。因此，JPEG 是一种在 Internet 上普遍使用的图片格式，可将文件压缩到最小并提高下载速度。
- MOV(QuickTime 电影)文件：QuickTime 是由 Apple 公司创建的标准文件格式，用于存储常用数字媒体类型，如音频和视频。当选择 QuickTime(*.mov)作为"另存为类型"时，动画将保存为.mov 文件。
- MPEG 文件：MPEG(Moving Picture Experts Group，运动图像专家小组)格式是用于电影文件的标准格式。MPEG 文件具有.mpg 或.mpeg 文件扩展名。只有作为输入文件格式时，MPEG 才受到支持。可以将 MPEG 文件用作纹理贴图。
- PIC 文件：3ds Max 可以导入和导出放射性图(PIC)文件。PIC 文件是与 LogLUV TIFF 文件用途相同的照明分析格式。
- PNG 文件：PNG(可移植网络图形)是针对 Internet 和万维网开发的静态图像格式。
- PSD 文件：PSD 是 Adobe Photoshop 固有的图形文件的文件扩展名。此图像格式支持将图像的多个层叠加起来，以获得最终的图像。每层都可以拥有任意数量的通道(R、G、B、遮罩等)。由于使用多个层可以生成各种特殊的效果，因此这是一种功能强大的文件格式。
- 发光图像文件：Radiance 图像文件格式用于高动态范围的图像(HDRI)。大部分摄影机不具有捕获真实世界所表现的动态范围(暗区域和亮区域之间的亮度范围)的能力。但是，可以通过使用不同的曝光设置获取同一物体的一系列照片，然后将这些照片合并到一个图像文件中来恢复这一范围。
- RLA 文件：RLA 格式(运行长度编码，版本 A)是一种流行的 SGI 格式，它具有支持包含任意图像通道的能力。设置用于输出的文件时，如果从列表中选择"RLA 图像文件"并单击"设置"按钮，则会进入"RLA 设置"对话框。可以在该对话框中指定输出到文件中所使用的通道类型(格式类型)。
- RPF 文件：RPF(Rich Pixel 格式)是一种支持包含任意图像通道能力的格式。设置用于输出的文件时，如果从列表中选择"RPF 图像文件"，那么会进入"RPF 设置"对话框，可以在该对话框中指定输出到文件中所使用的通道类型。

- SGI 图像文件：SGI 图像文件格式是由 Silicon Graphic 公司创建的位图文件类型。3ds Max 中的 SGI 图像文件支持可用来加载和保存采用 8 位与 16 位颜色深度、带有 Alpha 通道和 RLE 压缩的文件。
- TGA(Targa)文件：Targa(TGA)格式是 Truevision 公司为其视频板而开发。该格式支持 32 位真彩色，即 24 位彩色和一个 Alpha 通道，通常用作真彩色格式。
- TIFF 文件：TIFF(标记的图像文件格式)是出现在 Macintosh 和桌面发布应用程序中的多平台位图格式。如果计划将输出发送到打印服务办公室或将图像导入页面布局程序中，则 TIFF 是最常用的格式。
- YUV 文件：YUV 文件是采用 Abekas 数字磁盘格式的静态图像图形文件。只有作为输入文件格式时，YUV 文件才受到支持。可以使用 YUV 文件作为通用位图，但不能对 YUV 文件进行渲染。
- OpenEXR 文件：3ds Max 可以采用 OpenEXR 格式读取并写入图像文件。OpenEXR 既是图像文件格式，也是常规打开源 API，用于读取和写入某些文件。

8.5.4 如何保存和打开 OpenEXR 文件

使用“OpenEXR 配置”对话框可为 OpenEXR 文件设置输出参数。可以在保存 RGBA 数据时指定格式，也可以指定应保存四种标准通道中的哪个通道。可以用以下两种方法之一打开“OpenEXR 配置”对话框(见图 8-47)。

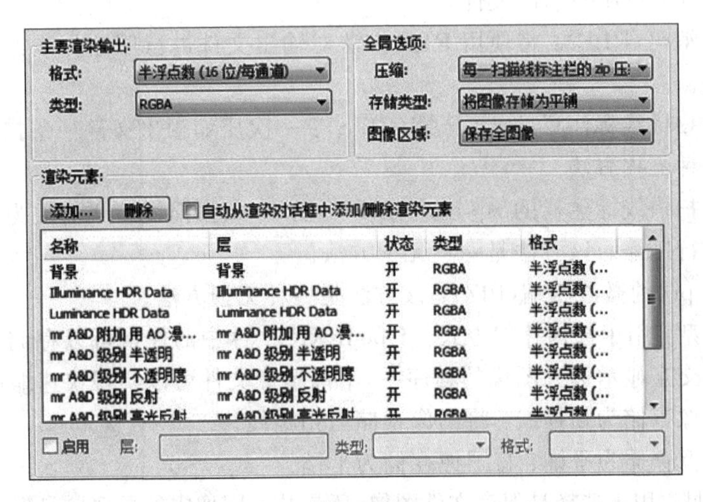

图　8-47

方法 1：依次选择“渲染设置”对话框→“公用”面板→“公用参数”卷展栏→“渲染输出”组→单击“文件”按钮→输入文件名并将类型设置为“OpenEXR 图像文件”→单击“保存”按钮→打开“OpenEXR 配置”对话框。

方法 2：依次选择“渲染帧”窗口→单击🖫(保存位图)→输入文件名并将类型设置为“OpenEXR 图像文件”→单击“设置”按钮→打开“OpenEXR 配置”对话框。

1. “主要渲染输出”组

- 格式：指定输出文件中 Main 层的像素的位深度。一般而言，使用浮点精度可在后处理应用程序中实现更大的自由度，但同时会占用大量磁盘空间。
  - ◆ 全浮点数：像素值将保存为 32 位浮点值。
  - ◆ 半浮点数(16 位/每通道)：像素值将保存为 16 位浮点值。某些用户将该选项视为“标准”OpenEXR。许多后处理应用程序仅支持该选项，无法读取带有 32 位浮点值的 EXR 文件。
  - ◆ 整数：像素值将保存为 32 位整数。
- 类型：决定保存在磁盘上的图像将包含红、绿、蓝和 Alpha 通道，还是只保存为灰度图像。此选项只会影响 Main 输出层。
  - ◆ RGBA：保存红、绿、蓝 和 Alpha 通道。
  - ◆ 单色：仅将每个像素作为灰度值保存。

2. “全局选项”组

- 压缩：用于选择要在输出文件中使用的压缩方法。可用压缩或未压缩形式存储像素。对于快速文件系统，读取未压缩文件的速度可能要比读取压缩文件快得多。用无损方式压缩图像可以完好地保存图像，因为像素数据未更改。用有损方式压缩图像只能大概地保存图像，图像质量可随保存次数的增多而下降。
  - ◆ 无压缩：不压缩输出文件。
  - ◆ 行程编码(RLE)：将使用 RLE 方法对输出文件进行压缩。该方法是一种无损方法。
  - ◆ 每一扫描线标注栏的 zip 压缩(ZIPS)：一次压缩输出文件一条扫描线。该方法是一种无损方法。
  - ◆ 每一扫描线标注栏的 zip 压缩(ZIP)：以 16 条扫描线组成的块为单位对输出文件进行压缩。该方法是一种无损方法。
  - ◆ 基于 piz 的微波压缩(PIZ)：该方法是一种无损方法。
- 存储类型：用于选择存储方式。OpenEXR 文件中的像素可以存储为扫描线或平铺。在交互显示极大图像的程序中，平铺图像文件可以实现快速缩放和平移。
  - ◆ 将图像存储为扫描线：将图像存储为扫描线。
  - ◆ 将图像存储为平铺：将图像存储为平铺。
- 图像区域：用于选择是保存文件图像，还是基于图像中的重要信息保存裁剪版本。
  - ◆ 保存全图像：保存图像的最高分辨率。
  - ◆ 保存区域：基于重要的像素信息保存经过裁剪的图像。3ds Max 会自动选择裁剪。
  - ◆ 外边框：可设置最高图像分辨率。
  - ◆ 插入矩形：这是基于重要像素信息的“数据窗口”。在该示例图像中，“数据窗口”将像素变化较大的区域围了起来。当选择“保存区域”时，只会保存此部分的图像。某些合成应用程序（如 Nuke）可使用经过裁剪的区域，这样可以节省磁盘空间、内存空间和处理时间（见图 8-48）。

3. “渲染元素”组

使用“渲染元素”组中的控件可以选择和管理要保存在 EXR 文件中的元素。每个渲染元素将保存为一个独立的 OpenEXR 层。

- 添加：单击该按钮，可以打开用于选择要将哪些元素包含在 OpenEXR 输出中的“添加渲染元素”对话框（见图 8-49）。

图　8-48

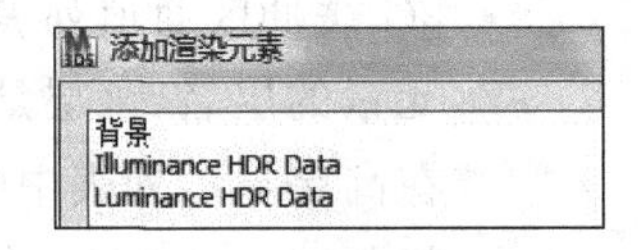

图　8-49

请选中列表中的一个或多个元素，然后单击“确定”按钮。该对话框只会列出那些已通过“渲染设置”对话框的“渲染元素”选项卡为渲染设置的元素。如果某元素已添加至 OpenEXR 列表，则该元素不会出现在此对话框中。选择要输出的渲染元素后，3ds Max 会在此按钮下的列表中显示这些元素的名称。

- 删除：单击该按钮可以删除在列表中高亮显示的元素。
- 自动从渲染对话框中添加/删除渲染元素：启用该选项后，要保存在 EXR 文件中的元素的列表将与“渲染设置”对话框所维护的列表自动进行同步。默认设置为禁用状态。
- [渲染元素列表]：列出已选定要输出的那些渲染元素，对应于每个渲染元素的层名，该层是否将包含在 EXR 文件中（“状态”），以及该层的类型和格式。在高亮显示列表中的某一特定元素后，该列表下方的控件将变为可用状态。
- 启用：启用该选项后，渲染元素将以层的形式包含在 OpenEXR 文件中。禁用此选项后则不会如此。默认设置为启用状态。“层”列表中的“状态”列表示是已启用（“打开”）还是未启用输出（“关闭”）。
- 层：显示已高亮显示的元素对应的层名。
- 类型：用于选择输出类型。总体上，对于 EXR 文件，这些选项均相同。
- 格式：用于选择输出格式。总体上，对于 EXR 文件，这些选项均相同。可以对列表中超过一个元素的“启用”状态、“类型”和“格式”进行更改，方法如下：按住 Ctrl 键的同时单击，或者按住 Shift 键的同时单击，高亮显示多个元素。高亮显示多个元素后，“层”字段将禁用。

4. “G缓冲区通道”组

使用“G缓冲区通道”组中的控件可以选择和管理要保存在EXR文件中的G缓冲区通道。每个通道将保存为一个独立的OpenEXR层。

- 添加：单击该按钮，可以打开用于选择要将哪些元素包含在OpenEXR输出中的“添加G缓冲区通道”对话框(见图8-50)。

  请选中列表中的一个或多个通道，然后单击“确定”按钮。“材质ID”和“对象ID”通道是在场景本身中设置的通道，其他G缓冲区通道是基于场景几何体、动画和渲染设置自动生成的。在选择要输出的通道后，3ds Max将在“添加”按钮下方的列表中显示这些通道的名称。

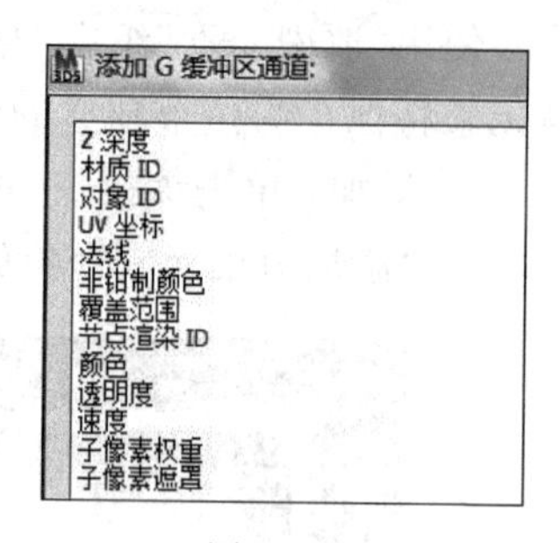

图 8-50

- [G缓冲区通道列表]：列出已选定要输出的那些G缓冲区通道，对应于每个渲染元素的层名，该层是否将包含在EXR文件中(“状态”)，以及该层的类型和格式。在高亮显示列表中的某一特定元素后，该列表下方的控件将变为可用状态。
- 打开OpenEXR文件：此版本的“OpenEXR配置”对话框在打开EXR文件时就会出现。使用该对话框可选择要使用的层、应用颜色修正并预览图像。打开图像文件的任何命令，例如，选择“文件”→“查看图像文件”→指定EXR文件→单击“打开”按钮→打开“OpenEXR配置”对话框(见图8-51)。

图 8-51

- ♦ 通道查看(层)：用于选择要从文件加载的层。一个EXR文件可以包含任意数目的层，但3ds Max一次只会加载一个层用作纹理。
- ♦ 可用的通道：该列表显示了所选层中存在的通道以及这些通道所用的格式。
- ♦ 预览：显示所选层上的图像的缩略图预览。如果应用颜色修正，缩略图将进行更新以显示所做调整的结果。

♦ “预览”复选框：启用此选项后，该对话框将显示预览内容；禁用此选项后，则该对话框不会显示预览内容。默认设置为禁用状态。3ds Max 将基于所选层中的数据生成预览。HDRI 图像可能会很大，因此生成预览可能需要花费很长时间。只有在需要查看颜色修正的效果时才可打开“预览”功能。

5. “颜色修正”组

- 启用颜色修正：此选项启用后，3ds Max 会在加载数据前变换像素颜色；此选项禁用后，3ds Max 会使用像素数据，但不会更改它。默认设置为禁用状态。只有在选中“启用颜色修正”复选框后，才可使用其他颜色修正控件。
- 曝光：当设置为非零值时，此选项指定了一个将应用于图像的曝光控制值。这与摄影机上或“环境和效果”对话框中的曝光控制类似，增大此值会使图像的亮度更高。默认值为 0.0。
- 黑点：当设置为非零值时，此选项指定了一个将用作黑色的像素值(V)；当设置为默认值 0.0 时，将把图像中暗度最大的值用作黑色。实际上，此设置将所加载图像中暗度最大的值“强行赋给”已设置的值。
- 白点：当设置为除 1.0 之外的值时，此选项指定了一个将用作白色的像素值(V)；当设置为默认值 1.0 时，将把图像中亮度最大的值用作白色。实际上，此设置将所加载图像中亮度最大的值“强行赋给”已设置的值。
- RGB 级别：在加载值(V)之前将每个像素的该值相乘。默认值为 1.0。例如，如果文件中的像素为 0.0～1.0，则将“RGB 级别”设置为 100.0，会得到一个像素为 0.0～100.0 的图像。
- RGB 偏移：通过添加此值使每个像素的值(V)产生偏移。默认值为 0.0。例如，如果文件中的像素为 0.0～1.0，则将“RGB 偏移”设置为－0.5，会得到一个像素为－0.5～0.5 的图像。
- 图像信息：单击该按钮，可显示一个 EXR 文件相关信息的只读对话框，显示的信息包括图像属性和可能已随该文件存储的元数据，如摄影机属性、分辨率等(见图 8-52)。

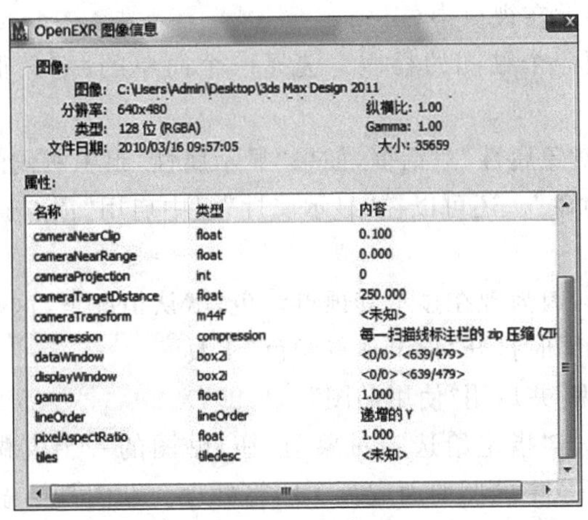

图　8-52

8.6 3ds Max 内置材质工具

8.6.1 “指定顶点颜色”工具

“指定顶点颜色”工具基于指定给对象的材质和场景中的照明指定顶点颜色。单击“指定给选定对象”时，该工具会将“顶点绘制”修改器应用于对象。一旦在对象上应用了“顶点绘制”修改器，就会转到“修改”面板，或者也可以单击“编辑”按钮以访问“顶点绘制”工具。

依次选择“工具”面板→“工具”卷展栏→“更多”按钮→“工具”对话框→“指定顶点颜色”，可打开对应工具。要渲染顶点颜色，必须在其漫反射组件中应用含有顶点颜色贴图的材质。要查看视口中的顶点颜色，右击对象，从方形菜单中选择“对象属性”命令，然后启用“显示属性”组中的“顶点通道显示”并确保下拉选项设置为“顶点颜色”。当使用“场景灯光”选项时，“指定顶点颜色”工具支持灯光包含或排除。当“顶点绘制”修改器应用于对象时，“指定顶点颜色”工具中的所有命令也适用于“修改”面板。

“指定顶点颜色”工具支持光能传递。如果以指定的顶点颜色使用光能传递，那么应确保启用了“重用光能传递解决方案中的直接光照”选项，该选项位于“渲染参数”卷展栏中。启用该选项后，渲染器通过光能传递解决方案简单地显示指定的顶点颜色：严格来说，它并没有渲染。其他选项“渲染直接光照”也位于“渲染参数”卷展栏上，造成直接光照不在相应网格中保存。这对应于使用“光能传递”和“渲染直接光照”选项，在这种情况下，“指定顶点颜色”从光能传递网格获取直接光照，而且单独渲染直接光照；或者对应于使用“光能传递”和“只用间接照明”选项，这时“指定顶点颜色”对顶点完全不应用直接光照。

【示例】 要在特定对象上使用“指定顶点颜色”工具，可执行以下操作。

(1) 创建一个具有 24 个分段的球体。

(2) 在球体上应用一个贴图材质，并启用“在视口中显示贴图”选项。

(3) 贴图球体会显示在视口中。

(4) 在球体上应用一个贴图的材质。选择一个简单的、定义很好的贴图，其区域很大，且容易区分。

(5) 打开球体的“对象属性”对话框，如果“显示属性”组中右侧的按钮显示为“按层”，则单击，使其显示“按对象”。还可以在“显示属性”组中启用“顶点通道显示”选项，并单击“确定”按钮。

(6) 球体变成白色，因为现在显示其顶点颜色，默认情况下，这些顶点都为白色。

(7) 在选中球体的同时打开“指定顶点颜色”工具。

(8) 选择“明暗处理”并启用“使用贴图”。

(9) 启用贴图。单击“指定给选定对象”按钮，贴图的一个模糊版本出现在球体上。现在顶点基于材质和场景中的照明而进行了明暗处理。贴图是模糊的，因为使用 24 个分段的网格分辨率比贴图的像素分辨率小很多。

(10) 转到“修改”面板，并注意“顶点绘制”修改器。在堆栈中向下移动到创建参数，在警告提示中单击“是”按钮，并将“分段”选项值增加到 70。新顶点会移动已经指定的顶点。返回到堆栈的“顶点绘制”层级，并在“指定顶点颜色”卷展栏中单击“指定”按钮。要返回到“工具”面板，必须向堆栈添加另外的“顶点绘制”修改器。在“顶点绘制”修改器中单击“指定”按钮，只会更新该修改器。如果将“顶点颜色”贴图指定到漫反射通道，那么顶点颜色只在已渲染场景中出现。但是，如果这样做，就不能使用“指定顶点颜色”工具正确地更新顶点颜色。解决方法是为对象指定“混合”材质。将直接漫反射位图指定为“混合”材质中的“材质 1”，将“顶点颜色”贴图指定为“混合”材质中的“材质 2”。渲染时切换到“材质 2”的 100%，而更新顶点颜色时切换到“材质 1”的 100%(见图 8-53)。

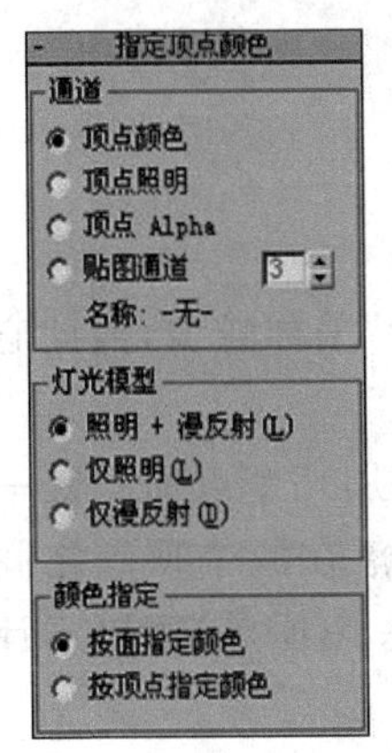

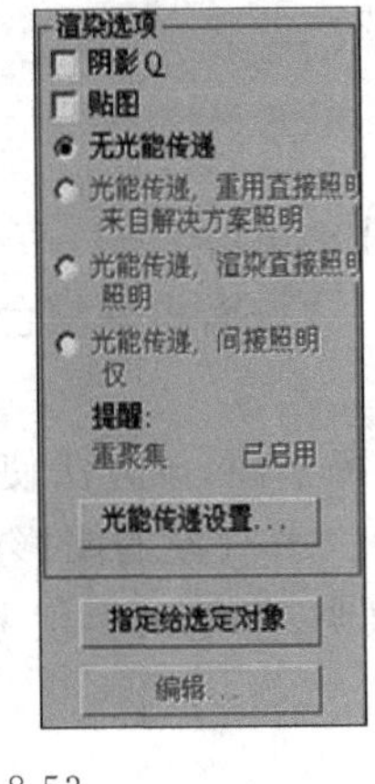

图 8-53

下面介绍相关选项的作用。

1. “通道”组

使用“通道”组中的工具可以选择“指定顶点颜色”工具要指定的通道类型。如果选择贴图通道，那么也可以指定贴图通道的 ID 编号(见图 8-54)。

- 顶点颜色：选择该选项可指定顶点颜色层。
- 顶点照明：选择该选项可指定顶点照明层。
- 顶点 Alpha：选择该选项可指定顶点透明度层。
- 贴图通道：选择该选项可指定特定编号的贴图通道。
- 贴图通道微调器：使用该工具可定义通道编号。只有选择了“贴图通道”选项时可用。
- 名称：如果一个通道有定义的名称，则名称会在此出现。使用通道信息实用程序可以为通道命名。虽然“颜色”“照明”和 Alpha 通道有特定的名称，但是实际上 3ds Max 并不强制它们保存何种类型的数据，而且三种通道中的任何一种都可以含有四通道(R、G、B、A)顶点颜色数据。

2. “灯光模型”组

“灯光模型”组提供指定如何照明对象曲面的选项(见图 8-55)。

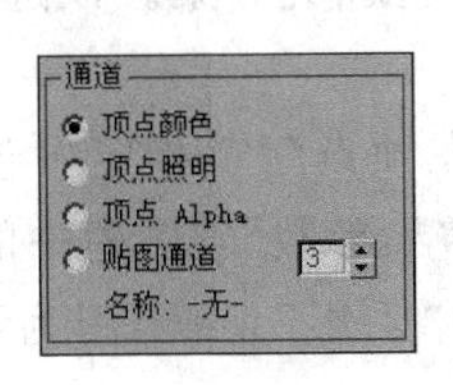

图 8-54

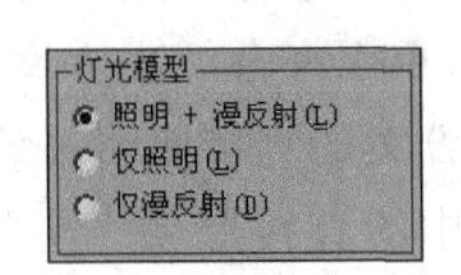

图 8-55

- 照明+漫反射：使用当前场景照明和材质来影响顶点颜色。
- 仅照明：只使用照明来指定顶点颜色，忽略材质属性。选择该选项后，会在“渲染选项”卷展栏中禁用“阴影”和“贴图”选项。
- 仅漫反射：使用材质的漫反射颜色，忽略照明。

3. “颜色指定”组

“颜色指定”组指定颜色如何在曲面上插补(见图 8-56)。

- 按面指定颜色：颜色在每个面的中心间插补。“按面指定颜色”采样较少，因此它是较快的方法。但结果的精确度较低。
- 按顶点指定颜色：颜色在顶点间插补。对于每个面，该方法使用三个点而不是一个点，这样该方法稍慢一些但通常也更精确。当对象的阴影落在两个顶点之间时，会发生例外。这种情况下，对象会阻挡照明，但是因为仅考虑顶点，所以不计算阴影，从而发生“光泄漏”。

4. “渲染选项”组

通过“渲染选项”组中的选项，可以选择在顶点颜色中是否包含阴影、纹理贴图或光能传递解决方案。可以在顶点颜色中保存光能传递解决方案，但是不能保存光跟踪器照明，它并不存储在场景的几何体中(见图 8-57)。

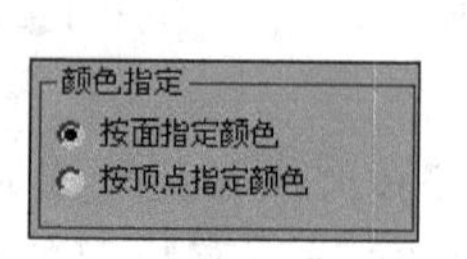

图 8-56

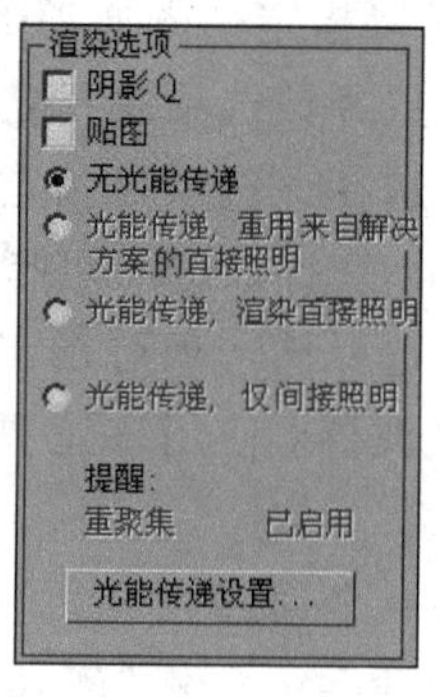

图 8-57

- 阴影：启用该选项后，顶点明暗处理时使用阴影。默认设置为禁用状态。可以通过使用“顶点绘制”修改器的“绘制”或“模糊”工具来柔化阴影边缘。
- 贴图：启用该选项后，顶点明暗处理时使用纹理贴图。默认设置为禁用状态。
- 无光能传递：指定顶点颜色时不使用光能传递解决方案。该选项是唯一可用的选项，除非场景中存在光能传递解决方案。
- 光能传递，重用来自解决方案的直接照明：在顶点颜色指定中包括光能传递，并使用解决方案的直接照明。该选项相当于“渲染参数”卷展栏中的“重用光能传递解决方案中的直接照明”选项。该选项禁用“阴影”切换，因为不需要重新计算阴影。
- 光能传递，渲染直接照明：在顶点颜色指定中包括光能传递，但是使用单独的过程来渲染直接照明。该选项相当于“渲染参数”卷展栏中的“渲染直接照明”选项。

- 光能传递，仅间接照明：在顶点颜色指定中只包括光能传递解决方案中的间接照明。该选项禁用“阴影”切换，因为不需要重新计算阴影。
- 提醒：显示表明启用还是禁用重聚集的消息。重聚集提供最精确的光能传递结果，但是同时也会极大地增加光能传递的计算时间。
- 光能传递设置…：单击以显示“渲染设置”对话框的“高级照明”面板，在对话框中可以设置并生成光能传递解决方案。如果 mental ray 渲染器为活动渲染器，则此按钮不可用。

8.6.2　通道信息实用程序

使用通道信息实用程序，游戏高手和其他人员可直接访问通过其他方法无法轻易获得的对象通道信息。3ds Max 中的所有对象都具有贴图通道，其中保存关于纹理贴图以及顶点颜色、照明和 Alpha 的信息。网格对象同样具有几何体和顶点选择通道。使用通道信息实用程序可以查看对象的通道、指定有意义的通道名称、删除未使用的通道和在通道之间复制信息。

显示“通道信息”的方法如下。

- 默认菜单：“工具”菜单→“通道信息”。
- Alt 菜单：“编辑”菜单→“对象属性”→“通道信息”。

“贴图通道信息”对话框显示选中对象的所有通道数据。其中，显示通道数、每个通道的顶点数以及通道使用的内存数量。使用该对话框还可以命名通道以及清除（或删除）、复制和粘贴通道。除重命名以外，以上每种操作都要在堆栈上放一个修改器，才能达到效果。通道信息支持网格、多边形和面片对象，但不支持 NURBS 对象。

要使用通道信息实用程序，执行以下操作。

(1) 选择一个或多个要使用该工具的对象。

(2) 打开工具。

(3) 打开“贴图通道信息”对话框。

(4) 要创建贴图通道，应单击任意通道，然后单击“添加”按钮。

(5) 列表末尾会出现新的空通道。

(6) 大多数通道具有三个组件。例如，网格或贴图通道具有 X、Y 和 Z 组件，而 Alpha 通道具有 R、G 和 B 组件。要展开所有三组件通道，可单击“子成分”按钮；要折叠所有展开的通道，可再次单击“子成分”按钮。

(7) 要将一个通道复制到另一个通道，可单击“源”通道，然后依次单击“复制”按钮、目标通道和“粘贴”按钮。

(8) 在一些情况下，可能需要展开或折叠组件显示。例如，在将顶点选择通道(vsel)复制到贴图通道时，必须将 vsel 通道复制到组件通道。

(9) 要减少通道的内存使用量，可单击该通道，然后单击“清除”按钮。

(10) 此操作将删除通道的大多数或全部数据，所以，应先确保对应数据为不需要的数据或者在其他位置可用。如果所清除的通道是列表中的最后一个通道，将会从列表中删除它。

通道信息实用程序的主要用户界面是“贴图通道信息”对话框，在该工具的命令面板上单击“通道信息”按钮可打开该对话框。该对话框显示有关当前选择包含的所有贴图通道的对象层级信息。如果要更改选择，该对话框会自动更新以反映选择。此对话框由两部分组成：顶部的工具栏，以及当前选择中每个对象所包含的贴图通道的选项卡格式的显示（见图 8-58）。

复制 粘贴 名称 清除 添加 子成分 锁定 更新

复制缓冲区信息：

对象名	ID	通道名称	顶点数	面数	不可用...	大小(KB)

图 8-58

1. 工具栏

- 复制：将通道数据从高亮显示的通道复制到复制缓冲区，数据可用于粘贴。复制一个通道后，其名称出现在工具栏下的列表中。
- 粘贴：将缓冲区的内容粘贴至高亮显示的通道。只能在具有相同拓扑的通道之间才能进行复制和粘贴，或者从任意通道复制到没有顶点的通道。源通道和目标通道不需要是相同类型。例如，可以从网格通道复制到贴图通道；反之亦然。
- 名称：用于重命名高亮显示的通道。单击此按钮可打开一个小对话框，其中显示了当前通道的名称，用于通过键盘编辑此名称或输入新名称。
- 清除：使用此功能可移除通道或从贴图通道（包括 Alpha、照明和顶点颜色通道）删除数据。清除操作对几何体或顶点选择通道没有任何影响。特定效果取决于对象的类型和清除的通道。就减少对象的内存使用量而言，该工具对可编辑多边形对象最有效。
- 添加：将新的贴图通道附加到对象的通道列表中。如果选择了多个对象，则仅在单击轨迹以使 3ds Max 知道要将通道添加到哪个对象后，该按钮才可用。如果所应用贴图的通道编号高于所有现有通道的编号，3ds Max 会自动创建所有中间通道。例如，如果要对标准对象应用 UVW 贴图修改器，并在修改器中将“贴图通道”设置为 5，则 3ds Max 会添加贴图通道 2、3、4 和 5。
- 子成分：切换通道子成分的显示。在显示时，可以独立于其父级通道重命名、复制和粘贴每个子成分。vsel 通道以外的每个通道都有三个子成分。网格通道和贴图通道的子成分标记为 X、Y 和 Z；而 Alpha、照明和顶点颜色通道的子成分为 R、G 和 B（红色、绿色和蓝色）。
- 锁定：即使更改选择，也要保留表格中的当前贴图数据信息。例如，如果希望始终看到特定的一个或多个对象的贴图数据，应首先选择对应对象；其次单击“锁定”按钮。之后如果在视口中选择不同对象，表格中继续显示单击“锁定”按钮时选择的数据。如果禁用“锁定”功能，表格会更新为仅显示当前选择的数据。如果在单击“锁定”按钮后再单击“更新”按钮，3ds Max 会刷新表格内容以反映当前的选择，然后保留该数据。

- 更新：刷新显示的数据以反映对象或贴图的任何更改，或者选择中的任何更改（在启用“锁定”功能时）。例如，如果将贴图应用对象或更改对象的贴图，单击“更新”按钮可在“贴图通道信息”对话框中显示更改。

2. 通道信息表

通道信息表的功能与电子表格相似。如果不是所有行或列都可见，可使用标准方法滚动该表，包括滚动鼠标滚轮以进行垂直滚动。要高亮显示一行，可单击该行中的任意位置。每次只能高亮显示一行。要调整列的大小，可拖动列标题右侧的垂直分隔线。要将列宽自动设置为最长项的大小，可双击列标题右侧的垂直分隔线。下面是对该表中每列的简短说明。

- 对象名：对象的名称。如果在“修改”面板中更改名称，可单击该对话框的“更新”按钮，以便在对话框中显示新名称。
- ID：通道的类型。
- 通道名称：通道的名称。在默认情况下，通道没有名称，就像“无”项所指示的那样。要命名或重命名通道，可单击通道以将其高亮显示，然后单击对话框顶部的“名称”按钮，或者右击通道并从快捷菜单中选择“名称”命令。大多数通道可以分割为子成分。可以独立于通道本身命名各个子成分。
- 顶点数：通道中的顶点数。要将一个通道粘贴到另一个通道，二者必须具有相同的顶点数。一些通道具有面，但不具有顶点。新创建的非多边形对象中的 Alpha、照明和顶点颜色通道一般属于这种情况。在这些情况下，这些通道作为以后要添加的对应数据的占位符。它们确实会消耗少量内存，所以，如果不打算使用通道，可以通过将对象转化为可编辑多边形来节省一定的内存。
- 面数：通道中的面数。如果一个通道具有面，但不具有顶点，这意味着它是一个占位符。
- 不可用顶点：通道中未使用的贴图顶点数。这类顶点可能是进行子对象编辑后留下的。
- 大小(KB)：通道消耗的大约内存量。

本章小结

本章介绍了 VRay 的材质系统，包括 VRayMtl 材质、VRay 混合材质、VRay 车漆材质、VRay 发光灯材质，还介绍了 VRay 多种贴图类型，VRay 的材质系统是非常庞大的，各种材质的参数需要搭配使用，望读者能够真正理解参数背后的原理，不要一味地套参数，根据案例反复练习摸索，才能真正掌握好材质。此外，本章还介绍了与贴图相关的格式介绍以及贴图路径如何设置，还有一些非常实用的材质工具介绍。

综合案例

（1）打开配套素材中的第8章综合案例文件，打开“材质编辑器”，为场景中的“龙”模型添加VRayMtl材质。将材质命名为“有色玻璃1”，将“漫反射”颜色设置为全黑，“反射”颜色设置为全白，“高光光泽”为0.95，选中“菲涅尔反射”复选框，设置“折射”颜色为：“R：200；G：225；B：255”(见图8-59)，得到如图8-60所示效果。

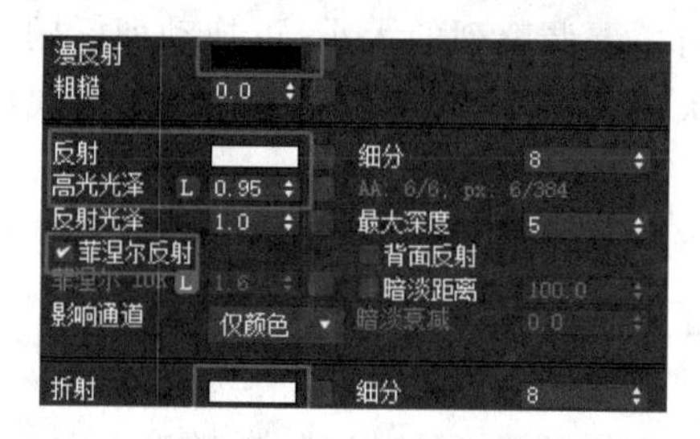

图 8-59

图 8-60

（2）为场景中的“龙”模型添加VRayMtl材质。将材质命名为“有色玻璃2”，将“漫反射”颜色设置为全黑，“反射”颜色设置为全白，“高光光泽”为0.95，选中“菲涅尔反射”复选框，设置“折射”颜色为全白，设置“雾”颜色为“R：200；G：225；B：255”，“烟雾倍增”为0.2，得到如图8-61所示效果。

“有色玻璃1”和“有色玻璃2”的效果差别在于，通过“雾”颜色设置的玻璃颜色会根据玻璃的厚度设置不同的颜色饱和度；而通过“折射”颜色设置的玻璃颜色比较均匀，材质更偏向于亚克力材质效果。

（3）为场景中的“龙”模型添加VRayMtl材质。将材质命名为“陶瓷”，将“漫反射”颜色设置为“R：166；G：166；B：166”，“反射”颜色设置为“R：138；G：138；B：138”，“高光光泽”为0.95，选中“菲涅尔反射”复选框，“反射细分”设置为64，得到如图8-62所示效果。

图　8-61

图　8-62

（4）为场景中的“龙”模型添加 VRayMtl 材质。将材质命名为“铝合金”，将“漫反射”颜色设置为全黑，“反射”颜色设置为“R：210；G：210；B：210”，“高光光泽”为 0.45，不选中“菲涅尔反射”复选框，“反射细分”设置为 64，得到如图 8-63 所示效果。

图　8-63

（5）为场景中的“龙”模型添加快速 SSS2 材质。将材质命名为“SSS 效果”，“预置”为“自定义”，IOR 设置为 1.5，将“漫反射颜色”设置为“R：14；G：55；B：1”，“次表面颜色”设置为“R：21；G：86；B：1”，“散射颜色”设置为“R：65；G：255；B：6”，“散射半径”为 3.0，“镜面光泽”为 0.9（见图 8-64），得到如图 8-65 所示效果。

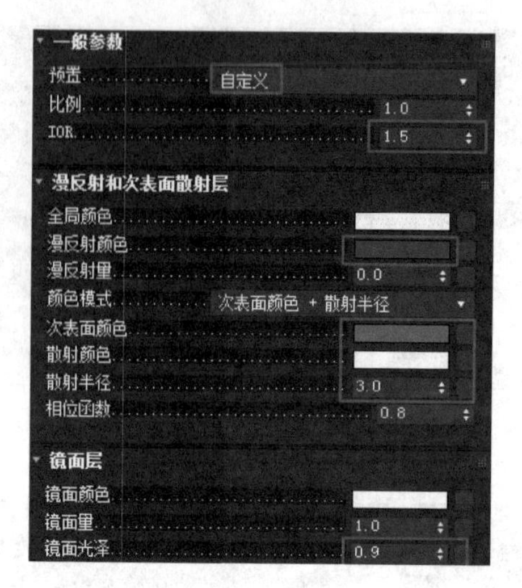
一般参数
预置
自定义
比例
1.0
IOR
1.5
漫反射和次表面散射层
全局颜色
漫反射颜色
漫反射量
0.0
颜色模式
次表面颜色 + 散射半径
次表面颜色
散射颜色
散射半径
3.0
相位函数
0.8
镜面层
镜面颜色
镜面量
1.0
镜面光泽
0.9

图　8-64

图　8-65

第 9 章　线性工作流程

本章要点：

- 线性工作流程
- 线性工作流程的原理
- 具体设置方法

由于全球的 CG(Computer Graphics)行业发展迅速，对效果的要求与日俱增，再加上大家对软件工作方式的透彻理解，从而总结出以往的非线性工作流程是不准确的，为了在正确的方式下与软件更好地配合，线性工作流程就此诞生了。线性工作流程(Linear Workflow)简称为 LWF。它在国外的计算机图形学领域中被广泛采纳，国外著名的 CG 工作室都是基于这种工作流程来进行制作。而国内近几年也逐渐开始采用此种工作流程。遗憾的是，在此之前大家都不是这么做的。而不论是 3ds Max、Maya、C4D、Softimage 还是 Houdini，实施 LWF 流程原理都是一样的。而对 VRay、Mentalray、Mantra、Arnold 等不同的渲染器来说，实施 LWF 的操作步骤和设置方法是不同的。

9.1　渲染效果出错原因

在实际工作的时候，会出现最终渲染的效果图错误问题(尤其是图像的暗部信息特别多的时候)。这种效果错误主要体现在图像的亮度信息不均衡，暗部过暗，而亮部过度曝光，效果非常糟糕。出现这种错误的原因主要有以下三个方面：①人眼对光线的感知习惯引起错误；②对 Gamma 工作原理的错误认知；③对渲染软件背后的处理过程不了解。

9.1.1　人眼对光线的感知习惯引起错误

人眼对暗部的光线变化比较敏感，而对亮部的光线变化不敏感。假设没有物理测量工具，仅靠感觉判断事物属性，人往往需要事物之间的相互比较来感知。而等量的变化，永远是在小尺度上容易被察觉，大尺度上不容易被察觉。比如，同样是 5cm 的长度差距，人眼去目测，两个人的身高相差 5cm 很容易看出来，两棵树高度相差 5cm 就基本上看不出来，两座山高度差 5cm 就更加看不出来了。换成两个灯泡，同样是相差 30W 的功率，20W 和 50W 的亮度天差地别，170W 和 200W 的差距就没那么明显了，1000W 和 1030W

就根本分辨不出来了。

那么以线性来说，它是以物理测量单位对数值进行描述的，比如长度，一把直尺上刻度增加 1cm、2cm、3cm 就是线性增长。或者以灯泡瓦数来说，10W、20W、30W 也可以近似看成是线性增长。而人眼对光线亮度的感知很显然不是线性的，人眼不是测量仪器，看不出光源线性的瓦数，相反人眼善于比较，它能够感知两个灯泡比一个灯泡亮一倍，四个灯泡比两个灯泡又亮一倍……这种非线性的描述，就是人眼对光线的感知习惯。也正是由于人眼的这种非线性感知，导致了人们无法正确对图像的亮度信息进行准确设置，从而导致最终的图像效果是错误的。

9.1.2 对 Gamma 工作原理的错误认知

由于很多人对 Gamma 的工作原理理解得并不透彻，甚至忽视了它，就非常容易造成对图像的错误处理。例如，不理会图像本身是否经过 Gamma 校正就盲目地进行 2 次校正；不去了解 Gamma 校正在各种软件中的具体设置方法，而一律采用软件默认的方式去处理；更有甚者自始至终不知道有 Gamma 校正这一功能的存在，而觉得这一切都是理所当然的。这种情况归根结底都是因为不了解 Gamma 校正的工作原理以及为何要使用 Gamma 校正的原因。

因为计算机屏幕上的画面只是对大自然的一个概括和映射，数字图像通过数码相机/摄影机对大自然的亮度进行采集，一直到传输在电子屏幕上还原呈现，整个过程并不是简单地把自然环境的亮度值复制到计算机屏幕上，再以相同的亮度值呈现处理。设想一下生活中的太阳光有多亮，而计算机的屏幕最亮能有多亮。既然不能真实再现自然界的能量和强度，那么如何让人看起来觉得真实呢？首先，图像不能以线性密度进行采样，而要巧妙地分配采样比重；其次，由于屏幕不能线性地呈现亮度，需要巧妙地分配亮度的分布，来刻画暗部信息，使之看起来符合人的心理感知。要达到这一目的，就需要进行 Gamma 校正。

Gamma 校正是为了控制光线强度从线性到非线性的映射，数学上可以表示为 $y=xr$ (2.2)。当 Gamma=1 时，输入亮度等于输出亮度，此时没有对数据进行任何修正，是一种线性映射；当 Gamma>1 时，所有的输出数据都小于输入数据，即比原本的亮度要暗；而当 Gamma<1 时，输出数据大于输入数据，即比原本的亮度要亮。由于 Gamma 变换是一种非线性映射的操作。结合人眼对光线的感知是非线性的，暗部变化较易被察觉，因此，必须分配更多的色阶层次来记录，而对于亮部来说，更大、更真实的动态范围才能符合人眼的感知。例如，8bit 的图片灰阶预算非常紧张，仅有 256 个明度灰阶，那么在压缩 8bit 图片信息的时候，就更需要采用这样的 Gamma 校正，来最大限度地保留场景的对比度层次，因此，几乎所有的 8bit 图片格式在编码的时候，需要把暗部层次拉开，亮部层次进行压缩，虽然所有的输出数据都被不同程度地“提亮”了，但是暗部提亮的程度比较大，而亮部提亮的程度较小，经过这样的处理，8bit 图片所能表现的动态范围基本能够满足普通大众的需求。但是这个 Gamma 值取多少才是最合适的呢？在早期，不同的设备、不同的操作系统都有不同的 Gamma 值。1996 年，惠普和微软联合为显示器、打印机以及网络

图像(8bit 图像)推出了 sRGB 标准。sRGB 即 standard RGB,是通用的国际标准。国际标准制定以后,图像的压缩 Gamma 便可以反过来依据国际标准(sRGB Gamma≈2.2)来制定大小。

9.1.3　对渲染软件背后的处理过程不了解

由于编写渲染软件的程序员并没有考虑到人眼感知是非线性的过程,而在编写软件的时候依照的是大自然的物理定律。根据物理学的光强度计算公式,如果在渲染软件中人工为其加入灯光,那么它就遵循自然界的平方反比衰减定律,也就是说,渲染软件是用线性的数学工具来进行运算的。例如,太阳光、IES,都是依据线性数值参与运算的,这些灯光的测量单位是功率"瓦"(W),或者是光通量"流明"(lm),总而言之都是一些物理单位,其衰减速度和自然界是一样的,都符合平方反比衰减定律。因此,我们就需要了解清楚软件处理过程中的各个环节,这样才能不出错。如果我们按照直觉化操作,直接将 8bit 的图片和 8bit 的调色板信息输至渲染软件,那么错误就从这一步开始产生。因为所有的 8bit 颜色信息都是经过小于 1 的 Gamma 校正过的,渲染软件是依据自然界的物理规则在计算,那么相当于我们输入的所有颜色信息都是偏亮的,但是在渲染软件里人为添加的灯光是正确的亮度,这样混合运算之后的效果可想而知。

9.1.4　不同渲染器的设置问题

虽然大多数软件线性工作的流程大同小异,但是对于不同的渲染器而言,其具体设置方法是完全不同的。究其原因是由于开发各种软件的程序员都是基于一个原则进行开发的,这个原则就是依照自然界的物理定律。正因为如此,各个软件针对线性工作流程的具体操作过程是很相似的。但是渲染器则不同,每款渲染器的开发者都是依据自身的渲染器特点进行开发的,尤其是依据自身对光线的算法特点,由于各种算法的不同,出现了对于颜色和贴图的 Gamma 校正、32bit 的贴图(如 HDR、法线、displacement)校正等方面的设置方法不同。

9.2　线性工作流程详解

整个线性工作流程可以归纳为这样一个过程:①测出显示器的 Gamma 值;②始终导入文件 Gamma 值为 1 的线性图像作为素材,如果不为 1,应该在导入时调整 Gamma 校正,使其值为 1;③在 3ds Max 的 Gamma 设置中开启 Gamma/LUT 校正,并设置为显示器的 Gamma 值;④在显示方面,如果使用 VRay 的帧缓存,则需要单独用 VRay 的 Gamma 校正再多做一次 LUT_Gamma 校正;⑤在输出设置时保证文件的线性特性。

9.2.1 线性工作流程的基本设置

（1）由于线性工作流程最重要的一点就是保证在整个过程中能够让显示器和文件自身的 Gamma 值为 1。但是操作系统在默认情况下，对应用程序界面是不做校正的，任由显示器的 Gamma 值进行输出，而 CRT 显示器的 Gamma 值并不为 1，为了解决这个问题，我们要对 3ds Max 进行适当的设置，让显卡对应用程序界面进行 LUT_Gamma 校正。首先，我们可以开启 3ds Max 的 Gamma/LUT 校正，如图 9-1 所示。选中“启用 Gamma/LUT 校正”复选框，这里的 Gamma 参数值并不是告诉 3ds Max 要做多少数值的 Gamma 校正，而是要通知 3ds Max，本显示器的 Gamma 值是多少，由于普遍的 CRT 显示器的 Gamma 值为 2.2，因此这里需要输入 2.2（假如是液晶显示器，那么这个值是 1，不过多数情况下，CG 工作者还是使用 CRT 居多）。这个值最终将通知 LUT 查色表用多少数值的 LUT_Gamma 来做校正。如果不确定显示器的 Gamma 值，可以通过观察如图 9-1 所示的外框和内框两个灰色区域，调节 Gamma 值，如果眯着眼观察内框灰度和外框能够基本融合到一起，那么就是正确的 Gamma 值。然后必须选中“影响颜色选择器”和“影响材质选择器”这两个复选框内容，这样在制作过程中对颜色和材质的颜色选择才是正确的。最后将“输入 Gamma”和“输出 Gamma”值都设置为 1.0，因为这样能够保证全局的位图 Gamma 值都不做任何的校正。

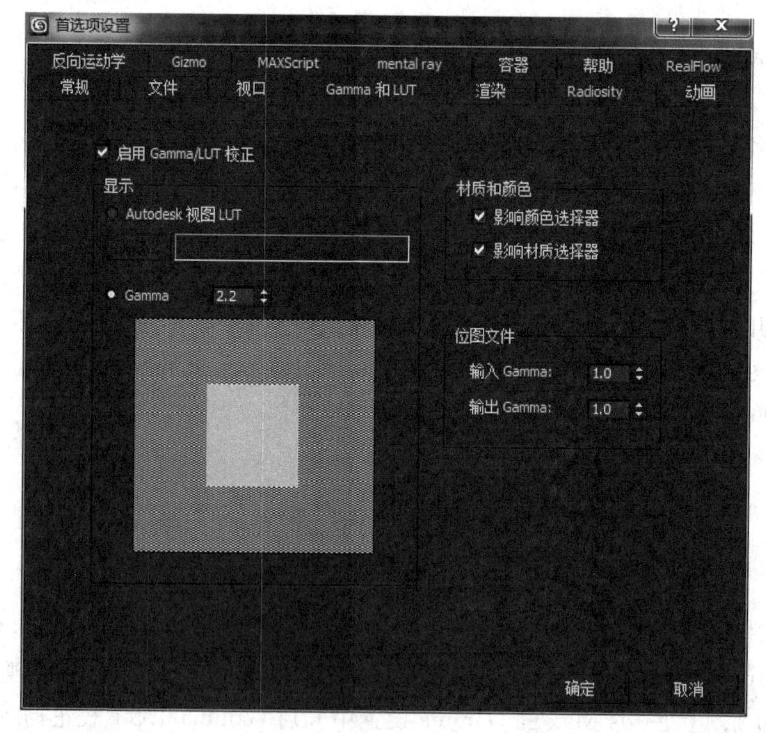

图 9-1

(2) 在所有图像文件导入的时候需要进行设置,为的是保证任何图像输入3ds Max之后都是线性的,也就是文件的Gamma值要为1。这里分为两种情况,如果图像是由数码相机或者摄像机摄取的,那么默认的文件Gamma值会受到数码元器件的特性影响而自动进行了Gamma值0.4545的校正,因此需要在此设置"覆盖"值为2.2,如图9-2所示。经过这样设置后,文件导入后的Gamma值就是1。如果图像是经过其他软件进行正确的Gamma校正过的,那么这里就需要选中"使用图像自身的Gamma"单选按钮。

图 9-2

(3) 在渲染输出时,如果使用3ds Max自身的帧缓存渲染输出,那么就不应该再对其进行任何的Gamma校正,因为在"首选项设置"面板里已经开启了LUT_Gamma校正,它对3ds Max的帧缓存是起作用的,渲染出来的图是线性的。如果使用的是VRay的帧缓存,由于3ds Max"首选项设置"面板里的Gamma/LUT校正对VRay的帧缓存不起作用,所以渲染出的结果是未经校正的图像,是不准确的,此时就需要通过VRay自身的Gamma校正功能来进行校正,如图9-3所示,要将这个"伽马值"设置为与"首选项设置"面板里的Gamma值一致。如果是在LWF模式下渲染出来的图像,在导入Photoshop等软件中进行处理时,由于Photoshop并不知道此时的文件已经经过Gamma校正了,为了避免进行二次校正,最稳妥的办法是禁用Photoshop的Gamma校正。

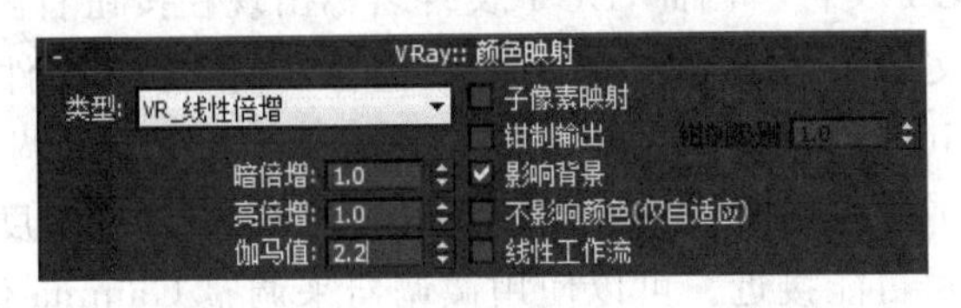

图 9-3

9.2.2 Gamma和LUT首选项

打开Gamma和LUT首选项的方法如下:选择"自定义"→"首选项"命令,打开"首选项设置"对话框的"Gamma和LUT"选项卡,如图9-4所示。

1. 启用Gamma/LUT校正

选中该选项,可使调整Gamma或LUT校正的控制功能可用。取消选中该选项,可禁用Gamma/LUT校正。默认设置该选项为启用状态。

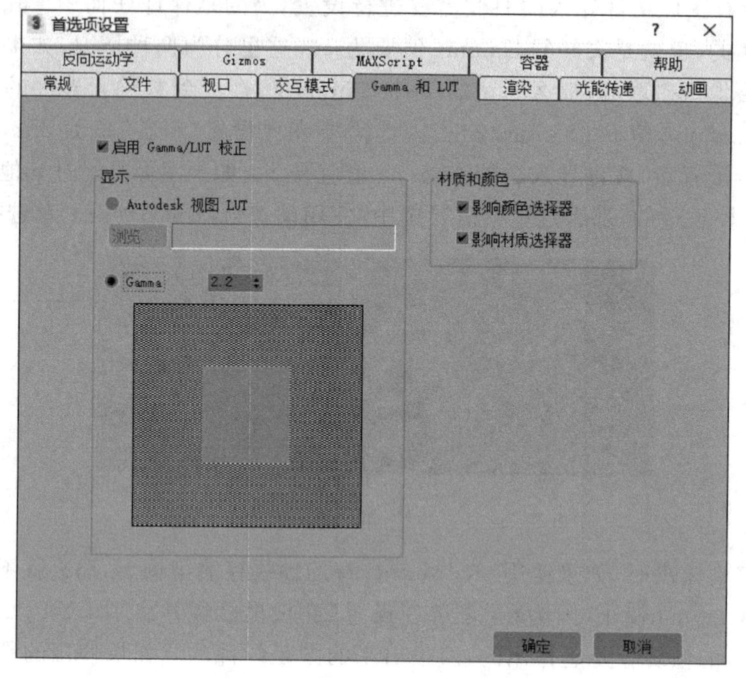

图 9-4

2. "显示"组

显示 Gamma 校正或查询表适用于视口和渲染帧窗口。使用此组中的控制可加载 Autodesk 视图 LUT 或调整 Gamma 值。单击"浏览..."按钮，然后使用"加载 LUT 文件"对话框查找并打开 LUT 文件。因此，LUT 文件名称出现在按钮右侧的文本字段中。3ds Max 并不支持 LUT 文件的生成，3ds Max 中不包含任何 LUT 文件。要创建一个 LUT 文件，可使用 Composite 等程序。Gamma(默认设置)为 3ds Max 调整 Gamma 显示。通过微调功能可以增加或减少中央的实心灰色正方形的值(亮度或暗度)。中央正方形的值应与棋盘格边界的值尽可能接近。可以使用微调器来调整 Gamma 值，但建议将 Gamma 值设置为默认的 2.2，校准监视器范围为 0.1～5.0。

3. "材质和颜色"组

默认情况下，Gamma 设置会影响视口显示和渲染帧，以及"颜色选择器"或"材质选择器"。这些开关可用于禁用这两个对话框或其中任意一个对话框的 Gamma 校正。

4. 影响颜色选择器

启用该选项后，Gamma 设置会影响标准 3ds Max 颜色选择器上的颜色显示。

5. 影响材质选择器

启用该选项后，Gamma 设置会影响"材质选择器"对话框上的颜色显示。

本章小结

本章着重介绍了线性工作流程的原理以及详细的设置，并详细地介绍了各个参数的具体用法，线性工作流程看似并不重要，却是最容易被设计者忽略掉的知识点，它在实际工作中是非常有用的，以往出现的不打光非常暗，一打光就曝光过度；或者一些地方曝光过度，一些地方还是漆黑一片，使用线性工作流程能够解决这些问题。有时候甚至是一些非常难以设置灯光的情况，经过线性工作流程，可以完美解决。本章是理论性非常强的一章，希望读者能够耐心学习原理并应用到实际制作过程中，这样才能够让自己的室内效果图制作水平更上一层楼。

参 考 文 献

[1] 蔡丽芬,刘刚,郭文朝. 3ds Max 2012＋VRay 室内效果图案例教程[M]. 北京：高等教育出版社,2015.

[2] 陈静. 3ds Max 实用教程[M]. 北京：电子工业出版社,2018.

[3] 来阳成健. 3ds Max 2016 从新手到高手[M]. 北京：清华大学出版社,2018.

[4] 黄晓瑜,田婧,伍菲. 3ds Max 2016 完全实战技术手册[M]. 北京：清华大学出版社,2018.

[5] 时代印象. 3ds Max/VRay 印象全套家装效果图表现技法[M]. 2 版. 北京：人民邮电出版社,2017.